U0745257

电工电子技术基础

姜斯平　主编
于莲双　张亚勤　李漫漫　姚　蝶　副主编
刘　洁　主审

電子工業出版社
Publishing House of Electronics Industry
北京 · BEIJING

内 容 简 介

本书主要包括三大部分：电工基础、模拟电子电路及数字电路基础。其中，电工基础部分包括电路和电路元件、正弦交流电路、磁路与变压器、电动机及常用低压电器；模拟电子电路部分包括常用半导体器件、基本放大电路、集成运算放大电路、直流稳压电源；数字电路基础部分包括数字电子技术基础、集成触发器与时序逻辑电路、数据采集系统。

本书可作为高等学校非电类少学时电工电子技术相关课程的教材，也可作为高职高专及成人高等教育的非电类专业的参考用书。

图书在版编目（CIP）数据

电工电子技术基础 / 姜斯平主编. -- 北京 : 电子工业出版社, 2025. 6. -- ISBN 978-7-121-50445-7

Ⅰ. TM; TN

中国国家版本馆 CIP 数据核字第 2025PV5195 号

责任编辑：王艳萍
印　　刷：大厂回族自治县聚鑫印刷有限责任公司
装　　订：大厂回族自治县聚鑫印刷有限责任公司
出版发行：电子工业出版社
　　　　　北京市海淀区万寿路 173 信箱　邮编 100036
开　　本：787×1 092　1/16　印张：18　字数：484 千字
版　　次：2025 年 6 月第 1 版
印　　次：2025 年 6 月第 1 次印刷
定　　价：59.00 元

凡所购买电子工业出版社图书有缺损问题，请向购买书店调换。若书店售缺，请与本社发行部联系，联系及邮购电话：（010）88254888，88258888。

质量投诉请发邮件至 zlts@phei.com.cn，盗版侵权举报请发邮件至 dbqq@phei.com.cn。

本书咨询联系方式：（010）88254574，wangyp@phei.com.cn。

前言

党的二十大报告指出："坚持把发展经济的着力点放在实体经济上，推进新型工业化，加快建设制造强国、质量强国、航天强国、交通强国、网络强国、数字中国。"新型工业化是新时期、新目标、新格局下我国实现中国式现代化的物质基础和产业支撑，以创新为主要动力，以高端化、智能化、绿色化转型为核心路径，推动我国经济高质量发展。

本书是根据《高等学校非电类专科电子技术课程教学基本要求》编写的，适用于机械电子工程、机械工程及智能制造工程专业的学生。编者联合无锡晋拓材料科技有限公司（该公司有国家级专精特新"小巨人"企业、上海市高新技术企业、小巨人创新型企业、特种铸造工程技术研究中心、市级企业技术中心、院士专家工作站等称号）技术骨干组织本书内容，以满足应用型本科生的学习需求。

"电工电子技术基础"是非电类专业的专业基础课。本书以基本知识、基本技能及相应的基础理论为主，反映现代电工电子技术发展的新成就，注重内容结构的合理性和知识内容的科学性、系统性。全书共 11 章，包括电工基础、模拟电子电路、数字电路基础三大部分，每章后都附有习题。在模拟电子电路部分，侧重集成运算放大器及其应用；在数字电路基础部分，侧重集成数字电路及其应用。对于电子器件，重点讲述其外部特性，对内部电路或机理不做特别要求；对于电子电路，以定性分析为主，通过应用举例联系工程实际，体现"掌握概念，强化应用"的原则。

本书由姜斯平任主编，于莲双、张亚勤、李漫漫、姚蝶任副主编，全书由刘洁主审。其中，第 1、2、9 章由于莲双编写，第 8、10、11 章由李漫漫编写，第 4、5 章由姚蝶编写，其余章节由姜斯平编写并负责整体编写工作及教材大纲的确定，张亚勤及刘洁负责核对工作。本书在编写过程中得到了校领导、院领导和同事的关心、支持与帮助，在此表示深深的谢意。

本书配有免费的电子教学资源，请登录华信教育资源网（www.hxedu.com.cn），免费注册后下载。

由于编者水平有限，书中不妥之处在所难免，敬请读者批评指正。

编　者

目 录

第一部分　电工基础

第二部分　模拟电子电路

第三部分 数字电路基础

第一部分　电工基础

第 1 章　电路和电路元件

在人们的日常生活和工农业生产中，电工电子技术应用日益广泛，直流电路是电工电子技术的基础。本章主要介绍直流电路的有关概念和物理量、常用电路元件（电阻元件、电感元件、电容元件）、电源模型、电路的基本定律和基本分析方法，为进一步学习电工电子技术打下基础。

1.1　电路及其基本物理量

1.1.1　电路的组成及作用

电路是电流的通路，是人们为了某种需要，将某些电工、电子元器件或设备按某种方式连接而成的。

电路按其作用通常可分为两种。一种电路用于电能的传输和转换。这种电路的特点是电压高、电流和功率大，通常称为“强电”。例如，家庭或教室中的日光灯照明电路是由交流电源、日光灯管、镇流器、启动器、开关等用导线连接而成的。另一种电路用于电能的传递和处理。这种电路的特点是电压较低、电流和功率较小，通常称为“弱电”。例如，收音机电路是由信号接收装置、放大器、扬声器和电源等组成的。它将接收装置（信号源）载有声音的电磁波转换为相应的电信号，通过放大器传递和处理信号，送到扬声器还原为声音。

由以上两种实际电路可见，虽然构成电路的电气装置不同，但电路都包括电源（或信号源）、负载和导线 3 个基本部分，其作用是输送和转换电能或传递和处理电能。最简单的电路如手电筒电路，它是由干电池（电源）、灯泡（负载）和开关及导线（中间环节）组成的，可用如图 1.1.1 所示的电路来表示。其中，电源用电动势 E 及其内阻 R_0 串联表示，灯泡用电阻 R 表示。

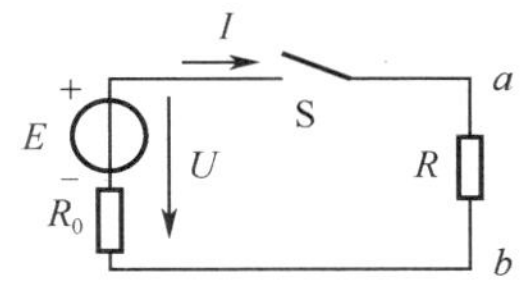

图 1.1.1　手电筒电路示意图

电源是提供电能的装置，如发电机和蓄电池、干电池等，它们分别把机械能和化学能转换为电能。

负载是取用电能的装置，如电灯、电炉、电动机等，它们分别把电能转换为光能、热能、机械能等。

中间环节包括导线及开关、熔断器等，是连接电源和负载的部分，起传输、控制和分配电能的作用。

1.1.2 电路中的基本物理量

1. 电流及其参考方向

电流是由电荷（带电粒子）有规则地定向移动形成的，在数值上等于单位时间内通过导体横截面的电荷量，称为电流强度，简称电流。设在极短的时间 dt 内，通过导体横截面 S 的电荷量为 dq，则电流 i 为

$$i=\frac{\mathrm{d}q}{\mathrm{d}t} \tag{1.1.1}$$

式（1.1.1）表明电流的大小取决于电荷量 q 对时间 t 的变化率。如果电流 i 不随时间变化，那么 $\frac{\mathrm{d}q}{\mathrm{d}t}$ 为常量，称这种电流为恒定直流电流，用大写字母 I 表示，这样，式（1.1.1）可写为

$$I=\frac{q}{t} \tag{1.1.2}$$

式中，q 是在时间 t 内通过导体横截面 S 的电荷量，单位是安培，简称安（A）。电流的辅助单位有千安（kA）、毫安（mA）、微安（μA），它们之间的换算关系为

$$1\text{kA}=10^3\text{A}，1\text{A}=10^3\text{mA}，1\text{mA}=10^3\mu\text{A}$$

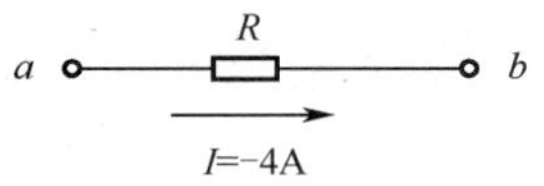

图 1.1.2 电流的参考方向

习惯上规定正电荷移动的方向或负电荷移动的相反方向为电流的方向（实际方向），如图 1.1.2 所示。

在分析电路时，往往事先难以判断电流的实际方向，为了分析和计算方便，可任意假定一方向作为电流的参考方向或称正方向，当电流的实际方向与参考方向一致时，计算结果为正值，反之计算结果为负值。

例如，在如图 1.1.2 所示的电路中，在电流标定参考方向的情况下，$I=-4$A，说明电流的参考方向与实际方向相反，即电流的实际方向为由 b 指向 a。

2. 电压及其参考方向

在如图 1.1.1 所示的电路中，干电池具有电动势 E。电动势的定义是，在电源内部，外力将单位正电荷从电源负极移至电源正极所做的功。电动势的单位是伏特，简称伏，用 V 表示，其实际方向是在电源内部由负极（低电位端）指向正极（高电位端）。

当开关 S 闭合后，在电源电动势的作用下，电路中有电流 I 通过，电阻两端得到电压 U_{ab}。

电压 U_{ab} 的定义是，电场力将单位正电荷从电路中的 a 点移至 b 点所做的功。电压 U_{ab} 也是 a、b 两点的电位差，其实际方向是由高电位指向低电位，单位也是伏（V）。电压的辅助单位有千伏（kV）、毫伏（mV）和微伏（μV），它们之间的换算关系为

$$1\text{kV}=10^3\text{V}，1\text{V}=10^3\text{mV}，1\text{mV}=10^3\mu\text{V}$$

在分析电路时，如果电压的实际方向不能确定，则可任意设定电压的参考方向，只有在参考方向设定之后，电压的正负才有意义。电压的参考方向可用“+”“−”极性符号表示，如图 1.1.3 所示，“+”表示高电位端，“−”表示低电位端；也可用箭头表示，电压 U 的箭头所指的方向表示电位降低的方向。

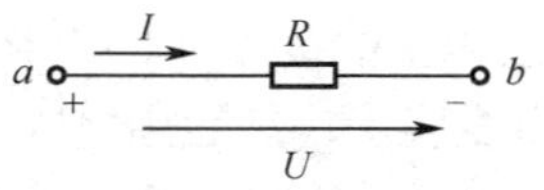

图 1.1.3 电压和电流的关联方向

一个元件或一段电路上电压和电流的参考方向可以任意设定。通常取电压和电流的参考方向一致，称为关联参考方向，简称关联方向。参考方向又叫正方向，如果没有特别说明，那么本书电路图中所标的电流、电压和电动势的方向都是关联方向。

3. 电路功率

功率是在电路分析中经常用到的一个物理量。在电路中，若正电荷从某个元件的电压正极经元件移动到电压负极，则电场力对电荷做功，此时该元件吸收电能；反之，若正电荷从元件的电压负极经元件移动到电压正极，则该元件向外释放电能。若用 W 表示元件吸收或释放的电能，则可得

$$W = Uq$$

若通过元件的电流为 I，通电时间为 t，则由 $I = \frac{q}{t}$ 可得电能 W 为

$$W = UIt \tag{1.1.3}$$

即元件吸收或释放的电能等于该元件上的电压 U、电流 I 和通电时间 t 的乘积，其单位为焦耳，用 J 表示，有时也用千瓦时（kW·h）表示：

$$1[\mathrm{J}]=1[\mathrm{V}]\cdot 1[\mathrm{A}]\cdot 1[\mathrm{s}]$$

$$1\ [\mathrm{kW\cdot h}]=10^3[\mathrm{W}]\cdot 1[\mathrm{h}]=3.6\times 10^5[\mathrm{J}]$$

功率 P 为

$$P = \frac{W}{t} = UI \tag{1.1.4}$$

式中，功率 P 的单位是瓦特，简称瓦，用 W 表示，且有

$$1[\mathrm{W}]=1[\mathrm{V}]\cdot 1[\mathrm{A}]$$

功率 P 的辅助单位有千瓦（kW）、毫瓦（mW），它们之间的换算关系为

$$1\mathrm{kW}=10^3\mathrm{W}，1\mathrm{W}=10^3\mathrm{mW}$$

在分析电路时，不仅要确定电路中的电压和电流及功率，还应清楚电路中哪个元件是电源（或起电源的作用），哪个元件是负载（或起负载的作用）。

可根据元件上电压 U 和电流 I 的参考方向来确定某一元件是电源还是负载。当某一元件上电压和电流的参考方向一致时，分以下两种情况。

（1）$P=UI<0$，该元件为电源或起电源的作用。

（2）$P=UI>0$，该元件为负载或起负载的作用。

若电压 U 和电流 I 的参考方向不一致，则电源的功率为正值，负载的功率为负值。

例 1.1.1　试求如图 1.1.4 所示的电路中各元件吸收的功率。

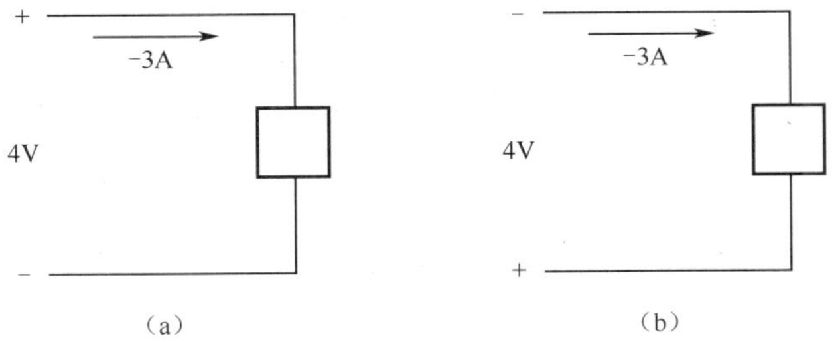

图 1.1.4　例 1.1.1 的电路图

解　在图 1.1.4（a）中，根据所选电压、电流为关联方向，可知元件吸收的功率为

$$P=UI=4\times(-3)=-12\ (\mathrm{W})$$

此时元件吸收的功率为−12W，即该元件释放的功率为 12W。

在图 1.1.4（b）中，根据所选电压、电流为非关联参考方向，可知元件吸收的功率为

$$P=-UI=-4\times(-3)=12\text{（W）}$$

此时，元件吸收的功率为 12W。

电路中某一元件是电源还是负载也可根据其电压 U 和电流 I 的实际方向来判定。

电源：电压 U 和电流 I 的实际方向相反，电流 I 从电源“+”端流出，释放功率。

负载：电压 U 和电流 I 的实际方向相同，电流 I 从电源“+”端流入，吸收功率。

例如，蓄电池向外供电（放电）时，其电压与电流的实际方向相反，蓄电池处于电源状态；而当由外电源给蓄电池充电时，其电压与电流的实际方向相同，蓄电池处于负载状态。

1.1.3 电路的工作状态

下面以如图 1.1.5 所示的直流电路为例，分别讨论电路在有载工作、开路与短路状态下的电流、电压及功率。

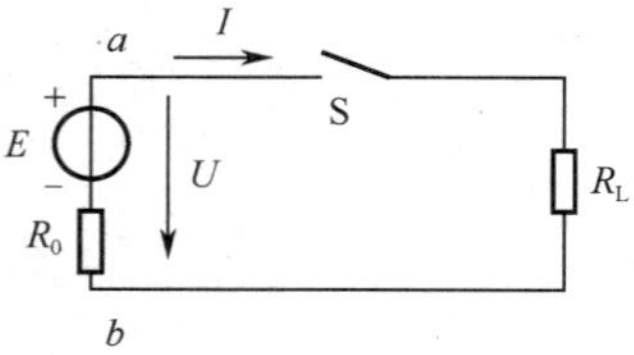

图 1.1.5 电路的有载工作状态

1. 有载工作状态

将如图 1.1.5 所示的电路的开关 S 合上，使电路接通，此时，该电路处于有载工作状态。

根据欧姆定律，可得电路中的电流 I 为

$$I=\frac{E}{R_0+R_L} \tag{1.1.5}$$

而负载电阻两端的电压 U 为

$$U=IR_L$$

由以上两式可得

$$U=E-IR_0 \tag{1.1.6}$$

由式（1.1.6）可见，当电路有载工作时，电源两端的电压低于电源的电动势，两者之差为电流通过电源内阻产生的电压降 IR_0。电流越大，电源两端的电压下降越多，当 $R_0 \ll R_L$ 时，$U \approx E$。

若将式（1.1.6）两边乘以电流 I（电路中通过的电流相等），则可得功率平衡式为

$$UI=EI-I^2R_0$$

即

$$P=P_E-\Delta P \tag{1.1.7}$$

式中，$P_E=EI$ 为电源产生的功率；$\Delta P=I^2R_0$ 为电源内阻损耗的功率；$P=UI$ 为电源输出的功率。

例 1.1.2 在如图 1.1.6 所示的发电机（电动势为 E_1）向蓄电池（电动势为 E_2）供电的电路中，已知 U=13V，I=10A，内阻 $R_{01}=R_{02}=0.1\Omega$。

（1）电源的电动势 E_1 和负载（此时为蓄电池）的反电动势 E_2 分别是多少？

（2）验证功率平衡式。

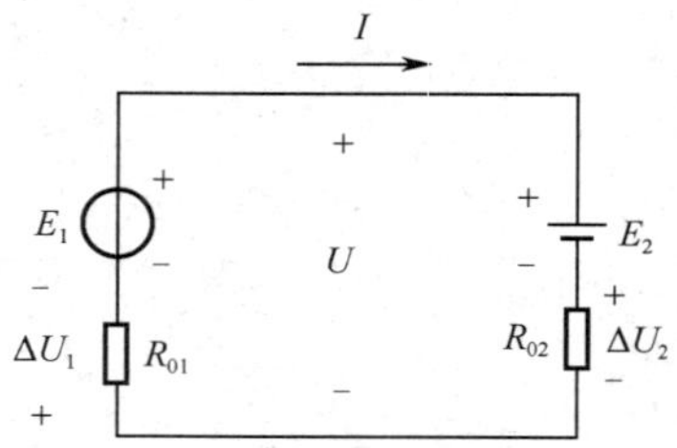

图 1.1.6 例 1.1.2 的电路图

解 （1）由于 $U=E_1-IR_{01}$，因此发电机的电动势为

$$E_1=U+IR_{01}=13+10\times0.1=14\text{（V）}$$

对于蓄电池的电动势，由于

$$U=E_2+IR_{02}$$

因此得

$$E_2=U-IR_{02}=13-10\times0.1=12\text{（V）}$$

（2）由于 $E_1=E_2+IR_{01}+IR_{02}$，因此电源（发电机）产生的功率为

$$E_1I=E_2I+I^2R_{01}+I^2R_{02}=14\times10=140\text{（W）}$$

负载（蓄电池）吸收的功率及电源内阻损耗的功率为

$$E_2I+I^2R_{01}+I^2R_{02}=12\times10+100\times0.1+100\times0.1=140\text{（W）}$$

由此可知，在一个电路中，电源产生的功率和负载吸收的功率及电源内阻损耗的功率是平衡的。

各种电气设备的电压、电流和功率都有一个额定值，一般将其标在铭牌上或写在说明书中。额定值是制造厂为了使产品能在给定的工作条件下正常运行而规定的正常允许值。使用时应特别注意这些数据，按照规定的条件正确使用，一般不应超过额定值，以免损坏元器件或设备。由于使用中受到外界的影响，如电源电压经常波动，稍低于或稍高于额定电压，因此设备的电压、电流和功率的实际值不一定等于其额定值。

2. 开路状态

将如图 1.1.7 所示的电路的开关 S 断开，电源处于开路（断路）状态。

开路时，电路中没有电流通过，电源两端的电压（称为开路电压或空载电压）U 等于电源的电动势，即

$$\left.\begin{aligned}I&=0\\U&=E\\P&=0\end{aligned}\right\}\qquad(1.1.8)$$

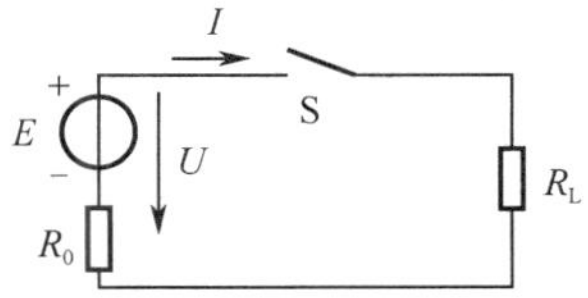

图 1.1.7　电路的开路状态

3. 短路状态

在如图 1.1.8 所示的电路中，当因某种原因将电源两端短接时，电源被短路。此时有

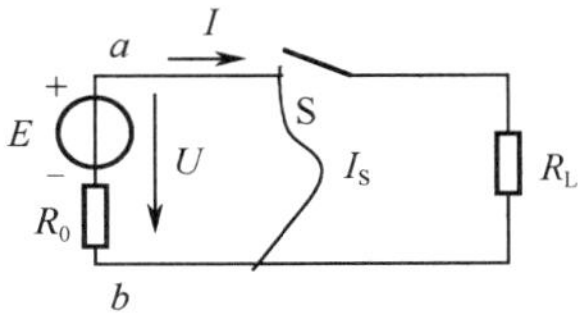

图 1.1.8　电路的短路状态

$$\left.\begin{aligned}&I=I_S=\frac{E}{R_0}\\&U=0\\&P_E=\Delta P=I^2R_0\\&P=0\end{aligned}\right\}\qquad(1.1.9)$$

当电源短路时，电流不通过负载，此电流称为短路电流 I_S，这时电路中的电流很大，可能烧坏导线和电源，应尽力避免。为了防止电路短路引起严重的后果，通常在电路中串联熔断器或自动断路器。

例 1.1.3　已知某汽车蓄电池的电动势 E=12V，内阻 R_0=0.01Ω。求当因某种原因使蓄电池短路时的电流。

解　根据式（1.1.9），可知短路电流为

$$I=I_S=\frac{E}{R_0}=\frac{12}{0.01}=1200\text{（A）}$$

由此可见，电源短路时的电流很大，易损坏电源，引起火灾。

1.2　电阻元件、电感元件和电容元件

构成电路的元件种类很多，如果把这些元件画在电路中，则不便于分析和计算。为此，需要将实际电路元件理想化、模型化，以突出其主要电磁特性。通常在电路中存在电能的消耗、磁场能量和电场能量的储存这 3 种基本的能量转换过程，因此可用电阻元件、电感元件和电容元件来分别表征。只含有一个电路参数的电阻元件、电容元件、电感元件分别称为理想电阻元件、理想电感元件和理想电容元件，简称电阻元件、电感元件和电容元件，其图形符号如图 1.2.1 所示。

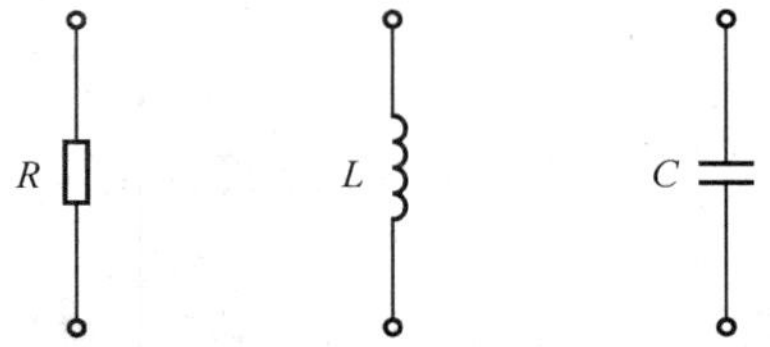

（a）电阻元件　（b）电感元件　（c）电容元件

图 1.2.1　电阻元件、电感元件和电容元件的图形符号

理想电路元件都是线性元件，全部由线性元件组成的电路称为线性电路。本节讨论电阻、电感和电容这 3 个理想电路元件的基本特性，并介绍实际的电阻、电感和电容的主要参数。

1.2.1　电阻元件

1. 电阻元件简介

电阻元件简称电阻。通过电阻的电流和电阻两端的电压之间的关系称为电阻的伏安特性。如果电阻的伏安特性曲线在 u-i 平面上是一条经过坐标原点的直线，则该电阻称为线性电阻。通过线性电阻的电流 i 和其两端的电压 u 之间的关系可用欧姆定律表示，当 u、i 的参考方向一致时（见图 1.2.2），有

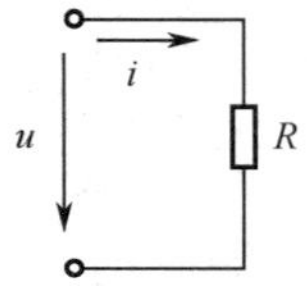

图 1.2.2　电阻元件

$$i=\frac{u}{R} \text{ 或 } u=iR \qquad (1.2.1)$$

在式（1.2.1）中，R 是电阻的阻值，是一个与电压、电流无关的常数，基本单位是欧姆，用Ω表示，辅助单位有千欧（kΩ）、兆欧（MΩ），它们之间的换算关系为

$$1\text{k}\Omega=10^3\Omega,\ 1\text{M}\Omega=10^3\text{k}\Omega$$

电阻是一个耗能元件，其从电源吸收的电能全部转换为热能，是不可逆的能量转换过程。电阻吸收的功率为

$$p=ui=i^2R=\frac{u^2}{R} \qquad (1.2.2)$$

电阻吸收的电能为

$$W=\int i^2R\mathrm{d}t \qquad (1.2.3)$$

若电阻的电压和电流之间不是线性关系，则称电阻为非线性电阻，如电子电路中的二极管。本书讨论的电阻均为线性电阻。

2. 电阻的串联和并联

在电路中，电阻的连接方法是多种多样的，常用的有串联和并联。

（1）电阻的串联。

将几个电阻依次相连，使各个电阻中通过的电流相等，这种连接方法称为电阻的串联，如图 1.2.3 所示。

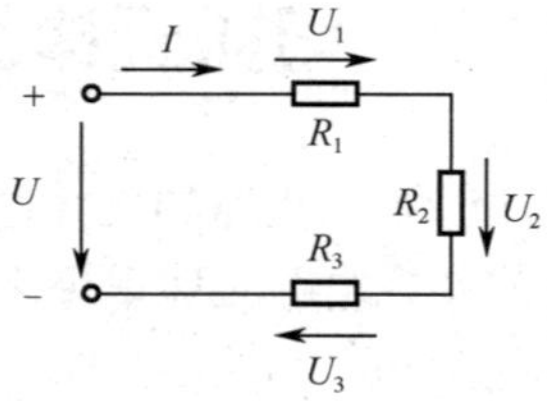

图 1.2.3　电阻的串联

在如图 1.2.3 所示的电路中，3 个电阻组成串联电路，通过它们的电流均为 I，各电阻上的电压分别为 U_1、U_2、U_3，此时电路两端的总电压 U 为

$$U=U_1+U_2+U_3 \qquad (1.2.4)$$

而电路两端的等效电阻 R 为

$$R=R_1+R_2+R_3 \tag{1.2.5}$$

根据欧姆定律，电路中的电流 I 为

$$I=\frac{U}{R}=\frac{U}{R_1+R_2+R_3} \tag{1.2.6}$$

故各个电阻上的电压分别为

$$\left.\begin{aligned} U_1=IR_1=\frac{R_1}{R_1+R_2+R_3}U \\ U_2=IR_2=\frac{R_2}{R_1+R_2+R_3}U \\ U_3=IR_3=\frac{R_3}{R_1+R_2+R_3}U \end{aligned}\right\} \tag{1.2.7}$$

式（1.2.7）称为电阻串联电路的分压公式，表示电阻串联电路的电阻上的电压与该电阻的阻值成正比。

在电路中，若电源电压比负载的额定电压高，则可采用电阻串联的方法进行分压。有时为了限制某些元器件中通过的电流不至于过大，通常采用串联限流电阻的方法解决；如果需要改变电路中的电压和电流，则也可在电路中串联一个变阻器（可调电阻）进行调节。

例 1.2.1　在如图 1.2.4 所示的电路中，两个电阻串联，已知 U=100V，R_1=8Ω，U_1=40V，求 R_2、U_2、I。

解　根据电阻串联电路的分压公式

$$U_1=\frac{R_1}{R_1+R_2}U$$

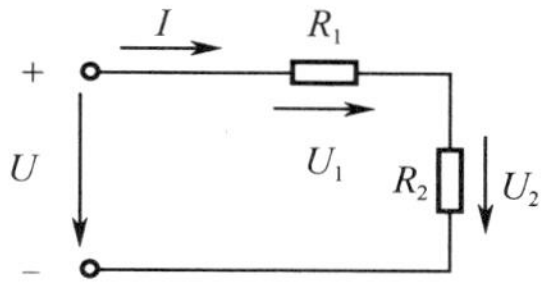

图 1.2.4　例 1.2.1 的电路图

可得 R_2 为

$$R_2=\frac{R_1}{U_1}U-R_1=\frac{8}{40}\times 100-8=12\text{（Ω）}$$

进而得

$$U_2=U-U_1=100-40=60\text{（V）}$$

$$I=\frac{U}{R_1+R_2}=\frac{100}{8+12}=\frac{100}{20}=5\text{（A）}$$

（2）电阻的并联。

将几个电阻并列连接在电路两端，使各个电阻承受的电压相等，这种连接方法称为电阻的并联，如图 1.2.5 所示。

在如图 1.2.5 所示的两个电阻并联的电路中，通过 R_1、R_2 的电流分别为 I_1、I_2，电路中的总电流为 I，方向如图所示，因此有

$$I=I_1+I_2 \tag{1.2.8}$$

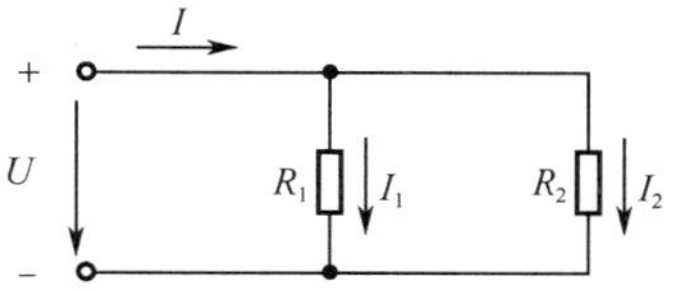

图 1.2.5　电阻的并联

根据欧姆定律，通过 R_1、R_2 的电流分别为

$$I_1=\frac{U}{R_1}$$

$$I_2=\frac{U}{R_2}$$

因此总电流 I 为

$$I=I_1+I_2=\frac{U}{R_1}+\frac{U}{R_2}=\left(\frac{1}{R_1}+\frac{1}{R_2}\right)U=\frac{U}{R}$$

式中

$$\frac{1}{R}=\frac{1}{R_1}+\frac{1}{R_2} \tag{1.2.9}$$

即在电阻的并联电路中，等效电阻 R 的倒数等于各个电阻的倒数之和。

若用 G 表示电阻 R 的倒数，则式（1.2.9）可写为

$$G=G_1+G_2$$

G 称为电导，单位是西门子（S）。

当只有两个电阻并联时，其等效电阻可写为

$$R=\frac{R_1R_2}{R_1+R_2} \tag{1.2.10}$$

当两个电阻并联时，每个电阻中通过的电流分别为

$$\left.\begin{aligned}I_1&=\frac{U}{R_1}=\frac{IR}{R_1}=\frac{R_2}{R_1+R_2}I\\I_2&=\frac{U}{R_2}=\frac{IR}{R_2}=\frac{R_1}{R_1+R_2}I\end{aligned}\right\} \tag{1.2.11}$$

式（1.2.11）又称为两个电阻并联的分流公式。由此可知，当总电流 I 不变时，并联电阻的阻值越大的支路的电流越小。

电阻的并联应用很广泛。一般负载都是并联的，其承受的电压相等，各个支路工作时彼此不受影响（如照明电路、汽车电路）。

例 1.2.2 已知 R_1=24Ω，R_2=16Ω，将其并联接入电路，如图 1.2.5 所示，电流 I=10A，求 I_1、I_2 及 U。

解 根据两个电阻并联的分流公式得

$$I_1=\frac{R_2}{R_1+R_2}I=\frac{16}{24+16}\times10=4\text{（A）}$$

$$I_2=\frac{R_1}{R_1+R_2}I=\frac{24}{24+16}\times10=6\text{（A）或}I_2=I-I_1=10-4=6\text{（A）}$$

$$U=I_1R_1=I_2R_2=IR=4\times24=96\text{（V）}$$

在实际应用中，电阻的连接方法既有串联，又有并联，称为混联或复联。分析这类电路时，要根据电路的具体结构，运用电阻的串、并联关系简化电路。

例 1.2.3 图 1.2.6（a）所示为电阻复联电路，已知 R_1=200Ω，R_2=40Ω，R_3=R_4=20Ω，电源电压 U=220V，求电流 I_1。

解 电路可化简，如图 1.2.6（b）～（d）所示，其中

$$R_{34}=R_3+R_4=20+20=40\text{（Ω）}$$

$$R_{ab}=\frac{R_2R_{34}}{R_2+R_{34}}=\frac{40\times40}{40+40}=20\text{（Ω）}$$

$$R=R_1+R_{ab}=200+20=220\text{（Ω）}$$

因此

$$I_1=\frac{U}{R}=\frac{220}{220}=1\text{（A）}$$

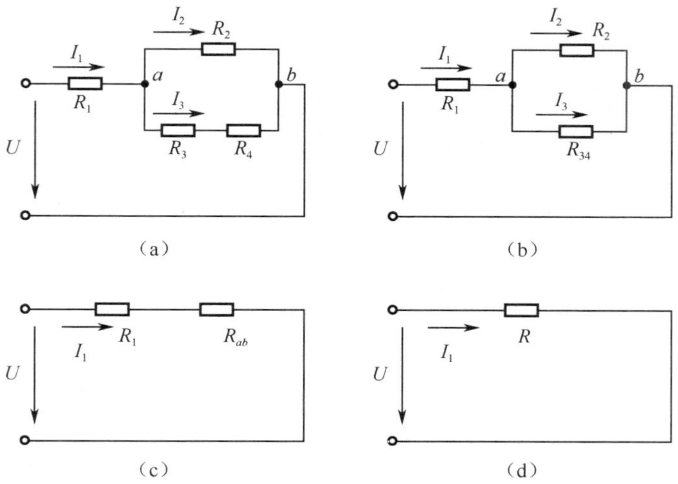

图 1.2.6　例 1.2.3 的电路图

在电路分析中，有时为使电路简化，常常要应用电位的概念来进行分析和计算。

电路中某一点的电位就是该点到参考点（零电位点）的电压。因此，在讨论电位时必须规定一个参考点。通常规定大地、设备的机壳及电路中许多元件汇集在一起的公共点为参考点，用符号“⊥”表示。比参考点的电位高的电位为正值，比参考点的电位低的电位为负值。电位的单位与电压的单位相同。

例 1.2.4　在如图 1.2.7 所示的电路中，已知 E_1=12V，E_2=6V，R_1=2Ω，R_2=3Ω，R_3=4Ω，d 为参考点，求 V_a、V_b、V_c 及 U_{ab}、U_{cb}、U_{ac}。

解　电路中的电流为

$$I=\frac{E_1+E_2}{R_1+R_2+R_3}=\frac{12+6}{2+3+4}=2\text{（A）}$$

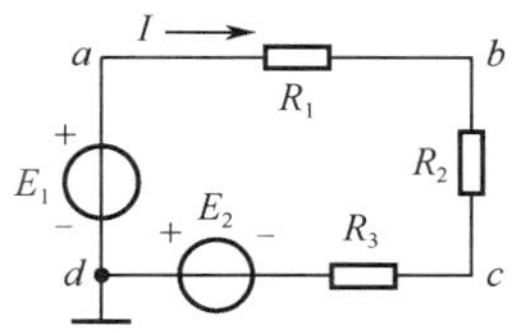

图 1.2.7　例 1.2.4 的电路图

$$V_a=E_1=12\text{（V）}$$

$$V_b=IR_2+IR_3-E_2=2\times3+2\times4-6=8\text{（V）}$$

$$V_c=IR_3-E_2=2\times4-6=2\text{（V）}$$

$$U_{ab}=V_a-V_b=12-8=4\text{（V）}$$

$$U_{cb}=V_c-V_b=2-8=-6\text{（V）}$$

$$U_{ac}=V_a-V_c=12-2=10\text{（V）}$$

电路中的每一点都有一个确定的电位。若参考点选得不同，则电路中各点的电位也不同，但是任意两点间的电压是不变的。因此各点电位的高低是相对的；而任意两点间的电压是绝对的，与参考点的选择无关。

在电子电路中，为了分析和计算电路方便，通常运用电位的概念使电路简化。例如，可把图 1.2.8（a）所示的电路简化成图 1.2.8（b）所示的形式。

电阻的种类很多，常用的有金属膜电阻、碳膜电阻、绕线电阻等。

电阻的主要参数包括额定功率（或额定电流）、标称阻值（电阻上标出的阻值）、允许偏差（电阻的实际阻值和标称阻值相差的数值与标称阻值之比的百分数）。

例如，某 RJ-2 型金属膜电阻，其额定功率为 2W、标称阻值为 820Ω、允许偏差为±5%。

在选用电阻时，不仅要考虑阻值是否符合要求，还要考虑该电阻在使用中实际消耗的功率（或通过的电流）不能超过其额定功率（或额定电流），否则会使电阻损坏。

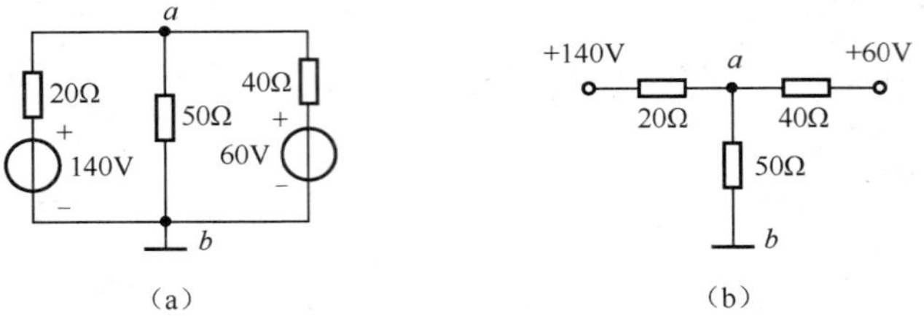

图 1.2.8　电路简化

1.2.2　电感元件

电感元件简称电感。当电感中有电流 i 通过时，将在其周围产生磁场。当通过电感线圈的磁通 Φ 发生变化时，在其中产生感应电动势。感应电动势 e 的大小与磁通 Φ 的变化率成正比，其方向取决于磁通的变化情况，习惯上规定感应电动势 e 的参考方向与磁通 Φ 的参考方向符合右手螺旋定则，如图 1.2.9 所示。感应电动势 e 的表达式为

$$e = -\frac{\mathrm{d}\Phi}{\mathrm{d}t} \tag{1.2.12}$$

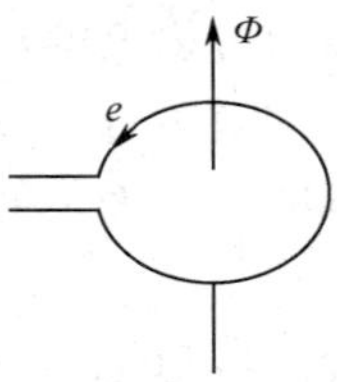

图 1.2.9　e 的参考方向与 Φ 的参考方向符合右手螺旋定则

若电感线圈的匝数为 N，通过每匝线圈的磁通为 Φ，则 N 与 Φ 的乘积 $N\Phi$ 称为线圈的磁链，用 Ψ 表示，Ψ=$N\Phi$，即线圈各匝相交链的磁通总和。通常线圈中的磁通或磁链是由通过线圈的电流 i 产生的，当线圈中没有铁磁材料时，电感中的磁通 Φ 或磁链 Ψ 与电流 i 成正比（线性电感），有

$$N\Phi=Li$$

或

$$L = \frac{N\Phi}{i} = \frac{\Psi}{i} \tag{1.2.13}$$

式中，L 为电感的电感量，又称自感，是一个与磁通 Φ、电流 i 无关的常数，单位为亨利（欧姆·秒），用 H 表示，其辅助单位有毫亨（mH）和微亨（μH），它们之间的换算关系为

1H=1000mH，1mH=1000μH

磁通 Φ 的单位是韦伯，用 Wb 表示。

线圈的电感量与线圈的尺寸、匝数及介质的导磁性能等有关。

当在电感两端加一交变电压 u 时，通过电感的电流 i 也随时间变化，从而引起磁通变化，在线圈中产生感应电动势 e_L，如图 1.2.10（a）所示。

电感的 u、i、e_L 的参考方向如图 1.2.10（b）所示，其中，电压与电流的参考方向一致，电流产生的磁通方向由右手螺旋定则确定，又因为感应电动势的方向与磁通的方向之间符合右手螺旋定则，所以得

$$e_L = -\frac{\mathrm{d}N\Phi}{\mathrm{d}t} = -L\frac{\mathrm{d}i}{\mathrm{d}t} \tag{1.2.14}$$

$$u = -e_L = L\frac{\mathrm{d}i}{\mathrm{d}t} \tag{1.2.15}$$

式（1.2.15）表明电感的端电压 u 与电流 i 对时间的变化率 $\frac{\mathrm{d}i}{\mathrm{d}t}$ 成正比。对恒定电流（直流）

来说，电感的感应电动势和端电压等于零，故电感对直流电路来说相当于短路。

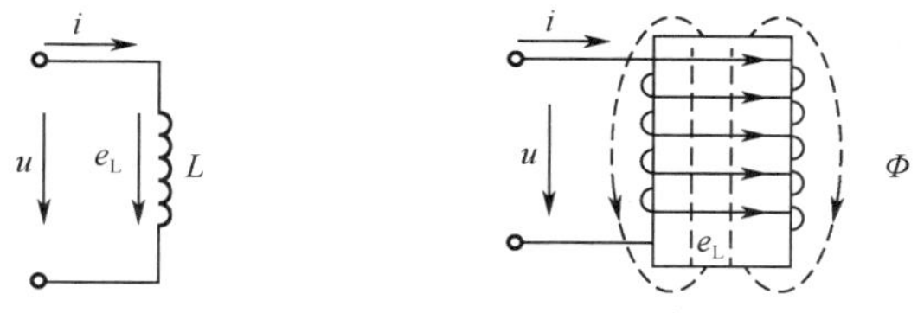

（a）电感的图形符号　（b）电感中电压、电流和磁通的方向

图 1.2.10　电感

电感是一个储能（磁场能量）元件。当通过电感的电流 i 增大时，磁通 Φ 增大，储存在电感线圈中的磁场能量增大。当通过电感的电流 i 减小时，磁场能量将释放出来送回电源。当通过电感的电流 i 减小至零时，磁场能量全部释放出来。故电感本身不消耗能量。当通过电感的电流为 i 时，其储存的磁场能量为

$$W_L = \frac{1}{2}Li^2 \tag{1.2.16}$$

式（1.2.16）表明电感在某一时刻储存的磁场能量取决于该时刻的电流。

在实际使用中，若单个电感不能满足要求，则可将几个电感串联或并联使用。如果不考虑电感间的互感，则两个电感串联时的等效电感为

$$L=L_1+L_2$$

并联时的等效电感为

$$\frac{1}{L}=\frac{1}{L_1}+\frac{1}{L_2}$$

为了增大电感量，有的线圈含有铁芯，称为铁芯线圈。这种线圈是非线性的，而且有铁芯损耗。

电感的主要参数为额定电流和电感量。

例如，某 LG_4 型电感，其最大直流工作电流为 150mA、电感量的标称值为 820μH。

1.2.3　电容元件

电容元件简称电容。当电容两端加有电压 u 时，极板上储存有电荷量 q。当电容两端的电压 u 随时间变化时，极板上储存的电荷量也随之变化，与极板相连的导线中就有电流 i，如图 1.2.11 所示。

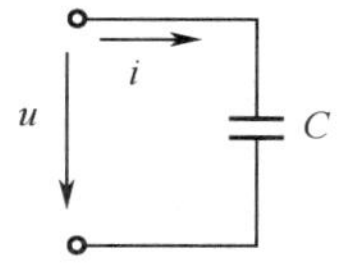

图 1.2.11　电容

极板上储存的电荷量 q 与极板上的电压 u 成正比，即

$$q=uC \tag{1.2.17}$$

式中，C 为电容的电容量，是一个与电荷量 q 和电压 u 无关的常数，单位为法拉，用 F 表示。由于法拉这个单位太大，因此实际应用中常用微法（μF）、皮法（pF）作为单位，它们之间的换算关系为

$$1\text{F}=10^6\mu\text{F}，1\mu\text{F}=10^6\text{pF}$$

电容的电容量与极板的尺寸、介质的介电常数等有关。

当电压 u、电流 i 的参考方向一致时，如图 1.2.11 所示，有

$$i=\frac{\mathrm{d}q}{\mathrm{d}t}=C\frac{\mathrm{d}u}{\mathrm{d}t} \tag{1.2.18}$$

式（1.2.18）表明通过电容的电流 i 与其端电压 u 对时间的变化率 $\frac{\mathrm{d}u}{\mathrm{d}t}$ 成正比。当电容两端的电压是恒定电压时，通过电容的电流 i 等于零，因此电容对直流电路来说相当于开路。

与电感相似，电容也不消耗能量，是一个储能（电场能量）元件，即将电能转换为电场能量储存在极板之间。当电容两端的电压 u 降低时，其储存的电场能量将释放出来送回电源。

当电容两端的电压为 u 时，它储存的电场能量为

$$W_{\mathrm{C}}=\frac{1}{2}Cu^2 \tag{1.2.19}$$

式（1.2.19）表明电容在某一时刻储存的能量取决于该时刻的电压。

在实际使用中，如果用单个电容不能满足要求，则可以将几个电容串联或并联使用。两个电容并联时的等效电容为

$$C=C_1+C_2$$

串联时的等效电容为

$$\frac{1}{C}=\frac{1}{C_1}+\frac{1}{C_2} \text{ 或 } C=\frac{C_1C_2}{C_1+C_2}$$

电容串联时的等效电容小于每个电容，但串联电容的电压与电容成反比，即电容小的分得的电压高。

电容是由用绝缘介质隔开的金属极板组成的。电容的种类很多，常用的有电解电容、涤纶电容、云母电容、瓷介电容、钽电容、纸介电容等。

电容的主要参数为额定电压和标称容量。

例如，某 CJ-10 型纸介电容，其额定直流工作电压为 400V、标称容量为 0.15μF。

电容在使用中，要注意其实际承受的电压不允许超出其额定电压，否则可能因电压过高而击穿电容中的绝缘介质。电解电容是有极性电容，在直流电路中使用时，注意极性不要接反（电解电容的正极接到高电位一侧）。

1.3 独立电源

能够独立地给电路提供电压、电流的器件或装置称为独立电源，如电池、发电机、稳压或稳流电源等。

在电路中，一个电源可以用两种不同的电路模型来表示：一种以电压的形式来表示，称为电压源；一种以电流的形式来表示，称为电流源。本节先介绍这两种理想电源，再讨论实际电源模型和利用电源的等效变换进行电路的计算。

1.3.1 理想电压源和理想电流源

1. 理想电压源

当电源内阻 R_0=0 时，输出电压恒定不变（端电压 U 恒等于电动势 E），即

$$U=E$$

这样的电源称为理想电压源，又称恒压源，其电路如图 1.3.1（a）所示，它的外特性曲线如图 1.3.1（b）所示。

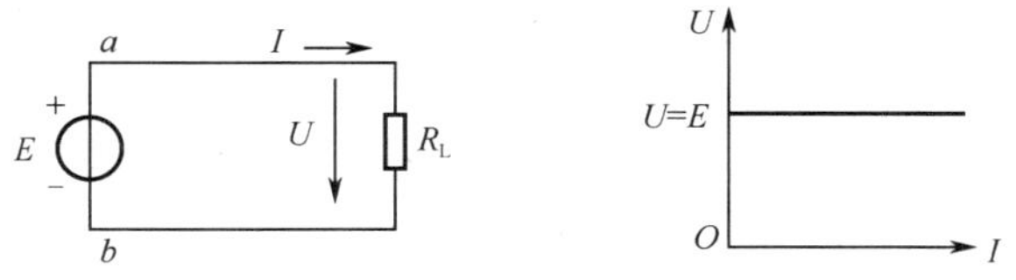

（a）理想电压源电路　　（b）理想电压源的外特性曲线

图 1.3.1　理想电压源

理想电压源具有以下特性。

（1）理想电压源的端电压 U 是恒定值，与通过它的电流大小无关。

（2）通过理想电压源的电流大小由外电路决定。

理想电压源实际上是不存在的，但在实际应用中，当电源内阻 R_0 远小于负载电阻 R_L，即 $R_0 \ll R_L$ 时，内阻压降 $IR_0 \ll U$，于是 $U \approx E$，基本上恒定，此时可把它近似地看作理想电压源，如蓄电池、直流稳压电源、大功率供电电网等。

2. 理想电流源

若电源的输出电流恒定不变，即电流 I 恒等于电流 I_S，则这样的电源称为理想电流源，又称恒流源，其电路如图 1.3.2（a）所示，它的外特性曲线如图 1.3.2（b）所示。

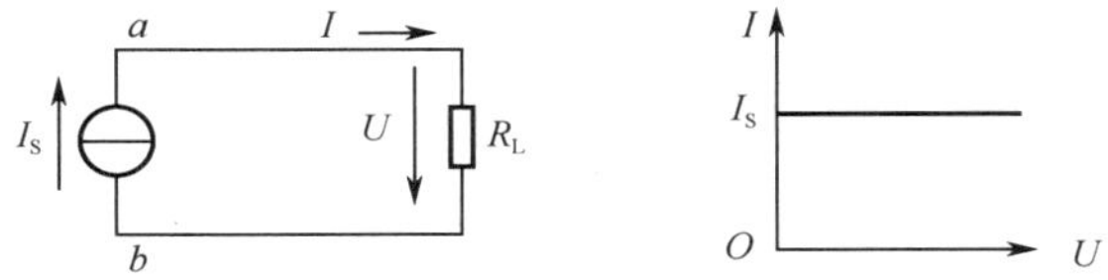

（a）理想电流源电路　　（b）理想电流源的外特性曲线

图 1.3.2　理想电流源

理想电流源具有以下特性。

（1）理想电流源的输出电流 I 是恒定值，与其端电压 U 无关。

（2）理想电流源的端电压 U 的高低由外电路决定。

理想电流源和理想电压源一样，实际上也是不存在的，但是当负载电流 $I \approx I_S$，即基本上恒定时，可以认为其是理想电流源。图 1.3.3 所示为三极管的输出特性曲线，当基极电流 I_B 为某一值并且三极管管压降 U_{CE} 达到某一值时，集电极电流 I_C 可近似认为不变，其大小不随三极管管压降 U_{CE} 的变化而变化。

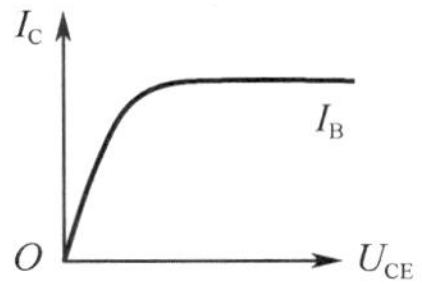

图 1.3.3　三极管的输出特性曲线

1.3.2　实际电源模型

1. 实际电压源模型

任何一个实际电源，如蓄电池、干电池、发电机及各种信号源都含有电动势 E 和内阻 R_0。在分析与计算电路时，通常把它们看作由 E 和 R_0 串联组成的电源的电路模型，这就是实际电压源模型，简称电压源。如图 1.3.4（a）所示，U 为电源的端电压，R_L 为负载电阻，I 为通过负载 R_L 的电流。当内阻 $R_0=0$ 时，实际电压源就成为理想电压源。

根据图 1.3.4（a）所示的电路可得

$$U=E-IR_0 \tag{1.3.1}$$

由此可知，当 E 和 R_0 一定时，输出电压 U 和电流 I 将随 R_L 的变化而变化。由此可作出实际电压源的外特性曲线，如图 1.3.4（b）所示。当电压源开路时，I=0，U=E；当电压源短路时，U=0，$I = I_S = \frac{E}{R_0}$。

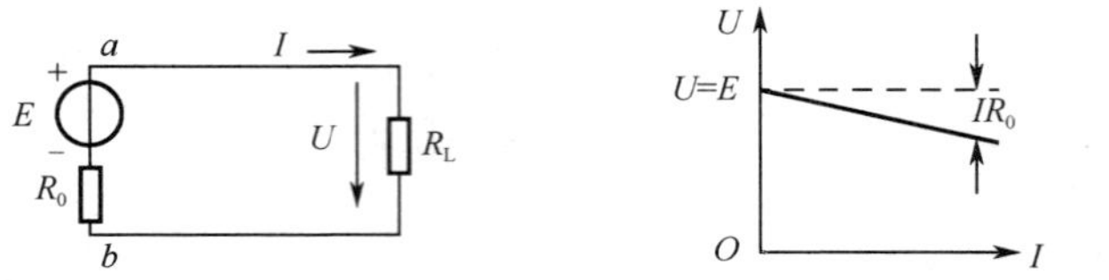

（a）实际电压源模型　　（b）实际电压源的外特性曲线

图 1.3.4　实际电压源

例 1.3.1　已知电压源的电动势 E=12V，当输出电流 I=2A 时，端电压 U=10V，试画出其电压源模型。

解　根据式（1.3.1）可得

$$10=12-2R_0$$

解得

$$R_0=1\Omega$$

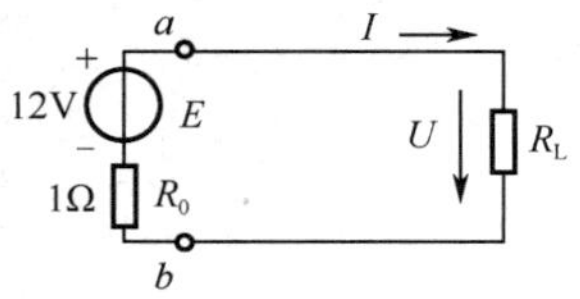

图 1.3.5　例 1.3.1 的电路图

由 R_0 及已知条件 E 可画出电压源模型，如图 1.3.5 所示。

2. 实际电流源模型

电源除可以用电动势 E 和内阻 R_0 串联的电路模型来表示外，还可以用另外一种电路模型——电流源模型来表示。

任何电源内部都有损耗，实际电流源可用一个理想电流源 I_S 和内阻 R_0 并联来表示，如图 1.3.6（a）所示。

由图 1.3.6（a）可知

$$I = I_S - \frac{U}{R_0} \tag{1.3.2}$$

实际使用的稳流电源就是一种具有大内阻的电源，电源的内阻远比负载电阻 R_L 大，其输出电流 $I \approx I_S$，基本恒定。如果电源内阻 $R_0 \to \infty$，即 R_0 支路开路，I=I_S，则这样的电流源就是理想电流源。

由式（1.3.2）可作出实际电流源的外特性曲线，如图 1.3.6（b）所示。

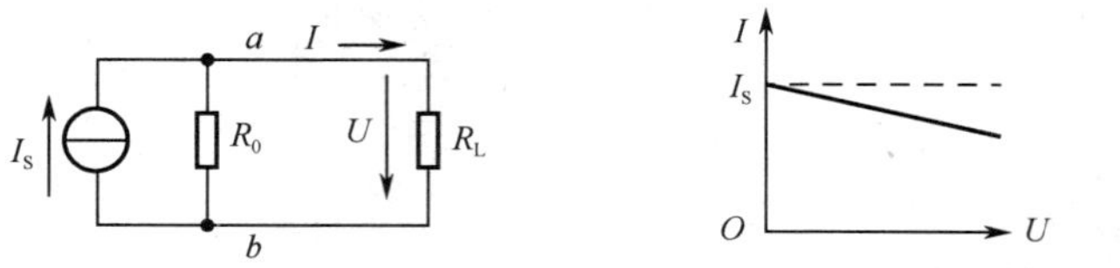

（a）实际电流源模型　　（b）实际电流源的外特性曲线

图 1.3.6　实际电流源

当电流源开路时，I=0，U=$I_S R_0$；当电流源短路时，U=0，I=I_S。

例 1.3.2　已知电流源开路时，I_S=10A；当其向外输出电流 I=8A 时，端电压 U=10V，试画出电流源模型。

解　由式（1.3.2）可得

$$8=10-\frac{10}{R_0}$$

解得

$$R_0=5\Omega$$

由此可画出电流源模型，如图 1.3.7 所示。

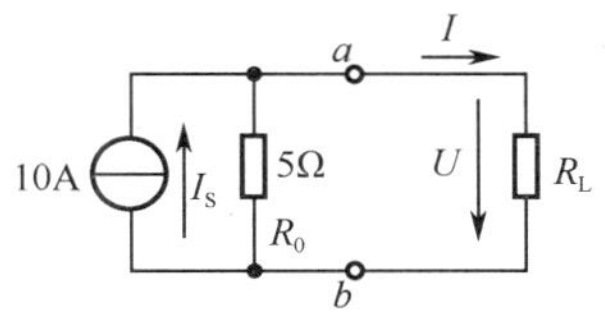

图 1.3.7 例 1.3.2 的电路图

1.3.3 电流源与电压源的等效变换

由前面讨论的两种电源模型可知，电压源和电流源的外特性是相同的。因此可用这两种电源模型进行等效变换来简化电路。下面讨论两种电源模型等效变换的条件。

在如图 1.3.8（a）所示的电路中，对于电压源，其端电压和电流的关系是 $U=E-IR_0$，可写为

$$I=\frac{E-U}{R_0}$$

或

$$I=\frac{E}{R_0}-\frac{U}{R_0} \tag{1.3.3}$$

对于图 1.3.8（b）所示的电流源，其端电压和电流的关系为

$$I=I_S-\frac{U}{R_0'} \tag{1.3.4}$$

比较式（1.3.3）和式（1.3.4），只要

$$R_0=R_0' \tag{1.3.5}$$

$$I_S=\frac{E}{R_0} \tag{1.3.6}$$

式（1.3.3）和式（1.3.4）就完全相同，即两种电源的外特性完全一样。因此，对外电路来说，无论用哪种电源模型，其效果是一样的。式（1.3.5）和式（1.3.6）就是电压源与电流源的等效变换条件。

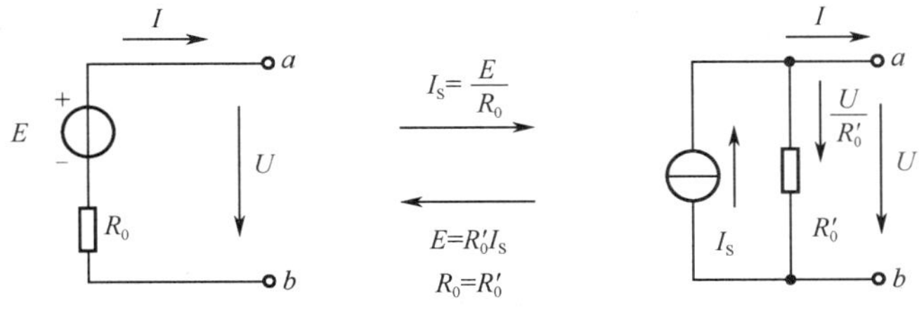

（a）电压源模型　　（b）电流源模型

图 1.3.8 两种电源模型的等效变换

在运用电源模型进行等效变换时，应该注意以下几点。

（1）应保持极性和方向一致，即电流源的电流 I_S 的方向应与电压源的电动势 E 的方向一致。

（2）两种理想电源之间不能等效。因为对理想电压源（R_0=0）来讲，其短路电流 I_S 为无穷大；对理想电流源（R_0=∞）来讲，其开路电压 U_0 为无穷大，都不能得到有限的数值。

（3）所谓等效，就是指对电源以外的电路等效，其内部不等效。

（4）在进行等效变换时，R_0 不限于电源内阻，即只要是与理想电压源串联的电阻或与理想电流源并联的电阻，都可以当作内阻来处理。

（5）在进行等效变换时，为便于简化计算，可将与理想电压源并联的元件除去（断开），不影响该支路电压对外电路的作用；也可将与理想电流源串联的元件除去（短路），不影响该支路电流对外电路的作用。

（6）在运用电源等效变换的方法解题时，应至少保留一条待求支路始终不参与变换，作为外电路存在；等到求出该支路的电流或电压后，将其放回原电路中作为已知量，求出其他支路的电流或电压。

例 1.3.3 用电源等效变换的方法求图 1.3.9（a）所示的 4Ω电阻上的电流 I 及 U_{ab}。

解 电源等效变换的过程如图 1.3.9（b）～（f）所示。

（1）保留 4Ω支路不变，将 6V、3Ω电压源转换为电流源，如图 1.3.9（b）所示。

（2）将两个 2A 电流源合并，如图 1.3.9（c）所示。

（3）将 4A、2Ω电流源转换为电压源，如图 1.3.9（d）所示。

（4）将 8V、(2+2)Ω和 4V、4Ω电压源转换为电流源，如图 1.3.9（e）所示。

（5）将两个电流源合并，如图 1.3.9（f）所示。

最终由电阻并联的分流公式可得到通过 4Ω电阻的电流为

$$I = \frac{2}{2+4} \times 3 = 1\text{（A）}$$

电压 U_{ab} 为

$$U_{ab}=I\times R=1\times4=4\text{（V）}$$

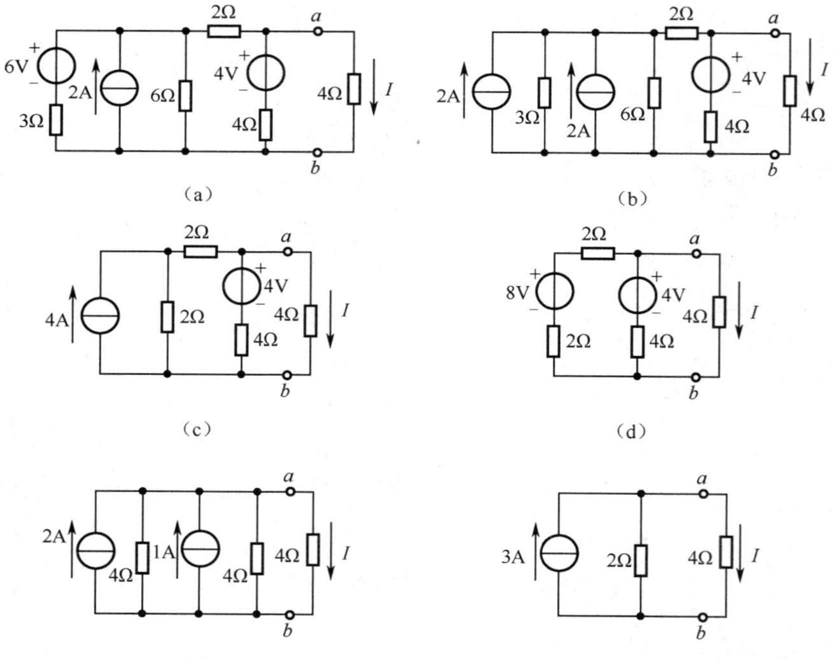

图 1.3.9 例 1.3.3 的电路图

例 1.3.4 用电源等效变换的方法求图 1.3.10（a）所示电路中的 I_3。

解 电源等效变换的过程如图 1.3.10（b）～（d）所示。

（1）保留 I_3 支路不变，将 8A、2Ω电流源转换为 16V、2Ω电压源，将 4V、5Ω电压源转换为 0.8A、5Ω电流源，如图 1.3.10（b）所示。

（2）将 16V、(2+3)Ω电压源转换为电流源，将(0.8−2)A、5Ω电流源转换为电压源，如图 1.3.10（c）所示。

（3）将电流源合并后转换为电压源，可得如图 1.3.10（d）所示的单一回路。由此可求得电流 I_3 为

$$I_3=\frac{1+6+6}{3+5+5}=1\text{（A）}$$

若要求图 1.3.10（a）中的 I_1、I_2、I_4，则将 I_3 放回其中即可。

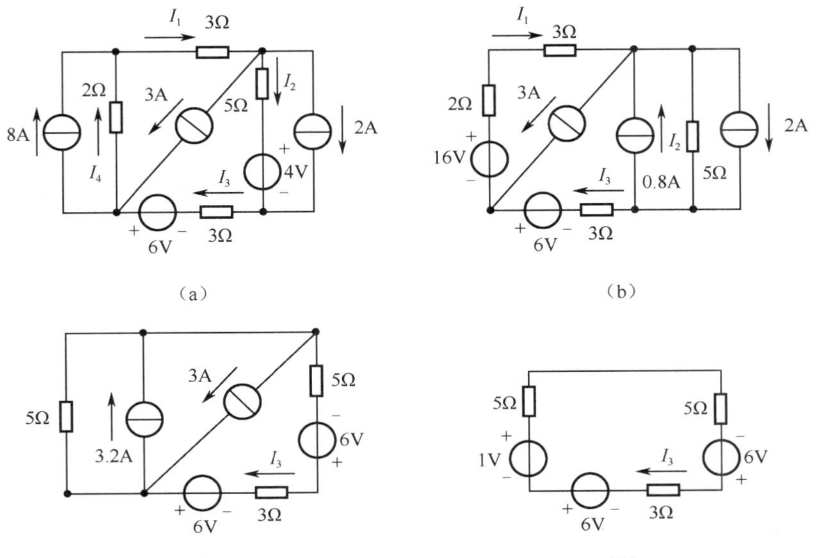

图 1.3.10　例 1.3.4 的电路图

1.4　电路的基本分析方法

基尔霍夫定律与欧姆定律都是用于分析和计算电路的基本定律。基尔霍夫定律包含两部分内容，即基尔霍夫电流定律（KCL，又称节点电流定律），适用于节点；基尔霍夫电压定律（KVL，又称回路电压定律），适用于回路。在介绍基尔霍夫定律前，先介绍电路中的几个名词。

支路： 电路中含有电路元件的每个分支。一条支路流过同一个电流，称为支路电流。

在如图 1.4.1 所示的电路中，共有三条支路，支路电流分别用 I_1、I_2 和 I_3 表示，方向如图所示。其中，支路 *acb* 和 *adb* 中含有电源，称为有源支路；而支路 *ab* 中只有电阻，没有电源，称为无源支路。

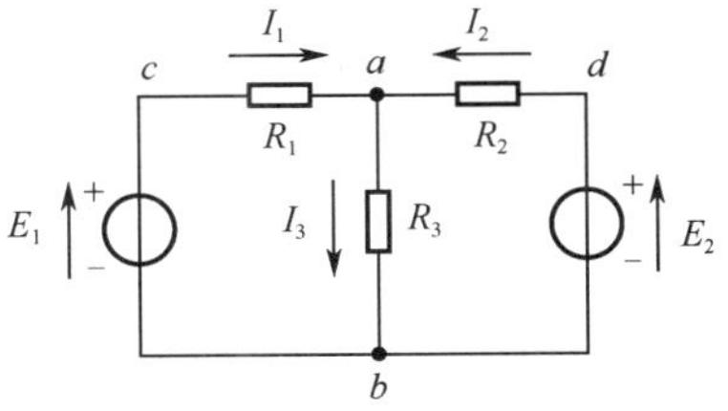

图 1.4.1　电路举例

节点： 电路中三条或三条以上支路的连接点。图 1.4.1 中共有两个节点（节点 *a* 和节点 *b*）。

回路： 电路中任一闭合路径。在如图 1.4.1 所示的电路中，共有三个回路（*acbda*、*abca* 和 *adba*）。

网孔： 在电路中，如果回路没有包围与之相连的另外的支路，则这样的回路称为网孔。在如图 1.4.1 所示的电路中，有两个网孔（*acba* 和 *adba*）。因为回路 *acbda* 中含有支路 *ab*，所以它不是网孔。

1.4.1 基尔霍夫定律及其应用

1. 基尔霍夫电流定律

基尔霍夫电流定律是用来确定连接在电路中任一节点上的各支路电流间的关系的，其内容是，在任一瞬时，通过任意一个节点的电流的代数和恒等于零，即

$$\sum I = 0 \tag{1.4.1}$$

式（1.4.1）规定流入节点的电流为正，流出节点的电流为负。

在如图 1.4.1 所示的电路中，对节点 a 应用基尔霍夫电流定律可得

$$I_1 + I_2 - I_3 = 0$$

或

$$I_1 + I_2 = I_3$$

也就是说，在任一瞬时，流入某一节点的电流之和必等于流出该节点的电流之和。

基尔霍夫电流定律的根据是电流的连续性，假如流入节点的电流不等于流出节点的电流，则在电路中任何一点（包括节点）处必然有电荷堆积，这就破坏了电流的连续性。

利用基尔霍夫电流定律列写节点电流方程时，必须首先确定每一支路电流的方向。如果某一支路电流的方向未知，则可任意假设其方向；若计算结果为正值，则说明假设方向与实际方向相同。

基尔霍夫电流定律不仅适用于电路中的任一节点，还可把它推广应用于包围部分电路的任一封闭面。

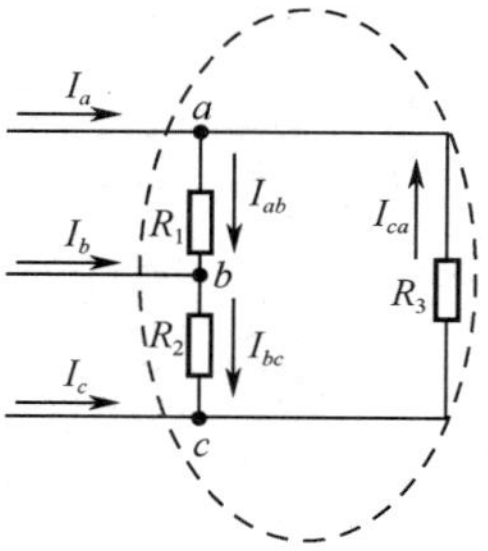

图 1.4.2 基尔霍夫电流定律的推广应用

如图 1.4.2 所示，封闭面内有三个节点 a、b、c，在标定的电流方向下，根据基尔霍夫电流定律可列出各节点电流方程：

$$I_a = I_{ab} - I_{ca}$$
$$I_b = I_{bc} - I_{ab}$$
$$I_c = I_{ca} - I_{bc}$$

将上面三个式子相加，可得

$$I_a + I_b + I_c = 0$$

即

$$\sum I = 0$$

可见，通过任一封闭面的电流的代数和等于零，或者流入任一封闭面的电流之和必等于流出该封闭面的电流之和。

例 1.4.1 在图 1.4.3 中，I_1=4A，I_2=−2A，I_3=−5A，试求 I_4。

解 在标定的各支路电流的方向下，根据基尔霍夫电流定律可列出节点电流方程：

$$I_1 + I_3 = I_2 + I_4$$
$$4 + (-5) = -2 + I_4$$

解得

$$I_4 = 1\text{A}$$

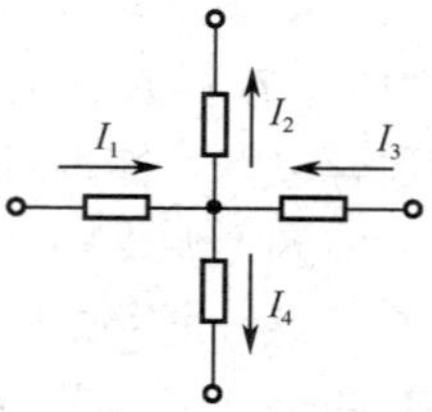

图 1.4.3 例 1.4.1 的电路图

2. 基尔霍夫电压定律

基尔霍夫电压定律是用来确定回路中各段电压间的关系的，其内容是，在任一瞬时，在电路中沿任一回路绕行一周，各段电压的代数和等于零，即

$$\sum U = 0 \tag{1.4.2}$$

在应用式（1.4.2）列写回路电压方程时，必须确定各段电压的正负号。通常规定当各段电压的参考方向与绕行方向一致时取正号，反之取负号。

基尔霍夫电压定律是能量守恒定律的反映。电场力推动单位正电荷从某点出发，沿任一回路绕行一周（回到起点）所做的功为零。

基尔霍夫电压定律也可表述为单位正电荷沿任一回路绕行一周，电位升之和必等于电位降之和。

在如图 1.4.4 所示的电路中，各段电压的参考方向已标出，根据基尔霍夫电压定律，可列出

$$U_{AB} + U_{BC} + U_{CD} - U_{AD} = 0$$

按照图 1.4.4 所示的各电流的参考方向，利用欧姆定律可将上式写为

$$(I_1R_1) + (I_2R_2) + (E_3 - I_3R_3) - (E_4 + I_4R_4) = 0$$

整理得

$$E_4 - E_3 = I_1R_1 + I_2R_2 - I_3R_3 - I_4R_4$$

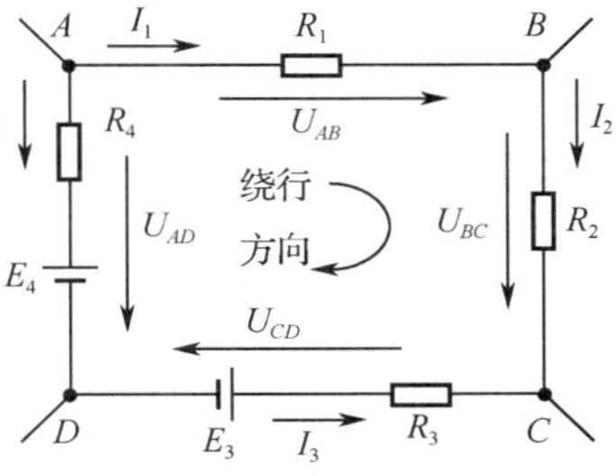

图 1.4.4　电路举例

可表示为

$$\sum E = \sum IR \tag{1.4.3}$$

式（1.4.3）即基尔霍夫电压定律在电阻电路中的另一种表达式。单位正电荷在任一回路内绕行一周，回路中各电阻上电压降的代数和等于各电动势的代数和。

在利用式（1.4.3）列写回路电压方程时，规定当电阻上电流的参考方向与绕行方向一致时，电阻上的电压 IR 取正号，反之取负号；电动势的参考方向与绕行方向一致时，E 取正号，反之取负号。

基尔霍夫电压定律不仅可应用于闭合回路，还可把它推广应用于回路的部分电路。

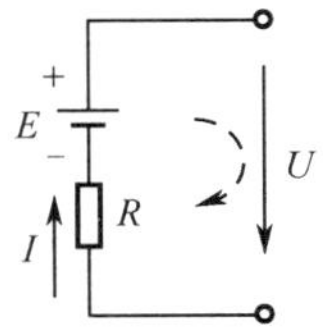
图 1.4.5　基尔霍夫电压定律的推广应用

在如图 1.4.5 所示的电路中，根据基尔霍夫电压定律可列出回路电压方程：

$$E = U + IR$$

或

$$U = E - IR$$

应用基尔霍夫电压定律列写回路电压方程时，通常按以下步骤进行。

（1）假定各支路电流的参考方向。

（2）假定各回路的绕行方向。

（3）应用基尔霍夫电压定律列出回路电压方程。

例 1.4.2　在如图 1.4.6 所示的电路中，试求开路电压 U_{ab}。

解　由于该电路 a、b 两点间开路，因此 I_3=0，在左侧回路 I 中，根据基尔霍夫电压定律，可得

$$3I_1 + 5I_2 = 24$$

因为

$$I_1 = I_2$$

所以

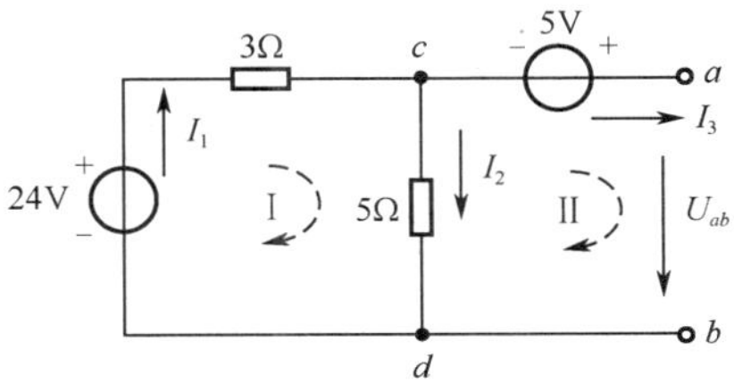

图 1.4.6　例 1.4.2 的电路图

$$I_1 = I_2 = 24 \div (3+5) = 3\text{（A）}$$

在如图 1.4.6 所示的电路中，设 a、b 两点间的电压为 U_{ab}，这样就可将 $abdca$ 看作一个闭合回路，根据基尔霍夫电压定律可列出在顺时针绕行方向下的回路电压方程：

$$5 = U_{ab} - 5I_2$$

即

$$U_{ab} = 5 + 5I_2 = 5 + 5\times 3 = 20\text{（V）}$$

由此可见，基尔霍夫电压定律不仅适用于任一闭合回路，还适用于任一假想的闭合回路。

应该指出，基尔霍夫定律具有普遍性，不仅适用于直流电阻电路，还适用于由各种元件构成的电路，也适用于任何变化的电流和电压。

1.4.2 叠加原理

叠加原理是线性电路的基本原理，其含义是，对于线性电路，由几个电源共同作用产生的任一支路中的电流或电压都可以看作这个电路中各个电源（电压源或电流源）单独作用时分别在此支路中产生的电流或电压的代数和。

运用叠加原理计算复杂电路，就是把多个电源作用的复杂电路简化为几个单电源作用的简单电路进行分析和计算。

使电路中只有一个电源单独作用，就是假设将其余电源均除去（方法是将各个理想电压源短接，使其电动势为零；将各个理想电流源开路，使其电流为零），但是要保留它们的内阻（如果给出的话）。

叠加原理的正确性可以用如图 1.4.7 所示的电路来说明。

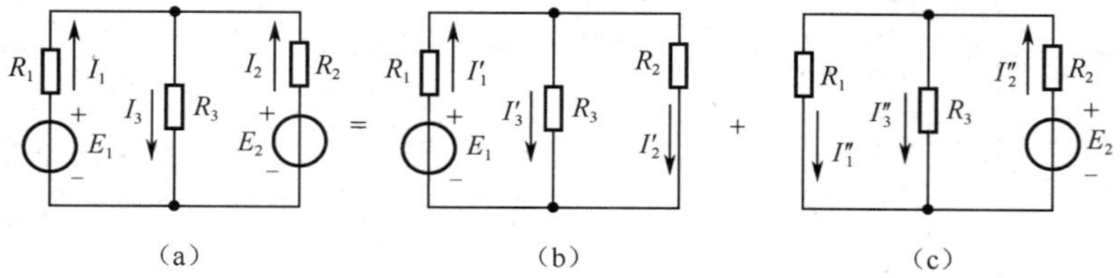

图 1.4.7　叠加原理例图

在图 1.4.7（a）中，以支路电流 I_1 为例，I_1 的大小可用支路电流法求出，即应用基尔霍夫定律列出以下方程组：

$$\left.\begin{aligned} I_1 + I_2 - I_3 = 0 \\ E_1 = I_1R_1 + I_3R_3 \\ E_2 = I_2R_2 + I_3R_3 \end{aligned}\right\} \tag{1.4.4}$$

求解该方程组，得

$$I_1 = \left(\frac{R_2 + R_3}{R_1R_2 + R_2R_3 + R_3R_1}\right)E_1 - \left(\frac{R_3}{R_1R_2 + R_2R_3 + R_3R_1}\right)E_2 \tag{1.4.5}$$

假设

$$\left.\begin{aligned} I_1' = \frac{R_2 + R_3}{R_1R_2 + R_2R_3 + R_3R_1}E_1 \\ I_1'' = \frac{R_3}{R_1R_2 + R_2R_3 + R_3R_1}E_2 \end{aligned}\right\} \tag{1.4.6}$$

则

$$I_1 = I_1' - I_1'' \tag{1.4.7}$$

可见，I_1' 是当电路中只有 E_1 单独作用时，在第一条支路中产生的电流，如图 1.4.7（b）所示；I_1'' 是当电路中只有 E_2 单独作用时，在第一条支路中产生的电流，如图 1.4.7（c）所示。因为 I_1'' 的方向与 I_1 的正方向相反，所以取负号。

同理可得

$$I_2 = -I_2' + I_2'' \tag{1.4.8}$$

$$I_3 = I_3' + I_3'' \tag{1.4.9}$$

应该注意的是，叠加原理只适用于线性电路，用它只能分析和计算线性电路中的电压、电流，功率的分析和计算不能用叠加原理。下面以图 1.4.7 中的 R_3 上的功率为例来说明。由于

$$I_3^{\ 2} R_3 = (I_3' + I_3'')^2 R_3 \neq I_3'^2 R_3 + I_3''^2 R_3$$

因此功率不能叠加。这是因为功率不是电流和电压的一次函数，它们之间不是线性关系。

叠加原理不仅可以用来分析直流电路，还可以用来分析交流电路。

例 1.4.3　在如图 1.4.8（a）所示的电路中，已知 R_1=1Ω，R_2=2Ω，R_3=3Ω，E=12V，I_S=4A，用叠加原理求 R_3 支路的电流 I_3。

解　（1）当理想电压源单独作用时（理想电流源不起作用），其等效电路如图 1.4.8（b）所示。由图 1.4.8（b）可得

$$I_3' = \frac{E}{R_1 + R_3} = \frac{12}{1+3} = 3\ (\text{A})$$

（2）当理想电流源单独作用时（理想电压源不起作用），其等效电路如图 1.4.8（c）所示。由图 1.4.8（c）可得

$$I_3'' = \frac{R_1}{R_1 + R_3} I_S = \frac{1}{1+3} \times 4 = 1\ (\text{A})$$

故

$$I_3 = I_3' - I_3'' = 3 - 1 = 2\ (\text{A})$$

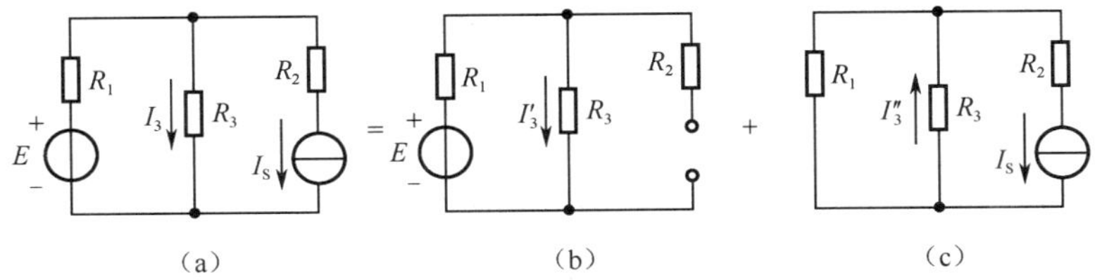

图 1.4.8　例 1.4.3 的电路图

例 1.4.4　用叠加原理求图 1.4.9（a）所示电路中的电流 I。已知 I_S=7A，U_S=7V，R_1=4Ω，R_2=12Ω，R_3=4Ω，R_4=3Ω。

解　根据叠加原理，将电路分解为图 1.4.9（b）、（c），分别求出电流源和电压源单独作用时的电流。

电流源单独作用时的电流为

$$I' = \frac{R_3}{R_3 + R_4} I_S = \frac{4}{4+3} \times 7 = 4\ (\text{A})$$

电压源单独作用时的电流为

$$I'' = \frac{U_S}{R_3 + R_4} = \frac{7}{4+3} = 1\ (\text{A})$$

因此

$$I = I' + I'' = 4 + 1 = 5\text{（A）}$$

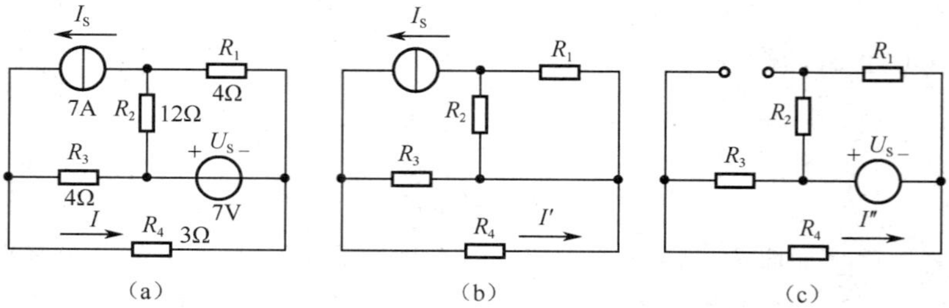

图 1.4.9　例 1.4.4 的电路图

1.4.3　戴维南定理

在分析和计算电路时，有时只需求解复杂电路中某一支路电流或某一元件上的电压，如果用前面所述的几种方法来计算就比较烦琐。为了使计算更简便，常常应用戴维南定理进行简化计算。戴维南定理是分析和计算复杂电路的有力工具。

在电路分析中，通常将具有两个出线端的部分电路称为二端网络。若二端网络中含有电源，则称为有源二端网络；若二端网络中不含有电源，则称为无源二端网络，如图 1.4.10 所示。不管是简单的还是复杂的有源二端网络，对于所求的支路，它都相当于一个电源。因此有源二端网络可以简化为一个等效电源。用这个等效电源代替有源二端网络接在所求支路的两端，其计算结果与原电路的计算结果是相同的。

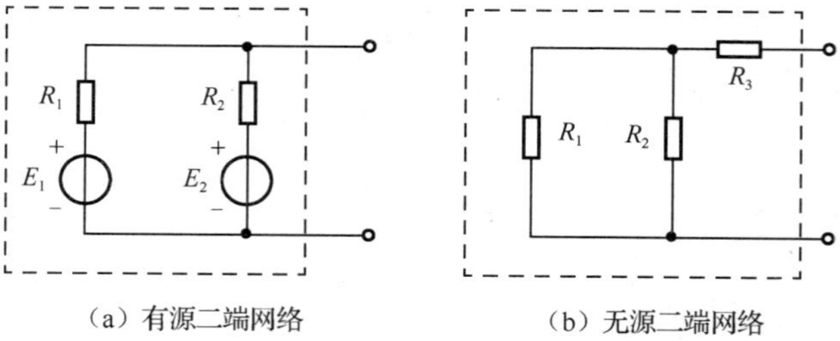

（a）有源二端网络　　（b）无源二端网络

图 1.4.10　二端网络

戴维南定理：任何一个有源二端线性网络都可以用一个电动势为 E 的理想电压源与内阻 R_0 串联来等效代替。等效电源的电动势 E 就是有源二端网络的开路电压 U［将所求支路断开后 ab 间的电压，如图 1.4.11（a）所示］。而等效电源的内阻 R_0 等于将有源二端网络中的所有电源均除去后（其方法是将各个电压源短路，即使其电动势为零，保留内阻；将各个电流源开路，即使其电流为零）得到的无源二端网络 ab 间的等效电阻，如图 1.4.11 所示。

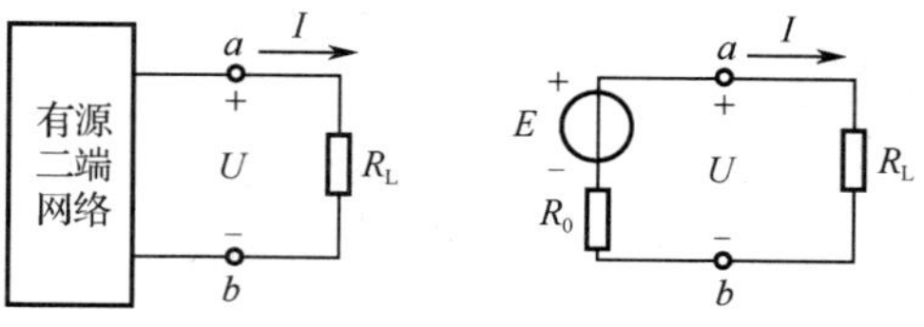

图 1.4.11　等效电源

应用戴维南定理解题时，关键是求出有源二端网络的开路电压 U_0 和等效电阻 R_0。下面举例说明如何应用戴维南定理简化有源二端网络，求解复杂电路。

例 1.4.4　应用戴维南定理计算图 1.4.12（a）所示电路的支路电流 I_3。已知 E_1=12V，E_2=6V，R_1=R_2=R_3=6Ω。

解　首先将所求支路从有源二端网络断开（将 R_3 支路从 ab 处断开），如图 1.4.12（b）所示。求此时有源二端网络的等效电路的电动势 E（开路电压 U_0）。

R_3 支路断开时，电路中的电流［方向如图 1.4.12（b）所示］为

$$I=\frac{E_1-E_2}{R_1+R_2}=\frac{12-6}{6+6}=0.5\text{（A）}$$

由图 1.4.12（b）可看出 ab 间的开路电压 U_0 就是等效电源的电动势 E，即

$$U_0=E=E_1-IR_1=12-0.5\times6=9\text{（V）}$$

然后求出将有源二端网络除源后（理想电压源短路、理想电流源开路）的图 1.4.12（c）所示的无源二端网络的等效电阻：

$$R_0=R_{ab}=\frac{R_1R_2}{R_1+R_2}=\frac{6\times6}{6+6}=3\text{（Ω）}$$

求出 E 和 R_0 后，即可得到有源二端网络的等效电路，将所求支路接上，如图 1.4.12（d）所示，即可求出 R_3 支路中的电流 I_3：

$$I_3=\frac{E}{R_0+R_3}=\frac{9}{3+6}=1\text{（A）}$$

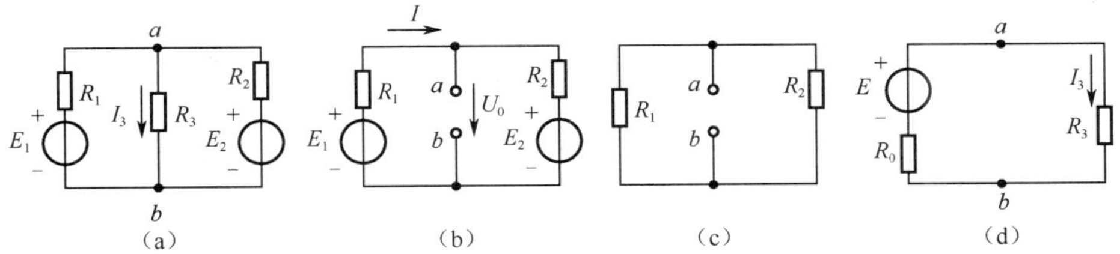

图 1.4.12　例 1.4.4 的电路图

通过上例，可得出应用戴维南定理求解电路的一般步骤如下。

（1）将所求量（电压或电流）所在的支路断开，得到一个有源二端网络。

（2）根据有源二端网络的具体结构，计算其开路电压 U_0（等效电压源的电动势 E）。

（3）将有源二端网络中的所有电源除去（理想电压源短路、理想电流源开路），画出得到的无源二端网络的电路图，计算出等效电阻 R_0。

（4）画出等效电压源与待求支路组成的简单电路（注意：电动势 E 的方向与开路电压的方向相反），计算出待求电流（或电压）。

例 1.4.5　在如图 1.4.13（a）所示的桥式电路中，已知 E_1=12V，R_1=R_2=R_4=5Ω，R_3=10Ω。ab 支路中接有一电流计，其内阻 R_G=10.2Ω，试求电流计中的电流 I_G。

解　图 1.4.13（a）中共有六条支路，现只求一条支路中的电流，应用戴维南定理较为简便。

（1）将所求支路 ab 断开，求 ab 间的开路电压 U_0，如图 1.4.13（b）所示，可得

$$I_{12}=\frac{E_1}{R_1+R_2}=\frac{12}{5+5}=1.2\text{（A）}\qquad I_{34}=\frac{E_1}{R_3+R_4}=\frac{12}{10+5}=0.8\text{（A）}$$

等效电压源的电动势 E 为

$$E = U_0 = I_{12}R_2 - I_{34}R_4 = 1.2\times5 - 0.8\times5 = 2\text{（V）}$$

或

$$E = U_0 = I_{34}R_3 - I_{12}R_1 = 0.8\times10 - 1.2\times5 = 2\text{（V）}$$

或

$$E = U_0 = -I_{12}R_1 + 12 - I_{34}R_4 = -1.2\times5 + 12 - 0.8\times5 = 2\text{（V）}$$

（2）求无源二端网络的等效电阻 R_0。

将 E_1 短接，如图 1.4.13（c）所示，其可简化为图 1.4.13（d）所示的等效电路，可得

$$R_0 = R_{ab} = \frac{R_1R_2}{R_1+R_2} + \frac{R_3R_4}{R_3+R_4} = \frac{5\times5}{5+5} + \frac{10\times5}{10+5} \approx 5.8\text{（Ω）}$$

（3）画出等效电路并接上所求支路，如图 1.4.13（e）所示，求出 I_G 为

$$I_G = \frac{E}{R_0+R_G} = \frac{2}{5.8+10.2} = 0.125\text{（A）}$$

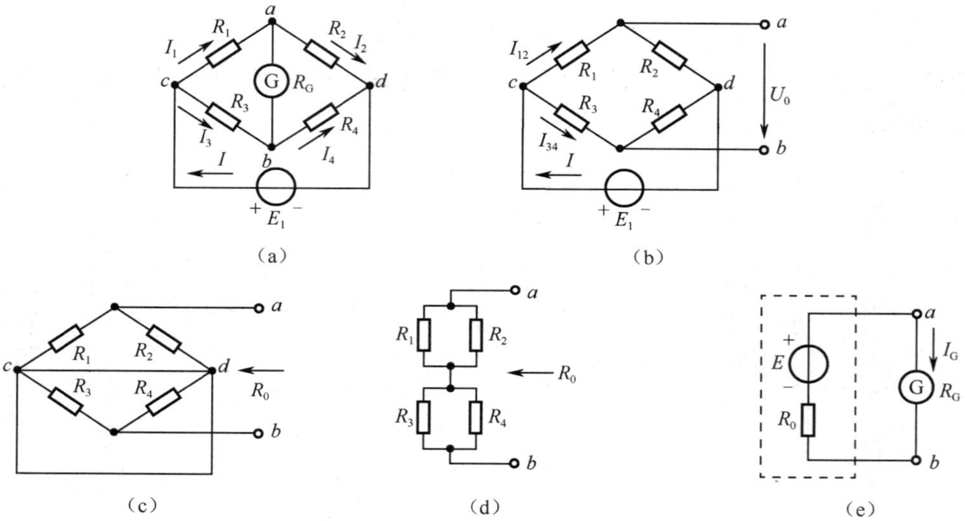

图 1.4.13　例 1.4.5 的电路图

1.5　电路的暂态分析

前面讨论的是电路的稳定状态，所谓稳定状态，就是指当电源的电压或电流恒定（或周期性变化）时，电路中的电流和电压也是恒定（或周期性变化）的。电路的这种工作状态称为稳定状态，简称稳态。但是由于电路中含有储能元件（电感或电容），因此当电路的参数、结构发生变化，或者电路的开关动作时，电路不能立即达到稳态，而是要经过一定时间才能达到稳态。因为电路中的储能元件的能量的积累和释放均需要一定的时间，即电路从一种稳态转到另一种新的稳态时不能发生跃变，而是需要一定的过程（时间），把这个物理瞬变称为瞬变过程（过渡过程）。

电路的瞬变过程往往很短暂，因此通常将电路在瞬变过程中的工作状态称为暂态（瞬态），因而瞬变过程又称为暂态过程。暂态过程虽然短暂，但在不少实际工作中极为重要。

例如，在电子技术中，常利用 RC 和 RL 电路的暂态过程来构成各种脉冲电路。但是电路的暂态过程有时也是有害的。例如，电路在开关接通或断开的暂态过程中会产生过高的电压（称为过电压）或过大的电流（称为过电流），从而使电气设备或器件损坏。

因此，研究暂态过程的目的是认识暂态过程的物理现象，掌握其变化规律，以便既能充分利用其特性，又必须预防它产生的危害。

本节介绍电路暂态过程的基本概念、换路定律，以及如何用经典法来分析电路的暂态过程，着重介绍用三要素法分析一阶 RC 电路的暂态过程，对一阶 RL 电路也做简单介绍。

1.5.1 换路定律与初始值的确定

电路的暂态过程是由于在含有储能元件的电路中，电路接通或断开或电路参数的突然改变等产生的。我们把引起暂态过程的电路变换称为换路。在分析时，通常规定换路是瞬间完成的。

在含有储能元件的电路中，暂态过程中的电压与电流的初始值由储能元件储存的初始能量决定。可用换路定律来确定暂态过程的初始值。换路定律的内容如下。

（1）换路前后，电容两端的电压 u_C 不能突变。

由前面所学的知识可知，电容储存的电场能量为

$$W_C = \frac{1}{2}Cu_C^2$$

由于电容储存的电场能量 W_C 不能突变，因此电容两端的电压 u_C 不能突变。

如果用 $t=0^-$ 表示换路前的一瞬间，用 $t=0^+$ 表示换路后的一瞬间，则换路后的一瞬间电容两端的电压 $u_C(0^+)$ 等于换路前的一瞬间电容两端的电压 $u_C(0^-)$，即

$$u_C(0^+)=u_C(0^-) \tag{1.5.1}$$

（2）换路前后，通过电感的电流 i_L 不能突变。电感储存的磁场能量为

$$W_L = \frac{1}{2}Li_L^2$$

由于电感储存的磁场能量 W_L 不能突变，因此电感中的电流 i_L 不能突变，即换路后的一瞬间通过电感的电流 $i_L(0^+)$ 等于换路前的一瞬间通过电感的电流 $i_L(0^-)$，故有

$$i_L(0^+)=i_L(0^-) \tag{1.5.2}$$

注意： 换路定律仅适用于换路的瞬间。将换路后的一瞬间（$t=0^+$）电路中的电压 $u(0^+)$ 和电流 $i(0^+)$ 的值称为初始值。根据换路定律，可方便地确定电路中电压和电流的初始值。

在确定各个电压和电流的初始值时，可先由 $t=0^-$ 时的电路求出 $u(0^-)$ 或 $i(0^-)$，再由 $t=0^+$ 时的电路在已求得的 $u(0^+)$ 或 $i(0^+)$ 的条件下求出其他电压和电流的初始值。

例 1.5.1 在如图 1.5.1（a）所示的电路中，已知 E=10V，R_1=2Ω，R_2=5Ω，开关 S 闭合前电路已处于稳态。求 t=0 时开关 S 闭合瞬间各元件上电压、电流的初始值。

解 根据换路定律，可得 $u_C(0^+)=u_C(0^-)=0$。画出 $t=0^+$ 时的等效电路，如图 1.5.1（b）所示。其中，电容用恒压源代替，其电压为零

由等效电路可得

$$i_C(0^+) = \frac{E}{R_2} = \frac{10}{5} = 2\text{（A）}$$

$$i_R(0^+) = \frac{E}{R_1} = \frac{10}{2} = 5\text{（A）}$$

$$i(0^+)=i_R(0^+)+i_C(0^+)=5+2=7\text{（A）}$$
$$u_{R1}(0^+)=i_R(0^+)R_1=5\times2=10\text{（V）}$$
$$u_{R2}(0^+)=i_C(0^+)R_2=2\times5=10\text{（V）}$$

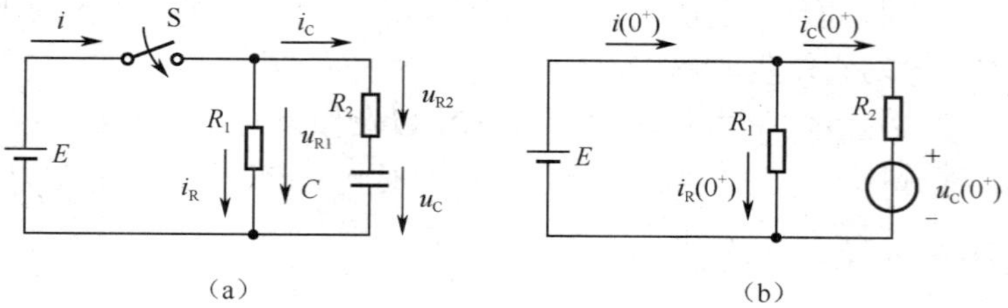

图 1.5.1　例 1.5.1 的电路图

例 1.5.2　在如图 1.5.2 所示的电路中，求当 $t=0$ 时开关 S 闭合瞬间各元件上的电压、电流的初始值。

解　根据换路定律可得

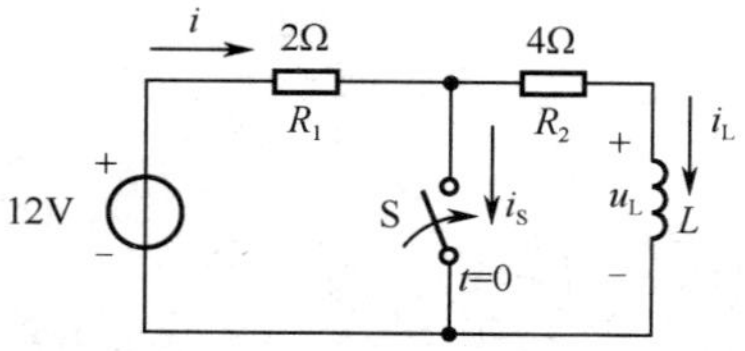

图 1.5.2　例 1.5.2 的电路图

$$i_L(0^+)=i_L(0^-)=\frac{12}{2+4}=2\text{（A）}$$
$$i(0^+)=\frac{12}{2}=6\text{（A）}$$

由基尔霍夫电流定律可得

$$i_S(0^+)=i(0^+)-i_L(0^+)=6-2=4\text{（A）}$$
$$u_{R1}(0^+)=i(0^+)R_1=6\times2=12\text{（V）}$$
$$u_{R2}(0^+)=i_L(0^+)R_2=2\times4=8\text{（V）}$$
$$u_L(0^+)=-u_{R2}(0^+)=-8\text{（V）}$$

1.5.2　一阶 RC 电路的暂态分析

1. 一阶 RC 电路暂态过程分析的经典法和三要素法

一阶 RC 电路的暂态过程分析的经典法就是指根据电路的激励（电源的电压和电流），通过求解电路的微分方程得出该电路的响应（电压和电流）。

图 1.5.3 所示为一个 RC 串联电路，在换路前（开关 S 动作前），开关 S 是断开的，电路已处于稳态，因此 $i=0$，$u_C(0^-)=0$。在 $t=0$ 时将开关 S 合上，电源给电容充电，由于电容中原来没有储能，因此根据换路定律，电容两端的电压初始值 $u_C(0^+)=u_C(0^-)=0$。

在如图 1.5.3 所示的电路中，当 $t\geqslant0$ 时，通过电容的电流为

$$i=C\frac{\mathrm{d}u_C}{\mathrm{d}t}$$

根据基尔霍夫电压定律，可列出 $t\geqslant0$ 时该电路的微分方程：

$$Ri+u_C=U_S$$

即

$$RC\frac{\mathrm{d}u_C}{\mathrm{d}t}+u_C=U_S \tag{1.5.3}$$

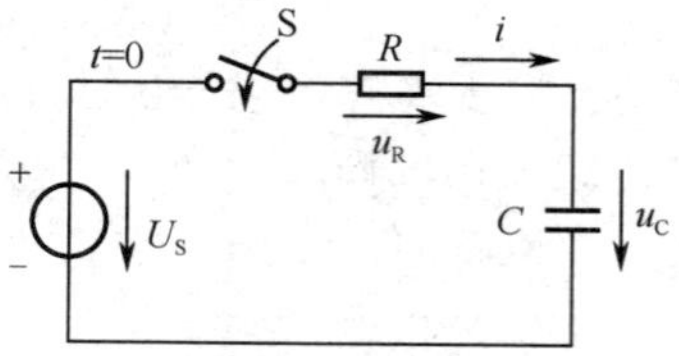

图 1.5.3　RC 串联电路

式（1.5.3）是一个一阶常系数非齐次线性微分方程。按照求解这类微分方程的经典法，它的通解 $u_C(t)$（称为微分方程的全解）为

$$u_C(t)=u_C(\infty)+[u_C(0^+)-u_C(\infty)]e^{-\frac{t}{\tau}} \tag{1.5.4}$$

式中，$\tau=RC$，R 的单位是Ω，C 的单位是 F，故 τ 具有时间的量纲（s），称为 RC 电路的时间常数，决定暂态过程的快慢。

式（1.5.4）是求解一阶 RC 电路暂态过程中电容电压的通式。由式（1.5.4）可知，只要知道初始值 $u_C(0^+)$、稳态值 $u_C(\infty)$和时间常数 τ 这三要素后，就可方便地求出全解 $u_C(t)$。由于一阶 RC 电路的其他支路电压或电流的全解和式（11.5.4）的形式相似，因此只要求出三要素，就可仿照式（1.5.4）得出其他支路电压和电流的表达式。我们把这种利用所谓的三要素来求得一阶线性微分方程全解的方法称为三要素法。在分析和计算一阶 RC 与 RL 电路（用一阶线性微分方程来描述电路特性的电路）的暂态响应时，可以避免求解微分方程，从而使分析简便。

对于 RC 或 RL 电路，利用上述三要素法求解时，其表达式可写为

$$f(t)=f(\infty)+[f(0_+)-f(\infty)]e^{-\frac{t}{\tau}} \tag{1.5.5}$$

式中，$f(t)$指电压或电流，是时间的函数。

同上面的分析可知，求解一阶 RC（或 RL）电路实际上是从一阶电路中求出三要素的问题。

根据换路定律，电容电压的初始值 $u_C(0^+)=u_C(0^-)$，即取决于换路前的一瞬间电容两端的电压 $u_C(0^-)$。求出初始值 $u_C(0^+)$后，电路中其他物理量的初始值也可以根据电路求得。

电容电压的稳态值 $u_C(\infty)$是在换路后的电路达到稳态时求得的。当直流电源作用时，由于稳态时通过电容的电流为零，电容相当于开路，因此可在稳态时将电容断开，求出电容电压的稳态值 $u_C(\infty)$。

电路的时间常数 $\tau=RC$ 由电路的参数和结构决定。在具有多个电阻的 RC 电路中，R 是指换路后电容两端的除源网络的等效电阻。理论上，只有当 $t\to\infty$时，电容电压才能达到稳态值 $u_C(\infty)$。但在实际中通过计算可知，当 $t=(3\sim5)\tau$ 时，电容电压 u_C 已接近稳态值 $u_C(\infty)$，在工程计算中可以认为暂态过程基本结束。

2. 一阶 RC 电路的零状态、零输入和全响应

在进行电路分析时，通常将电路中电源、信号源的电压或电流称为激励，由激励（或储能元件的储能）在电路各部分产生的电压和电流称为响应。在 RC 电路中，如果电容中没有初始储能，则仅仅由外部激励源的作用产生的响应称为零状态响应。若 RC 电路中仅有电路本身初始储能的作用而没有外部激励源的作用，则所产生的响应称为零输入响应。既有外部激励源又有初始储能的作用所产生的响应称为全响应。

（1）RC 电路的零状态响应。

在如图 1.5.4 所示的 RC 电路中，换路前电容中没有初始储能，t=0 时开关 S 闭合，换路后电容在电源的作用下开始充电。

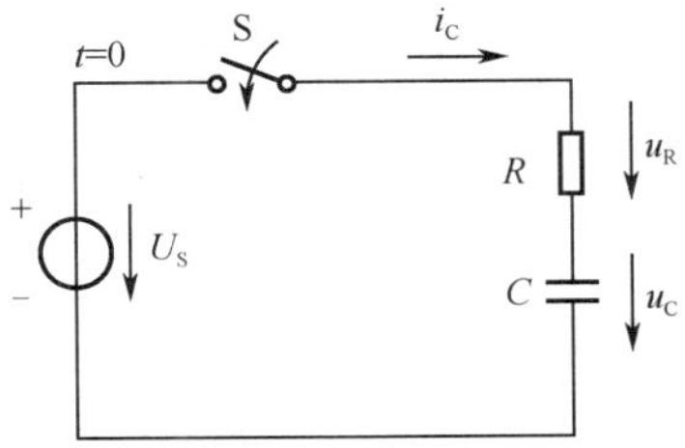

图 1.5.4　RC 电路的零状态响应

根据换路定律，电容电压的初始值 $u_C(0^+)$为

$$u_C(0^+)=u_C(0^-)=0$$

当电路达到稳态时，电容充电结束，$i(\infty)=0$，电容电压的稳态值 $u_C(\infty)$为

$$u_C(\infty)=U_S$$

这表明充电结束时，电容电压等于外加激励电压 U_S。

图 1.5.4 中只有一个电阻，故

$$\tau=RC$$

根据三要素公式，可求出 RC 电路的零状态响应为

$$u_C(t)=U_S+[0-U_S]e^{-\frac{t}{\tau}}$$
$$=U_S-U_S e^{-\frac{t}{RC}}=U_S(1-e^{-\frac{t}{RC}})$$

表明开关 S 闭合后，电源给电容充电，电容电压 $u_C(t)$按指数规律上升，直至充电结束，电容电压 $u_C(t)$达到稳态值 U_S；$u_C(t)$变化的快慢由时间常数 τ 决定。

通过电容的充电电流 $i_C(t)$可根据 $u_C(t)$求得（在如图 1.5.4 所示的电压和电流方向下）：

$$i_C(t)=C\frac{d}{dt}u_C(t)=\frac{U_S}{R}e^{-\frac{t}{RC}}$$

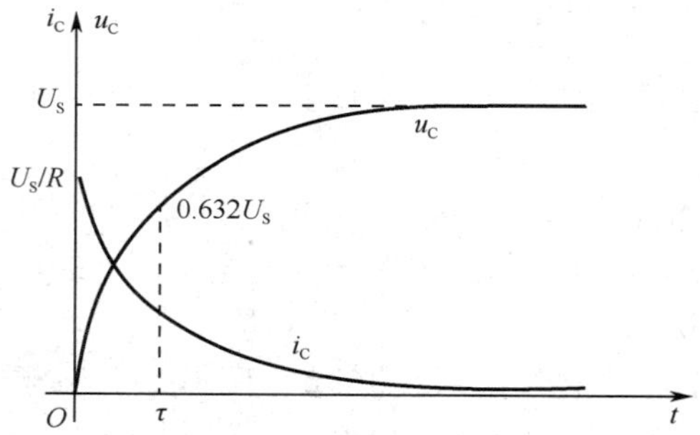

图 1.5.5 零状态响应的波形

可见，电容充电开始瞬间电流最大，其值为$\frac{U_S}{R}$，电容如同短路；电容充电结束时，充电电流为零，电容如同开路。零状态响应的波形如图 1.5.5 所示。

当 $t=\tau$ 时，$u_C(\tau)=0.632U_S$。而当 τ 继续增大时，电容电压上升速度变慢。

例 1.5.3 在如图 1.5.6 所示的电路中，已知 $U_S=15V$，$R_1=1k\Omega$，$R_2=2k\Omega$，$C=3\mu F$。开关 S 闭合前电路已处于稳态。电容电压 $u_C(0^-)=0$，当 $t=0$ 时，开关 S 闭合。求开关 S 闭合后的电容电压 $u_C(t)$。

解 ① 确定三要素。

根据换路定律，可求得电容电压的初始值为

$$u_C(0^+)=u_C(0^-)=0$$

当 $t\to\infty$时，充电结束，电路达到稳态，电容相当于开路，电容电压的稳态值为电源电压在 R_2 上的分压，即

$$u_C(\infty)=\frac{R_2}{R_1+R_2}U_S=\frac{2}{1+2}\times 15=10\text{（V）}$$

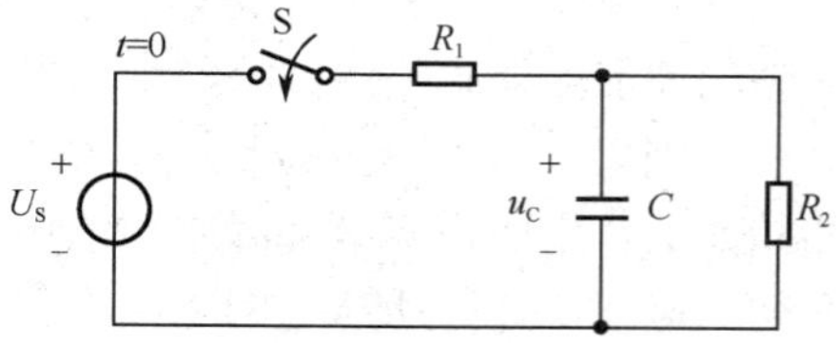

图 1.5.6 例 1.5.3 的电路图

图 1.5.6 所示的电路中有两个电阻，从电容两端看进去的等效电阻为两个电阻的并联（除源后）电阻，此时时间常数为

$$\tau=RC=(R_1//R_2)C=2/3\times10^3\times3\times10^{-6}=2\text{（ms）}$$

② 将 $u_C(0^+)$、$u_C(\infty)$、τ 代入三要素公式即可得 $u_C(t)$为

$$u_C(t)=10+[0-10]e^{-\frac{t}{2}}=10(1-e^{-\frac{t}{2}})\text{V}\quad（t 以 ms 计）$$

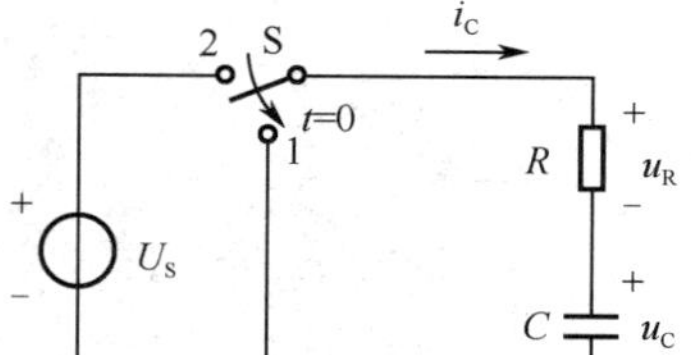

图 1.5.7 RC 电路的零输入响应

（2）RC 电路的零输入响应。

在如图 1.5.7 所示的电路中，换路前，开关 S 处于“2”位置，电源给电容充电。当充电结束，即电路处于稳态（$t=0$）时，将开关 S 扳至“1”位置，输入信号为零。此时，电容中已有储能，根据换路定律，电容电压为

$$u_C(0^+)=u_C(0^-)=U_S$$

当电容对电阻放电结束，即电路达到稳态时，电容电压稳态值为

$$u_C(\infty)=0$$

时间常数 $\tau=RC$。

根据三要素公式，可得 RC 电路的零输入响应为

$$\begin{aligned}u_C(t)&=u_C(\infty)+[u_C(0^+)-u_C(\infty)]\,e^{-\frac{t}{\tau}}\\&=0+[U_S-0]\,e^{-\frac{t}{\tau}}=U_S e^{-\frac{t}{\tau}}\end{aligned}$$

电流 $i_C(t)$也可由 $u_C(t)$求得（在如图 1.5.7 所示的电压和电流方向下）：

$$\begin{aligned}i_C(t)&=C\frac{d}{dt}u_C(t)\\&=-\frac{U_S}{R}e^{-\frac{t}{RC}}\end{aligned}$$

电阻上的电压 u_R 为

$$u_R=i_C R=-U_S e^{-\frac{t}{RC}}$$

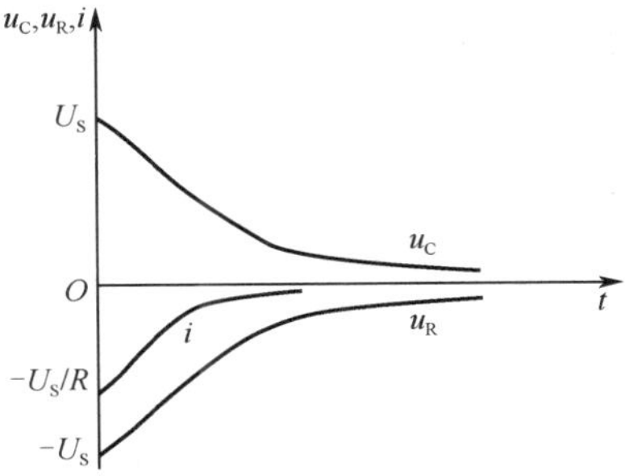

图 1.5.8　零输入响应的波形

零输入响应的波形如图 1.5.8 所示。

例 1.5.4　在如图 1.5.9 所示的电路中，已知电流源 I=5mA，R_1=3kΩ，R_2=2kΩ，R_3=5kΩ，C=1μF。开关 S 处于“1”位置时，电路达到稳态；在 t=0 时，将开关 S 扳至“2”位置，求 u_C 和 i_C。

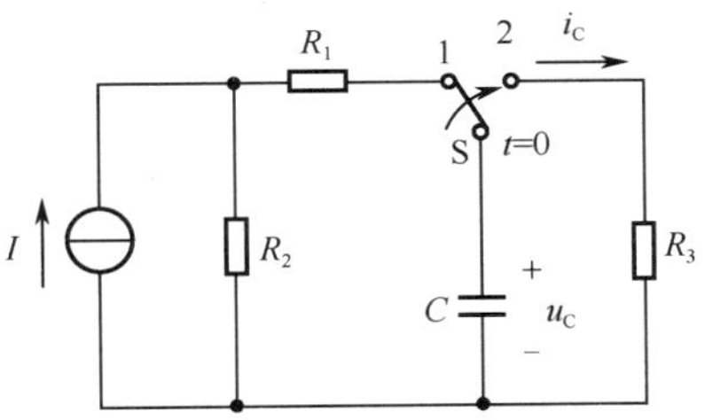

图 1.5.9　例 1.5.4 的电路图

解　当开关 S 处于“1”位置时，由于电路处于稳态，因此有

$$u_C(0^+)=u_C(0^-)=IR_2=5\times10^{-3}\times2\times10^3=10\text{（V）}$$

当 t=0 时，将开关扳至“2”位置，电容经 R_3 放电，当 $t\to\infty$时，电路处于稳态，有

$$u_C(\infty)=0$$

电路的时间常数为

$$\tau=R_3C=5\times10^3\times1\times10^{-6}=5\text{（ms）}$$

将 $u_C(0^+)$、$u_C(\infty)$、τ 代入三要素公式得

$$\begin{aligned}u_C(t)&=u_C(\infty)+[u_C(0^+)-u_C(\infty)]\,e^{-\frac{t}{\tau}}\quad(t\text{ 以 ms 计})\\&=0+[10-0]e^{-\frac{t}{5}}=10e^{-\frac{t}{5}}\text{（V）}\end{aligned}$$

在如图 1.5.9 所示的电压和电流方向下，通过电容的电流 $i_C(t)$为

$$i_C(t)=-C\frac{d}{dt}u_C(t)=2e^{-\frac{t}{5}}\text{mA}\quad(t\text{ 以 ms 计})$$

（3）RC 电路的全响应。

在如图 1.5.10 所示的电路中，t<0 时开关 S 处于“1”位置，电路处于稳态，$u_C(0^-)=U_1$；在 t=0 时，将开关 S 由“1”位置扳至“2”位置，根据换路定律，$u_C(0^+)=u_C(0^-)=U_1$，电路达到稳态时，$u_C(\infty)=U_2$，时间常数 $\tau=RC$。

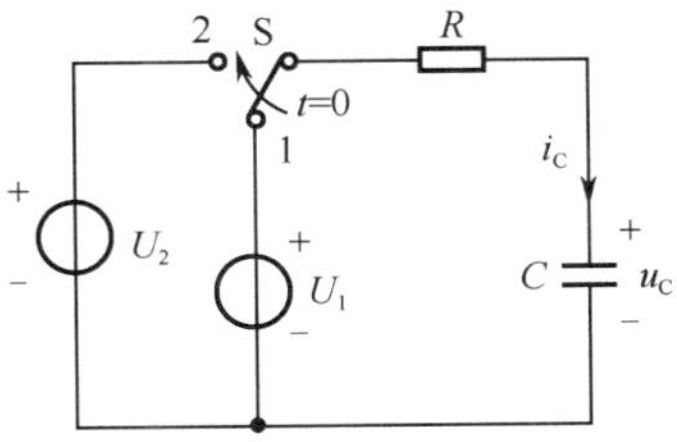

图 1.5.10　RC 电路的全响应

根据三要素公式可得 RC 电路的全响应为

$$u_C(t)=u_C(\infty)+[u_C(0^+)-u_C(\infty)]e^{-\frac{t}{\tau}}$$
$$=U_2+(U_1-U_2)e^{-\frac{t}{\tau}}$$

式中，U_2称为稳态分量；$(U_1-U_2)e^{-\frac{t}{\tau}}$称为暂态分量。

上式也可写为

$$u_C(t)=U_1e^{-\frac{t}{\tau}}+U_2(1-e^{-\frac{t}{\tau}})$$

即 RC 电路的全响应等于零输入响应 $U_1e^{-\frac{t}{\tau}}$ 和零状态响应$U_2(1-e^{-\frac{t}{\tau}})$之和。

同样，由$u_C(t)$可求出电流$i_C(t)$。

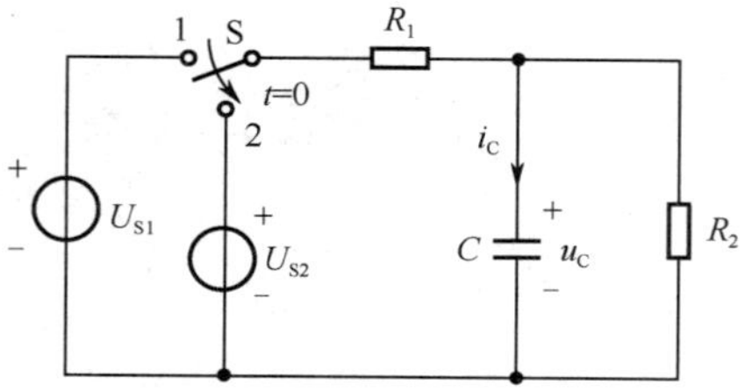

图 1.5.11 例 1.5.5 的电路图

例 1.5.5 在如图 1.5.11 所示的电路中，已知电压源电压 U_{S1}=3V，U_{S2}=15V，R_1=1kΩ，R_2=2kΩ，C=3μF。开关 S 原来处于“1”位置，电路已处于稳态。t=0 时将开关 S 扳至“2”位置，试求电容电压 $u_C(t)$。

解 当开关 S 处于“1”位置时，由于电容已充电结束，因此其电压为

$$u_C(0^-)=\frac{R_2}{R_1+R_2}U_{S1}=\frac{2}{1+2}\times 3=2\text{（V）}$$

根据换路定律，当 t=0 时，在将开关 S 扳至“2”位置的瞬间，电容电压的初始值为

$$u_C(0^+)=u_C(0^-)=2V$$

此后电容在电压源 U_{S2} 的作用下充电。充电结束，即充电电流等于 0 时，电路处于稳态，电容电压的稳态值为

$$u_C(\infty)=\frac{R_2}{R_1+R_2}U_{S2}=\frac{2}{1+2}\times 15=10\text{（V）}$$

电路的时间常数 τ 为

$$\tau=RC=(R_1//R_2)C=2/3\times10^3\times3\times10^{-6}=2\text{（ms）}$$

把初始值 $u_C(0^+)$、稳态值 $u_C(\infty)$和时间常数 τ 代入三要素公式得

$$u_C(t)=u_C(\infty)+[u_C(0^+)-u_C(\infty)]e^{-\frac{t}{\tau}}=10+(2-10)e^{-\frac{t}{2}}$$
$$=10-8e^{-\frac{t}{2}}\text{（V）}\qquad（t\text{ 以 ms 计}）$$

由此可见，该电路的全响应等于零状态响应和零输入响应之和。

1.5.3 一阶 RL 电路的稳态分析

一阶 RL 电路的稳态分析方法与一阶 RC 电路的稳态分析方法相同。通过列写微分方程及进行数学求解可以证明（读者可仿照一阶 RC 电路自行推导其三要素公式）一阶 RL 电路的响应形式与一阶 RC 电路的响应形式相同，即

$$i_L(t)=i_L(\infty)+[i_L(0+)-i_L(\infty)]e^{-\frac{t}{\tau}}$$

式中，时间常数$\tau=\frac{L}{R}$，其中，R 为电路激励源置零后从电感两端看进去的等效电阻。下面用三要素法分析一阶 RL 电路。

例 1.5.6 在如图 1.5.12 所示的电路中，开关 S 闭合前电路处于稳态。t=0 时开关 S 闭合，

已知 U_S=10V，L=0.05H，R=50Ω，试求电压和电流的表达式。

解　由于换路前 $i_L(0^-)=0$，因此电感中没有储能，即电路处于零状态。由求解一阶电路的三要素法可知，只要求出初始值 $i_L(0^+)$、稳态值 $i_L(\infty)$和时间常数τ就可直接得到电路的响应。

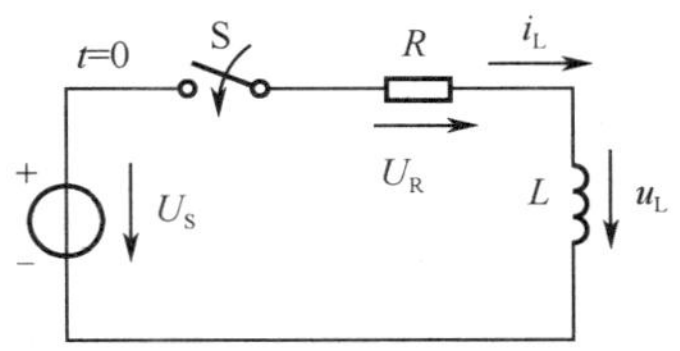

图 1.5.12　例 1.5.6 的电路图

根据换路定律，电感中的电流不能突变，即

$$i_L(0^+)=i_L(0^-)=0$$

当 $t\to\infty$时，电路处于稳态，此时电感相当于短路，电流稳态值 $i_L(\infty)$为

$$i_L(\infty)=\frac{U_S}{R}=\frac{10}{50}=0.2\text{（A）}$$

电路的时间常数为

$$\tau=\frac{L}{R}=\frac{0.05}{50}=0.001\text{（s）}$$

于是可得出 $t\geqslant0$ 时电感中的电流为

$$\begin{aligned}i_L(t)&=i_L(\infty)+[i_L(0^+)-i_L(\infty)]\mathrm{e}^{-\frac{t}{\tau}}\\&=0.2+(0-0.2)\mathrm{e}^{-\frac{t}{0.001}}\qquad\text{（时间 }t\text{ 以 s 计）}\\&=0.2(1-\mathrm{e}^{-\frac{t}{0.001}})\text{（A）}\end{aligned}$$

在如图 1.5.12 所示的电压、电流方向下，电感上的电压为

$$\begin{aligned}u_L(t)&=L\frac{\mathrm{d}i_L}{\mathrm{d}t}\\&=0.05\times\frac{\mathrm{d}}{\mathrm{d}t}[0.2(1-\mathrm{e}^{-\frac{t}{0.001}})]\text{（时间 }t\text{ 以 s 计）}\\&=10\mathrm{e}^{-\frac{t}{0.001}}\text{（V）}\end{aligned}$$

电阻上的电压为

$$\begin{aligned}u_R(t)&=i_LR=0.2(1-\mathrm{e}^{-\frac{t}{0.001}})\times50\qquad\text{（时间 }t\text{ 以 s 计）}\\&=10\mathrm{e}^{-\frac{t}{0.001}}\text{（V）}\end{aligned}$$

电感上的电压、电流的波形如图 1.5.13 所示。

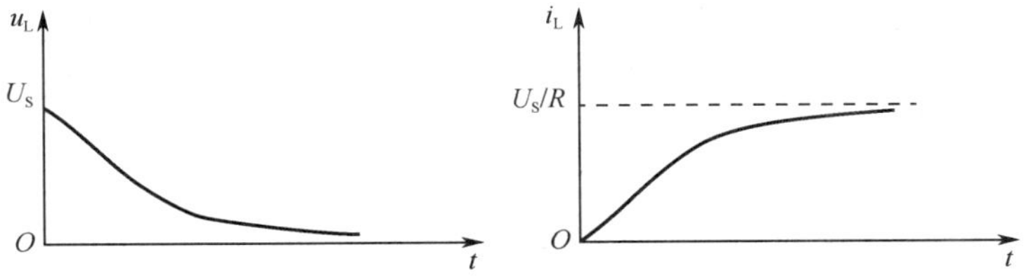

图 1.5.13　电感上的电压、电流的波形

例 1.5.7　在如图 1.5.14 所示的电路中，U=12V，R_1=2Ω，R_2=4Ω，L=4mH，开关 S 断开时，电路处于稳态，在 t=0 的瞬间将开关 S 闭合，求 $i_L(t)$、$u_L(t)$。

解　当开关 S 断开时，电路已处于稳态，电感中有初始储能；在 t=0 的瞬间将开关 S 闭合，电感与电阻构成回路，电路在电感的初始储能的激励下，将产生零输入响应。

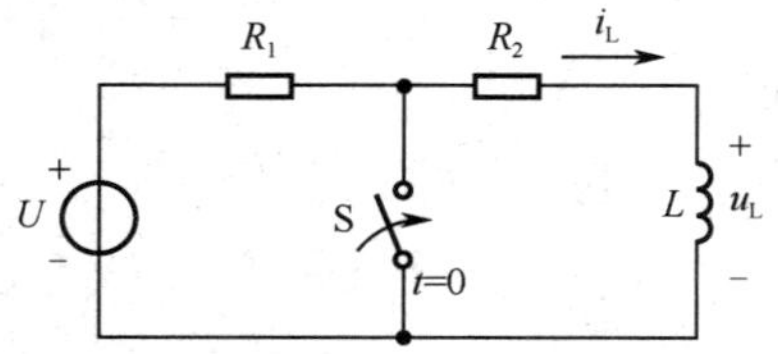

图 1.5.14　例 1.5.7 的电路图

根据换路定律，电感中的电流不能突变，因此电感中通过的电流的初始值为

$$i(0^+) = i(0^-) = \frac{U}{R_1 + R_2} = \frac{12}{2+4} = 2\ （A）$$

当 $t \to \infty$时，电流稳态值 $i_L(\infty)=0$（电感中的储能全部消耗完）。

电路的时间常数 τ 为

$$\tau = \frac{L}{R} = \frac{L}{R_2} = \frac{4 \times 10^{-3}}{4} = 0.001\ （s）$$

于是可得到电流 $i_L(t)$为

$$\begin{aligned} i_L(t) &= i_L(\infty) + [i_L(0^+) - i_L(\infty)]e^{-\frac{t}{\tau}} \\ &= 0 + (2-0)e^{-\frac{t}{0.001}} \qquad （时间\ t\ 的单位为\ s） \\ &= 2e^{-\frac{t}{0.001}}\ （A） \end{aligned}$$

在如图 1.5.14 所示的电压、电流方向下，电感电压 $u_L(t)$为

$$\begin{aligned} u_L(t) &= L\frac{di_L}{dt} \\ &= 4 \times 10^{-3} \times \frac{d}{dt} 2e^{-\frac{t}{0.001}} \quad （时间\ t\ 的单位为\ s） \\ &= -8e^{-\frac{t}{0.001}}\ （V） \end{aligned}$$

电感上的电压、电流的波形如图 1.5.15 所示。

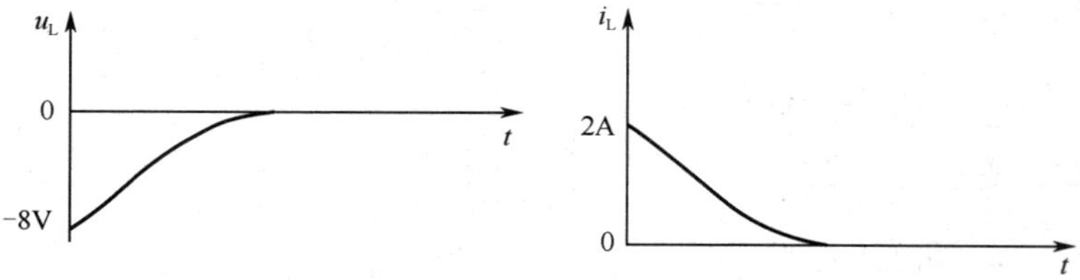

图 1.5.15　电感上的电压、电流的波形

在电路断开瞬间，具有初始储能的电感两端将由于自感电动势的作用而出现较高的电压，从而造成危害。为此，通常采取的方法是在电感两端并联一个具有适当阻值的电阻（称为泄放电阻），如图 1.5.16（a）所示；或者在电感两端并联一个适当的电容，如图 1.5.16（b）所示；也可在电感两端并联一个适当的二极管（注意极性不能接错），如图 1.5.16（c）所示。

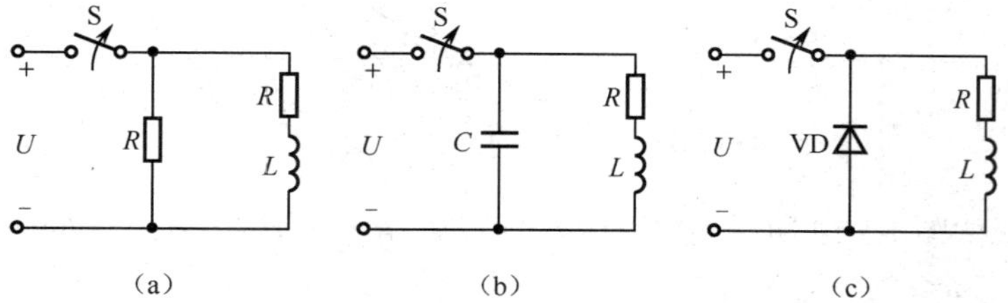

图 1.5.16　防止 RL 电路突然断开时产生较高的电压的电路

习　题　1

1.1　额定值为 2W、100Ω 的电阻，在使用时，电流和电压分别不得超过多少？

1.2　一个用电器接在 220V 的电源上，吸收的功率为 100W，如果将其接到 110V 的电源上，则其吸收的功率是多少？

1.3　有一台汽车交流发电机，其铭牌上标有 12V、1000W、20A。试问什么是发电机的空载运行、轻载运行、满载运行和过载运行？负载的大小一般指什么？

1.4　已知某照明线路中熔断器的熔断电流为 5A，现将 220V、100W 的用电器和 220V、1500W 的用电器分别接入线路，熔断器是否会熔断？

1.5　题图 1.1 所示为处于开路状态的电源。其中标出的方向都是参考方向，试写出各未知量。

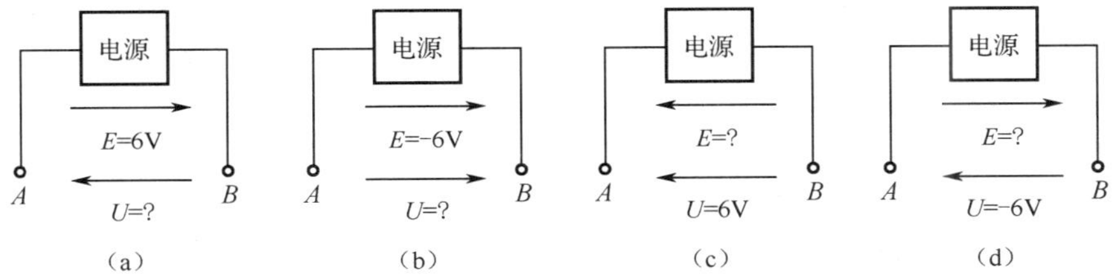

题图 1.1　习题 1.5 的电路图

1.6　题图 1.2 所示为处于通路状态的负载，R=5Ω。其中所标方向都是参考方向，试写出各未知量。

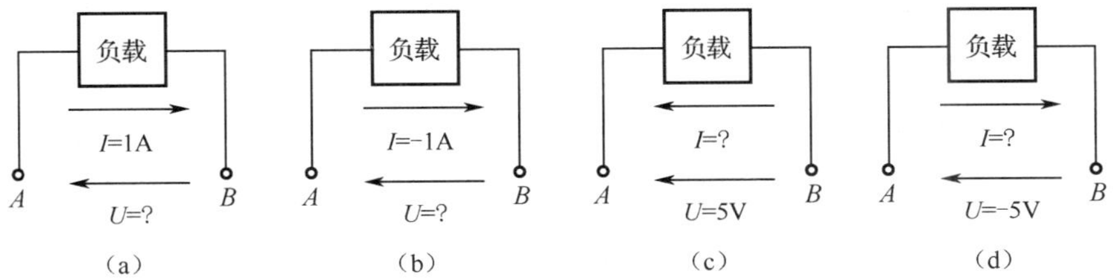

题图 1.2　习题 1.6 的电路图

1.7　将 R=2.9Ω 的电阻接在电动势为 6V 的蓄电池上，测得电流为 2A，求蓄电池的内阻。如果将电阻改为 R=5.9Ω，其他条件不变，则电流是多少？

1.8　有人为了延长路灯的使用寿命，将两个 220V/100W 的灯泡串联后接在 220V 的电源上作为路灯，这两个灯泡消耗的功率各为多少？

1.9　现有三个阻值均为 10Ω 的电阻，将它们以不同的方法连接可得到几种阻值？其数值分别为多少？

1.10　求题图 1.3 所示电路中的开关 S 断开和闭合时，AB 间的等效电阻。

1.11　在题图 1.4 所示的电路中，$R_1=R_2=R_3=R_4$=30Ω，R_5=60Ω，U=120V。求开关 S 在断开和闭合两种状态下，ab 间的总电阻及各电阻中的电流。

1.12　某直流电源，当输出电流为 1A 时，其端电压为 8V；当输出电流为 8A 时，其端电压为 1V，试画出该电源的电压源模型和电流源模型。

1.13　如题图 1.5 所示，用 12V 理想电压源给一个额定电压 U_N=6V、额定电流 I_N=50mA 的灯泡供电，三个电路中哪个正确？

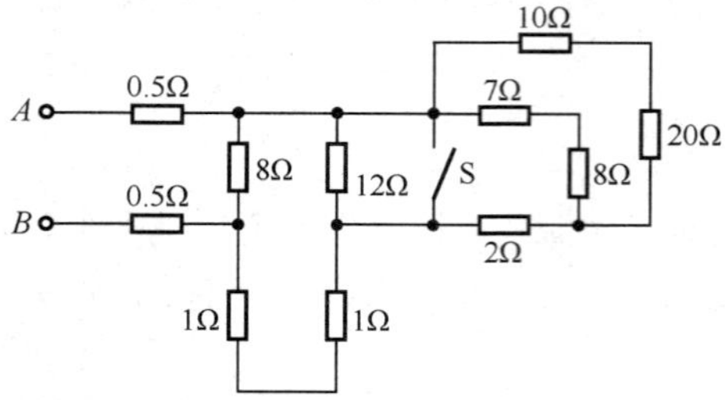

题图 1.3　习题 1.10 的电路图

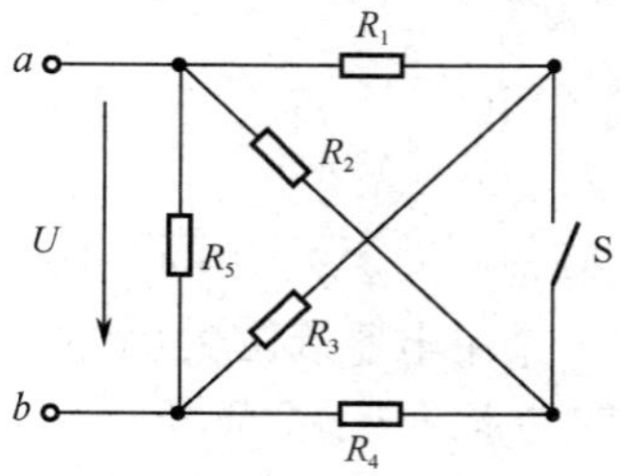

题图 1.4　习题 1.11 的电路图

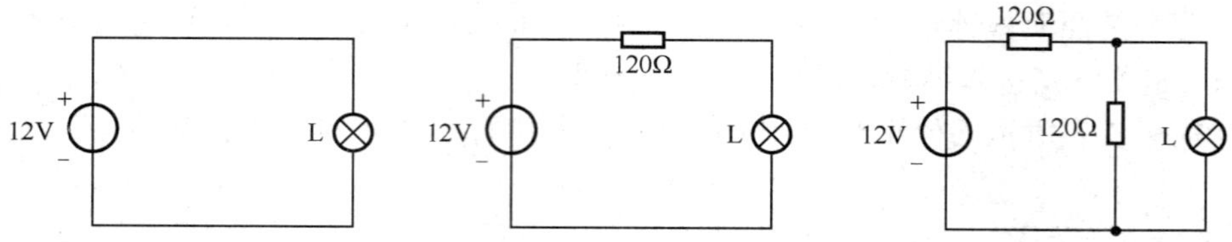

（a）　（b）　（c）

题图 1.5　习题 1.13 的电路图

1.14　题图 1.6 所示为一个实际电源及其外特性曲线。试求：

（1）若采用电压源模型表示该电源，则 U_S 和 R_0 各为多少？并画出相应的电路模型图。

（2）若采用电流源模型表示该电源，则 I_S 和 R_0 各为多少？并画出电路模型图。

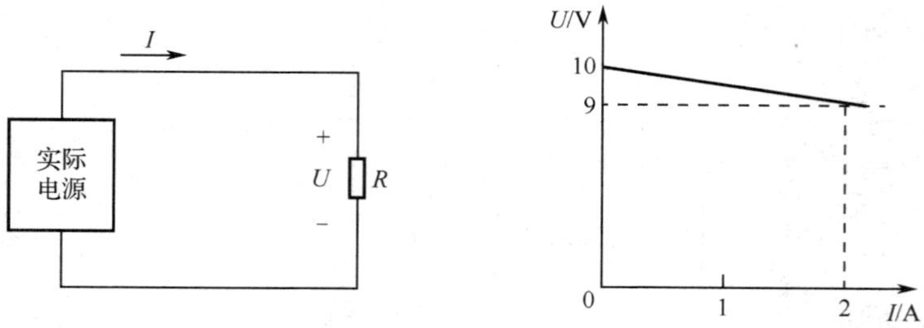

题图 1.6　习题 1.14 的电路图

1.15　求题图 1.7 所示电路中理想电流源的功率，并说明它是释放功率还是吸收功率。

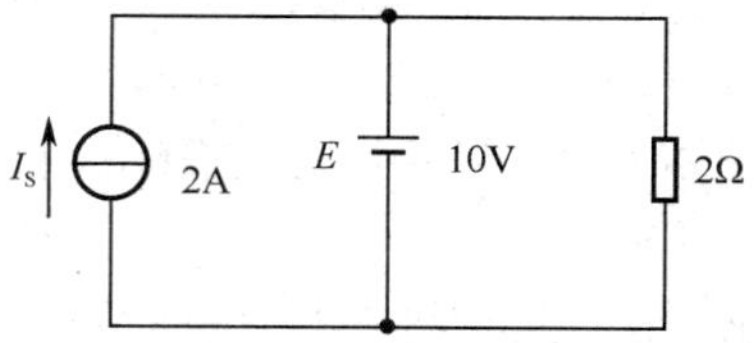

题图 1.7　习题 1.15 的电路图

1.16　用电源等效变换的方法计算题图 1.8 所示电路中 2Ω电阻上的电流 I。

1.17　用电源等效变换的方法求题图 1.9 所示电路中的电流 I。

1.18　写出题图 1.10 所示各电路中电流的表达式。

1.19　列出题图 1.11 所示电路中各节点的基尔霍夫电流定律方程和各回路的基尔霍夫电压定律方程。

1.20　在题图 1.12 所示的电路中，已知 I_1=1mA，I_2=I_3=2mA，求 I_4。

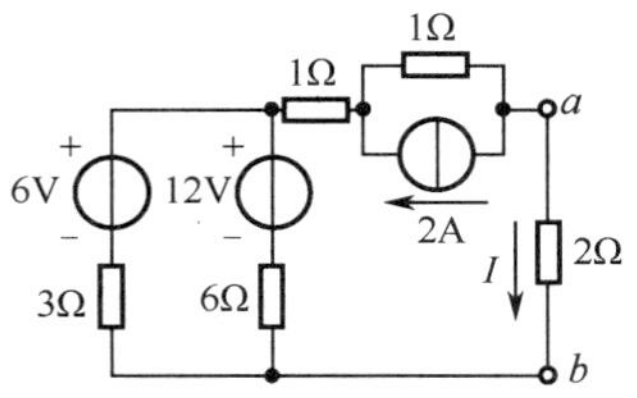

题图 1.8　习题 1.16 的电路图

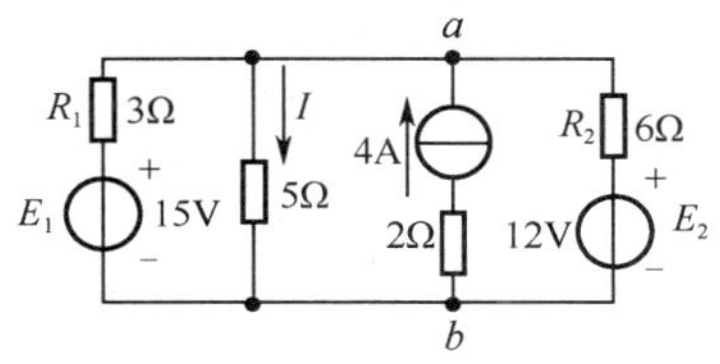

题图 1.9　习题 1.17 的电路图

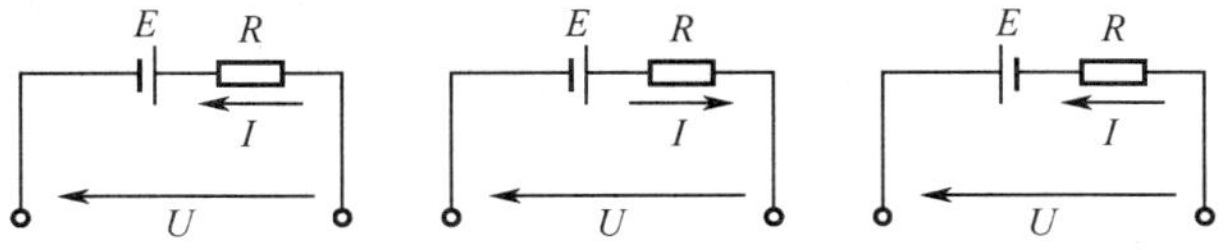

（a）　　（b）　　（c）

题图 1.10　习题 1.18 的电路图

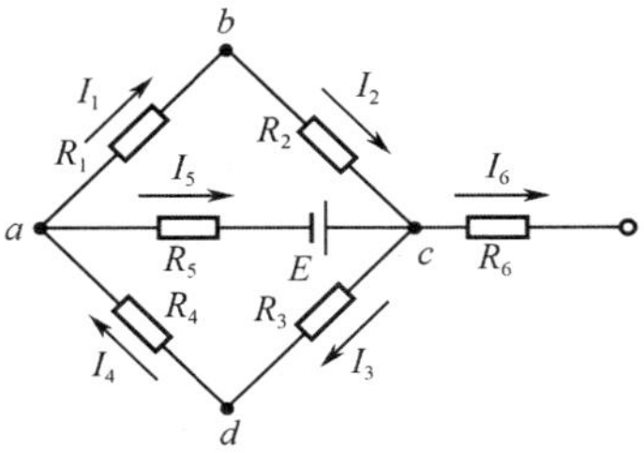

题图 1.11　习题 1.19 的电路图

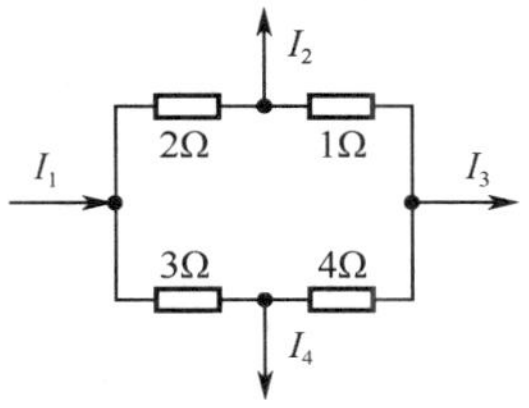

题图 1.12　习题 1.20 的电路图

1.21　如题图 1.13 所示，求各电流源的端电压及功率，并判断哪个电流源输出功率，哪个电流源吸收功率。

1.22　试用支路电流法求题图 1.14 所示电路中的电流 I_1、I_2、I_3 和电压 U_3。已知 E_1=12V，E_2=5V，R_2=1Ω，R_3=4Ω。

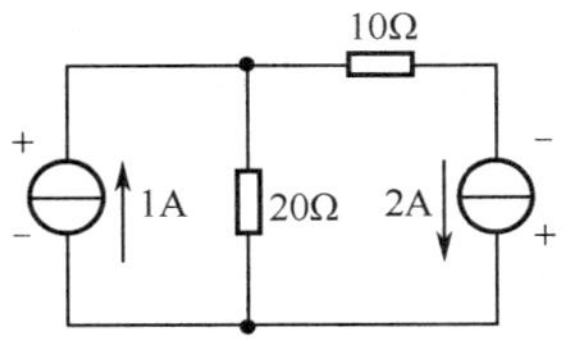

题图 1.13　习题 1.21 的电路图

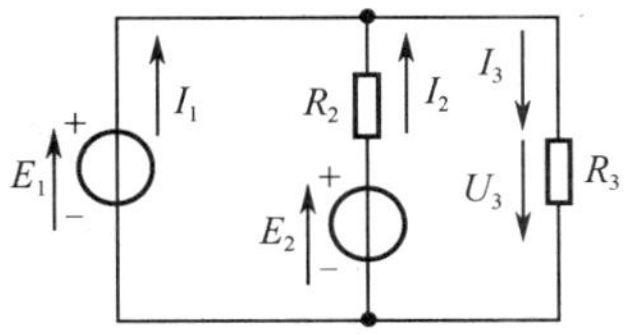

题图 1.14　习题 1.22 的电路图

1.23　已知在如题图 1.15 所示的电路中，E_1=110V，E_2=90V，R_1=1Ω，R_2=0.6Ω，R_3=24Ω，试用支路电流法和节点电压法求各支路电流。

1.24　试求题图 1.16 所示电路中各支路电流及各电源功率。

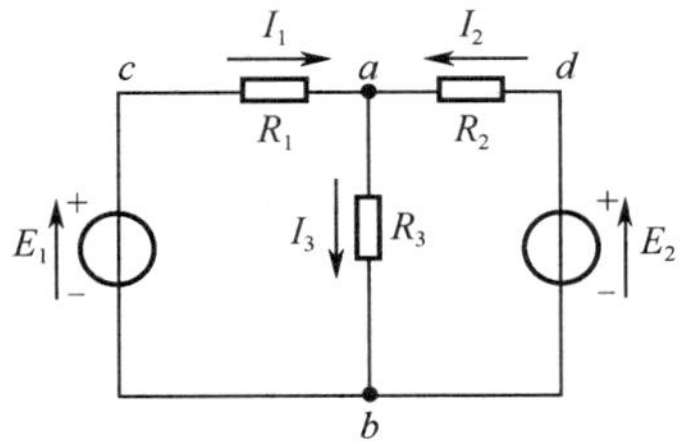

题图 1.15　习题 1.23 的电路图

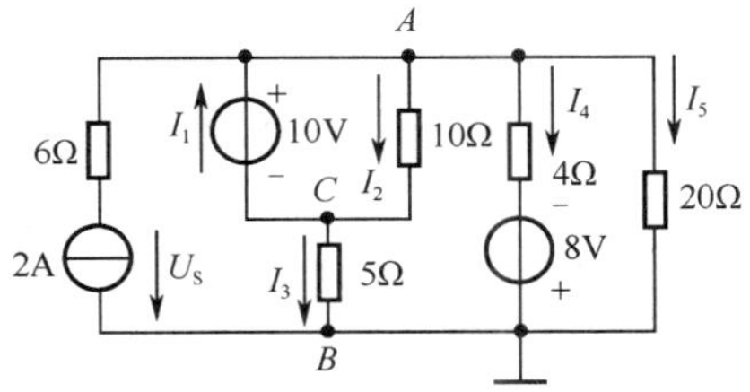

题图 1.16　习题 1.24 的电路图

1.25　如题图 1.17 所示，求电路中的 I。

1.26　求题图 1.18 所示电路中的电压 U_{ab}。

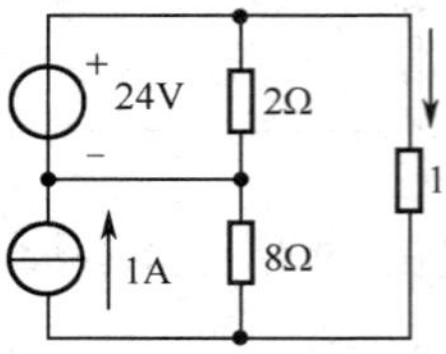

题图 1.17　习题 1.25 的电路图

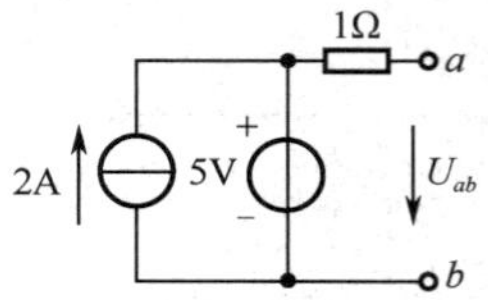

题图 1.18　习题 1.26 的电路图

1.27　如题图 1.19 所示，求电流 I。

1.28　如题图 1.20 所示，欲使 I=1A，试求 I_S。

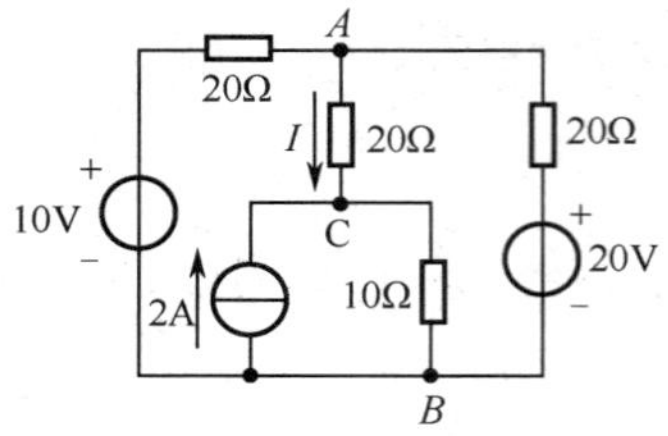

题图 1.19　习题 1.27 的电路图

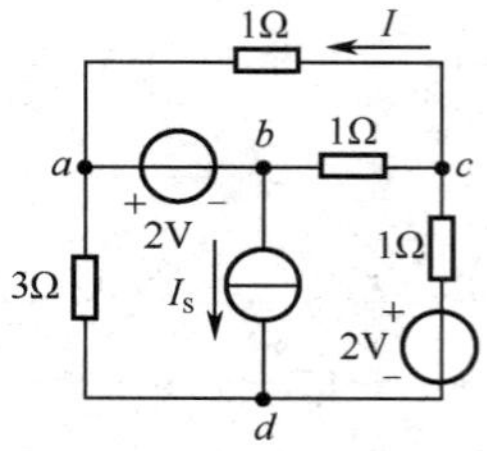

题图 1.20　习题 1.28 的电路图

1.29　用叠加原理求题图 1.21 所示电路中的 I_1、I_2、U_2。已知 I_S=20mA，E_1=5V，R_1=1kΩ，R_2=4kΩ。

1.30　试用叠加原理求题图 1.22 所示电路中的电压 U_0。

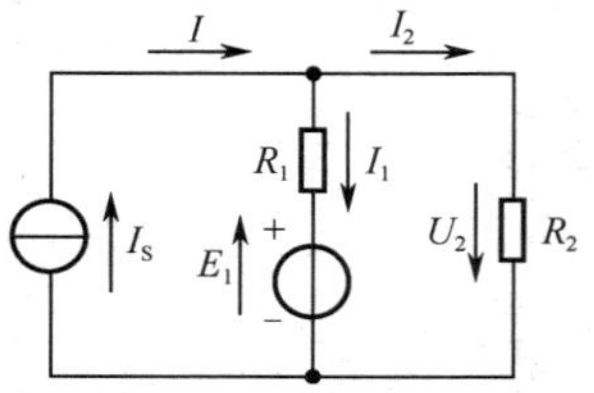

题图 1.21　习题 1.29 的电路图

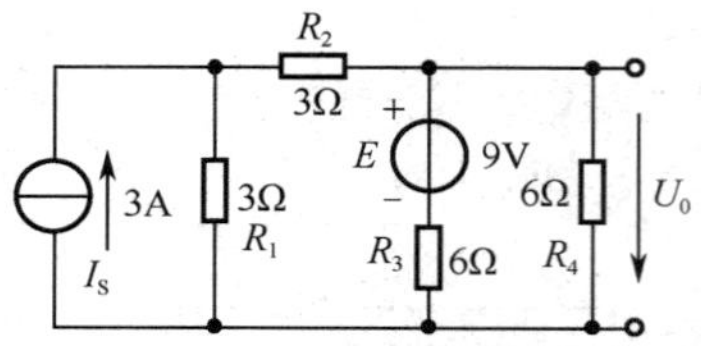

题图 1.22　习题 1.30 的电路图

1.31　电路如题图 1.23 所示，已知 I_S=2A，U_S=8V，R_1= R_{21}=2Ω。求：

（1）流过 R_2 支路的电流 I。

（2）电流源的端电压 U。

（3）电压源产生的功率。

1.32　求题图 1.24 所示电路中的 U_{ab}。

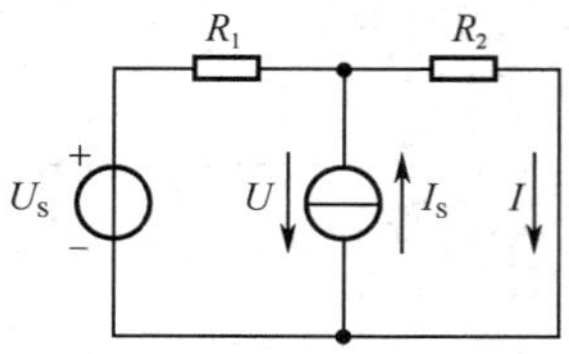

题图 1.23　习题 1.31 的电路图

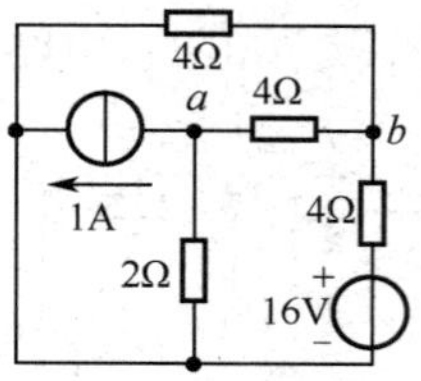

题图 1.24　习题 1.32 的电路图

1.33　在题图 1.25 所示的电路中，已知 R_2=R_3，当电流源的电流 I_S=0 时，I_1=2A，I_2=I_3=4A。求当 I_S=8A 时的电流 I_1、I_2 和 I_3。

1.34　用戴维南定理计算题图 1.26 所示电路中的电流 I。

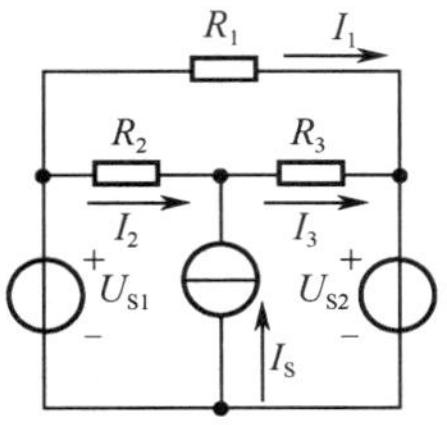

题图 1.25　习题 1.33 的电路图

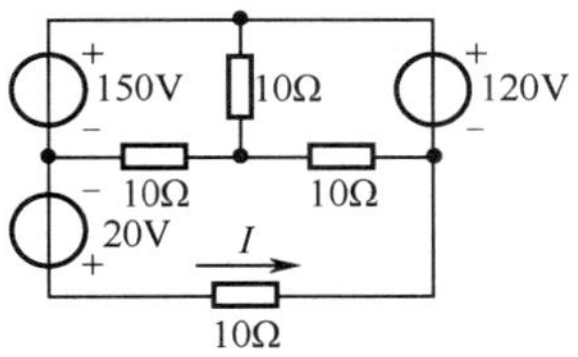

题图 1.26　习题 1.34 的电路图

1.35　试求题图 1.27 所示电路中 ab 间的戴维南等效电路。

1.36　求题图 1.28 所示电路中 ab 间的戴维南等效电路。已知 R_1=2Ω，R_2=6Ω，R_3=4Ω，R_4=4Ω。

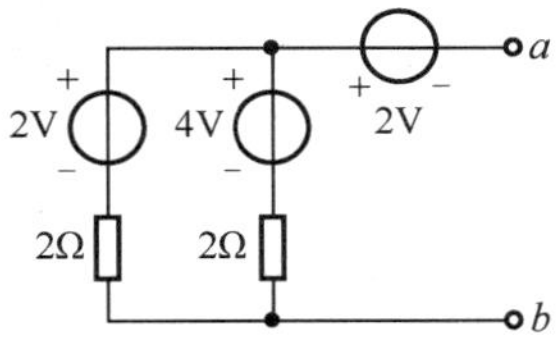

题图 1.27　习题 1.35 的电路图

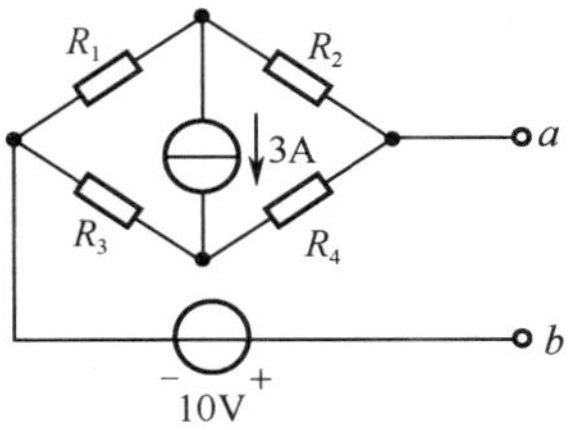

题图 1.28　习题 1.36 的电路图

1.37　用戴维南定理求题图 1.29 所示电路中通过 6Ω电阻的电流 I。

1.38　电路如题图 1.30 所示，已知 U_S=12V，R_1=4Ω，R_2=6Ω，I_S=2A。求开关 S 断开时开关两端的电压和开关闭合时通过开关的电流。

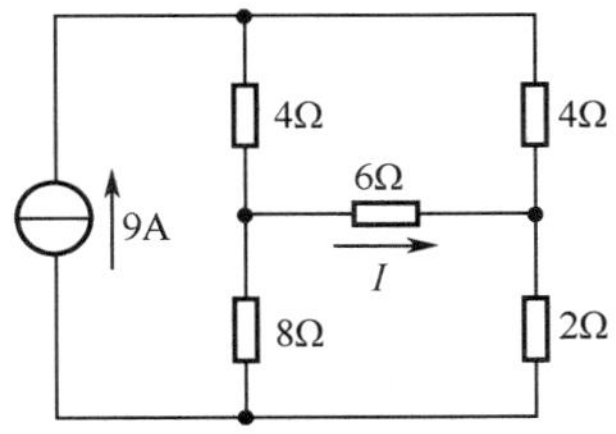

题图 1.29　习题 1.37 的电路图

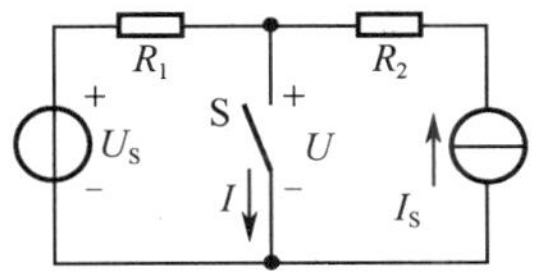

题图 1.30　习题 1.38 的电路图

1.39　电路如题图 1.31 所示，求 V_c、V_d、U_{bc}、U_{ab}、U_{cd}。

1.40　求题图 1.32 所示电路中的电压 U_{ab}。

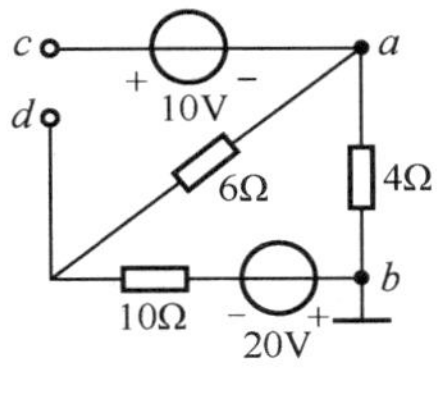

题图 1.31　习题 1.39 的电路图

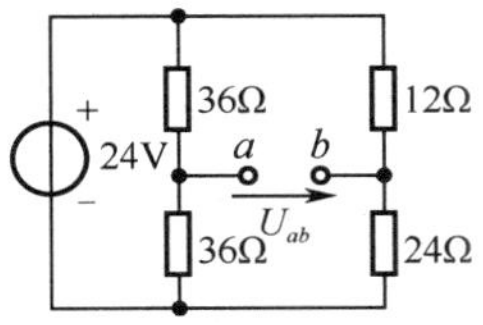

题图 1.32　习题 1.40 的电路图

1.41　求题图 1.33 所示电路中 a、b、c 三点的电位。

1.42　电路如题图 1.34 所示，开关 S 闭合前电路已处于稳态，当 t=0 时，开关 S 闭合，试求开关 S 闭合后的 u_C 和 i_C。

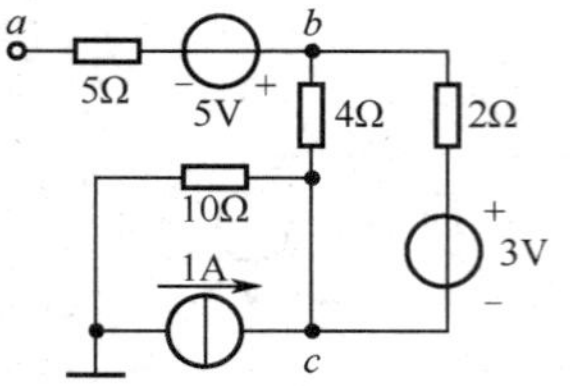

题图 1.33　习题 1.41 的电路图

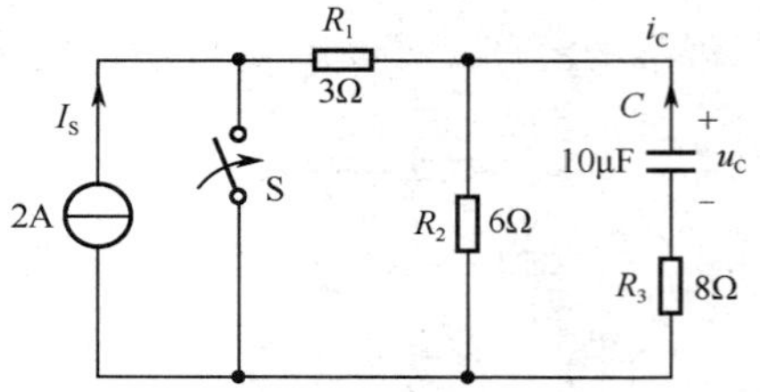

题图 1.34　习题 1.42 的电路图

1.43　电路如题图 1.35 所示，开关 S 闭合前电路已处于稳态，当 t=0 时，开关 S 闭合，试求 u_C 和 i_C。

1.44　电路如题图 1.36 所示，开关 S 闭合前电路已处于稳态，求开关 S 闭合后的 u_C 和 i_C。

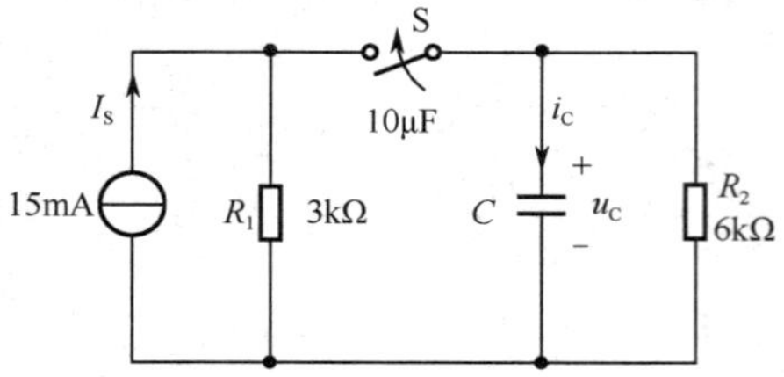

题图 1.35　习题 1.43 的电路图

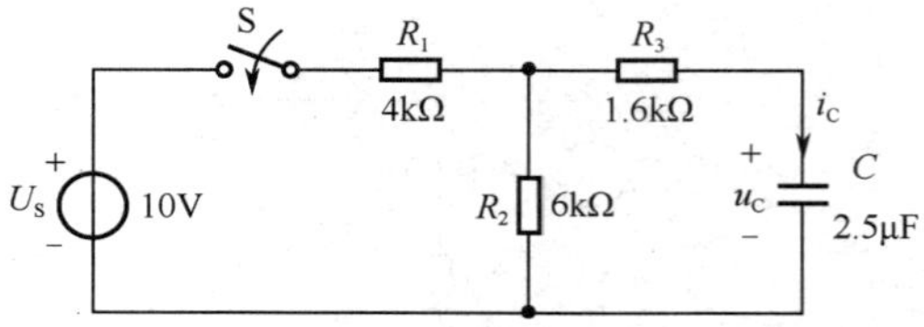

题图 1.36　习题 1.44 的电路图

1.45　电路如题图 1.37 所示，已知 E_1=10V，E_2=6V，C=100pF。开关 S 在“2”位置时，电路已处于稳态，t=0 时将开关 S 扳至“1”位置，试求 $u_C(t)$。

1.46　电路如题图 1.38 所示，开关 S 动作前电路已处于稳态，t=0 时将开关 S 从 a 端扳至 b 端，试求换路后的 i_L 和 u_L。

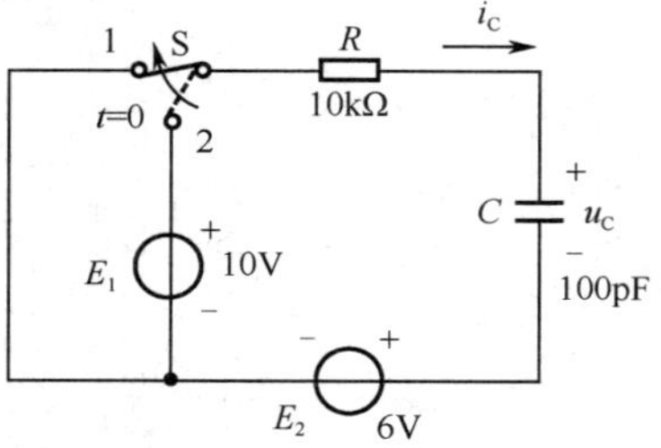

题图 1.37　习题 1.45 的电路图

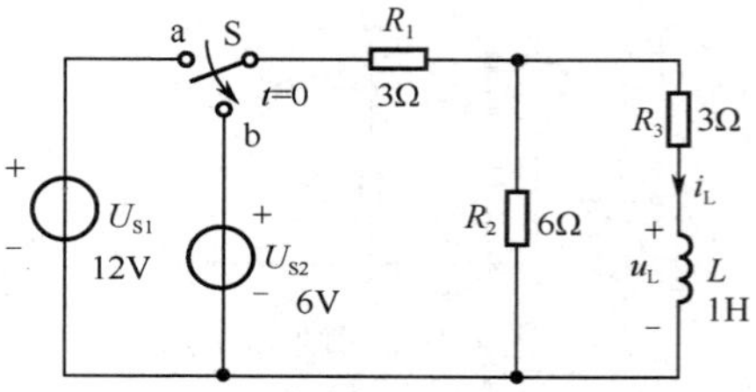

题图 1.38　习题 1.46 的电路图

1.47　电路如题图 1.39 所示，开关 S 动作前电路已处于稳态。t=0 时将开关 S 从 a 端扳至 b 端，试求换路后的 i_L 和 u_L，并画出其变化曲线。

1.48　电路如题图 1.40 所示，开关 S 断开时电路已处于稳态，t=0 时开关 S 闭合，求电路中的 $i_L(t)$和 $u_L(t)$。

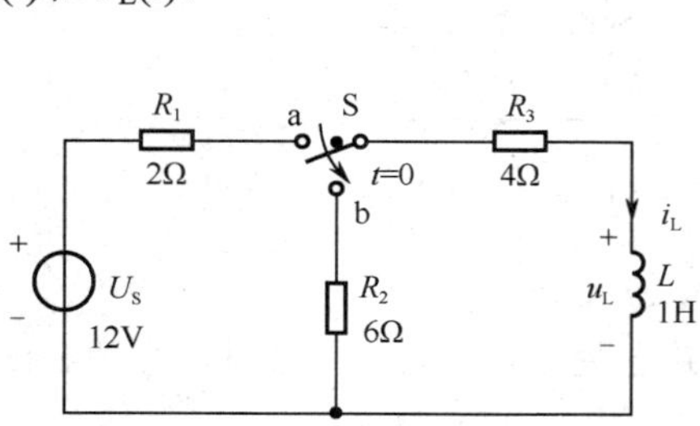

题图 1.39　习题 1.47 的电路图

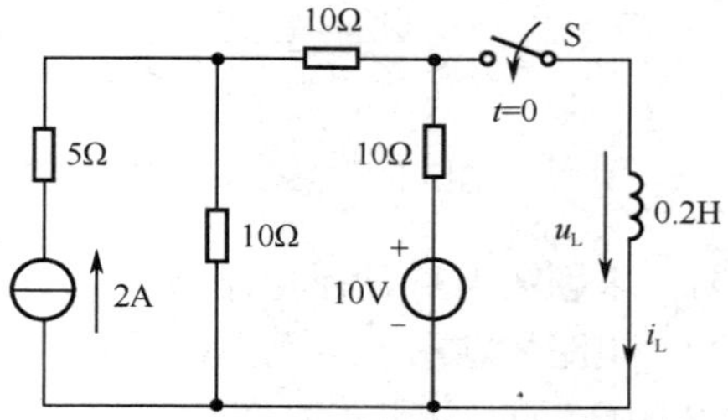

题图 1.40　习题 1.48 的电路图

1.49　电路如题图 1.41 所示，开关 S 断开前电路已处于稳态，t=0 时开关 S 断开，试求开关 S 断开后的 $i_L(t)$和 $u_L(t)$。

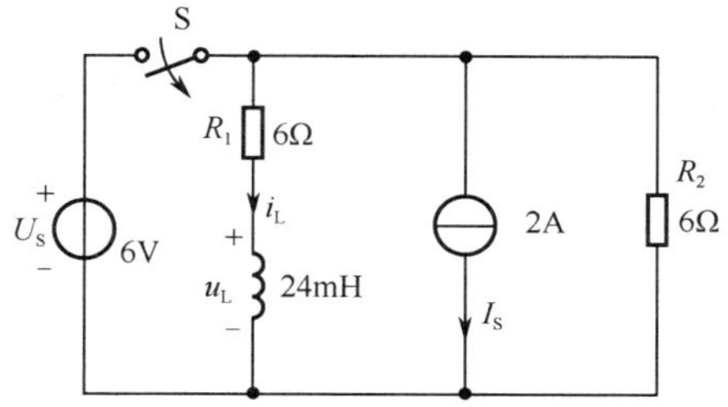

题图 1.41　习题 1.49 的电路图

第 2 章　正弦交流电路

前面分析了直流电路，其电压、电流的大小与方向均不随时间变化。本章讨论的正弦交流电路，其电压、电流随时间按正弦规律变化，即正弦交流电。本章主要讨论正弦交流电的基本概念和正弦交流电路的基本分析方法，主要内容有正弦量的三要素及相量表示法，正弦交流电路中电压与电流的关系及功率计算；谐振电路；交流电路中的功率因数；三相交流电路。

正弦交流电路是电工技术中的一项重要内容，是学习后面章节的理论基础。

2.1　正弦量的基本概念

正弦量是按正弦规律变化的电动势、电压和电流的统称。在分析电路前先介绍它的基本概念。

要完整地表示一个正弦量，可用三角函数式。例如：

$$\left.\begin{aligned} u &= U_{\mathrm{m}}\sin(\omega t+\varphi_u) \\ i &= I_{\mathrm{m}}\sin(\omega t+\varphi_i) \\ e &= E_{\mathrm{m}}\sin(\omega t+\varphi_e) \end{aligned}\right\} \tag{2.1.1}$$

式中，u、i 和 e 表示正弦量在任意时刻的数值，称为瞬时值，其表达式称为瞬时值表达式；U_{m}、I_{m}、E_{m} 表示正弦量在变化过程中出现的最大瞬时值，称为最大值；ω 称为角频率；φ_u、φ_i、φ_e 称为初相位。由正弦量的瞬时值表达式可以看出，只要知道正弦量的最大值、角频率和初相位，就能写出该正弦量的表达式。因此，最大值、角频率和初相位称为正弦量的三要素。下面分别介绍正弦量的三要素及其相关的几个量。

2.1.1　频率与周期

正弦交流电重复变化一次所需的时间称为周期，用 T 表示，单位为秒（s）。每秒内变化的周期数称为频率，用 f 表示，单位为赫兹（Hz），简称赫，且 1kHz=1000Hz，1MHz=1000kHz，1GHz=1000MHz。

由以上定义可知

$$T=\frac{1}{f} \tag{2.1.2}$$

正弦交流电在每秒内变化的电角度称为角频率或电角速度，单位为弧度/秒（rad/s）。因为正弦交流电在一个周期内变化的电角度为 2π rad，所以

$$\omega=\frac{2\pi}{T}=2\pi f \tag{2.1.3}$$

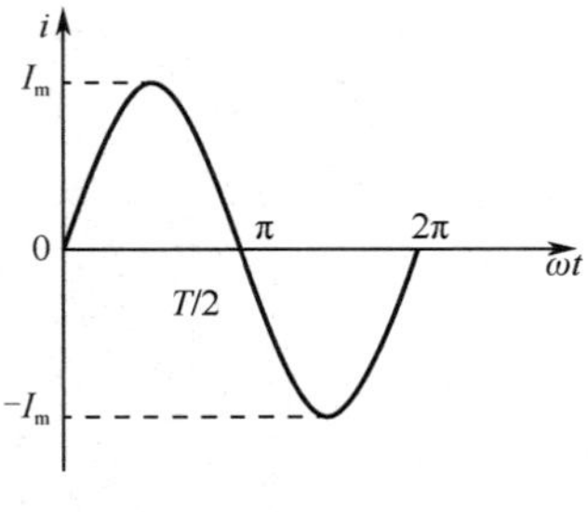

图 2.1.1　正弦交流电的波形

式（2.1.3）表达了 ω、T、f 三者之间的关系。只要知道其中一个量，另外两个量均可求出。这三个量都可反映正弦交流电变化的快慢。因此在画正弦交流电的波形时，既可用 t 作为横坐标，又可用 ωt 作为横坐标，如图 2.1.1 所示。

例 2.1.1　我国现行电网的标准频率（称为工频）为 50Hz，求其周期和角频率。

解　周期为

$$T=\frac{1}{f}=\frac{1}{50}=0.02\text{（s）}$$

角频率为

$$\omega=2\pi f\approx 2\times 3.14\times 50=314\text{（rad/s）}$$

世界上很多国家和地区的工频都是 50Hz，只有少数国家（如美国）的工频为 60Hz。音频信号的频率为 20～20000Hz，无线电技术中使用的频率更高，如收音机中的波段频率一般为 525～1605kHz，电视广播中使用的频率为 50～600MHz，卫星通信使用的频率在 1GHz 以上。

2.1.2　幅值与有效值

2.1.1 节提到，正弦交流电在某一瞬时的数值称为瞬时值，用小写字母 u、i、e 分别表示电压、电流和电动势的瞬时值，最大瞬时值称为最大值（幅值），用 U_{m}、I_{m}、E_{m} 表示。在实际应用中，通常用有效值来表示正弦量的大小，如用 U、I、E 分别表示电压、电流和电动势的有效值。

有效值是以电流的热效应规定的交流电大小。设交流电流 i 和直流电流 I 分别通过阻值（R）相同的电阻，在一个周期 T 内产生的热量相等，则直流电流 I 就称为交流电流 i 的有效值。因此可得

$$\int_0^T i^2 R\mathrm{d}t=I^2RT$$

由此可得出交流电流的有效值为

$$I=\sqrt{\frac{1}{T}\int_0^T i^2\mathrm{d}t}\tag{2.1.4}$$

设 $i=I_{\mathrm{m}}\sin\omega t$，则有

$$I=\sqrt{\frac{1}{T}\int_0^T I_{\mathrm{m}}^2\sin^2\omega t\mathrm{d}t}\tag{2.1.5}$$

经推导得

$$I=\sqrt{\frac{1}{T}I_{\mathrm{m}}^2\frac{T}{2}}=\frac{I_{\mathrm{m}}}{\sqrt{2}}\approx 0.707I_{\mathrm{m}}$$

同理可得

$$U=\frac{U_{\mathrm{m}}}{\sqrt{2}}\approx 0.707U_{\mathrm{m}},\quad E=\frac{E_{\mathrm{m}}}{\sqrt{2}}\approx 0.707E_{\mathrm{m}}\tag{2.1.6}$$

通常所说的正弦电压或电流的大小均指的是有效值，如交流电压 220V、380V 均指有效值。交流电流表和交流电压表的刻度也是根据有效值来确定的。

2.1.3　相位、初相位与相位差

正弦交流电随时间变化的电角度称为正弦交流电的相位，即式（2.1.1）中的 $(\omega t+\varphi_u)$、$(\omega t+\varphi_i)$ 和 $(\omega t+\varphi_e)$。相位的单位是弧度，也可用度表示。

t=0 时的相位称为初相位（简称初相），即 φ_i、φ_u、φ_e，它决定正弦交流电起始值的大小。

两个同频率正弦交流电的相位之差称为相位差，用 φ 表示。例如，两个同频率的交流电为

$$i=I_{\mathrm{m}}\sin(\omega t+\varphi_i)$$
$$u=U_{\mathrm{m}}\sin(\omega t+\varphi_u)$$

电流与电压的相位差为

$$\varphi=(\omega t+\varphi_i)-(\omega t+\varphi_u)=\varphi_i-\varphi_u$$

因为两者的频率相同，因此相位差即初相位之差。为了方便起见，规定$|\varphi|\leqslant\pi$，这样可以确定两个同频率正弦量在随时间变化上的先后次序。

当$\varphi=\varphi_i-\varphi_u>0$时，称$i$比$u$超前$\varphi$；当$\varphi=\varphi_i-\varphi_u<0$时，称$i$比$u$滞后$|\varphi|$；当$\varphi_i=\varphi_u$时，$\varphi=0$，称$i$与$u$同相；当$\varphi=\varphi_i-\varphi_u=90°$时，称$i$与$u$正交；当$\varphi=\varphi_i-\varphi_u=180°$时，称$i$与$u$反相，如图2.1.2所示。

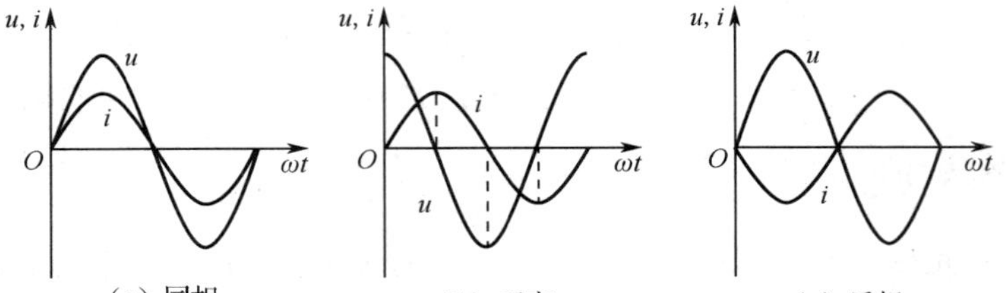

图2.1.2　正弦交流电的相位关系

例 2.1.2　设$i_1=6\sin\left(\omega t+\dfrac{\pi}{2}\right)$A，$i_2=8\sin\left(\omega t+\dfrac{\pi}{6}\right)$A，求$i_1$与$i_2$的初相位及它们的相位关系。

解　i_1的初相位$\varphi_1=\dfrac{\pi}{2}$，i_2的初相位$\varphi_2=\dfrac{\pi}{6}$，因此i_1与i_2的相位差为

$$\varphi=\varphi_1-\varphi_2=\frac{\pi}{2}-\frac{\pi}{6}=\frac{\pi}{3}$$

说明i_1超前i_2 $\dfrac{\pi}{3}$，或者说i_2滞后i_1 $\dfrac{\pi}{3}$。

例 2.1.3　已知一正弦电流的解析式为$i=10\sin(314t+120°)$A。试求该正弦电流的最大值、有效值、频率、周期、角频率、初相位和相位（电角度）。

解　最大值$I_m=10$A，有效值$I=\dfrac{I_m}{\sqrt{2}}=\dfrac{10}{\sqrt{2}}$A，角频率$\omega=314$rad/s，频率$f=\dfrac{\omega}{2\pi}=\dfrac{314\text{rad/s}}{2\pi}\approx$ 50Hz，周期$T=1/f=0.02$s，初相位$\varphi=120°$，相位$\varphi_i=314t+120°$。

2.2　正弦量的相量表示法

在交流电路的分析和计算中，常会遇到同频率的正弦量间的加、减、乘、除运算，用三角函数表达式进行运算会带来十分繁杂的计算。为了方便起见，采用相量表示法。

相量表示法的实质就是用复数来表示正弦交流电。为此，下面先复习复数的有关知识。设A是一个复数，则A可写为

$$A=a+\text{j}b \tag{2.2.1}$$

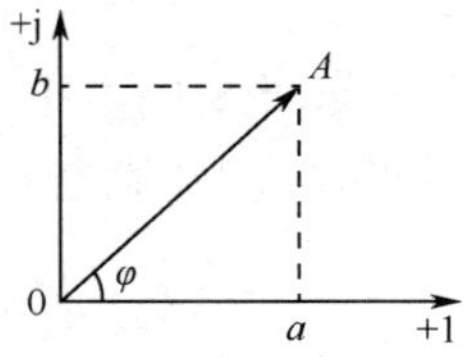

图2.2.1　复数的表示

式中，a是复数的实部；b是复数的虚部；$\text{j}=\sqrt{-1}$是虚数单位。复数A可用复平面上的有向线段来表示，如图2.2.1所示。

由图2.2.1可得

$$\left.\begin{aligned}a&=|A|\cos\varphi\\b&=|A|\sin\varphi\end{aligned}\right\} \tag{2.2.2}$$

$$\left.\begin{aligned}|A|&=\sqrt{a^2+b^2}\\ \varphi&=\arctan\frac{b}{a}\end{aligned}\right\}\tag{2.2.3}$$

因此

$$A=a+\mathrm{j}b=|A|\cos\varphi+\mathrm{j}|A|\sin\varphi=|A|(\cos\varphi+\mathrm{j}\sin\varphi)\tag{2.2.4}$$

式（2.2.4）称为复数的直角坐标式。

根据欧拉公式，复数 A 可写为

$$\cos\varphi=\frac{\mathrm{e}^{\mathrm{j}\varphi}-\mathrm{e}^{-\mathrm{j}\varphi}}{2},\quad \sin\varphi=\frac{\mathrm{e}^{\mathrm{j}\varphi}-\mathrm{e}^{-\mathrm{j}\varphi}}{2\mathrm{j}}$$

$$A=|A|\mathrm{e}^{\mathrm{j}\varphi}\tag{2.2.5}$$

$$A=|A|\angle\varphi\tag{2.2.6}$$

式（2.2.5）称为复数的指数式，式（2.2.6）称为复数的极坐标式。

复数的几种表示形式可相互转换。通常，复数的加、减运算采用直角坐标式，乘、除运算采用指数式或极坐标式。

电路中的 e、u、i 的频率相同表示正弦交流电的三要素就变成二要素，即大小和初相位。这里以 $u=U_m\sin(\omega t+\varphi_u)$为例进行说明，在分析和计算中，$u$ 的大小用有效值 U（也可用 U_m）表示，初相位为φ_u，采用复数形式，用大小（模）和辐角（初相位）就能表示一个量，为了与一般的复数相区别，把表示正弦量的复数称为相量，并用在大写字母上加“ •” 来表示。例如，$u=U_\mathrm{m}\sin(\omega t+\varphi_u)$ 表示为$\dot U=U\mathrm{e}^{\mathrm{j}\varphi_u}=U\angle\varphi_u$，也可表示为$\dot U_\mathrm{m}=U_\mathrm{m}\mathrm{e}^{\mathrm{j}\varphi_u}=U_\mathrm{m}\angle\varphi_u$。

$\dot U$ 是电压的有效值相量，$\dot U_\mathrm{m}$ 是电压的最大值（幅值）相量，根据实际，确定用 $\dot U$ 还是用 $\dot U_\mathrm{m}$。需要说明的是，相量只用来表示正弦量，以便于计算，而不等于正弦量。按照各个正弦量的大小和相位关系，用初始位置的有向线段画出的若干相量的图形称为相量图。

图 2.2.2 中画出了 $\dot I_1=I_1\angle\varphi_1$，$\dot I_2=I_2\angle\varphi_2$，$\dot I=I\angle\varphi$ 的相量图，三个相量之间的关系是 $\dot I_1+\dot I_2=\dot I$ 。

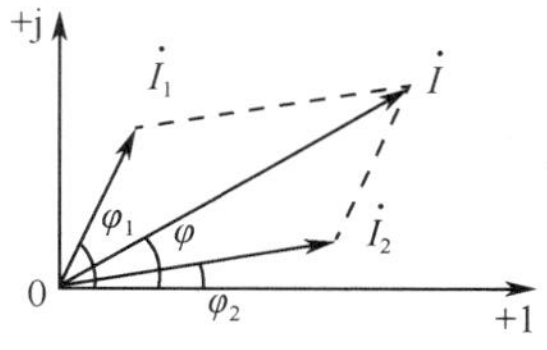

图 2.2.2　相量图

注意：只有周期性正弦量才能用相量表示，非周期性正弦量不能用相量表示；只有同频率的正弦量才能画在同一相量图上，不同频率的正弦量不能画在同一相量图上，否则无法进行比较和计算。

在相量运算中，有时会遇到相量乘以 j 或–j 的情况，如 $\mathrm{j}\dot I$ 、$-\mathrm{j}\dot I$ ，由于 $\mathrm{j}=\mathrm{e}^{\mathrm{j}\frac{\pi}{2}}$，$-\mathrm{j}=\mathrm{e}^{-\mathrm{j}\frac{\pi}{2}}$，$\mathrm{e}^{\pm\mathrm{j}90^\circ}=\cos90^\circ\pm\mathrm{j}\sin90^\circ=0\pm\mathrm{j}=\pm\mathrm{j}$，因此

$$\mathrm{j}\dot I=\mathrm{e}^{\mathrm{j}\frac{\pi}{2}}\dot I=I\mathrm{e}^{\mathrm{j}\left(\varphi_i+\frac{\pi}{2}\right)}=I\angle\left(\varphi_i+\frac{\pi}{2}\right)$$

$$-\mathrm{j}\dot I=\mathrm{e}^{-\mathrm{j}\frac{\pi}{2}}\dot I=I\mathrm{e}^{\mathrm{j}\left(\varphi_i-\frac{\pi}{2}\right)}=I\angle\left(\varphi_i-\frac{\pi}{2}\right)$$

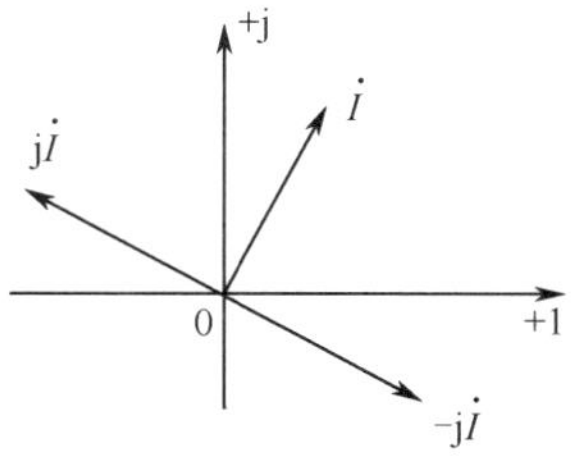

图 2.2.3　相量乘以 j、–j 的图示

说明相量 $\dot I$ 乘以 j 就是将相量 $\dot I$ 逆时针旋转 90°，即初相位增大 90°；相量 $\dot I$ 乘以–j（除以 j）就是将相量顺时针旋转 90°，即初相位减小 90°，如图 2.2.3 所示。

例 2.2.1　已知正弦电流 $i_1=2\sqrt2\sin(\omega t+60^\circ)$A，$i_2=3\sqrt2\sin(\omega t+30^\circ)$A，试用相量法求 $i=i_1+i_2$，画出相量图。

解　写出 i_1、i_2 的相量式：

$$\dot I_1=2\angle60^\circ\mathrm{A}\text{，}\ \dot I_2=3\angle30^\circ\mathrm{A}$$

两相量之和为

$$\begin{aligned}\dot{I}&=\dot{I}_1+\dot{I}_2=2\angle 60^\circ+3\angle 30^\circ\\&=2\cos 60^\circ+\mathrm{j}2\sin 60^\circ+3\cos 30^\circ+\mathrm{j}3\sin 30^\circ\\&\approx 1+\mathrm{j}1.73+2.598+\mathrm{j}1.5\\&\approx 3.598+\mathrm{j}3.23\approx 4.836\angle 41.9^\circ\mathrm{A}\end{aligned}$$

因此

$$i=4.836\sqrt{2}\sin(\omega t+41.9^\circ)\mathrm{A}$$

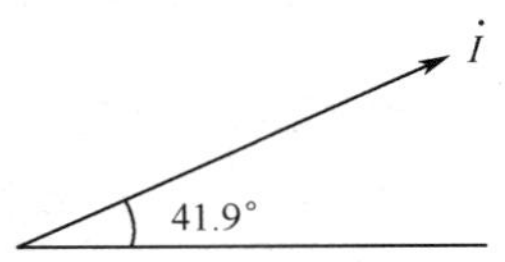

图 2.2.4　例 2.2.1 的相量图

相量图如图 2.2.4 所示。

在相量的乘、除运算中，为了运算方便，常将相量式写成指数式；在加、减运算中，要写成复数的直角坐标式，最终变成（极坐标）指数式。只有根据指数式才能写出瞬时值表达式，复数式仅是中间运算环节，不是最终结果。

2.3　单一参数的正弦交流电路

在第 1 章中已介绍了电阻、电感、电容各元件上电压与电流之间的关系。直流电路中的元件主要是电阻，电感在直流稳态时相当于短路，电容在直流稳态时相当于开路，因此分析和计算很简单。但在交流电路中，各元件上的电流、电压之间除有大小关系外，还有相位关系，即相量关系。下面进行具体分析。

2.3.1　电阻的交流电路

1. 电阻上电压和电流的关系

设图 2.3.1（a）所示电路中的电阻上流过的电流为

$$i=\sqrt{2}I\sin\omega t$$

则根据欧姆定律，可知电阻两端的电压为

$$u=Ri=\sqrt{2}RI\sin\omega t=\sqrt{2}U\sin\omega t$$

式中

$$U=IR \tag{2.3.1}$$

可见，电压与电流为同频率的正弦量，电压的有效值与电流的有效值（或最大值）的关系符合欧姆定律，两者的相位相同。i 与 u 的波形图如图 2.3.1（b）所示。为方便起见，将 u 与 i 的大小关系与相位关系用相量的形式表示出来。根据式（2.3.1）可得

$$\dot{U}=\dot{I}R \tag{2.3.2}$$

式（2.3.2）既表示了电阻上电压和电流的有效值（或幅值）之间的大小关系，又表示了两者之间的相位关系。它们的相量图如图 2.3.1（c）所示。

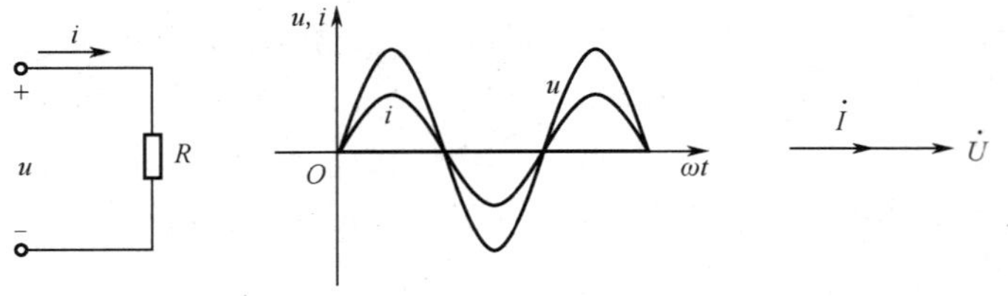

（a）电路图　（b）波形图　（c）相量图

图 2.3.1　电阻上电压和电流的关系

2. 电阻上的功率

在交流电路中，电压与电流的瞬时值的乘积叫作瞬时功率，用小写字母 p 表示，即 $p=ui$。

在如图 2.3.1（a）所示的电路中，电压、电流分别为

$$u=\sqrt{2}U\sin\omega t$$
$$i=\sqrt{2}I\sin\omega t$$

因此电路的瞬时功率为

$$\begin{aligned}p=ui&=\sqrt{2}U\sin\omega t\times\sqrt{2}I\sin\omega t\\&=UI(1-\cos2\omega t)\end{aligned}\tag{2.3.3}$$

瞬时功率的波形如图 2.3.2 所示。可以看出，瞬时功率 $p\geqslant0$。因为 u、i 的参考方向一致，相位相同，所以瞬时功率 p 恒为正值，表示电阻总是消耗能量，是耗能元件。

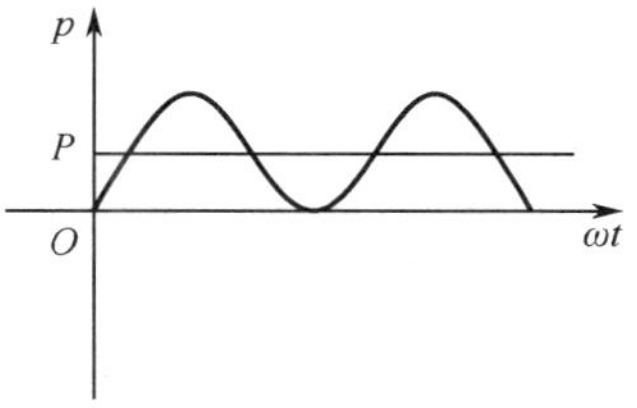

图 2.3.2　瞬时功率的波形

通常所说的功率并不是瞬时功率，而是瞬时功率在一个周期内的平均值，称为平均功率，用大写字母 P 表示。由于平均功率反映了元件实际消耗的功率，因此又称之为有功功率，单位是瓦（W）。

有功功率就是瞬时功率在一个周期内的平均值，即

$$P=\frac{1}{T}\int_0^T p\mathrm{d}t=\frac{1}{T}\int_0^T UI(1-\cos2\omega t)\mathrm{d}t=UI$$

因此

$$P=UI=I^2R=\frac{U^2}{R}\tag{2.3.4}$$

它与直流电路的功率表示式相同，但是它是电路中的平均功率（有功功率），实际上是电阻消耗的功率。式（2.3.4）中的 U 和 I 是有效值。

一般交流用电器上所标的功率指的是平均功率。例如，灯泡的功率为 60W、电炉的功率为 1000W 等都指的是平均功率。

例 2.3.1　电阻 R=100Ω，其两端电压 $u=220\sqrt{2}\sin(314t-30^\circ)\text{V}$。求：

（1）通过电阻的电流 I 和 i。

（2）电阻消耗的功率。

（3）画出电压与电流的相量图。

解　（1）电压的相量为 $\dot{U}=220\angle-30^\circ\text{V}$，因此

$$\dot{I}=\frac{\dot{U}}{R}=\frac{220\angle-30^\circ}{100}\text{A}=2.2\angle-30^\circ\text{A}$$

即 $I=2.2\text{A}$，$i=2.2\sqrt{2}\sin(314t-30^\circ)\text{A}$。

（2）电阻消耗的功率为

$$P=\frac{U^2}{R}=\frac{220^2}{100}\text{W}=484\text{W}$$

（3）电压与电流的相量图如图 2.3.3 所示。

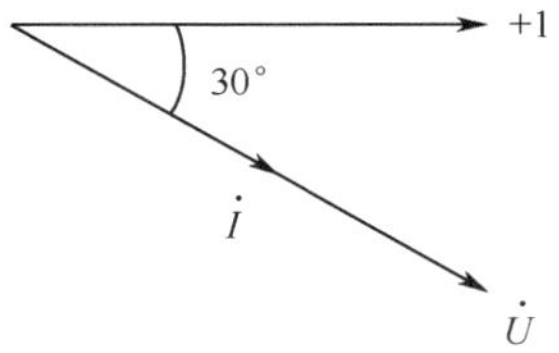

图 2.3.3　例 2.3.1 的相量图

2.3.2　电感的交流电路

1. 电感上电压和电流的关系

设电感上的电压与电流为关联方向，如图 2.3.4 所示。

设图 2.3.4（a）所示电路中的电感上流过的电流为

$$i = \sqrt{2}I\sin(\omega t + \varphi_i)$$

则电感两端的电压为

$$\begin{aligned} u &= L\frac{\mathrm{d}i}{\mathrm{d}t} = L\frac{\mathrm{d}}{\mathrm{d}t}[\sqrt{2}I\sin(\omega t + \varphi_i)] \\ &= \sqrt{2}I\omega L\cos(\omega t + \varphi_i) \\ &= \sqrt{2}I\omega L\sin(\omega t + \varphi_i + 90^\circ) \\ &= \sqrt{2}U\sin(\omega t + \varphi_u) \end{aligned}$$

式中

$$\begin{cases} U = \omega LI \\ \varphi_u = \varphi_i + 90^\circ \end{cases} \tag{2.3.5}$$

可见，电压与电流也是同频率的正弦量。

令 $X_L = \omega L = 2\pi fL$，它是体现电感对正弦电流阻碍作用的一个参数，称为电感抗，简称感抗。X_L 具有电阻的量纲，单位为欧姆（Ω）。

感抗 X_L 与电感 L、频率 f 成正比。因此，电感对高频电流的阻碍作用很大，而对直流稳态则可视为短路（f=0，X_L=0）。

电感上电压的有效值等于电流的有效值乘以 ωL；电感上电压的相位超前电流的相位 90°，i 与 u 的波形图如图 2.3.4（b）所示。这样，可根据式（2.3.5）将电感上的电压和电流的关系用相量的形式写出：

$$\dot{U} = \mathrm{j}X_L\dot{I} \tag{2.3.6}$$

式（2.3.6）既表示了电感上电压和电流的有效值（或幅值）之间的大小关系，又表示了两者之间的相位关系，相量图如图 2.3.4（c）所示。

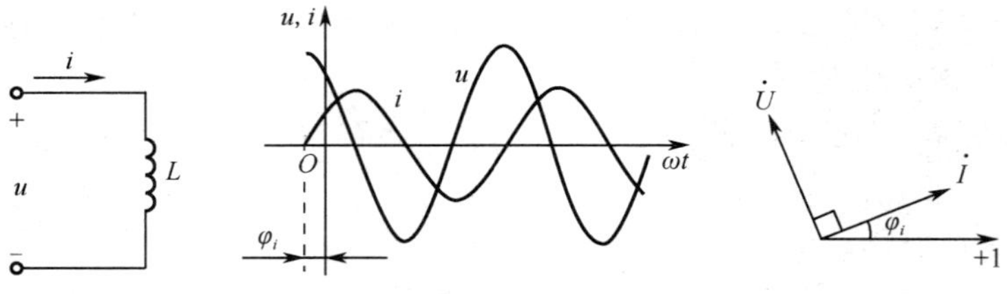

（a）电路图　（b）波形图　（c）相量图

图 2.3.4　电感上电压和电流的关系

2. 电感上的功率

设电感上的电压、电流分别为

$$u = \sqrt{2}U\sin(\omega t + 90^\circ)$$
$$i = \sqrt{2}I\sin\omega t$$

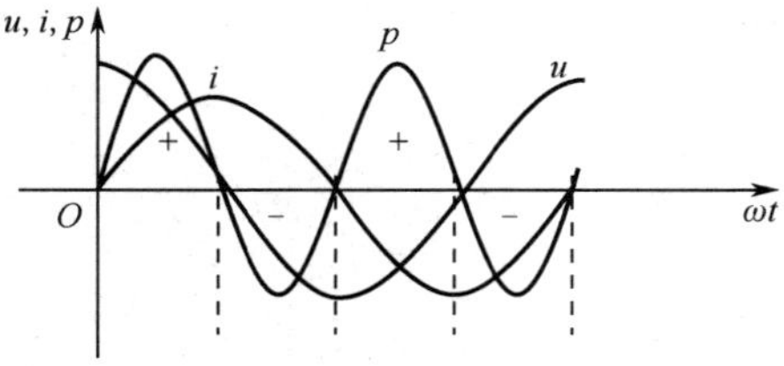

图 2.3.5　电感的瞬时功率的波形

则电路的瞬时功率为

$$\begin{aligned} p = ui &= \sqrt{2}U\sin(\omega t + 90^\circ) \times \sqrt{2}I\sin\omega t \\ &= 2UI\sin\omega t\cos\omega t = UI\sin 2\omega t \end{aligned}$$

说明电感的瞬时功率也是随时间变化的正弦函数，其频率为电源频率的 2 倍，振幅为 UI，波形如图 2.3.5 所示。可以看出，瞬时功率有正、有负。在第一个 1/4 周期内，电流由零上升至最大值，电感储存的磁场能量也随着电流由零达到最大值，这个过程中的瞬时功率为正值，表明电感从电源吸收电能。在第二个 1/4 周期内，电流从最大值减小到零，这个过程中的瞬时功率为负值，表明电感向电源释放能量。后面两个 1/4 周期与上述分析一致。电感的瞬时功率的波形在一个周期内的正、负面积相等。

电感的平均功率就是瞬时功率在一个周期内的平均值，即

$$P=\frac{1}{T}\int_0^T p\mathrm{d}t=\frac{1}{T}\int_0^T UI\sin 2\omega t\mathrm{d}t=0 \tag{2.3.7}$$

因为电感是储能元件，只不断地进行能量的吞吐，本身并不消耗能量，所以其平均功率为零。

为了描述电感与外电路之间能量交换的规模，引入瞬时功率的最大值，并称之为无功功率，用 Q_L 表示，单位为乏尔（var），以区别于电阻消耗的功率（有功功率 P）：

$$Q_L=UI=\frac{U^2}{X_L}=I^2X_L \tag{2.3.8}$$

应该注意的是，无功功率反映了电感与外电路之间能量交换的规模，“无功”不能理解为“无用”，这里“无功”的实际含义是交换而不消耗。

例 2.3.2　设有一个线圈，内阻可略去不计，电感 L=35mH，接在 f=50Hz 的电源 $\dot{U}=220\angle 30^\circ$ V 上，求 $\dot{I}$ 和 i 及 P、Q_L，并画出电压、电流的相量图。

解

$$X_L=2\pi fL\approx 2\times 3.14\times 50\times 35\times 10^{-3}\Omega\approx 11\Omega$$

$$\dot{I}=\frac{\dot{U}}{\mathrm{j}X_L}=\frac{220\angle 30^\circ}{11\angle 90^\circ}\mathrm{A}=20\angle -60^\circ\mathrm{A}$$

$$i=20\sqrt{2}\sin(314t-60^\circ)\mathrm{A}$$

$$P=0$$

$$Q_L=UI=220\times 20\mathrm{var}=4400\mathrm{var}$$

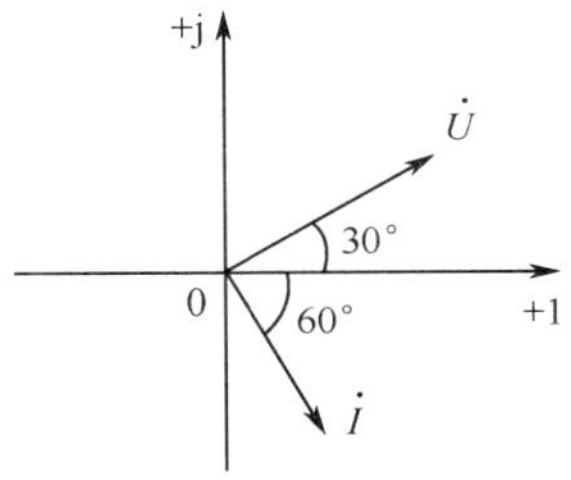

图 2.3.6　例 2.3.2 的相量图

相量图如图 2.3.6 所示。

2.3.3　电容的交流电路

1．电容上电压和电流的关系

设图 2.3.7（a）所示电路中的电容两端的电压为

$$u=\sqrt{2}U\sin(\omega t+\varphi_u)$$

电容两端的电压与通过电容的电流的关系为

$$i=C\frac{\mathrm{d}u_C}{\mathrm{d}t}$$

则

$$\begin{aligned}i&=C\frac{\mathrm{d}u}{\mathrm{d}t}=C\frac{\mathrm{d}}{\mathrm{d}t}\left[\sqrt{2}U\sin(\omega t+\varphi_u)\right]\\&=\sqrt{2}\omega CU\cos(\omega t+\varphi_u)\\&=\sqrt{2}\omega CU\sin(\omega t+\varphi_u+90^\circ)\\&=\sqrt{2}I\sin(\omega t+\varphi_i)\end{aligned}$$

式中

$$\begin{cases}I=\omega CU\\ \varphi_i=\varphi_u+90^\circ\end{cases} \tag{2.3.9}$$

可见，电流与电压也是同频率的正弦量，且电容上的电流等于 U 与 ωC 的乘积，电容上的电流超前电压 90°，u 与 i 的波形图如图 2.3.7（b）所示。

令 $X_C=\dfrac{1}{\omega C}=\dfrac{1}{2\pi fC}$，它是体现电容对正弦电流阻碍作用的一个参数，称为电容抗，简称容抗。X_C 具有电阻的量纲，单位为欧姆（Ω）。

容抗 X_C 与电容 C、频率 f 成反比。因此，电容对高频电流呈现的容抗很小，而对直流稳态呈现的容抗则可视为开路（f=0，$X_C\to\infty$）。也就是说，电容具有隔直通交的作用。

可根据式（2.3.9）将电容上的电压和电流的关系用相量的形式写出：

$$\dot{U}=-\mathrm{j}X_C\dot{I}=-\mathrm{j}\frac{\dot{I}}{\omega C}=\frac{\dot{I}}{\mathrm{j}\omega C} \tag{2.3.10}$$

式（2.3.10）既表示了电容上电压和电流的有效值（或幅值）之间的大小关系，又表示了两者之间的相位关系。它们的相量图如图 2.3.7（c）所示。

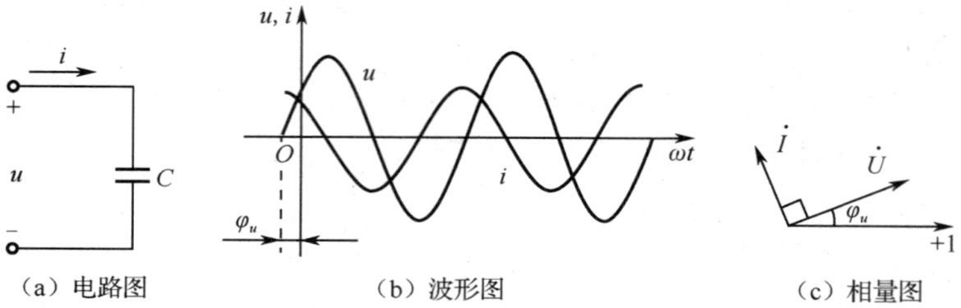

图 2.3.7　电容上电压和电流的关系

2. 电容上的功率

因为交流电路中的电压、电流都是时间的正弦函数，所以瞬时功率也是随时间变化的。设图 2.3.7（a）所示电路中的电压、电流分别为

$$u=\sqrt{2}U\sin\omega t$$
$$i=\sqrt{2}I\sin(\omega t+90^\circ)$$

则电路的瞬时功率为

$$p=ui=\sqrt{2}U\sin\omega t\times\sqrt{2}I\sin(\omega t+90^\circ)$$
$$=2UI\sin\omega t\cos\omega t=UI\sin 2\omega t \tag{2.3.11}$$

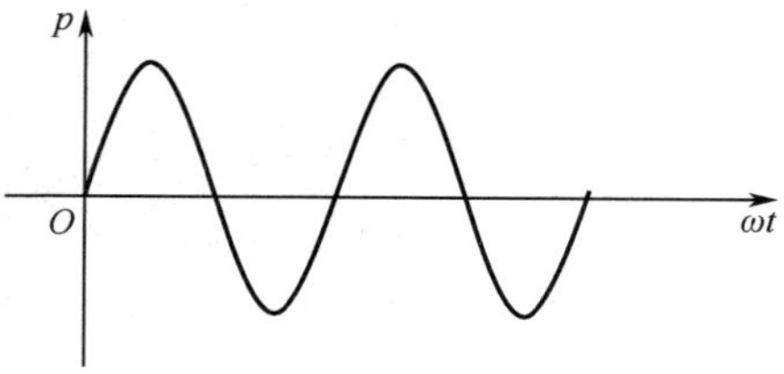

图 2.3.8　电容的瞬时功率的波形

它表示电路在某一瞬间吸收或释放的功率，其频率为电源频率的 2 倍，振幅为 UI。电容的瞬时功率的波形如图 2.3.8 所示。可以看出，瞬时功率有正、有负，且其波形在一个周期内的正、负面积相等。在电源的第一个和第三个 1/4 周期内，瞬时功率为正值，表明电容从电源吸收电能，电容处于充电状态，将电源的能量转换为电场能量；在电源的第二个和第四个 1/4 周期内，瞬时功率为负值，表明电容释放能量，电容处于放电状态，将电场能量转换为电能。总之，电容与电源之间只有能量的相互转换。电容是储能元件，本身并不消耗能量。

电容的瞬时功率在一个周期内的平均值就是有功功率，即

$$P=\frac{1}{T}\int_0^T p\mathrm{d}t=\frac{1}{T}\int_0^T UI\sin 2\omega t=0 \tag{2.3.12}$$

因为电容并不消耗功率，只起吞吐能量的作用，所以它的瞬时功率在一个周期内的平均功率应为零。

表示电容与电源进行能量交换的瞬时功率的最大值称为无功功率，用 Q_C 表示，单位为乏尔（var）：

$$Q_C = UI = \frac{U^2}{X_C} = I^2 X_C \tag{2.3.13}$$

例 2.3.3　将电容 C=10μF 接到 $u = 220\sqrt{2}\sin(314t - 30^\circ)$V 上，求 $\dot{I}$、i、P、Q，并画出电压、电流的相量图。

解

$$X_C = \frac{1}{\omega C} = \frac{1}{314\times 10\times 10^{-6}}\Omega \approx 318\Omega$$

$$\dot{U} = 220\angle -30^\circ \text{V}$$

$$\dot{I} = \frac{\dot{U}}{-jX_C} = \frac{220\angle -30^\circ}{318\angle -90^\circ}\text{A} \approx 0.69\angle 60^\circ \text{A}$$

$$i = 0.69\sqrt{2}\sin(314t + 60^\circ)\text{A}$$

$$P = 0$$

$$Q_C = UI = 220\times 0.69\,\text{var} \approx 152\,\text{var}$$

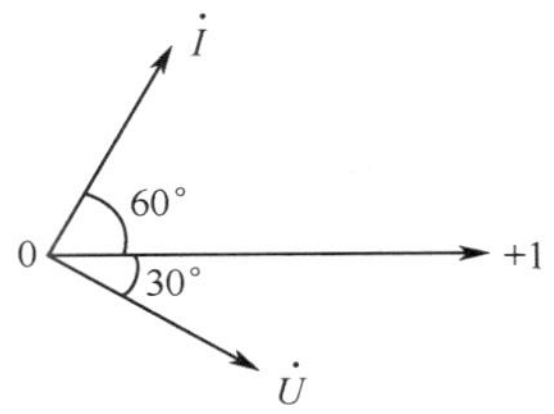

图 2.3.9　例 2.3.3 的相量图

电压、电流的相量图如图 2.3.9 所示。

2.4　简单正弦交流电路的计算

2.4.1　基尔霍夫定律的相量形式

在分析交流电路时，基尔霍夫定律仍然适用。在任何瞬间，电流的瞬时值根据节点可列出 $\sum i=0$，电压的瞬时值根据回路可列出 $\sum u=0$。若用有效值（或峰值）表示，则应用相量形式。

基尔霍夫电流定律的相量形式：

$$\sum \dot{I} = 0 \tag{2.4.1}$$

即在电路任一节点上的电流相量的代数和为零。

基尔霍夫电压定律的相量形式：

$$\sum \dot{U} = 0 \tag{2.4.2}$$

即对于电路中的任一回路，各支路电压相量的代数和为零。

2.4.2　RLC 串联电路

在实际应用中，许多电气设备，如交流电动机、变压器等都包含线圈，而线圈可等效为 RL 串联电路；有些电子设备，如放大器、振荡器等要用到电阻、电感和电容组合的电路，因此研究同时具有几个元件的交流电路更有实际意义。

1. RLC 串联电路中电压和电流的关系

在如图 2.4.1（a）所示的电路中，在外加电压 u 的作用下，电路中通过的正弦电流为 i，在 R、L、C 上产生的电压分别为 u_R、u_L、u_C。

根据基尔霍夫电压定律可得

$$u = u_R + u_L + u_C \tag{2.4.3}$$

其相量形式为

$$\dot{U} = \dot{U}_R + \dot{U}_L + \dot{U}_C \tag{2.4.4}$$

将式（2.3.2）、式（2.3.6）和式（2.3.10）代入式（2.4.4）得

$$\dot{U} = R\dot{I} + jX_L\dot{I} - jX_C\dot{I} = \dot{I}[R + j(X_L - X_C)] = \dot{I}(R + jX) = Z\dot{I} \tag{2.4.5}$$

式（2.4.5）的形式和欧姆定律的形式相似，故称之为交流电路中欧姆定律的相量形式。

图 2.4.1（b）所示为电压、电流的相量图。由于在串联电路中流过 R、L、C 的电流相同，因此在画相量图时以 $\dot{I}$ 为参考量（此处为分析方便设 $\varphi_i=0$）。根据 $\dot{I}$，依次画出 $\dot{U}_R$（与 $\dot{I}$ 同相）、U_L（超前 $\dot{I}$ 90°）、$\dot{U}_C$（滞后 $\dot{I}$ 90°），并根据 $\dot{U} = \dot{U}_R + \dot{U}_L + \dot{U}_C$ 画出 $\dot{U}$。图 2.4.1（b）所示为 $U_L > U_C$，即 $X_L > X_C$ 的情况。根据 X_L 与 X_C 的大小关系可分析电路呈现的性质。

当 $X_L > X_C$ 时，$\varphi = \varphi_u - \varphi_i > 0$，表示电压超前电流，电路呈电感性；反之，若 $X_L < X_C$，则电压将滞后电流，电路呈电容性；若 $X_L = X_C$，则电压与电流同相，电路呈电阻性，形成串联谐振。

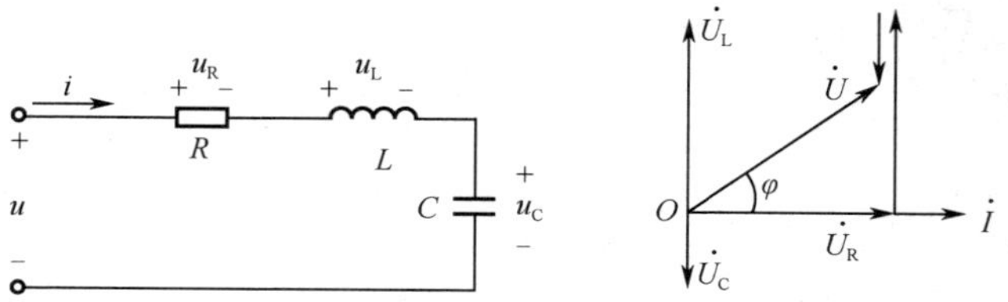

（a）电路图　　（b）相量图

图 2.4.1　电路图和相量图

2. 复数阻抗

在式（2.4.5）中，有

$$Z = R + jX = R + j(X_L - X_C) \tag{2.4.6}$$

式中，Z 称为复数阻抗，简称阻抗；X 称为电抗。阻抗的单位是欧姆（Ω）。

Z 仅仅表示一个复数，不表示正弦量，因此在 Z 上面不加点。Z 的模 $|Z|$ 称为阻抗模，其辐角 φ 称为阻抗角：

$$|Z| = \sqrt{R^2 + X^2} = \sqrt{R^2 + (X_L - X_C)^2} \tag{2.4.7}$$

$$\varphi = \arctan\frac{X}{R} = \arctan\frac{X_L - X_C}{R} \tag{2.4.8}$$

设 $\dot{U} = U\angle\varphi_u$，$\dot{I} = I\angle\varphi_i$，代入式（2.4.5）可得

$$Z = \frac{\dot{U}}{\dot{I}} = \frac{U\angle\varphi_u}{I\angle\varphi_i} = \frac{U}{I}\angle(\varphi_u - \varphi_i) = |Z|\angle\varphi \tag{2.4.9}$$

$$\left.\begin{aligned} |Z| &= \sqrt{R^2 + (X_L - X_C)^2} = \frac{U}{I} \\ \varphi &= \varphi_u - \varphi_i \end{aligned}\right\} \tag{2.4.10}$$

式（2.4.10）说明电压与电流的有效值（或最大值）之比等于阻抗模，与欧姆定律的形式类似；阻抗角 φ 为电压与电流的相位差。

3. 功率

在 RLC 串联电路中，只有电阻是耗能元件，电阻消耗的功率就是该电路的有功功率，即

$$P = I^2R = IU_R = UI\cos\varphi \tag{2.4.11}$$

U 与 U_R 的关系可从图 2.4.1（b）的电压三角形中得到。有功功率 P 比直流电路的功率多一个乘数 $\cos\varphi$，这是由交流电路中的电压和电流存在相位差φ引起的。$\cos\varphi$ 称为功率因数（用 λ 表示），φ 称为功率因数角（阻抗角），两者都由负载的性质决定。

在 RLC 串联电路中，因为电感和电容都与电源进行能量交换，所以它们都有无功功率，由于电感的电压超前电流 90°，而电容的电压滞后电流 90°，因此无功功率可以相互补偿。只有电感和电容相互交换能量的不足部分才与电源进行交换，故整个电路的无功功率为

$$Q=Q_L-Q_C=(U_L-U_C)I=UI\sin\varphi \qquad (2.4.12)$$

U 与 U_L、U_C 的关系可从图 2.4.1（b）的电压三角形中得到。

当电路呈电感性时，$Q>0$；当电路呈电容性时，$Q<0$。

将电路中电压的有效值与电流的有效值的乘积称为视在功率，用 S 表示，单位为伏·安（V·A），即

$$S=UI \qquad (2.4.13)$$

视在功率通常用来表示电源设备的容量，如变压器的容量 $S_N=U_N I_N$，即变压器的容量等于额定电压与额定电流的乘积。上述三个功率之间的关系为

$$S=\sqrt{P^2+Q^2} \qquad (2.4.14)$$

它们的关系可用功率三角形来表示。

为了帮助读者分析与记忆，可以将 $|Z|$、R、X 组成阻抗三角形，$\dot{U}$、$\dot{U}_R$、$\dot{U}_L+\dot{U}_C$ 组成电压三角形，S、P、Q 组成功率三角形，三个三角形都是直角三角形且相似，如图 2.4.2 所示。

注意：P、Q、S 仅表示数量关系，不是正弦量，不能用相量表示。

掌握了图 2.4.2 中各个量间的三角形关系后，前面列出的公式还可以根据三角形关系列出其他形式，具体选用哪种形式，可根据已知条件灵活选用。

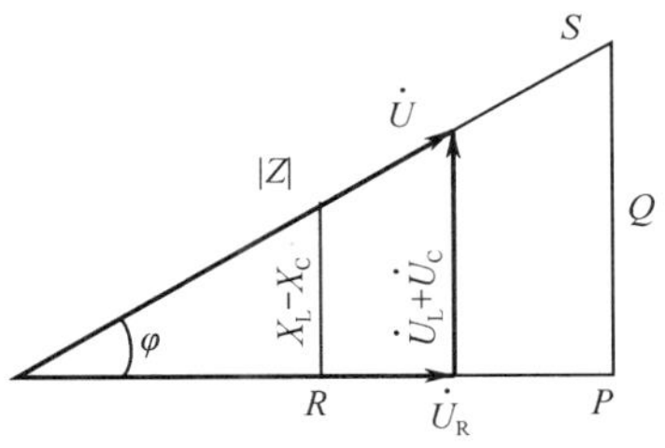

图 2.4.2　功率/电压/阻抗三角形

例 2.4.1　已知 RLC 串联电路中的 $R=15\Omega$、$L=12\text{mH}$、$C=5\mu\text{F}$，接到电源电压 $u=100\sqrt{2}\sin 5000t\text{V}$ 上，如图 2.4.3（a）所示，求电路中的电流 $\dot{I}$、线圈两端的电压 $\dot{U}_{RL}$、电容两端的电压 $\dot{U}_C$、有功功率 P、无功功率 Q 和视在功率 S，画出电压和电流的相量图。

解

$$R=15\Omega$$

$$X_L=\omega L=5000\times12\times10^{-3}=60\ (\Omega)$$

$$X_C=\frac{1}{\omega C}=\frac{1}{5000\times5\times10^{-6}}=40\ (\Omega)$$

因此总阻抗为

$$Z=R+\text{j}(X_L-X_C)=15+\text{j}(60-40)$$

$$=\sqrt{15^2+20^2}\angle\arctan\frac{20}{15}\approx25\angle53.2^\circ\ (\Omega)$$

又因为

$$\dot{U}=100\angle0^\circ\text{V}$$

所以

$$\dot{I}=\frac{\dot{U}}{Z}=\frac{100\angle 0^\circ}{25\angle 53.2^\circ}=4\angle -53.2^\circ\text{（A）}$$

线圈的阻抗为

$$Z_{\text{RL}}=R+\text{j}X_{\text{L}}=15+\text{j}60\approx 61.8\angle 75.9^\circ\text{（}\Omega\text{）}$$

线圈两端的电压为

$$\dot{U}_{\text{RL}}=\dot{I}Z_{\text{RL}}=4\angle -53.2^\circ\times 61.8\angle 75.9^\circ\approx 247\angle 22.7^\circ\text{（V）}$$

电容两端的电压为

$$\begin{aligned}\dot{U}_{\text{C}}&=-\text{j}X_{\text{C}}\dot{I}=40\times 4\angle(-90^\circ-53.2^\circ)\\&=160\angle -143.2^\circ\text{（V）}\end{aligned}$$

有功功率为

$$P=I^2R=4^2\times 15=240\text{（W）}$$

无功功率为

$$Q=I^2(X_{\text{L}}-X_{\text{C}})=16\times(60-40)=320\text{（var）}$$

视在功率为

$$S=UI=100\times 4=400\text{（V·A）}$$

$\dot{U}$、$\dot{U}_{\text{RL}}$、$\dot{U}_{\text{C}}$和$\dot{I}$的相量图如图 2.4.3（b）所示。可以看出，U_{C}和U_{RL}都比电源电压 U 高，因此在选择交流电路中的电感和电容时，其耐压值必须按实际承受的电压的最大值来考虑。

（a）电路图　　（b）相量图

图 2.4.3　例 2.4.1 的图

2.4.3 阻抗的串联和并联

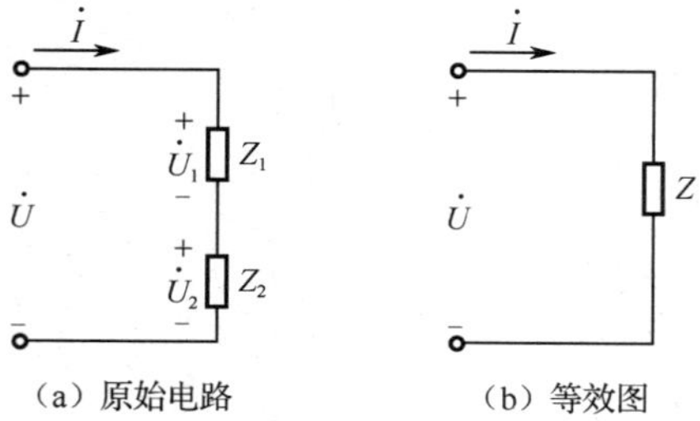

（a）原始电路　　（b）等效图

图 2.4.4　阻抗的串联

阻抗的串/并联与电阻的串/并联相似，只是 Z 是复数，要进行复数运算。下面以两个阻抗的串联和并联来说明。

1. 阻抗的串联

阻抗的串联如图 2.4.4 所示。

因为

$$\dot{U}_1=\dot{I}Z_1,\quad \dot{U}_2=\dot{I}Z_2$$

$$\dot{U}=\dot{U}_1+\dot{U}_2=\dot{I}(Z_1+Z_2)=\dot{I}Z$$

所以总阻抗为

$$Z=Z_1+Z_2$$

且

$$\dot{U}=\dot{I}Z$$

2. 阻抗的并联

阻抗的并联如图 2.4.5 所示。

因为

$$\dot{I}_1=\frac{\dot{U}_1}{Z_1},\quad \dot{I}_2=\frac{\dot{U}_2}{Z_2},\quad \dot{U}_1=\dot{U}_2=\dot{U}$$

$$\dot{I}=\dot{I}_1+\dot{I}_2=\frac{\dot{U}_1}{Z_1}+\frac{\dot{U}_2}{Z_2}=\dot{U}\left(\frac{1}{Z_1}+\frac{1}{Z_2}\right)=\frac{\dot{U}}{Z}$$

所以总阻抗为

$$\frac{1}{Z}=\frac{1}{Z_1}+\frac{1}{Z_2}$$

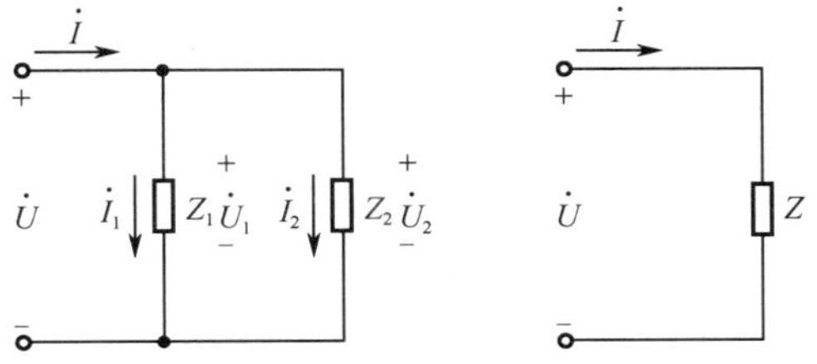

（a）原始电路　　（b）等效图

图 2.4.5　阻抗的并联

可见，直流电路的分析方法在交流电路中都适用，只是直流电路是实数运算，而交流电路是复数运算。

2.5　功率因数的提高

2.5.1　提高功率因数的意义

功率因数为

$$\lambda=\frac{P}{S}=\cos\varphi \tag{2.5.1}$$

即有功功率在视在功率中所占的比例。由于交流电路的有功功率 $P=UI\cos\varphi$，当负载的 $\cos\varphi<1$ 时，发电机输出的功率没有被充分利用，发电机输出的有功功率减小，无功功率增大，意味着有一部分能量在负载与电源之间互换了，没有被利用。

例如，容量为 1000kV·A 的变压器，如果 $\cos\varphi=1$，则 P=1000kW，能供 10000 个 100W 的灯泡同时使用；如果 $\cos\varphi=0.6$，则 P=600kW，只能供 6000 个 100W 的灯泡同时使用，说明此时变压器的能量未被充分利用。另外，功率因数的高低与线路的损耗有关。$\cos\varphi$ 越大，输电线路中的损耗越小。因为输电线路中的 $I=\dfrac{P}{U\cos\varphi}$，所以功率因数越高，输电线路中的电流越小，功率损耗也越小，因此提高功率因数有很大的经济意义。

2.5.2　提高功率因数的方法

由于工业上使用的大量电气设备均为电感性负载，提高电路的功率因数不能影响原有设备的正常工作，即原有设备的功率因数不能改变，因此常采用并联电容的方法来提高电路的功率因数，如图 2.5.1 所示。

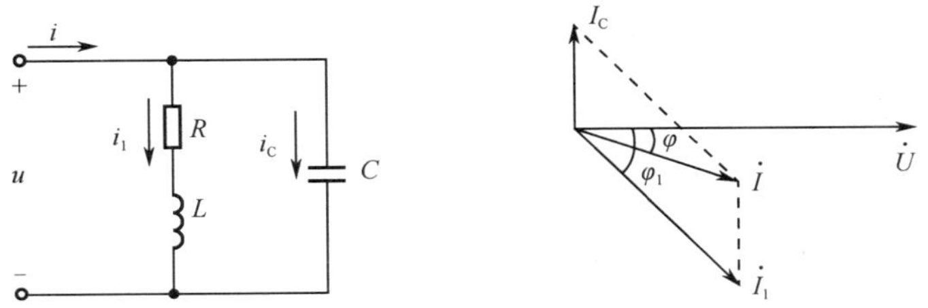

（a）电路图　　（b）相量图

图 2.5.1　电容性与电感性负载并联以提高功率因数

接电容前，$\dot{U}$ 与 $\dot{I}_1$ 的相位差为 φ_1，并联电容以后，负载电流 $\dot{I}_1$ 仍不变，但总电流为 $\dot{I}=\dot{I}_1+\dot{I}_C$。显然，$I<I_1$（减小线路损耗），$\varphi<\varphi_1$，$\cos\varphi>\cos\varphi_1$，提高了功率因数。此处所讲的提高功率因数是指提高整个电路的功率因数。

例 2.5.1 将一台单相异步电动机接到 50Hz、220V 的供电线路上，如图 2.5.2 所示。该电动机的有功功率 P=700W、功率因数 $\lambda_1=\cos\varphi_1=0.7$。现并联一个电容，使电路的功率因数提高到 $\lambda_2=\cos\varphi_2=0.9$，需要并联多大的电容？

解 已知 $U=220\text{V}$，$\cos\varphi_1=0.7$，$\cos\varphi_2=0.9$，因此

$$\varphi_1\approx45.57^\circ，\quad \tan\varphi_1\approx1.02$$

$$\varphi_2=25.84^\circ，\quad \tan\varphi_2\approx0.484$$

相量图如图 2.5.3 所示。

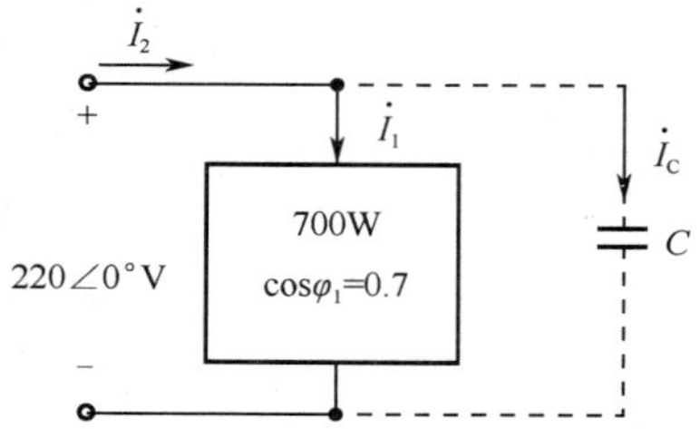

图 2.5.2 电路图

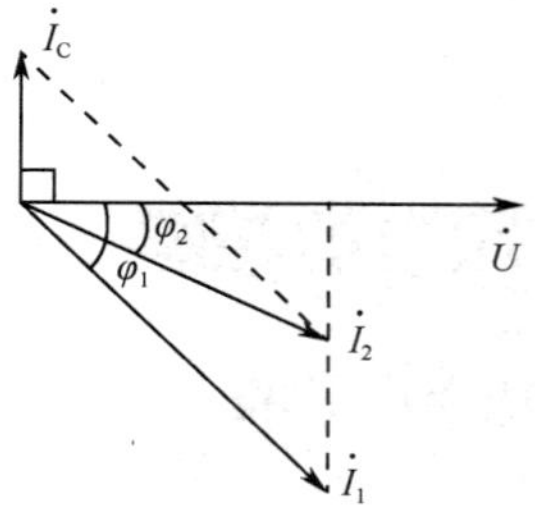

图 2.5.3 相量图

未接电容时有

$$Q_L=UI\sin\varphi_1=P\tan\varphi_1$$

接入电容后有

$$Q=Q_L-Q_C=P\tan\varphi_2$$

即

$$Q_C=Q_L-Q=P(\tan\varphi_1-\tan\varphi_2)$$

又因为

$$Q_C=I_CU=\frac{U^2}{X_C}=U^2\omega C=2\pi fCU^2$$

所以

$$C=\frac{Q_C}{2\pi fU^2}=\frac{P(\tan\varphi_1-\tan\varphi_2)}{2\pi fU^2}\approx\frac{700\times(1.02-0.484)}{2\times3.14\times50\times220^2}\approx24.7\ (\mu\text{F})$$

为了进一步说明接接入电容前后输电线路上电流的变化，现进一步分析如下。

接入电容前的电流为

$$I_2=I_1=\frac{P}{U\cos\varphi_1}=\frac{700}{220\times0.7}\approx4.55\ (\text{A})$$

接入电容后的电流为

$$I_2=\frac{P}{U\cos\varphi_2}=\frac{700}{220\times0.9}\approx3.54\ (\text{A})$$

可见，在提高功率因数的同时，输电线路上的电流从 4.55A 减小到了 3.54A，从而减小了输电线路上的功率损耗，提高了经济效益。

2.6 电路中的谐振电路

在具有电感和电容的电路中，电路两端的电压与其电流一般是不同相的，调节电路的参数或改变电源频率，使电压、电流同相，这时电路的状态称为谐振。谐振可分为串联谐振和并联谐振。

2.6.1 串联谐振

在如图 2.6.1（a）所示的 RLC 串联电路中，当 $X_L = X_C$ 时，$\dot{I}$ 和 $\dot{U}$ 的相位相同，$Z=R$，整个电路呈电阻性，电路的这种工作状态称为串联谐振。此时，各电压、电流的相量图如图 2.6.1（b）所示。

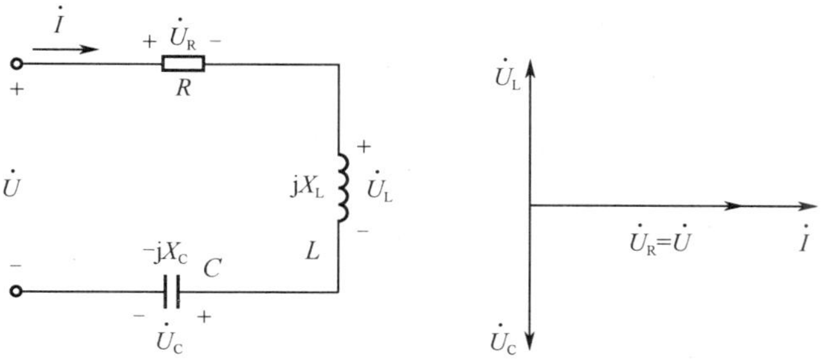

（a）电路图　　（b）相量图

图 2.6.1　RLC 串联谐振电路

因为

$$X_L = X_C，\quad \varphi = 0$$

所以谐振频率为

$$f_0 = \frac{1}{2\pi\sqrt{LC}} \tag{2.6.1}$$

式(2.6.1)说明谐振频率只与电路参数 L 和 C 有关，当电源频率与电路参数满足式(2.6.1)时，电路发生串联谐振。调节 L、C 或电源频率都能使电路发生串联谐振。

串联谐振时的电路具有以下特征。

（1）阻抗 $Z=R+j(X_L-X_C)=R$，其值最小。在电压一定时，电路中的电流达到最大：

$$I_0 = \frac{U}{R} \tag{2.6.2}$$

式中，I_0 称为串联谐振电流。

（2）由于电源电压与电路中的电流同相（$\varphi=0$），因此电路对电源呈电阻性，电源供给的能量全部被电阻消耗，电源与电路之间不发生能量交换，但在电感和电容之间发生能量交换。

（3）由于 $X_L = X_C$，即 $U_L = U_C$，且它们的相位相反，相互抵消，因此 $\dot{U} = \dot{U}_R$，如图 2.6.1（b）所示。虽然 U_L 与 U_C 相互抵消，但其单独作用时不能忽略。若 $X_L = X_C \gg R$，则 $U_L = U_C \gg U$。如果电感和电容的电压过高，则可能击穿电感和电容的绝缘。因此，在电力工程中应避免出现串联谐振。

因为串联谐振时电感的电压和电容的电压可能超过电源电压许多倍，所以串联谐振也称电压谐振。

通常将串联谐振时的电感的电压或电容的电压与电源电压的比称为串联谐振电路的品质因数（Q），即

$$Q=\frac{U_{\rm L}}{U}=\frac{U_{\rm C}}{U}=\frac{2\pi f_0 L}{R}=\frac{1}{2\pi f_0 CR} \tag{2.6.3}$$

品质因数 Q 的意义是串联谐振时 $U_{\rm L}$ 或 $U_{\rm C}$ 的大小是电源电压的倍数，通常在几十到几百之间。

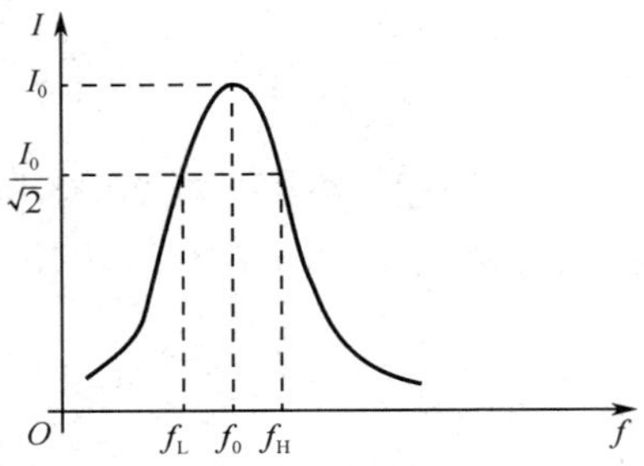

图 2.6.2　电流谐振曲线

当电源电压的有效值不变而频率改变时，电路中的电流、各元件的电压、阻抗模及阻抗角等均随频率改变。通常将电流随频率变化的曲线称为电流谐振曲线（见图 2.6.2）。在谐振点，电路中的电流最大，$I=I_0$；无论 f 是升高还是降低，总有 $I<I_0$。当电路中的电流为谐振时电流的 $\frac{1}{\sqrt{2}}$，即 $I=\frac{I_0}{\sqrt{2}}$ 时，在电流谐振曲线上，两个对应点的频率 $f_{\rm L}$ 和 $f_{\rm H}$ 之间的范围称为电路的通频带 $f_{\rm BW}$，即

$$f_{\rm BW}=f_{\rm H}-f_{\rm L}=\frac{f_0}{Q} \tag{2.6.4}$$

通频带的宽度越小，表明电流谐振曲线越尖锐，电路的频率选择性越强。

2.6.2　并联谐振

图 2.6.3（a）为一个线圈和电容并联的电路，L 是线圈的电感，R 是线圈的内阻。与串联谐振一样，当电路中的总电流 $\dot I$ 与端电压 $\dot U$ 同相时，电路产生谐振，由于线圈与电容并联，因此称为并联谐振。相量图如图 2.6.3（b）所示。根据图 2.6.3（a）可得

$$\begin{aligned}\dot I=\dot I_{\rm RL}+\dot I_{\rm C}&=\frac{\dot U}{R+{\rm j}X_{\rm L}}+\frac{\dot U}{-{\rm j}X_{\rm C}}\\&=\left[\frac{R}{R^2+(\omega L)^2}-{\rm j}\frac{\omega L}{R^2+(\omega L)^2}\right]\dot U+{\rm j}\omega C\dot U\\&=\left[\frac{R}{R^2+(2\pi fL)^2}-{\rm j}\left(\frac{2\pi fL}{R^2+(2\pi fL)^2}-2\pi fC\right)\right]\dot U\end{aligned} \tag{2.6.5}$$

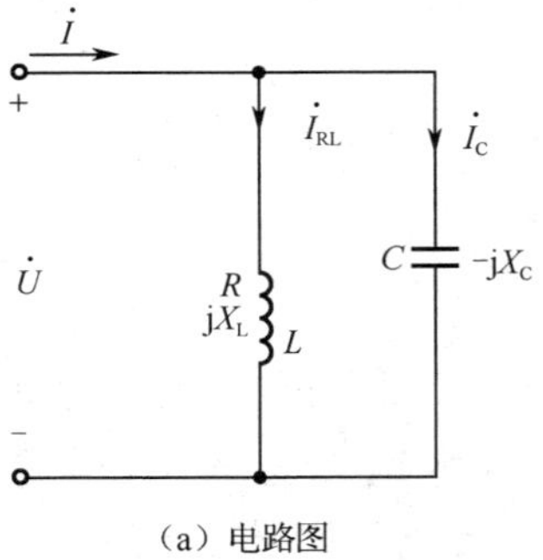

（a）电路图

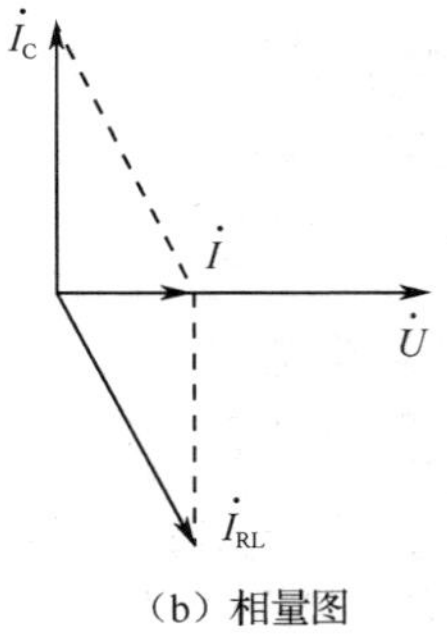

（b）相量图

图 2.6.3　并联谐振电路

因为谐振时的端电压与总电流同相，所以式（2.6.5）中的虚部应为零，即

$$\frac{2\pi fL}{R^2+(2\pi fL)^2}=2\pi fC$$

此时的谐振频率为

$$f_0 = \frac{1}{2\pi\sqrt{LC}}\sqrt{1-\frac{C}{L}R^2} \tag{2.6.6}$$

当 $R \ll 2\pi f_0 L$ 时，式（2.6.6）可近似为

$$f_0 \approx \frac{1}{2\pi\sqrt{LC}} \tag{2.6.7}$$

在这种情况下，并联谐振与串联谐振的频率相等。

并联谐振时的电路具有以下特征。

（1）并联谐振时电路的阻抗模为

$$|Z_0| = \frac{1}{\frac{RC}{L}} = \frac{L}{RC} \tag{2.6.8}$$

此时的阻抗模要比非谐振时的阻抗模大。故在电源电压 U 一定的情况下，电路中的电流 I 将在谐振时达到最小值，即

$$I = I_0 = \frac{U}{|Z_0|} \tag{2.6.9}$$

（2）由于电源电压与电路中的电流同相，因此电路对电源呈电阻性，$|Z_0|$ 相当于一个电阻。

（3）电路中的总电流很小。由于谐振时电感支路与电容支路的无功电流的有效值相等、相位相反，因此并联谐振也称为电流谐振，即 $I_{\mathrm{RL}} \approx I_{\mathrm{C}} \gg I_0$。

I_{C} 或 I_{RL} 与总电流 I_0 的比值称为电路的品质因数（Q），即

$$Q = \frac{I_{\mathrm{C}}}{I_0} = \frac{I_{\mathrm{RL}}}{I_0} = \frac{2\pi f_0 L}{R} = \frac{\omega_0 L}{R} = \frac{1}{\omega_0 CR} \tag{2.6.10}$$

也就是说，在谐振时，支路电流 I_{C} 或 I_{RL} 是 I_0 的 Q 倍。

2.7　三相交流电路

电能的生产、输送和分配一般采用三相制的交流电路。所谓三相制供电，就是由三个频率相同而相位不同的电动势供电的电源系统。如果这三个同频率的电动势的峰值相等，相位互差 120°（电角度），则称该电动势为三相对称电动势。前面讨论的单相交流电路是三相交流电路中的一相。三相制供电与单相供电相比有以下优点。

（1）三相交流发电机比单相交流发电机在技术上和经济上优越。

（2）在相同的输电条件（如电压、功率、距离和线路损耗等）下，采用三相制供电可大大节省输电线的用铜（或铝）量。

（3）三相交流电动机的性能比单相交流电动机的性能好，具有结构简单、运行可靠、维护方便等优点。

三相交流电路的分析和计算有其自身的特点，本节主要介绍三相四线制电源的线电压与相电压的关系、三相负载的连接及功率的计算。

2.7.1　三相交流电动势

1. 三相交流电动势的产生

三相交流电动势由三相交流发电机产生，三相交流发电机是根据电磁感应原理工作的；三相交流发电机与单相交流发电机的结构基本相同，主要区别仅在于电枢绕组不同。图 2.7.1 所示

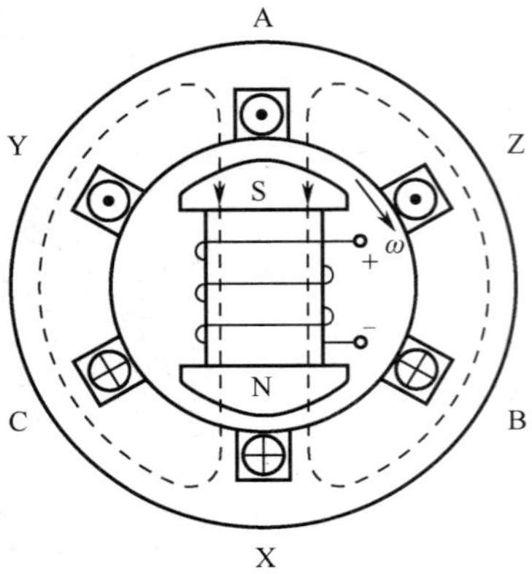

图 2.7.1　两极三相交流发电机的模型示意图

为两极三相交流发电机的模型示意图。它的转动部分（转子）由磁极和磁极绕组组成，由直流电励磁产生沿空气隙按正弦规律分布的磁场。它的静止部分（定子）由定子铁芯和定子绕组组成。定子铁芯内壁槽中放置有几何形状、尺寸和匝数都相同的三个绕组 AX、BY、CZ，在空间中，三个绕组互隔 120°。A、B、C 分别是三个绕组的首端，X、Y、Z 分别是三个绕组的末端。

当转子由原动机带动并以角速度 ω 沿顺时针方向匀速旋转时，三个绕组依次切割转子磁场的磁力线，在各绕组中产生的电动势的频率相同、最大值相等，但出现电动势最大值的时间不相同，在相位上互差 120°（2π/3rad）。由此可见，三相交流发电机产生的是三相对称电动势。电动势的参考方向规定为从绕组的末端指向首端，如果以 A 相为参考（设初相角等于零），则可得出各相电动势（e_A、e_B、e_C）的解析式：

$$e_A=E_m\sin\omega t$$
$$e_B=E_m\sin(\omega t-120^\circ)$$
$$e_C=E_m\sin(\omega t-240^\circ)=E_m\sin^\circ(\omega t+120^\circ)$$

用相量表示为

$$\left.\begin{aligned}\dot{E}_A &= E\angle 0^\circ = E\\ \dot{E}_B &= E\angle -120^\circ = E\left(-\frac{1}{2}-\mathrm{j}\frac{\sqrt{3}}{2}\right)\\ \dot{E}_C &= E\angle 120^\circ = E\left(-\frac{1}{2}+\mathrm{j}\frac{\sqrt{3}}{2}\right)\end{aligned}\right\}\qquad(2.7.1)$$

三相交流电动势的波形图和相量图如图 2.7.2 所示。可见，各相电动势达到最大值的时间相差 1/3 周期（120°）。

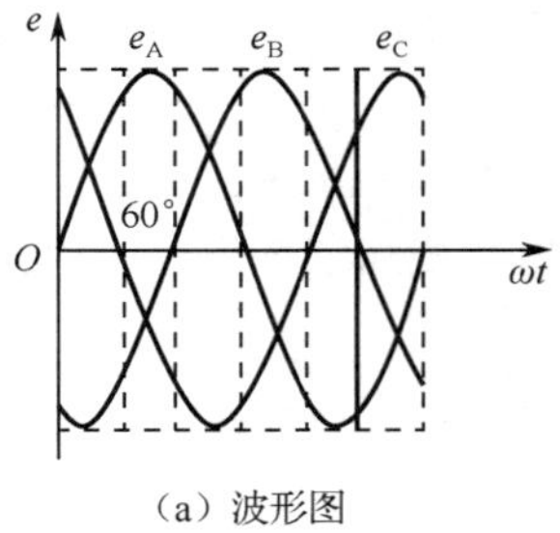

（a）波形图

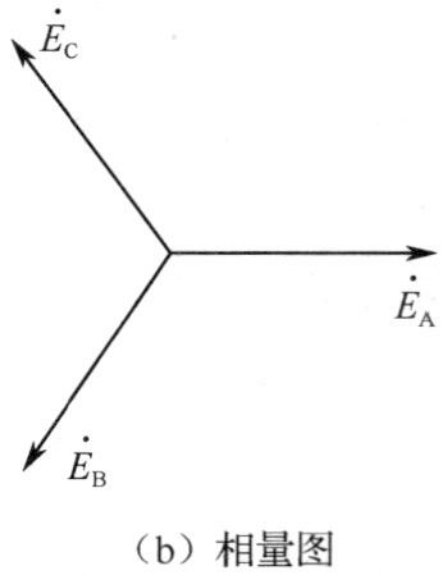

（b）相量图

图 2.7.2　三相交流电动势的波形图和相量图

通常将三个电动势按其达到正的最大值（或零值）的先后次序称为相序。相序有顺相序和逆相序两种。按 A—B—C 的次序循环的称为顺相序，否则称为逆相序。实际使用时，规定各相用相色来区分；各相的相色和顺序是，第一相（A 相）用黄色标记，第二相（B 相）用绿色标记，第三相（C 相）用红色标记。

2. 三相四线制电源

三相交流发电机的三相绕组通常采用星形接法，即将三个绕组的末端 X、Y、Z 连成一个公共点（这个公共点称为中点，用 N 表示），从中点引出一根线，并从三个绕组的首端 A、B、C 各引出一根线。从中点引出的线称为中线或零线，有时零线（或中线）接地，又叫地线，用黑色标记。从 A、B、C 引出的三根线称为相线或端线，俗称火线。这种具有中线的三相供电方式称为三相四线制，如图 2.7.3 所示。若不从中点引出中线，则称为三相三线制。

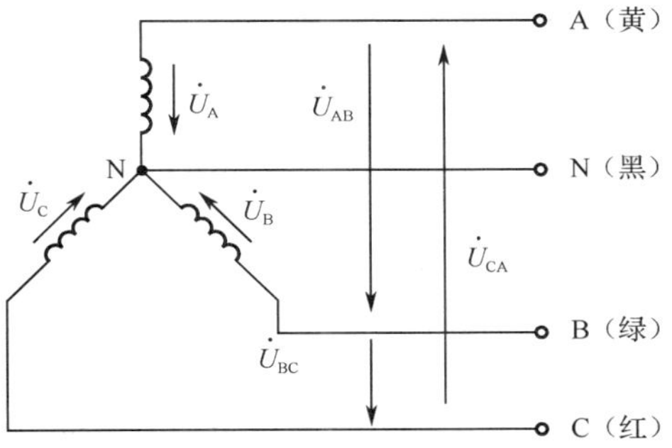

图 2.7.3　三相四线制电源

在图 2.7.3 中，每根相线与中线间的电压称为相电压，其参考方向规定由绕组的首端指向中点，用 u_A、u_B、u_C 表示，其有效值用 U_A、U_B、U_C 或 U_p 表示。三相交流发电机的三相绕组内的电压降一般很小，若忽略不计，则三个相电压在数值上与各相绕组的电动势相等，各相电压在相位上也互差 120°，因此三个相电压也是对称的。由于三相绕组的三个末端已连成一点，因此相线与相线之间也有电压存在，该电压叫作线电压。线电压的参考方向可用下标（或箭头）来表示，如 u_{AB}、u_{BC}、u_{CA}，其有效值用 U_{AB}、U_{BC}、U_{CA} 或 U_l 表示。u_{AB} 表示线电压的参考方向由 A 指向 B，依次类推。

由此可见，三相四线制电源可以提供两种电压。

根据图 2.7.3 所示的电压参考方向，应用基尔霍夫电压定律，可得到线电压与相电压之间的关系为

$$u_{AB}=u_A-u_B$$
$$u_{BC}=u_B-u_C$$
$$u_{CA}=u_C-u_A$$

用相量表示为

$$\left.\begin{aligned}\dot{U}_{AB}&=\dot{U}_A-\dot{U}_B\\ \dot{U}_{BC}&=\dot{U}_B-\dot{U}_C\\ \dot{U}_{CA}&=\dot{U}_C-\dot{U}_A\end{aligned}\right\}\qquad(2.7.2)$$

根据上述相量关系可画出电压的相量图，如图 2.7.4 所示，其方法是，首先设 $\dot{U}_A=U\angle 0°$，$\dot{U}_B$ 和 $\dot{U}_C$ 分别滞后 $\dot{U}_A$ 120° 与 240°；然后根据各电压的有效值的相量关系画出各线电压的相量图。

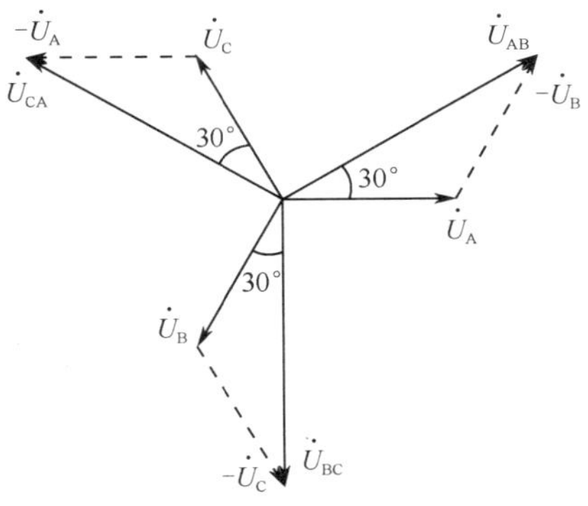

图2.7.4　三相交流发电机绕组星形连接时相电压和线电压的相量图

由图 2.7.4 可知

$$\frac{U_{AB}}{2}=U_A\cos 30°=\frac{\sqrt{3}}{2}U_A$$

即

$$U_{AB}=\sqrt{3}U_A$$

同理可得

$$U_{BC}=\sqrt{3}U_B$$
$$U_{CA}=\sqrt{3}U_C$$

用相量表示为

$$\dot{U}_{AB}=\sqrt{3}\dot{U}_{A}\angle 30^\circ$$
$$\dot{U}_{BC}=\sqrt{3}\dot{U}_{B}\angle 30^\circ$$
$$\dot{U}_{CA}=\sqrt{3}\dot{U}_{C}\angle 30^\circ$$

一般可写为

$$U_{l}=\sqrt{3}U_{p} \tag{2.7.3}$$

用相量表示为

$$\dot{U}_{l}=\sqrt{3}\dot{U}_{p}\angle 30^\circ$$

即三相四线制电源的线电压为相电压的$\sqrt{3}$倍，且线电压在相位上超前其对应的相电压30°，由于各相电压是对称的，线电压也是对称的，因此通常所说的三相电源的电压指的是电源的线电压。例如，我国现行电网低压配电系统采用的380V三相四线制电源就是指线电压为380V、相电压为220V的电源。

例 2.7.1 已知三相对称电源的电压$u_{AB}=380\sqrt{2}\sin(314t-30^\circ)\text{V}$，写出$u_{BC}$和$u_{CA}$的表达式。

解 由于三相对称电源的线电压的最大值相等、频率相同、相位互差120°，因此

$$u_{BC}=380\sqrt{2}\sin(314t-150^\circ)\text{V}$$
$$u_{CA}=380\sqrt{2}\sin(314t+90^\circ)\text{V}$$

根据以上各线电压的表达式可以画出三个线电压的相量图。

2.7.2 三相交流电路中负载的连接方法

图2.7.5所示的电路是线电压为380V的三相四线制电路（负载星形连接），负载如何连接应视负载的额定电压而定。有些电气设备，如三相交流电动机（三相负载）需要三相交流电源才能工作。三相交流电动机的三个接线端总是与电源的三根火线相接，但三相交流电动机的三相绕组可以接成星形或三角形。而有些电气设备，如照明灯、各种家用电器（单相负载）的额定电压为220V，只需单相电源就可工作，可以接在三相电源的任一火线与中线之间；另一些单相负载（如继电器吸引线圈等）接在火线之间还是火线与中线之间应视这些负载的额定电压是380V还是220V而定。但是从总的线路来说，它们应当尽可能均匀地分配在各相之中，以使供电电网平衡，因此对电源来讲，这些单相负载的总体也可以看作三相负载。

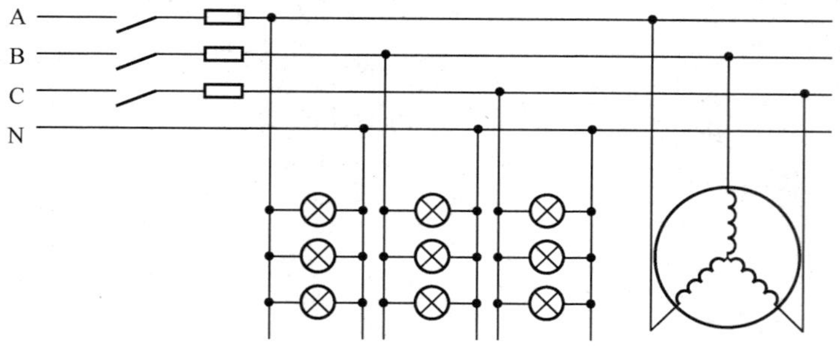

图2.7.5 负载星形连接的示意图

根据各相负载的阻抗模和阻抗角是否完全相等，三相负载可分为三相对称负载和三相不对称负载，各相负载的阻抗模和阻抗角如果完全相等，则称为对称三相负载，即

$$\begin{cases} |Z_A| = |Z_B| = |Z_C| = |Z| \\ \varphi_A = \varphi_B = \varphi_C = \varphi \end{cases} \tag{2.7.4}$$

例如，三相交流电动机是三相对称负载，而通常照明电路的负载是三相不对称负载。

在三相供电系统中，三相负载的连接有星形连接和三角形连接两种。不管采用哪种接法，都应保证电源作用在负载上的电压等于负载的额定电压，以使负载正常工作。

与分析单相电路的方法一样，分析三相电路首先应画出电路图，并标出电压和电流的正方向；然后应用电路基本定律找出电压与电流之间的关系，并求出三相电功率。下面逐一进行分析。

1. 三相负载的星形连接

（1）三相对称负载的星形连接。

负载星形连接的三相四线制电路图如图 2.7.6 所示。

在三相交流电路中，流经各端线的电流叫作线电流，即 i_A、i_B、i_C，一般用 i_l 表示；流经各相负载的电流叫作相电流，即 i_a、i_b、i_c，一般用 i_p 表示；流经中线的电流叫作中线电流，用 i_N 表示。各相电压、相电流的参考方向如图 2.7.6 所示。可以看出，相电流等于线电流，即

$$i_p = i_l$$

用有效值表示为

$$I_p = I_l \tag{2.7.5}$$

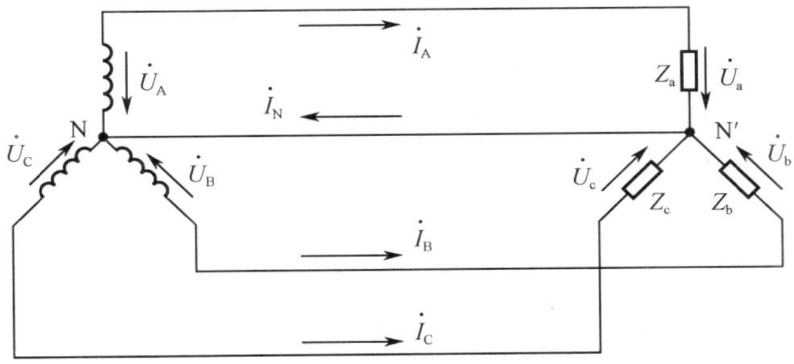

图 2.7.6　负载星形连接的三相四线制电路图

对于三相对称负载，由于各相电压对称，因此各相负载的相电流也是对称的。如果忽略输电线上的电压降，则负载上的线电压和相电压也就是电源的线电压和相电压，负载的相电压的有效值等于线电压的有效值的 $\dfrac{1}{\sqrt{3}}$，即

$$U_p = \frac{U_l}{\sqrt{3}} \tag{2.7.6}$$

$$I_a = I_b = I_c = I_p = \frac{U_p}{|Z|} \tag{2.7.7}$$

$$\varphi_a = \varphi_b = \varphi_c = \varphi = \arctan\frac{X}{R} \tag{2.7.8}$$

由此可见，若计算三相对称负载的三相交流电路，则只需计算其中一相的电流和电压即可（如同单相交流电路），其他两相的电压和电流可以直接写出，彼此相位互差 120°。

根据基尔霍夫电流定律可得出三相对称负载星形连接时的中线电流等于零，即

$$\dot{I}_N = \dot{I}_A + \dot{I}_B + \dot{I}_C = 0 \tag{2.7.9}$$

假设三相对称负载为感性负载，则各相电压和相电流的相量图如图 2.7.7 所示。

既然中线上的电流等于零，那么可以把中线去掉，从而构成三相三线制，如图 2.7.8 所示。

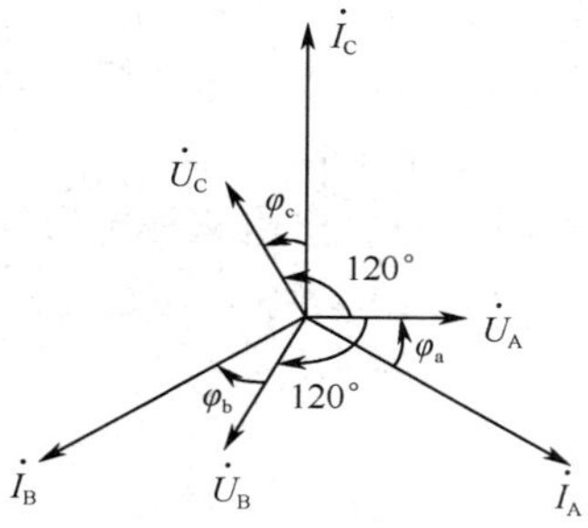

图 2.7.7　各相电压和相电流的相量图

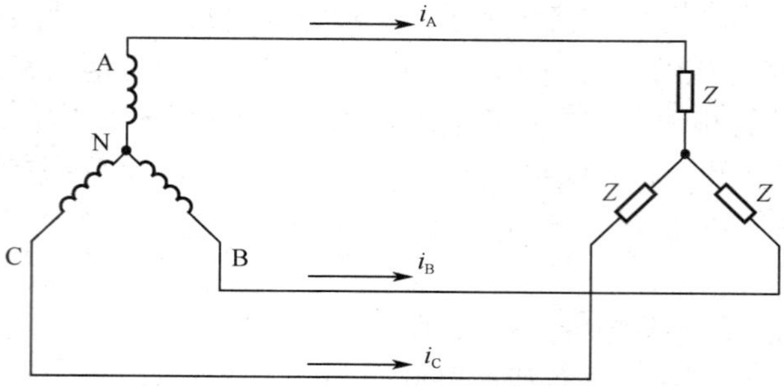

图 2.7.8　对称负载星形连接的三相三线制电路图

例 2.7.2　有一个三相对称负载，每相的电阻 R=6Ω、感抗 X_L=8Ω，采用星形连接，接在线电压 $u_{AB} = 380\sqrt{2}\sin(314t + 30°)$V 的三相对称电源上，试求各相负载的相电流和线电流。

解　由于是三相对称负载，因此只需计算一相（如 A 相）电流即可。由已知可得

$$|Z_a| = |Z_b| = |Z_c| = |Z| = \sqrt{6^2 + 8^2} = 10 \text{（Ω）}$$

根据电源星形连接时相电压与线电压的关系，可得

$$U_A = \frac{U_{AB}}{\sqrt{3}} = \frac{380}{\sqrt{3}} \approx 220 \text{（V）}$$

u_A 比 u_{AB} 滞后 30°，即

$$u_A = 220\sqrt{2}\sin 314t \text{（V）}$$

A 相电流为

$$I_A = I_a = \frac{U_a}{|Z_a|} = \frac{220}{10} = 22 \text{（A）}$$

$$\varphi_a = \arctan\frac{X_L}{R} = \arctan\frac{8}{6} = 53° \quad (i_A\text{比}u_A\text{滞后}\varphi_a)$$

由此可得

$$i_A = 22\sqrt{2}\sin(314t - 53°)\text{A}$$

由于各相电流对称，因此其他两相的电流为

$$i_B = 22\sqrt{2}\sin(314t - 53° - 120°)\text{A}$$
$$= 22\sqrt{2}\sin(314t - 173°)\text{A}$$
$$i_C = 22\sqrt{2}\sin(314t - 53° + 120°)\text{A}$$
$$= 22\sqrt{2}\sin(314t + 67°)\text{A}$$

（2）三相不对称负载的星形连接。

上面讨论的是三相对称负载的情况，当三相负载不对称时，若采用三相四线制的星形连接，则有中线时可以按照三个单相交流电路来分析；若无中线，则情况比较复杂。下面举例说明。

当三相不对称负载采用三相四线制星形连接时，由于存在中线，因此各相负载两端的电压仍等于电源的相电压，各线电流仍等于各自的相电流，如图 2.7.6 所示，即

$$U_p = \frac{U_l}{\sqrt{3}} \tag{2.7.10}$$

$$I_A = I_a = \frac{U_A}{|Z_A|}, \ \varphi_A = \arctan\frac{X_A}{R_A}, \ Z_A = R_A + jX_A \tag{2.7.11}$$

$$I_B = I_b = \frac{U_B}{|Z_B|}, \ \varphi_B = \arctan\frac{X_B}{R_B}, \ Z_B = R_B + jX_B \tag{2.7.12}$$

$$I_C = I_c = \frac{U_C}{|Z_C|}, \ \varphi_C = \arctan\frac{X_C}{R_C}, \ Z_C = R_C + jX_C \tag{2.7.13}$$

由于三相负载不对称，因此中线电流不等于零，即

$$\dot{I}_N = \dot{I}_A + \dot{I}_B + \dot{I}_C \tag{2.7.14}$$

当三相负载不对称时，如果将中线断开（去掉中线），就构成了三相三线制，这时虽然电源的线电压保持不变，仍然是对称的，但由于没有中线，各相电压要重新分配，不再保持对称状态，其结果就是有的负载承受的电压低于其额定电压，不能正常工作；有的负载承受的电压超过其额定电压，造成设备损坏。

因此，三相不对称负载星形连接时，必须有中线。中线的作用是使负载的相电压等于电源的相电压，从而保持三相负载电压对称，使各相负载正常工作。为了防止中线断开，规定在干线的中线上不允许安装开关或熔断器。

例 2.7.3　有一个三相不对称负载，A 相电阻 R=10Ω、B 相容抗 X_C=10Ω、C 相感抗 X_L=10Ω，采用星形连接，接于线电压 U_l=380V 的三相四线制电源上，如图 2.7.9 所示。试求各相电流和中线电流。

解　由于三相不对称负载采用三相四线制星形连接，即有中线，因此各相负载两端的电压仍等于电源的相电压，即

$$U_p = \frac{U_l}{\sqrt{3}}$$

各相电流 I_p 与其对应的各线电流 I_l 相等（设 A 相电压的初相角为 0），即

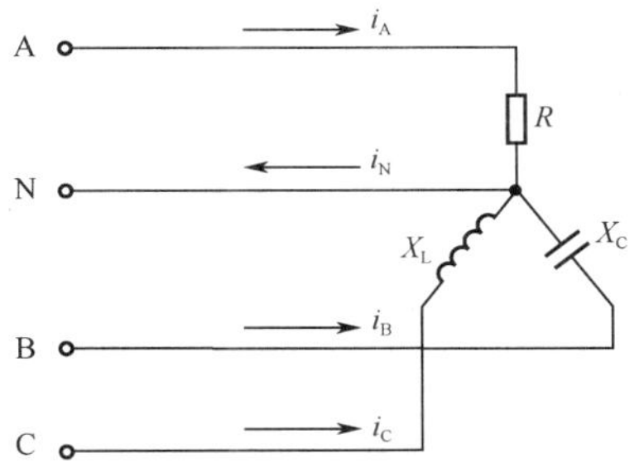

图 2.7.9　例 2.7.3 的电路图

$$\dot{I}_A = \dot{I}_a = \frac{\dot{U}_A}{R} = \frac{220\angle 0^\circ}{10} = 22\angle 0^\circ \text{（A）}$$

$$\dot{I}_B = \dot{I}_b = \frac{\dot{U}_B}{-jX_C} = \frac{220\angle -120^\circ}{10\angle -90^\circ} = 22\angle -30^\circ \text{（A）}$$

$$\dot{I}_C = \dot{I}_c = \frac{\dot{U}_C}{jX_L} = \frac{220\angle 120^\circ}{10\angle 90^\circ} = 22\angle 30^\circ \text{（A）}$$

由此可得中线电流为

$$\dot{I}_N = \dot{I}_A + \dot{I}_B + \dot{I}_C = 22\angle 0^\circ + 22\angle -30^\circ + 22\angle 30^\circ$$
$$\approx 22 + (19.1 - j11) + (19.1 + j11) = 60.2\angle 0^\circ \text{（A）}$$

例 2.7.4　有一组白炽灯照明负载，额定电压为 220V，采用星形连接，接在线电压 U_l=380V 的三相四线制电源上，各相电阻分别为 R_A=50Ω、R_B=10Ω、R_C=40Ω，如图 2.7.10 所示。求 A 相断开（中线因故也断开）时的各相负载两端的电压。

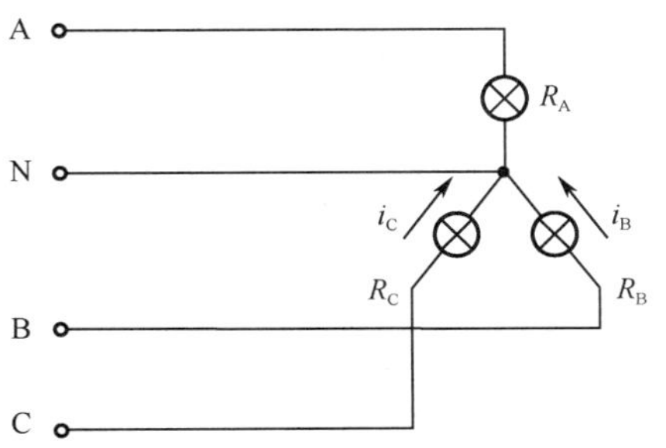

图 2.7.10　例 2.7.4 的电路图

解　在正常情况下，由于存在中线，因此各相负载两端的电压等于电源的相电压，其有效值为 220V，负载能够正常工作。但是，当 A 相断开而中线也断开时，A 相灯泡

两端的电压等于零，此时 B 相和 C 相灯泡串联接在线电压 U_{BC} 上，B 相灯泡承受的电压为

$$U_B = \frac{R_B}{R_B + R_C} U_{BC} = \frac{10}{10+40} \times 380 = 76\text{（V）}$$

C 相灯泡承受的电压为

$$U_C = \frac{R_C}{R_B + R_C} U_{BC} = \frac{40}{10+40} \times 380 = 304\text{（V）}$$

显然，C 相灯泡两端的电压超过其额定电压，会被烧坏，B 相灯泡两端的电压因低于其额定电压而不能正常工作，故三相负载不对称时必须有中线。

2. 三相负载的三角形连接

不管三相负载是对称的还是不对称的，只要每相负载的额定电压等于电源的线电压，三相负载均应采用三角形连接，如图 2.7.11 所示。

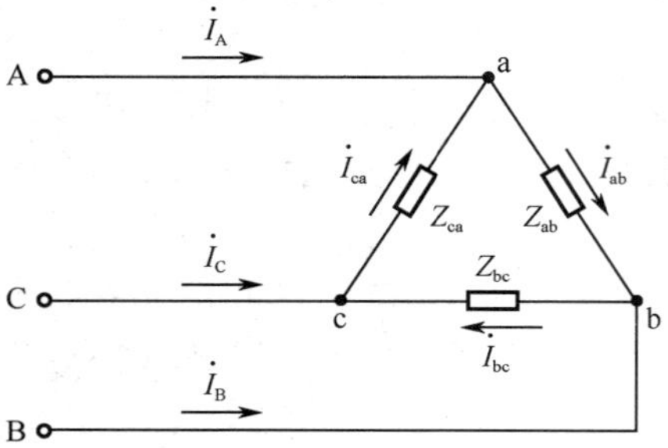

图 2.7.11　三相负载的三角形连接

每相负载的阻抗分别用 Z_{ab}、Z_{bc}、Z_{ca} 表示，电压和电流的正方向如图 2.7.11 所示。

可以看出，由于各相负载直接接在电源的线电压上，因此，不管负载对称与否，各相负载的相电压与电源的线电压均相等，其相电压也是对称的，即

$$U_{AB}=U_{BC}=U_{CA}=U_l=U_p \tag{2.7.15}$$

由于三相负载对称，因此

$$|Z_{ab}|=|Z_{bc}|=|Z_{ca}|=|Z|$$
$$\varphi_{ab} = \varphi_{bc} = \varphi_{ca} = \varphi$$

此时，各相负载的相电流也是对称的，但是各相负载的相电流和线电流是不相等的。各相负载的相电流为

$$I_{ab} = I_{bc} = I_{ca} = I_p = \frac{U_p}{|Z|} \tag{2.7.16}$$

相电流和相电压的相位差分别为

$$\varphi_{ab} = \varphi_{bc} = \varphi_{ca} = \varphi = \arctan\frac{X}{R} \tag{2.7.17}$$

各线电流计算式可根据基尔霍夫电流定律列出，用相量法进行计算：

$$\dot I_A = \dot I_{ab} - \dot I_{ca}$$
$$\dot I_B = \dot I_{bc} - \dot I_{ab}$$
$$\dot I_C = \dot I_{ca} - \dot I_{bc}$$

由此画出相量图（假设是电感性负载），如图 2.7.12 所示，显然各线电流也是对称的。

可由相量图得出线电流与相电流的关系：

$$\frac{1}{2} I_A = I_{ab} \cos 30^\circ = \frac{\sqrt{3}}{2} I_{ab}$$

即

$$I_A = \sqrt{3} I_{ab}$$

同理可得

$$I_B = \sqrt{3} I_{bc}$$
$$I_C = \sqrt{3} I_{ca}$$

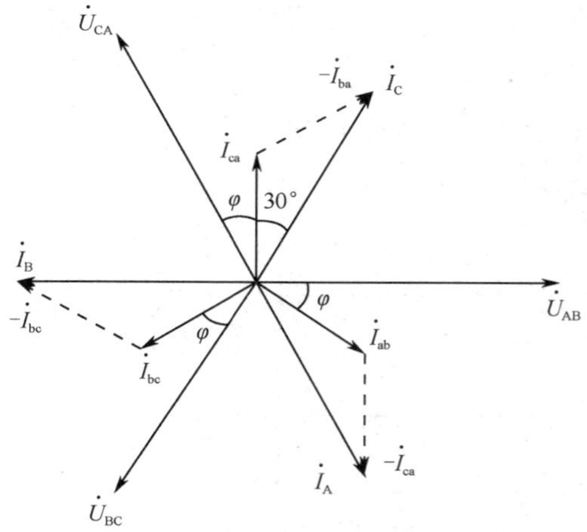

图 2.7.12　对称负载三角形连接的相量图

或写为

$$I_l = \sqrt{3} I_p \tag{2.7.18}$$

其相量形式为

$$\dot{I}_l = \sqrt{3}\dot{I}_p \angle -30^\circ$$

总之，对于三相对称负载的三角形连接，每相负载承受的相电压等于电源的线电压，通过负载的相电流等于线电流的 $\dfrac{1}{\sqrt{3}}$，三个线电流滞后于各自对应的相电流 30°。

例 2.7.5　有一个三相对称负载，各相负载的额定电压为 380V，每相电阻 R=30Ω，感抗 X_L=40Ω，三相电源的线电压为 380V，问三相负载应采用哪种接法接于电源，并求三相负载的相电流和线电流。

解　由于负载的额定电压等于电源的线电压，因此三相负载应采用三角形连接。因为是三相对称负载，所以各相的阻抗相等，即

$$|Z_{ab}| = |Z_{bc}| = |Z_{ca}| = |Z| = \sqrt{R^2 + X_L^2} = \sqrt{30^2 + 40^2} = 50\text{（Ω）}$$

各相电流为

$$I_{ab} = I_{bc} = I_{ca} = I_p = \frac{U_p}{|Z|} = \frac{380}{50} = 7.6\text{（A）}$$

各线电流为

$$I_A = I_B = I_C = I_l = \sqrt{3} I_p = \sqrt{3} \times 7.6 \approx 13.2\text{（A）}$$

2.7.3　三相交流电路的功率

在三相电路（三相交流电路）中，各相功率的计算与单相电路功率的计算相同，不管负载采用的是星形连接还是三角形连接，三相负载的有功功率均等于各相负载有功功率之和，即总有功功率 P 为

$$P = P_a + P_b + P_c = U_a I_a \cos\varphi_a + U_b I_b \cos\varphi_b + U_c I_c \cos\varphi_c$$

当三相负载对称时，各相的有功功率均相同，即 $P_a = P_b = P_c = P_p$，故三相的总有功功率 P 是单相有功功率 P_p 的 3 倍，即

$$P = 3P_p = 3U_p I_p \cos\varphi \tag{2.7.19}$$

式中，φ为各相电流与相应相电压的相位差。

由于在三相电路中测量线电压和线电流比较方便，因此三相电路的功率通常不用相电压 U_p 和相电流 I_p 表示，而是用线电压 U_l 和线电流 I_l 来表示。

当三相对称负载采用星形连接时，由于

$$U_p = \frac{U_l}{\sqrt{3}},\quad I_p = I_l$$

因此

$$P = 3\frac{U_l}{\sqrt{3}} I_l \cos\varphi = \sqrt{3} U_l I_l \cos\varphi$$

当三相对称负载接成三角形时，由于

$$U_p = U_l,\quad I_p = \frac{I_l}{\sqrt{3}}$$

因此

$$P = 3U_1 \frac{I_1}{\sqrt{3}} \cos\varphi = \sqrt{3} U_1 I_1 \cos\varphi$$

综上所述，三相负载对称时，无论负载接成星形还是三角形，其总有功功率均按下式进行计算：

$$P = \sqrt{3} U_1 I_1 \cos\varphi \tag{2.7.20}$$

注意：式（2.7.20）中的 φ 仍然是各相电压与各相电流的相位差。

同样，三相对称负载的总无功功率也等于三相无功功率之和，即

$$Q = 3U_p I_p \sin\varphi = \sqrt{3} U_1 I_1 \sin\varphi \tag{2.7.21}$$

三相对称负载的视在功率为

$$S = \sqrt{P^2 + Q^2} = \sqrt{3} U_1 I_1 \tag{2.7.22}$$

必须注意，计算三相负载的总有功功率 P 的式（2.7.20）虽然对负载的星形和三角形连接具有相同的形式，但并不是说同一组对称负载接入同一电源时，接成星形和三角形时消耗的功率相等。下面举例说明这个问题。

例 2.7.6 已知三相对称负载的每相电阻 R=6Ω，感抗 X_L=8Ω，接入电源电压 U_l=380V 的三相三线制电源，如图 2.7.13 所示。求：

（1）若采用星形连接，则三相对称负载的总有功功率等于多少？

（2）若采用三角形连接，则三相对称负载的有功功率等于多少？

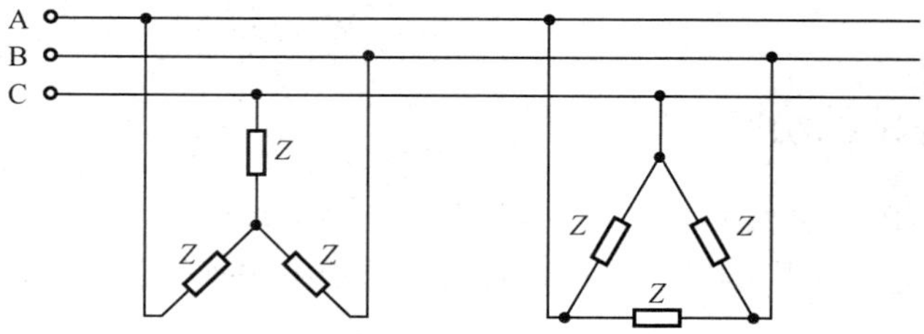

图 2.7.13 例 2.7.6 的电路图

解 各相负载的阻抗模为

$$|Z| = \sqrt{R^2 + X_L^2} = \sqrt{6^2 + 8^2} = 10\ (\Omega)$$

（1）负载采用星形连接时，负载的相电压为

$$U_p = \frac{U_1}{\sqrt{3}} = \frac{380}{\sqrt{3}} \approx 220\ (\text{V})$$

线电流等于相电流，每相负载的功率因数为

$$\cos\varphi = \frac{R}{|Z|} = \frac{6}{10} = 0.6$$

故采用星形连接时三相对称负载的总有功功率为

$$P_Y = \sqrt{3} U_1 I_1 \cos\varphi = \sqrt{3} \times 380 \times 22 \times 0.6 \approx 8688\ (\text{W})$$

$$I_1 = I_p = \frac{U_p}{|Z|} = \frac{220}{10} = 22\ (\text{A})$$

（2）当将负载接成三角形时，负载的相电压等于电源的线电压，即

$$U_p = U_1 = 380\text{V}$$

负载的相电流为

$$I_p = \frac{U_p}{|Z|} = \frac{380}{10} = 38\text{（A）}$$

而线电流为

$$I_l = \sqrt{3}I_p = \sqrt{3} \times 38 \approx 66\text{（A）}$$

每相负载的功率因数不变，$\cos\varphi=0.6$，故三相对称负载采用三角形连接时的总有功功率为

$$P_{\triangle} = \sqrt{3}U_l I_l \cos\varphi = \sqrt{3} \times 380 \times 66 \times 0.6 \approx 26063\text{（W）}$$

比较上述两个结果可得

$$P_{\triangle} \neq P_Y，P_{\triangle} \approx 3P_Y$$

上述结果表明，当三相电源的线电压相同时，三相对称负载接成三角形消耗的功率约为接成星形消耗的功率的 3 倍。若上述负载的额定电压为 220V，则接在线电压为 380V 的三相电源上工作时，该负载应接成星形；若误接成三角形，则有功功率增大到 3 倍，该负载上的电压和电流都会超过额定值，导致负载被烧坏。若上述负载的额定电压为 380V，则将其接在线电压为 380V 的电源上工作时，该负载应接成三角形，若误将其接成星形，则负载不能正常工作。

总之，当三相负载的额定电压等于电源线电压的 $\frac{1}{\sqrt{3}}$ 时，负载应接成星形；当三相负载的额定电压等于电源的线电压时，负载应接成三角形。

习　题　2

2.1　已知正弦电压 $u=311\sin(314t+60°)\text{V}$。求电压的最大值 U_m 和有效值 U、角频率 ω、频率 f、周期 T、相位和初相位 φ_u。

2.2　写出下列正弦电压的相量（用极坐标式表示）。

（1）$u = 220\sqrt{2}\sin\omega t\text{V}$。

（2）$u = 220\sqrt{2}\sin\left(\omega t + \frac{\pi}{3}\right)\text{V}$。

（3）$u = 220\sqrt{2}\sin\left(\omega t - \frac{\pi}{2}\right)\text{V}$。

（4）$u = 220\sqrt{2}\sin(314t - 60°)\text{V}$。

2.3　指出下列各式中的错误。

（1）$i = 50\sin(\omega t - 30°)\text{A} = 50\text{e}^{-\text{j}30°}\text{A}$。

（2）$U = 220\text{e}^{\text{j}45°}\text{V} = 220\sqrt{2}\sin(\omega t + 45°)\text{V}$。

（3）$\dot{I} = 30\text{e}^{60°}\text{A}$。

（4）$I = 10\angle 30°\text{A}$。

2.4　画出下列各组电压（电流）的相量图，并用相量加、减法计算 $u=u_1+u_2=$？ $i=i_1-i_2=$？

（1）$u_1=20\sin(\omega t+30°)\text{V}$，$u_2=30\sin(\omega t-60°)\text{V}$。

（2）$i_1=4\sin(\omega t+90°)\text{A}$，$i_2=4\sin(\omega t-90°)\text{A}$。

2.5　将 220V、40W 的灯泡接在交流电源上，求灯泡的电阻和通过灯泡的电流。若电源电压 $u = 220\sqrt{2}\sin\left(100\omega t - \frac{\pi}{2}\right)\text{V}$，写出电流的解析式，画出电压和电流的相量图，并指出电压和

电流的相位差。

2.6　设电压 $u=220\sqrt{2}\sin(100\omega t+60^{\circ})\text{V}$，把它加在 L=0.0127H（内阻忽略）的线圈两端，求有功功率 P、无功功率 Q、感抗和电流，并画出电压和电流的相量图。

2.7　有一个 C=10μF 的电容，将其接到电源 $u=220\sqrt{2}\sin 314t\text{V}$ 上，求容抗和电流、有功功率 P、无功功率 Q，并画出电压和电流的相量图。

2.8　已知某负载接在工频交流电源上，其电压和电流分别为下面两种情况。

（1）$\dot{U}=50\angle 60^{\circ}\text{V}$，$\dot{I}=5\angle 30^{\circ}\text{A}$。

（2）$\dot{U}=220\angle -30^{\circ}\text{V}$，$\dot{I}=4\sqrt{2}-\text{j}4\sqrt{2}\text{A}$。

求该负载的阻抗、有功功率 P 和无功功率 Q 及视在功率 S，并说明其性质，即指出其是电阻性、电感性负载，还是电容性负载。

2.9　有一个电感量为 0.059H 的电感线圈，测得其电阻为 1.8Ω，若将其接在 $u=141.4\sin 314t\text{V}$ 的电源上，试求电流 I 和 i、有功功率 P 和无功功率 Q 及视在功率 S。

2.10　要把一个 60W、110V 的灯泡接在 220V、50Hz 的电源上，应串联一个阻值和额定功率为多少的电阻？若串联一个电感线圈，则其电感量应为多大？这样做有什么好处？

2.11　在 RL 串联交流电路中，已知 R=20Ω，$L=0.1\text{H}$，$f=50\text{Hz}$，U=220V，求电流 I、电阻的端电压 U_{R} 和电感的端电压 U_{L}、有功功率 P、无功功率 Q、视在功率 S 及功率因数，画出电压和电流的相量图。

2.12　有一个电感线圈，若将其接在 U=120V 的直流电源上，则电流为 20A；若将其接在 f=50Hz、U=220V 的交流电源上，则电流为 28.2A。求该电感线圈的电阻和电感、有功功率 P、无功功率 Q、视在功率 S 及功率因数。

2.13　在 RC 串联交流电路中，已知电阻 R=10kΩ，电容 C=0.637μF，电源电压 U=220V、$f=50\text{Hz}$，试求通过该电路的电流及电容两端的电压。

2.14　在 RLC 串联电路中，已知 R=30Ω，L=127mH，C=40μF，电源电压 $u=220\sqrt{2}\sin(314t+30^{\circ})\text{V}$。求：

（1）感抗、容抗、阻抗。

（2）电流的有效值 I。

（3）各元件上电压的有效值。

（4）有功功率、无功功率、视在功率和功率因数。

（5）该电路的性质。

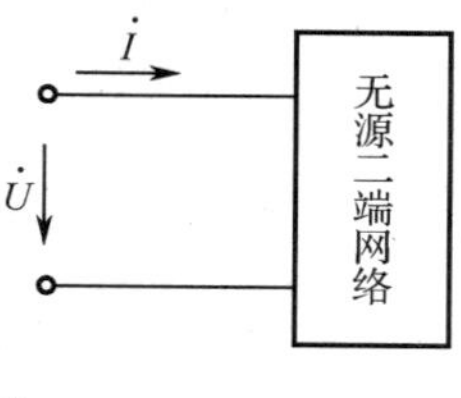

题图 2.1　习题 2.15 的电路图

2.15　已知如题图 2.1 所示的无源二端网络的输入端的电压、电流分别为 $u=220\sqrt{2}\sin(314t+20^{\circ})\text{V}$，$i=4.4\sqrt{2}\sin(314t-33^{\circ})\text{A}$。

试求此无源二端网络由两个元件串联的等效电路和元件的参数值，并求其功率因数、输入的有功功率和无功功率。

2.16　有一个 RLC 串联电路，在电源频率 f=500Hz 时发生谐振。谐振时的电流为 0.2A，容抗为 314Ω，测得电容电压是电源电压的 20 倍。试求该电路的电阻和电感。

2.17　什么是三相对称电动势？已知三相对称电动势 $e_{\text{A}}=380\sqrt{2}\sin(314t+60^{\circ})\text{V}$，写出 e_{B}、e_{C} 的数学表达式，并画出相量图。

2.18　指出题图 2.2 中各负载的连接方式。

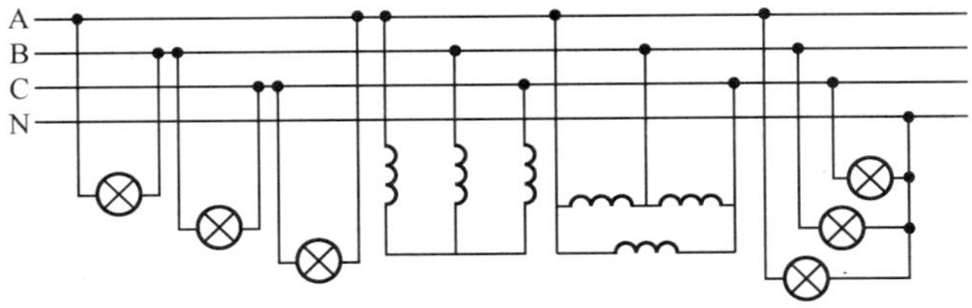

题图 2.2　习题 2.18 的电路图

2.19　为什么照明线路采用三相四线制供电？中线上为什么不能安装开关和熔断器？

2.20　有一三相对称负载，每相的阻抗模$|Z|=100\Omega$，电源的线电压为 380V。试求：

（1）采用星形连接时每相负载的电流和电源的线电流。

（2）采用三角形连接时每相负载的电流和电源的线电流。

2.21　有一三相四线制照明电路，相电压为 220V，已知三相的照明灯分别由 22、44、66 个白炽灯并联组成，每个白炽灯的功率都是 100W，求各线电流和相电流。

2.22　有一三相对称负载，额定电压为 220V，每相负载的电阻均为 30Ω，感抗均为 40Ω，接于线电压为 380V 的三相电源上，试问该负载采用何种方式连接？负载的有功功率、无功功率和视在功率各是多少？

2.23　有一台三相交流发电机，其三相绕组采用星形连接，每相绕组的额定电压均为 220V。在一次试运行中，用电压表测得相电压 $U_A=U_B=U_C=220V$，但线电压 $U_{BC}=380V$，而 $U_{AB}=U_{CA}=220V$。试分析这种现象是由什么原因造成的？

2.24　已知三相对称负载的每相阻抗 $Z_A=Z_B=Z_C=17.32+j10\Omega$，采用星形连接，接于线电压为 380V 的三相四线制电源上。求：

（1）各相电流和中线电流。

（2）中线断开时的各相电流。

（3）三角形连接时各相电流和线电流。

2.25　有三个白炽灯，其额定功率相同，额定电压均为 220V，按题图 2.3 所示接在线电压为 380V 的三相四线制电源上，将 A 相的开关 S 闭合和断开对 B、C 两相的白炽灯的亮度有无影响？如果不接中线，则又有何影响？为什么？

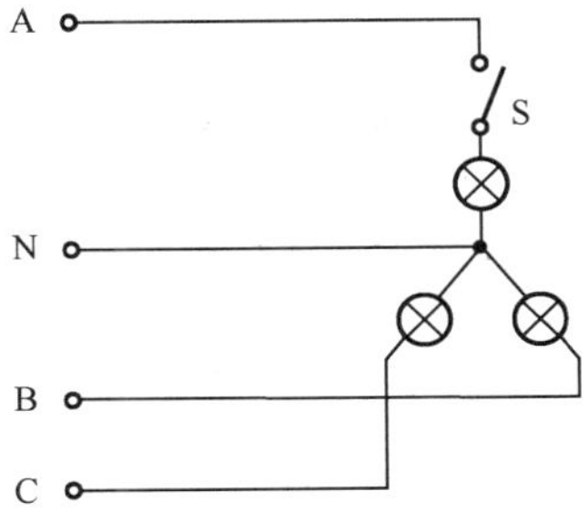

题图 2.3　习题 2.25 的电路图

2.26　有一三相电炉，每相电阻均为 11Ω，每相额定电压均为 220V，现把它接在线电压为 380V 的三相电源上。

（1）电炉采用星形连接时，求电网的线电流和电功率。

（2）如果错接成三角形，求电网的线电流和电功率，并分析连接错误造成的后果。

第 3 章　磁路与变压器

变压器和电动机的工作原理都是建立在电磁感应原理之上的。本章介绍变压器的结构，分析其工作原理，并对变压器的特性、效率、额定值做一般性介绍。

3.1　磁路及其分析方法

变压器、电动机和其他的电磁器件中都含有由高导磁材料做成的铁芯，这样就可以用较小的励磁电流在铁芯内部建立起足够强的磁场，该磁场以磁通的形式经过铁芯形成一个闭合通路，这种磁通经过的闭合通路称为磁路（见图 3.1.1）。在变压器、电动机等的磁路中，除小部分的气隙或其他非铁磁性材料外，大部分都为铁磁材料（如硅钢片）。

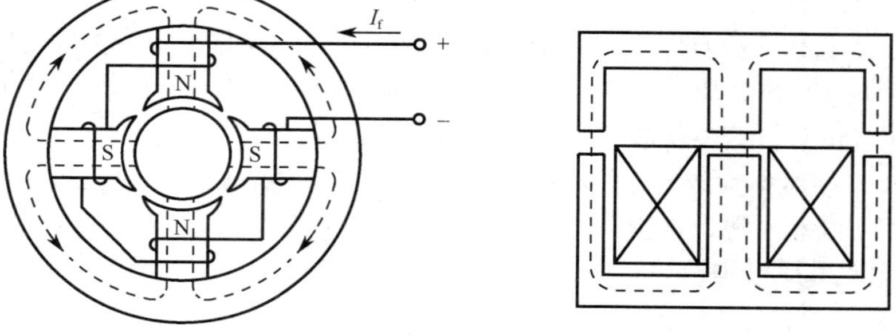

图 3.1.1　四级直流电动机及交流接触器的磁路

3.1.1　磁场的基本物理量

电磁学中已讲过，电流会产生磁场，通有电流的线圈内部及周围都有磁场。在变压器、电动机等设备中，为了用较小的电流产生较强的磁场，通常把线圈绕在由铁磁性材料制成的铁芯上。由于铁磁性材料的导磁性能比非磁性材料的导磁性能好得多，因此，当线圈中有电流流过时，产生的磁通绝大部分集中在铁芯中，沿铁芯面闭合，这部分铁芯中的磁通称为主磁通，用 Φ 表示；沿铁芯以外空间闭合的磁通称为漏磁通，用 Φ_σ 表示。漏磁通很小，在工程上常忽略不计。

1. 磁感应强度 B

描述磁场强弱及方向的物理量称为磁感应强度（磁通密度）B。描绘磁场，往往采用磁感应线（常称为磁力线），它是无头无尾的闭合曲线。图 3.1.2 中画出了直线电流及螺线管电流产生的磁力线。磁力线的方向与产生它的电流的方向满足右手螺旋关系。

在国际单位制中，磁感应强度 B 的单位为特（特斯拉），符号为 T，$1\text{T} = 1\text{Wb/m}^2$。

2. 磁通 Φ

穿过某一截面 S 的磁感应强度 B 的通量，即穿过截面 S 的磁力线的根数称为磁通，用 Φ 表示，即

$$\Phi = \int_s B\mathrm{d}S \qquad (3.1.1)$$

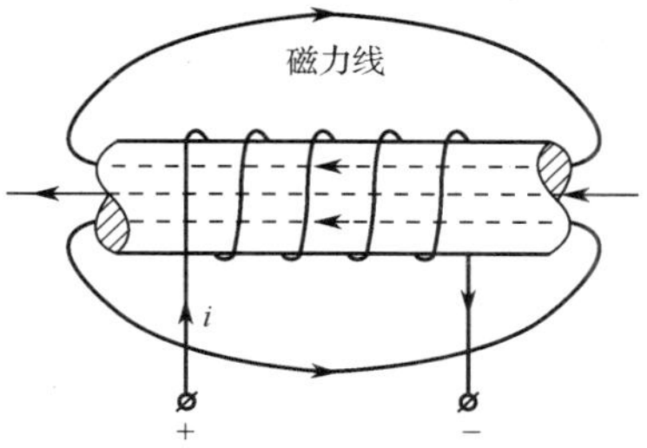

图 3.1.2 电流磁场中的磁力线

在均匀磁场中，如果截面 S 与 B 垂直，如图 3.1.3 所示，则式（3.1.1）变为

$$\Phi = BS \text{ 或 } B = \frac{\Phi}{S} \quad (3.1.2)$$

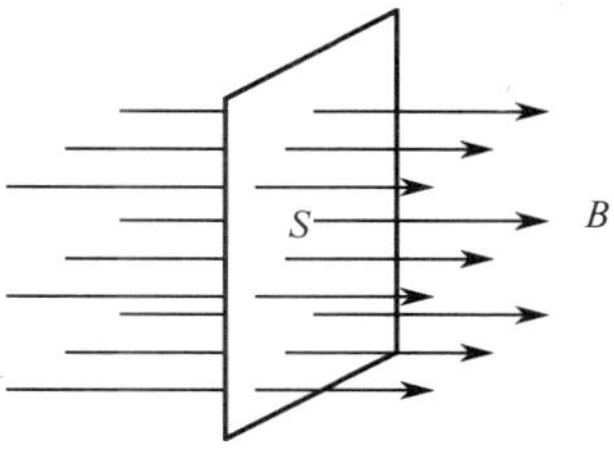

图 3.1.3 均匀磁场中的磁通

在国际单位制中，Φ 的单位为韦（韦伯），符号为 Wb。

3. 磁场强度 H

磁场强度 H 是进行磁场计算时引入的一个物理量，$\vec{H} = \frac{\vec{B}}{\mu_0} - \vec{M}$，$H$ 与产生磁场的电流成正比，与磁介质的磁导率无关。

在国际单位制中，磁场强度 H 的单位为安（安培）/米，符号为 A/m 。

4. 磁导率 μ

在工程上，根据磁导率 μ 的大小，常把材料分为磁性材料和非磁性材料两类。磁导率 μ 是表示物质导磁性能的物理量：

$$B = \mu H \quad (3.1.3)$$

真空的磁导率 $\mu_0 = 4\pi \times 10^{-7}$ H/m，磁性材料的磁导率 $\mu \gg \mu_0$。例如，铸钢的 μ 约为 μ_0 的 1000 倍，各种硅钢片的 μ 为 μ_0 的 6000～7000 倍。对于非磁性材料，如空气、铝、铜、木材等，$\mu \approx \mu_0 = 4\pi \times 10^{-7}$ H/m 。

3.1.2 磁性材料的导磁性能

铁磁材料一般是由铁或铁与钴、钨、镍、铝及其他金属的合金构成的，是最通用的磁性材料之一。虽然这些材料的性能差异很大，但决定其性能的基本现象是共通的。

1. 高导磁性

这种材料的磁导率 $\mu_r \gg 1$，可达到数百、数千甚至数万（单位为 H/m），容易被磁化。

2. 磁饱和性

由铁磁材料磁化产生的磁场（$\vec{B} = \mu\vec{H}$）不会随着外磁场 H 的增大而无限地增大。当外磁场（励磁电流）增大到一定的数值时，全部磁场的方向都转向与外磁场方向一致，这时磁化磁场的磁感应强度 B 达到饱和。图 3.1.4 所示为 B-H 磁化曲线。

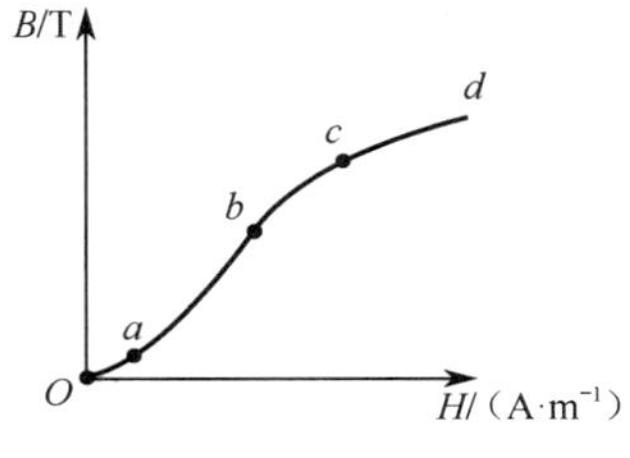

图 3.1.4 B-H 磁化曲线

由图 3.1.4 可见，当磁场强度 H 从零开始增大时，B 随 H 增大较慢（Oa 段）；之后，B 随 H 增大迅速（ab 段）；过了 b 点（也称膝点），B 的增大变慢（bc 段）；过了饱和点 c，铁磁材料的磁导率趋近于 μ_0（cd 段）。在各种电动机和变压器的主磁路中，为

了获得较大的 B，又不过分增大磁动势，通常把铁芯内的工作点磁感应强度 B 选择在膝点附近。

3. 磁滞性

铁磁材料在交变磁场 H 中反复磁化时，磁感应强度的变化滞后于磁场 H 的变化称为磁滞性。

若对铁磁材料进行周期性磁化，则 B 和 H 之间的关系就会变成如图 3.1.5 所示的 *abcdefa* 形状。H 先从 0 增大到 H_m，以后逐渐减小 H，B 将沿曲线 *ab* 下降。当 $H=0$ 时，B 并不为 0，而为 B_r，称为剩余磁感应强度，简称剩磁。要使 B 从 B_r 减小到 0，必须加上相应的反向外磁场，此反向外磁场的强度称为矫顽力，用 H_c 表示。铁磁材料具有的这种磁感应强度 B 的变化滞后于磁场强度 H 的变化的现象叫作磁滞。呈现磁滞现象的 B-H 闭合回线称为磁滞回线，如图 3.15 中的曲线 *abcdefa* 所示，曲线段 *abcd* 为磁滞回线下降分支，*defa* 为磁滞回线上升分支。

铁磁材料的分类：根据磁滞回线，铁磁材料可分为软磁材料和硬磁材料（永磁材料）。

软磁材料：B_r、H_c 小，磁滞回线细窄，容易磁化，去掉外磁场后，剩磁很小，适合制作变压器、交流电动机、电磁铁的铁芯。

硬磁材料：B_r、H_c 大，磁滞回线宽，需要有较强的外磁场才能磁化，去掉外磁场后，磁性不易消失，适合制作永久磁铁、电工仪表、扬声器及小型直流电动机中的永久铁芯等。

对于同一铁磁材料，选择不同的磁场强度 H_m 反复磁化，可得出不同的磁滞回线，将各磁滞回线的顶点连接起来，所得的曲线称为基本磁化曲线或平均磁化曲线，如图 3.1.6 所示。

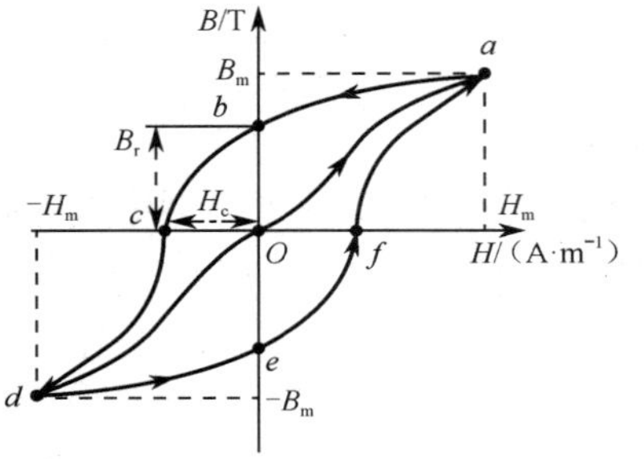

图 3.1.5 铁磁材料的磁化特性

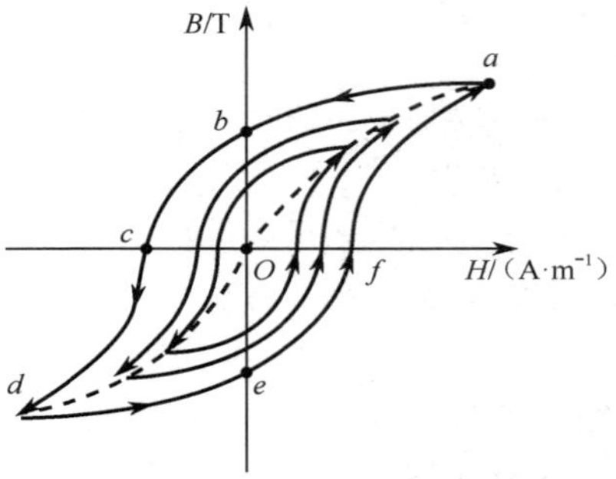

图 3.1.6 起始磁化曲线与基本磁化曲线

铁磁材料，如铁、镍等的磁导率 μ 比空气的磁导率 μ_0 大几千倍到几万倍。磁导率 μ 与磁场强度及材料的磁化历史状况有关，因此铁磁材料的磁导率 μ 不是一个常数。在工程上计算时，不按 $H=B/\mu$ 进行计算，而是按铁磁材料的基本磁化曲线进行计算。

图 3.1.7 所示为电动机中常用的硅钢片 DR530、铸铁、生铁的基本磁化曲线。

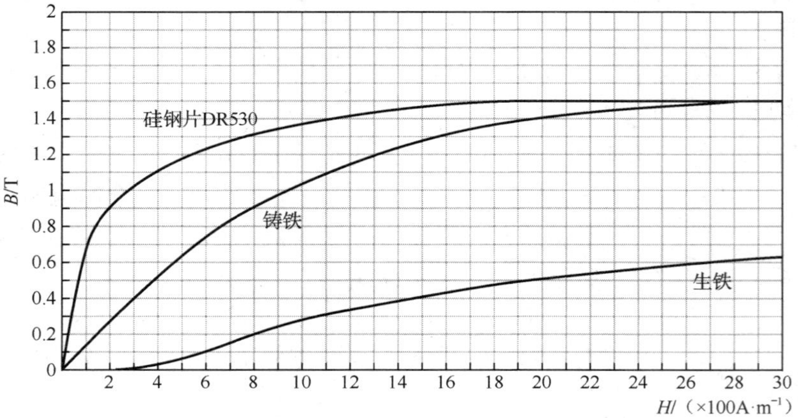

图 3.1.7 电动机中常用的硅钢片 DR530、铸铁、生铁的基本磁化曲线

3.1.3 磁路的分析方法

1. 磁路的概念

观察下面两种现象。

（1）在通电螺线管内腔的中部，电流产生的磁力线平行于螺线管的轴线，磁力线渐进螺线管两端时变成散开的曲线，曲线在螺线管外部空间相接。如果将一根长铁芯插入通电螺线管，并且让铁芯闭合，则泄漏到空间中的磁力线很少。我们定义，不管有无铁芯，磁力线经过的路线均称为磁路。

（2）用永磁体作为磁源也会产生上述现象。

图 3.1.8（a）给出了永磁体单独存在时的情况；图 3.1.8（b）所示为将永磁体放入软磁体回路的气隙中，磁力线的大部分通过软磁体和永磁体构成的回路。

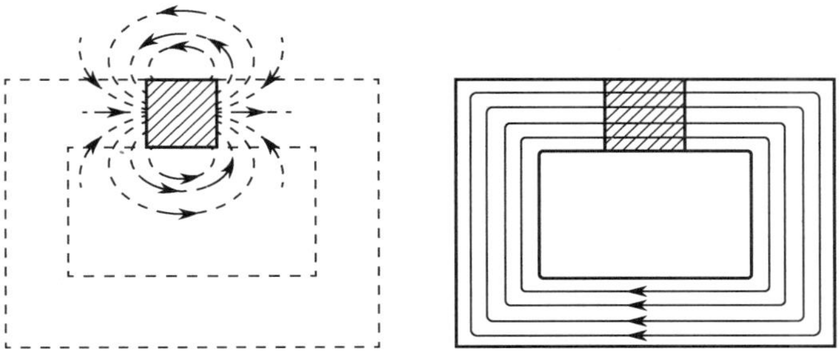

（a）　　（b）

图 3.1.8　等效磁路

以上两种也是磁路，磁力线密度表示磁通的密度。广义地讲，磁通通过的磁介质的路径叫作磁路。磁路是许多以电磁原理制作的机械、器件（如电机、磁电式仪表等）的重要组成部分。各种磁路传递着磁力线，实现应有的功能。大多数磁路中含有磁性材料和气隙，完全由磁性材料构成的闭合磁路也不少。凡含有气隙的磁路，一部分磁通作为有用磁场；另一部分磁通泄漏到空间，形成漏磁通，如图 3.1.9 所示。

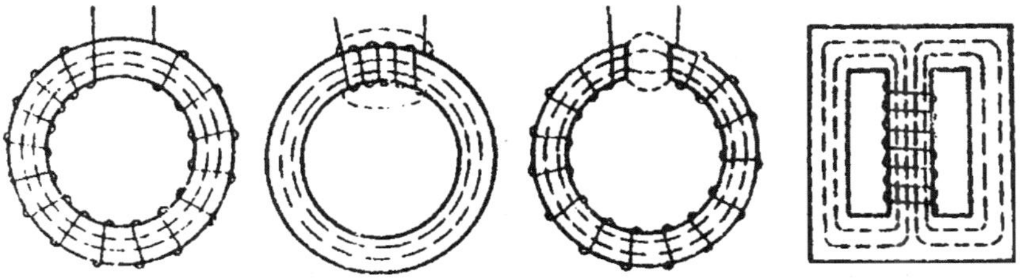

（a）　　（b）　　（c）　　（d）

图 3.1.9　含有气隙的磁路

2. 磁路欧姆定律

图 3.1.10 所示为环形线圈，截面积为 S，平均周长为 l，磁导率为 μ，线圈匝数为 N，磁化电流为 i，环内的磁场强度 H 为

$$H = \frac{Ni}{l} \tag{3.1.4}$$

H 的方向与环的轴线平行。

无漏磁时，穿过环的截面的磁通 Φ 为

$$\Phi = BS \tag{3.1.5}$$

由 $B=\mu H$ 得

$$\Phi = \mu HS \tag{3.1.6}$$

将式（3.1.4）代入式（3.1.6）得

$$\Phi = \frac{\mu Ni}{l}S \tag{3.1.7}$$

即

$$\Phi = \frac{Ni}{\dfrac{l}{\mu S}} \tag{3.1.8}$$

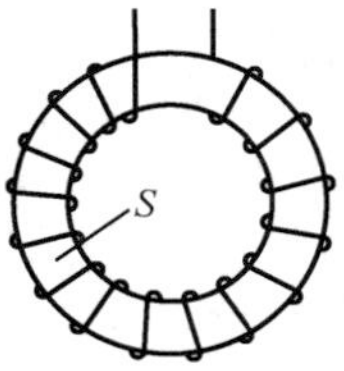

图 3.1.10　环形线圈

磁动势 $F_{\mathrm{m}} = Ni$，磁阻 $R_{\mathrm{m}} = \dfrac{l}{\mu S}$，此时式（3.1.8）可写为

$$\Phi = \frac{F_{\mathrm{m}}}{R_{\mathrm{m}}} \tag{3.1.9}$$

式(3.1.9)与电路的欧姆定律相似：磁通 Φ 对应电流；磁动势 $F_{\mathrm{m}} = Ni$ 对应电动势；$R_{\mathrm{m}} = \dfrac{l}{\mu S}$ 为磁阻，与电阻对应。

磁动势与磁化电流 i 和线圈匝数 N 成正比。磁阻与磁路的长度（铁芯的平均周长 l）成正比，与磁导率 μ 及磁路的截面积 S 成反比。

由电路的欧姆定律推导出来的电动势叠加原理及电阻的串/并联的计算方法同样适用于磁路中的磁动势叠加和磁阻的串/并联。

3. 磁路的串联和并联

如图 3.1.11 所示，磁导率为 μ_1、平均周长为 l_1 的环形线圈铁芯中有一长为 l_0、磁导率为 μ_0 的空隙，这是串联的例子。

磁动势等于各部分磁压降（$H_i l_i$）之和：

$$Ni = Hl_1 + H_0 l_0 \tag{3.1.10}$$

因为 $B=\mu H$，$B_0 = \mu_0 H_0$，所以式（3.1.10）可写为

$$Ni = \frac{B}{\mu}l_1 + \frac{B_0}{\mu_0}l_0 \tag{3.1.11}$$

将 $\Phi = BS$ 代入上式，若系统中无漏磁，则铁芯中的磁通与空隙的磁通相同（连续）。由 $B = \dfrac{\Phi}{S}$，$B_0 = \dfrac{\Phi}{S_0}$ 得

$$Ni = \Phi\left(\frac{l_1}{\mu S} + \frac{l_0}{\mu_0 S_0}\right) \tag{3.1.12}$$

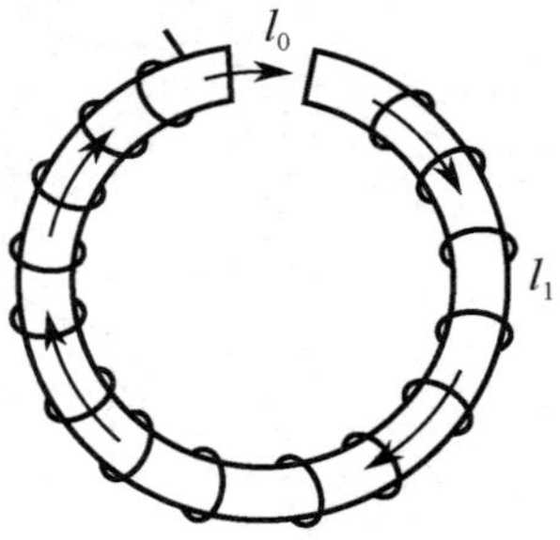

图 3.1.11　有缺口的环形线圈

由 $F_{\mathrm{m}} = Ni$，$R_{\mathrm{m1}} = \dfrac{l_1}{\mu S}$，$R_{\mathrm{m0}} = \dfrac{l_0}{\mu_0 S_0}$ 得

$$F_{\mathrm{m}} = \Phi(R_{\mathrm{m1}} + R_{\mathrm{m0}}) \tag{3.1.13}$$

$$\frac{F_{\mathrm{m}}}{\Phi} = R_{\mathrm{m1}} + R_{\mathrm{m0}},\quad R_{\mathrm{m}} = R_{\mathrm{m1}} + R_{\mathrm{m0}}$$

如果组成磁路的几个磁阻是串联的而无分支，则根据磁通连续原理，可知磁路各处的磁通相等，即

$$\Phi_1 = \Phi_2 = \Phi_3 = \cdots = \Phi_n = \Phi \tag{3.1.14}$$

对于磁路各段的每个磁阻，均有

$$\Phi_1 = \frac{H_1 l_1}{R_{m1}}, \Phi_2 = \frac{H_2 l_2}{R_{m2}}, \cdots, \Phi_n = \frac{H_n l_n}{R_{mn}} \tag{3.1.15}$$

将上式代入式（3.1.14）得

$$\Phi = \frac{H_1 l_1}{R_{m1}} = \frac{H_2 l_2}{R_{m2}} = \cdots = \frac{H_n I_n}{R_{mn}} \tag{3.1.16}$$

$$\Phi R_{m1} = H_1 l_1, \Phi R_{m2} = H_2 l_2, \cdots, \Phi R_{mn} = H_n l_n \tag{3.1.17}$$

两边分别相加得

$$\Phi(R_{m1} + R_{m2} + \cdots + R_{mn}) = \Phi \sum_{i=1}^{n} R_{mi} = H_1 l_1 + H_2 L_2 + \cdots + H_n l_n = \sum_{i=1}^{n} H_i l_i \tag{3.1.18}$$

式中，$\sum_{i=1}^{n} H_i l_i$ 为串联磁路的磁位差之和，即总磁位差，应等于磁动势：

$$\sum_{i=1}^{n} H_i l_i = F_m \tag{3.1.19}$$

$\sum_{i=1}^{n} R_{mi} = R_m$ 称为串联磁路的总磁阻。由此，式（3.1.18）可写为 $\Phi R_m = F_m$。

对于并联磁路，其并联磁阻两端的磁位差相等，即

$$H_1 l_1 = H_2 L_2 = \cdots = H_n l_n = Hl \tag{3.1.20}$$

根据磁通连续原理，总磁通等于各个并联分磁路磁通之和，即

$$\Phi = \Phi_1 + \Phi_2 + \cdots + \Phi_n \tag{3.1.21}$$

将式（3.1.15）代入上式，根据式（3.1.20），有

$$\Phi = \frac{H_1 l_1}{R_{m1}} + \frac{H_2 l_2}{R_{m2}} + \cdots + \frac{H_n I_n}{R_{mn}} = Hl\left(\frac{1}{R_{m1}} + \frac{1}{R_{m2}} + \cdots + \frac{1}{R_{mn}}\right) \tag{3.1.22}$$

与欧姆定律进行比较可得

$$\frac{1}{R_m} = \frac{1}{R_{m1}} + \frac{1}{R_{m2}} + \cdots + \frac{1}{R_{mn}} \tag{3.1.23}$$

4. 磁路中的基尔霍夫定律

基尔霍夫第一定律：

$$\sum \Phi = 0 \tag{3.1.24}$$

磁通连续定理：对于磁路中的任意结合点，进入该点的磁通与离开该点的磁通的代数和等于零。磁感应线是封闭曲线，无头无尾。

基尔霍夫第二定律：

$$\sum \Phi_i R_{mi} = \sum H_i l_i = \sum Ni \tag{3.1.25}$$

表明沿磁路的任一闭合回路，各部分磁位差的代数和等于通过回路所有磁动势的代数和。

基尔霍夫第二定律实质上是磁路的全电流定律，对磁路中的某一段而言，它就是欧姆定律。磁动势又称磁化力。

例 3.1.1　一个具有闭合的均匀铁芯的线圈，其匝数为 300，铁芯中的磁感应强度为 0.9T，磁路的平均长度为 45cm。求：

（1）铁芯材料为铸铁时线圈中的电流。

（2）铁芯材料为硅钢片时线圈中的电流。

解 查磁化曲线，可得以下结果。

（1）$H_1 = 9000\text{A/m}$，$I_1 = \dfrac{H_1 l}{N} = \dfrac{9000 \times 0.45}{300}\text{A} = 13.5\text{A}$。

（2）$H_2 = 260\text{A/m}$，$I_2 = \dfrac{H_2 l}{N} = \dfrac{260 \times 0.45}{300}\text{A} = 0.39\text{A}$。

所用铁芯材料不同，根据$B = \mu H = \mu \dfrac{NI}{l}$，要得到同样的磁感应强度 B，所需的 F 或 I 相差很大。磁导率 μ 越小，所需的励磁电流 I 越小，线圈的电阻越大，用铜量越少。

3.2 交流铁芯线圈电路与电磁铁

将线圈绕在铁芯上便构成了铁芯线圈，其分为两种：直流铁芯线圈和交流铁芯线圈。直流铁芯线圈通直流电励磁，分析比较简单；交流铁芯线圈通正弦交流电励磁。

3.2.1 交流铁芯线圈电路

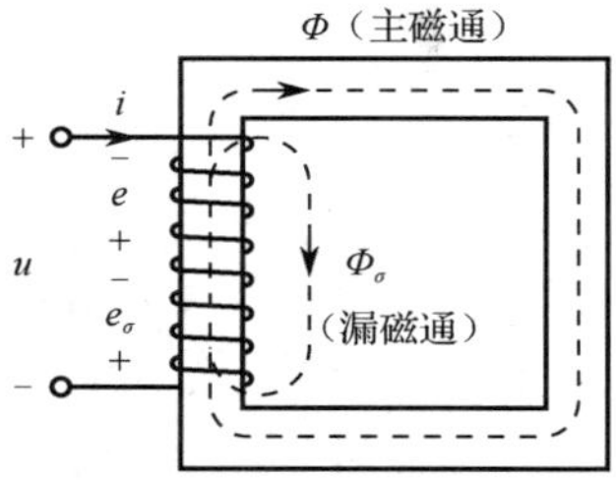

图 3.2.1 交流铁芯线圈电路

本节主要分析交流铁芯线圈电路，如图 3.2.1 所示。

1. 电磁关系

电磁关系如下：

$$u \to i\ (F=Ni) \begin{cases} \varPhi \to e = -N\dfrac{\mathrm{d}\varPhi}{\mathrm{d}t} \\ \varPhi_\sigma \to e_\sigma = -N\dfrac{\mathrm{d}\varPhi_\sigma}{\mathrm{d}t} = -L_\sigma \dfrac{\mathrm{d}i}{\mathrm{d}t} \end{cases}$$

下面对漏磁通 $\varPhi_\sigma$、主磁通 $\varPhi$ 进行分析。

由于漏磁通主要通过空气等非磁性物质，因此 $\mu \approx \mu_0 = 4\pi \times 10^7\text{H/m}$，是一个常数。若 μ_0 很小，则 $\varPhi_\sigma$ 也很小，通常情况下可忽略不计。$\varPhi_\sigma = B_\sigma S = \mu HS \propto i$，$\varPhi_\sigma$ 与 i 是线性关系，$L_\sigma = \dfrac{N\varPhi_\sigma}{i}$。

2. 电压、电流关系

由基尔霍夫电压定律可得

$$-u - e_\sigma - e + Ri = 0$$

$$u = Ri - e - e_\sigma = Ri + N\frac{\mathrm{d}\varPhi}{\mathrm{d}t} + L_\sigma \frac{\mathrm{d}i}{\mathrm{d}t} \tag{3.2.1}$$

$$\dot{U} = R\dot{I} - \dot{E} - \dot{E}_\sigma = R\dot{I} + \mathrm{j}X_\sigma \dot{I} - \dot{E} \tag{3.2.2}$$

由于电源电压 u 为正弦量，因此 $\varPhi$、e 也是同频率的正弦量。

令 $\varPhi = \varPhi_\mathrm{m} \sin \omega t$，则

$$\begin{aligned} e &= -N\frac{\mathrm{d}\varPhi}{\mathrm{d}t} = -N\varPhi_\mathrm{m} \cos \omega t \cdot \omega \\ &= 2\pi f N\varPhi_\mathrm{m} \sin(\omega t - 90^\circ) = E_\mathrm{m} \sin(\omega t - 90^\circ) \end{aligned} \tag{3.2.3}$$

式中，$E_\mathrm{m} = 2\pi f N\varPhi_\mathrm{m}$ 为电动势的幅值，而其有效值为

$$E = \frac{E_\mathrm{m}}{\sqrt{2}} = \frac{2\pi f N\varPhi_\mathrm{m}}{\sqrt{2}} \approx 4.44 fN\varPhi_\mathrm{m} \tag{3.2.4}$$

结论：

（1）主磁通感应电动势的有效值为$E=4.44fN\Phi_m$。

（2）主磁通不变原理：由于线圈电阻 R 和漏磁感抗 X_σ 较小，因此它们与主磁通电动势比较起来可忽略不计，故有

$$\dot{U} \approx -\dot{E}$$

$$U \approx E = 4.44fN\Phi_m = 4.44fNB_mS \tag{3.2.5}$$

式中，B_m 表示铁芯线圈中磁感应强度的最大值。

由式（3.2.5）可知，$\Phi_m \propto \frac{U}{Nf}$，即在交流铁芯线圈中，当外加电压 U、频率 f、匝数 N 一定时，主磁通 Φ_m 几乎不变，与磁路的磁阻无关。这是交流铁芯线圈的一个重要的特点，是分析变压器和交流电动机常用的一个原理。

3. 功率损耗

（1）铜损。

铜损 ΔP_{Cu} 由线圈电阻 R 通电（电流为 I）发热产生，$\Delta P_{Cu} = I^2R$。

（2）铁损。

铁损是铁芯在交变磁通作用下的损耗，用 ΔP_{Fe} 表示，分为磁滞损耗和涡流损耗。

① 磁滞损耗。

磁滞现象的产生是由于铁磁材料中的磁畴在外磁场作用下发生移动和倒转时，彼此之间产生了“摩擦”。由于这种“摩擦”的存在，当外磁场停止作用后，磁畴与外磁场方向一致的排列便被保留下来，不能恢复原状，形成了磁滞和剩磁。

铁磁材料在交变磁场的作用下反复磁化，磁畴之间不停地互相“摩擦”，消耗能量，引起损耗，这种损耗称为磁滞损耗。磁滞回线面积越大，损耗越大。磁感应强度的最大值 B_m 越大，磁滞回线面积越大。试验表明，交变磁化时，磁滞损耗 P_h 与磁通的交变频率 f 成正比，与磁感应强度的最大值 B_m 的 n 次方成正比，与铁芯质量 G 成正比，即

$$P_h = C_h f B_m^n G \tag{3.2.6}$$

式中，C_h 为磁滞损耗系数；对于一般的电工用硅钢片，$n = 1.6 \sim 2.3$。由于硅钢片的磁滞回线面积较小，因此电动机和变压器的铁芯都采用硅钢片。

铁磁材料在交变磁场中，磁畴来回翻转，克服彼此间的阻力而产生的发热损耗用 ΔP_h 表示，可以证明：$\Delta P_h \propto$ 磁滞回线面积 ΔS。

磁滞损耗会引起铁芯发热，为了减小磁滞损耗，应选用磁滞回线狭小的磁性材料作为交流铁芯。变压器和交流电动机中的硅钢片的磁滞损耗较小。

② 涡流损耗。

当线圈中通过交流电时，如图 3.2.2（a）所示，铁芯中会激发出交变磁通，交变磁通会在垂直于磁通线的平面激发出环形感应电流，如图 3.2.2（b）所示，所引起的损耗称为涡流损耗，用 ΔP_e 表示。

涡流损耗也会引起铁芯发热。为了减小涡流损耗，可采取如下措施。

a. 铁芯由彼此绝缘且顺着磁场方向排列的硅钢片（硅钢片厚 0.35mm 或 0.5mm）叠加而成，将涡流限制在较小的截面内流通，如图 3.2.2（c）所示。

b. 选用电阻率大的材料作为铁芯。硅钢中含有少量（0.8%～4.8%）的硅，其电阻率较大。

可见，铁芯线圈的功率损耗 $\Delta P = \Delta P_{Cu} + \Delta P_{Fe} = I^2R + \Delta P_h + \Delta P_e$。

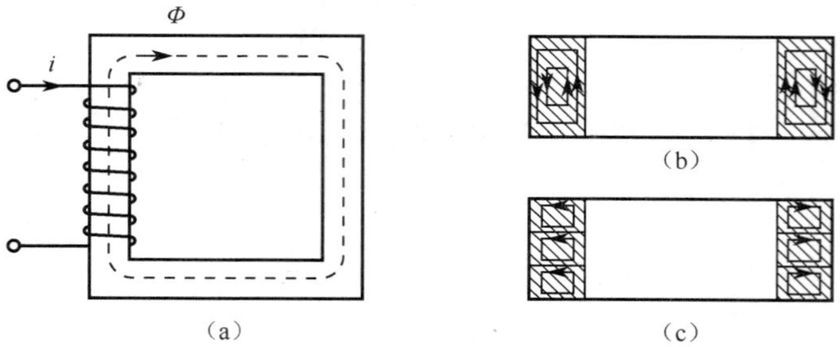

图 3.2.2　磁通感应电流电路

例 3.2.1　若将交流铁芯线圈接到与其额定电压相同的直流电源上，则会产生什么问题？若将直流铁芯线圈接到与其额定电压相同的交流电源上，则会产生什么问题？

解　将交流铁芯线圈接到直流电源上，$I=\dfrac{U}{R}$，由于线圈电阻很小，因此会烧毁线圈。

将直流铁芯线圈接到交流电源上，$\dot{U}=R\dot{I}+\mathrm{j}X_{\sigma}\dot{I}-\dot{E}$，此时，励磁电流远小于额定电流。此外，直流铁芯是整块磁性材料，涡流损耗将增大。

3.2.2　电磁铁

电磁铁是利用通电的铁芯线圈吸引衔铁或保持某种机械零件、工件于固定位置的一种装置。当电源断开时，电磁铁的磁性消失，衔铁或其他零件即被释放。电磁铁衔铁的动作可使其他机械装置发生联动。

根据使用电源的类型，电磁铁可以分为交流电磁铁、直流电磁铁。用交流电进行励磁的电磁铁为交流电磁铁，用直流电进行励磁的电磁铁为直流电磁铁。根据应用领域，电磁铁可以分为工业用电磁铁、家用电磁铁和医用电磁铁等。根据形状和尺寸，电磁铁可以分为条形电磁铁、蹄形电磁铁、圆柱形电磁铁等。

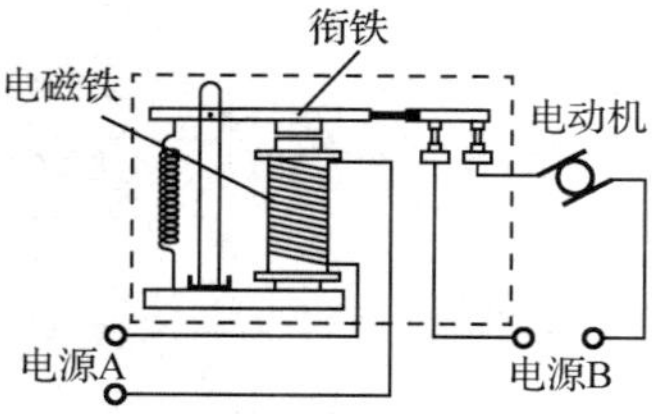

图 3.2.3　电磁铁的结构示意图

电磁铁是利用通电的铁芯线圈产生的强磁场来吸引铁磁物质（衔铁）动作的装置，其广泛地应用在继电器、接触器及自动装置中。电磁铁由励磁线圈、铁芯和衔铁组成，其结构示意图如图 3.2.3 所示。工作时，电流通过电源 A 端口通入励磁线圈产生磁场，铁芯和衔铁都被磁化，衔铁受到电磁力的作用与铁芯吸合，衔铁可带动其他机械零件或触点动作（接通电动机），实现各种控制和保护。断电时，磁场消失，衔铁在弹性力的作用下释放。

当衔铁为被加工的工件时，起到固定工件位置的作用，如磨床中常用的电磁吸盘，因此电磁铁在生产中的应用非常广泛。

1. 直流电磁铁

（1）直流电磁铁的吸力。

直流电磁铁的励磁电流是直流电。可以证明，直流电磁铁的衔铁所受的吸力为

$$F=4B_0^2S\times10^5 \tag{3.2.7}$$

式中，B_0 为气隙中的磁感应强度（$\mathrm{Wb/m^2}$）；S 为气隙磁场的截面积（$\mathrm{m^2}$）；F 为电磁铁的吸力（N）。

（2）直流电磁铁的特点。

直流电磁铁采用直流电励磁，铁芯中的磁通恒定，没有感应电动势，因而线圈的励磁电流

由电源电压和线圈内阻决定。如果电源电压和线圈内阻不变，则励磁电流不变，磁动势 NI 也不变。因此直流电磁铁具有以下特点。

① 线圈中的直流励磁电流只取决于电源电压和线圈电阻，是不变的。

② 直流电磁铁在衔铁吸合的过程中，气隙是逐渐变小的，磁路中的磁阻也逐渐变小。

③ 根据磁路欧姆定律，励磁电流不变时，磁通与磁阻成反比，在衔铁吸合的过程中，磁通逐渐变大，说明直流电磁铁的吸力 F 的大小与衔铁所处空间位置有关，电磁铁启动时（开始吸合）的吸力要比工作时（吸合后）的吸力小很多。

2. 交流电磁铁

当给交流电磁铁的线圈通入正弦交流电时，铁芯中便产生交变磁通，线圈的端电压和铁芯中的磁通有以下关系：

$$U = 4.44 fN\Phi_{\mathrm{m}} \tag{3.2.8}$$

式中，f 为外加励磁交流电的频率（Hz）；N 为线圈匝数；Φ_{m} 为铁芯中磁通的最大值（Wb）；U 为外加电源电压的有效值（V）。

从式（3.2.8）中可看到，当电源频率和线圈匝数一定时，铁芯中磁通的最大值与电源电压的有效值成正比。当电源电压的有效值不变时，铁芯中磁通的最大值也恒定不变，与磁路无关。

（1）交流电磁铁的吸力。

交流电磁铁是用交流电来励磁的，气隙中的磁感应强度随时间变化，因此交流电磁铁的吸力也随时间变化。计算时，一般只考虑其平均值（平均吸力是最大吸力的一半），其计算公式为

$$F = 2B_{\mathrm{m}}^2 S \times 10^5 \tag{3.2.9}$$

式中，B_{m} 为气隙中磁感应强度的最大值（$\mathrm{Wb/m^2}$）；S 为气隙磁场的截面积（$\mathrm{m^2}$）；F 为电磁铁的平均吸力（N）。

（2）短路环。

由以上分析可知，交流电磁铁的吸力随时间在零与最大值之间变化，衔铁发生振动而引起噪声。

在铁芯的端面上嵌装一个短路环（闭合铜环，又称分磁环）可以有效地消除这种噪声，如图 3.2.4 所示。短路环将原来铁芯中的磁通分成 Φ_1 和 Φ_2 两部分，Φ_2 穿过短路环，在短路环中产生感应电流，感应电流阻碍 Φ_2 的变化，使 Φ_1 和 Φ_2 产生相位差。这样一来，穿过气隙的磁通就不会同时为零，吸力也就不会中断，从而减弱了衔铁的振动，减小了噪声。

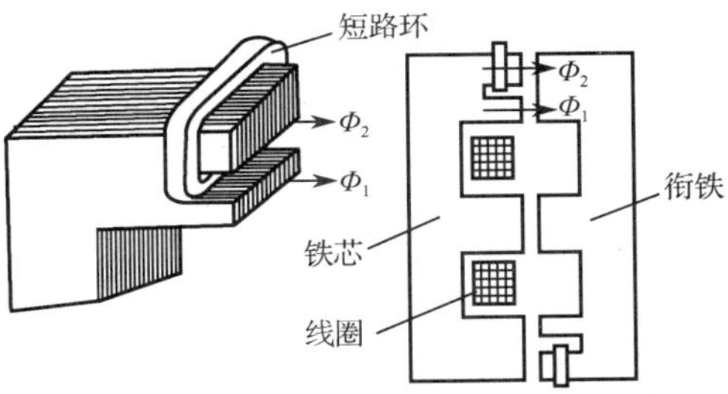

图 3.2.4　交流电磁铁的结构示意图

（3）交流电磁铁的特点。

① 在衔铁吸合的过程中，交流电磁铁吸力 F 的大小基本不变。在交流电磁铁的磁路中，磁通与磁路选用的材料、气隙的大小没有关系，只由交流电压的高低和频率决定。

② 交流电磁铁的励磁电流（有效值）在吸合前后将有很大的变化。

交流电磁铁吸合前后的气隙不同，引起磁阻不同。交流电磁铁在启动时（开始吸合）的电流要比工作时（吸合后）的电流大很多。

由实验可知，U 形电磁铁的衔铁打开时的励磁电流是吸合后的 10～15 倍，而线圈的允许电流值是按衔铁吸合后的电流值设计的，因此，当线圈得电而衔铁由于种种原因不能吸合或频繁操作时，线圈易过热甚至烧坏，这也是交流电磁铁比直流电磁铁容易烧坏的原因之一。

交流电磁铁铁芯中的交变磁通会产生涡流损耗和磁滞损耗，为了减小铁芯的损耗，交流电磁铁的铁芯是由硅钢片叠成的。

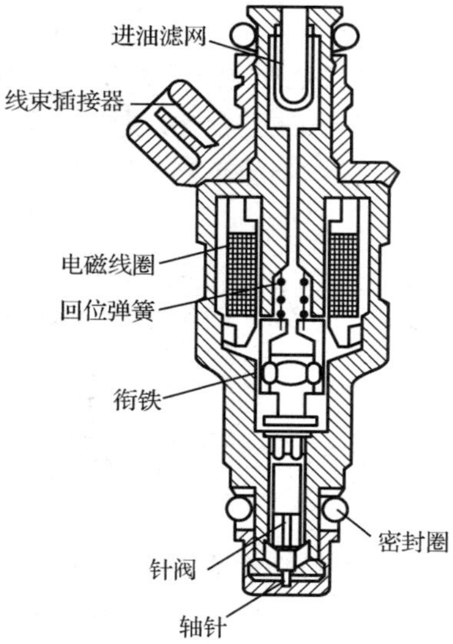

图 3.2.5　汽车电控燃油喷射系统中喷油器的结构示意图

3. 电磁铁在汽车中的应用

利用电磁铁磁性强、控制方便等特点可制成许多控制部件或执行部件应用到汽车上，因此电磁铁在汽车中应用广泛，如电磁铁常用于各种继电器、电磁阀等设备，可以控制电路的接通与关断或流量的有无，相当于一个开关元件。下面分别介绍两个应用实例——汽车电控燃油喷射系统中的喷油器和电喇叭电路。

（1）汽车电控燃油喷射系统中的喷油器。

汽车电控燃油喷射系统中喷油器的结构示意图如图 3.2.5 所示。其中，电磁铁中的衔铁与针阀是一体的，喷油器利用电磁铁的电磁吸力打开或关闭燃油计柱塞，从而控制喷油器的喷油量。当发动机 ECU 发出喷油指令时，电磁线圈通电产生电磁吸力，吸引衔铁沿着轴向向右移动，并带动针阀克服回位弹簧的弹力离开阀座，燃油即开始喷射。当发动机 ECU 发出停止喷油指令时，切断喷油器电磁线圈的搭铁回路，电磁吸力消失，在回位弹簧的弹力作用下针阀关闭，喷射停止。

（2）电喇叭电路。

汽车电喇叭按外形不同可分为螺旋形、筒形和盆形等几种，目前国产汽车使用的多为螺旋形和盆形电喇叭。这两种电喇叭的结构和工作原理基本相同，都是利用电磁原理使电喇叭膜片振动，从而发出报警声音的。

图 3.2.6 所示为螺旋形、筒形电喇叭的构造图。当按下电喇叭按钮时，电流路径为蓄电池正极—线圈—活动触点臂—电喇叭按钮—衔铁—蓄电池负极。当电流通过线圈时，产生电磁吸力，吸下衔铁，中心杆上的调整螺母压下活动触点臂，使触点分开而切断电路。此时，线圈电流中断，电磁吸力消失，在弹簧片和膜片的弹力作用下，衔铁又返回原位，触点闭合，电路又接通。电喇叭利用衔铁触点控制电磁铁电路的通断，使电磁铁不断吸合和断开，产生振荡，发出报警声音。这个过程每秒重复数次，从而使膜片振动。膜片振动时，电喇叭内的空气也振动，从而发出报警声音。

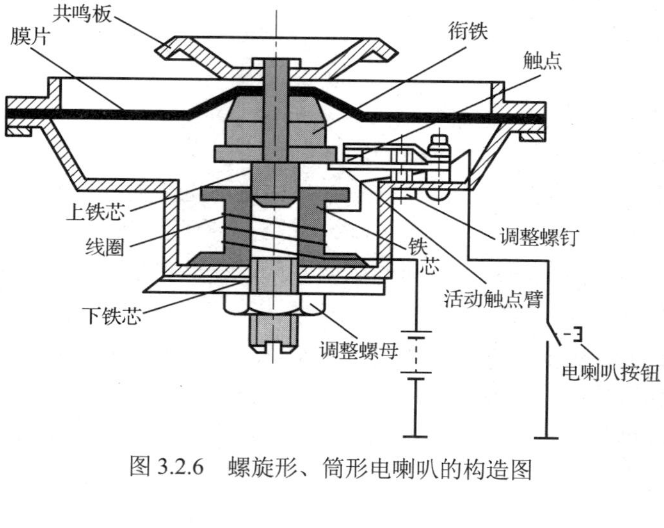

图 3.2.6　螺旋形、筒形电喇叭的构造图

例 3.2.2　试述交流电磁铁和直流电磁铁在接通电源后，衔铁吸合前后励磁电流和磁通的变化规律。

解　（1）交流电磁铁：$U = 4.44Nf\Phi_m$，Φ_m不变，与R_m无关；又由于$\Phi_m = \dfrac{Ni}{R_m}$，因此衔铁吸合后R_m减小，励磁电流i减小。

（2）直流电磁铁：$\Phi = \dfrac{NI}{R_m}$，$I = \dfrac{U}{R}$不变，而衔铁吸合后R_m减小，故Φ增大。

3.3　变压器

3.3.1　变压器的工作原理

变压器是利用电磁感应原理工作的电气设备，具有传递能量，变换电压、电流及阻抗的功能，因此在各个领域都有广泛的应用。

在电力系统中，由$P=UI\cos\varphi$可知，在输送功率及负载的功率因数一定的情况下，输电电压越高，线路上的电流越小，这样一方面可以减小输电导线的截面积，节省材料；另一方面可以减小输电线路的功率损耗。目前我国跨大区域的电网大都采用 500kV 的超高压输电线路。从安全用电和制造成本方面考虑，如此高的电压不能由发电机直接产生，更不能让用户直接使用，因此必须利用变压器的电压变换作用，在输电时将电压升高，而在用电时将电压降低。

变压器的种类繁多，如在电子线路中用到的整流变压器、振荡变压器、脉冲变压器等；另外，还有互感器、自耦变压器及各种专用变压器。不同变压器的外形、体积及工作性能各有特点，但它们的基本结构和工作原理是相同的。

1. 变压器的结构

变压器主要由铁芯和绕组两大部分构成，普通的双绕组变压器有心式、壳式两种。

心式变压器的特点是绕组包围铁芯；而壳式变压器的部分绕组被铁芯包围，可以不用专门的变压器外壳，适用于容量较小的变压器。变压器的绕组有原边绕组（初级绕组或一次绕组）和副边绕组（次级绕组或二次绕组），原边绕组与电源相连，副边绕组与负载相连，为分析方便，把原边绕组和副边绕组分别画在两个铁芯柱上，如图 3.3.1 所示。

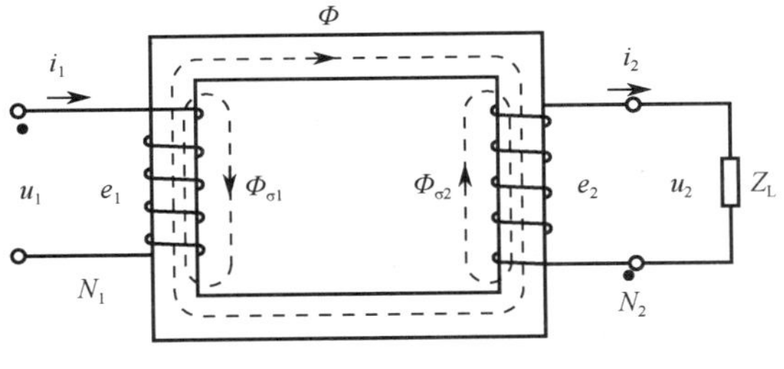

图 3.3.1　变压器的原理图

变压器的铁芯上绕有原边绕组和副边绕组，它们之间有磁耦合关系，在图 3.1.1 中，当匝数为N_1的原边绕组接上交流电源u_1时，原边绕组中将产生电流i_1，磁动势i_1N_1产生的交变磁通大部分通过铁芯闭合，因此将同时在原边绕组和副边绕组中产生感应电动势e_1和e_2。如果副边绕组上有负载，则副边绕组（匝数为N_2）中有电流i_2通过，磁动势i_2N_2产生的磁通也大部分通过铁芯闭合。这样，铁芯中的主磁通Φ是一个由原边绕组和副边绕组的磁动势共同产生的合磁通，这时，e_1 和 e_2 是由合磁通 Φ 产生的。另外，磁动势 i_1N_1 和 i_2N_2 还要产生漏磁通 $\Phi_{\sigma1}$ 和 $\Phi_{\sigma2}$（仅与本绕组相连），它们在各自的绕组中分别产生漏磁电动势 $e_{\sigma1}$ 和 $e_{\sigma2}$，原边绕组和副边绕组的线圈自感系数分别为 $l_{\sigma1}$、$l_{\sigma2}$。上述电磁关系可表示如下：

$$u_1 \to i_1\,(i_1N_1) \to \Phi \to e_1 = -N_1\frac{\mathrm{d}\Phi}{\mathrm{d}t},\quad e_2 = -N_2\frac{\mathrm{d}\Phi}{\mathrm{d}t}$$

$$\downarrow \qquad\qquad\qquad\qquad \downarrow$$

$$\Phi_{\sigma1} \qquad\qquad\qquad i_2\,(i_2N_2)$$

$$\downarrow \qquad\qquad\qquad\qquad \downarrow$$

$$e_{\sigma1} = -l_{\sigma1}\frac{\mathrm{d}i_1}{\mathrm{d}t} \qquad\qquad \Phi_{\sigma2} \to e_{\sigma2} = -l_{\sigma2}\frac{\mathrm{d}i_2}{\mathrm{d}t}$$

设 $\Phi = \Phi_{\mathrm{m}}\sin\omega t$，根据电磁感应定律可得出 e_1 和 e_2 的有效值：

$$E_1 = 4.44fN_1\Phi_{\mathrm{m}}$$

$$E_2 = 4.44fN_2\Phi_{\mathrm{m}}$$

下面通过对变压器不同运行情况的分析来说明其变换电压、电流及阻抗的原理。

2. 电压变换

在变压器的原边绕组上施加额定电压、副边绕组开路（不接负载）的情况称为空载运行。图 3.3.2 所示为普通双绕组变压器的空载运行示意图。根据基尔霍夫电压定律，其原边绕组和副边绕组回路中的电压平衡关系为

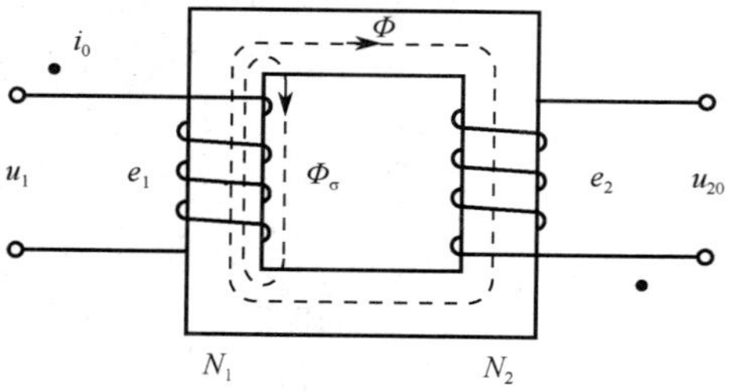

图 3.3.2 普通双绕组变压器的空载运行示意图

$$u_1 = -e_1 - e_{\sigma1} + R_1 i_0$$

$$u_{20} = e_2$$

式中，R_1 为原边绕组线圈等效内阻；i_0 为空载电流；e_1 为原边绕组主磁通产生的感应电动势；$e_{\sigma1}$ 为漏磁通产生的感应电动势；e_2 为副边绕组感应电动势。在正弦电压的作用下，上式可用相量表示为

$$\dot{U}_1 = -\dot{E}_1 - \dot{E}_{\sigma1} + R_1\dot{I}_0 \qquad (3.3.1)$$

$$\dot{U}_{20} = \dot{E}_2 \qquad (3.3.2)$$

由于 $\dot{E}_{\sigma1}$ 和 $R_1\dot{I}_0$ 通常比较小，因此式（3.3.1）可近似表示为

$$\dot{U}_1 \approx -\dot{E}_1$$

由此可知两个绕组电压的有效值分别为

$$U_1 \approx E_1 = 4.44fN_1\Phi_{\mathrm{m}} \qquad (3.3.3)$$

$$U_{20} = E_2 = 4.44fN_2\Phi_{\mathrm{m}} \qquad (3.3.4)$$

式中，f 为电源频率；Φ_{m} 为铁芯中主磁通的最大值；U_1 为电源电压；U_{20} 为空载时的副边绕组电压。

由式（3.3.3）和式（3.3.4）可得原边绕组和副边绕组电压之比为

$$\frac{U_1}{U_{20}} = \frac{E_1}{E_2} = \frac{N_1}{N_2} = K$$

式中，K 称为变压器的变比。若 $K>1$，则变压器为降压变压器。

变压器铭牌上常注明变比及原边绕组和副边绕组的额定电压。例如，“6000/400V”（K=15），表明原边绕组的额定电压 U_{1N}=6000V，副边绕组的额定电压 U_{2N}=400V。所谓副边绕组的额定电压，就是指为原边绕组加上额定电压时的开路电压。对负载是固定电源的变压器，其副边绕

组的额定电压有时指额定负载下的输出电压。由于变压器的内阻抗电压降，空载电压一般较满载电压高 5%～10%。

3. 电流变换

为变压器的原边绕组加上额定电压、副边绕组接上负载 Z_L 的工作情况称为负载运行，如图 3.3.3 所示。变压器负载运行时，原边绕组和副边绕组中都有电流，铁芯中的主磁通是由合磁动势 $i_1N_1+i_2N_2$ 产生的。

根据 $U_1 \approx E_1 = 4.44fN_1\Phi_m$，只要电源电压 U_1 和频率 f 不变，变压器负载运行和空载运行时，铁芯中的主磁通的最大值就基本恒定不变，因此空载运行时产生主磁通的原边绕组磁动势 i_0N_1 应近似等于负载运行时的合磁动势 $i_1N_1+i_2N_2$，即

$$i_1N_1 + i_2N_2 \approx i_0N_1 \tag{3.3.5}$$

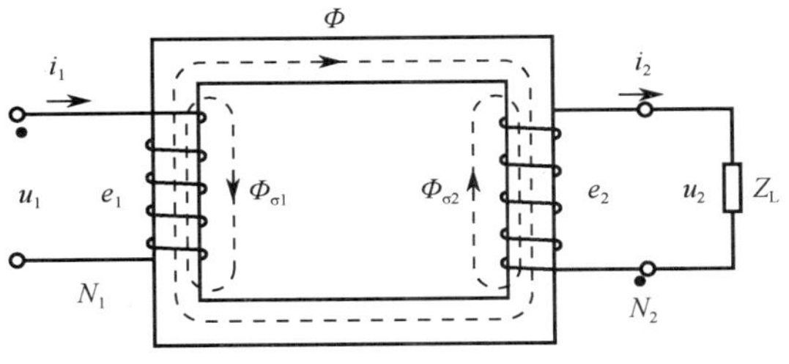

图 3.3.3 变压器的负载运行示意图

由于空载电流 i_0 是励磁用的，变压器的磁导率很大，因此只要有较小的电流 i_0 即可产生足够强的磁场。通常 i_0 的有效值 I_0 小于原边绕组的额定电流 I_{1N} 的 10%。因此式（3.3.5）中的 i_0N_1 可以忽略，可得 $i_1N_1 \approx -i_2N_2$，即原边绕组和副边绕组的磁动势大小近似相等，实际方向几乎是相反的。原边绕组和副边绕组电流的有效值的关系为

$$\frac{I_1}{I_2} \approx \frac{N_2}{N_1} = \frac{1}{K} \tag{3.3.6}$$

即变压器原边绕组和副边绕组的电流之比为变压器的变比的倒数。

4. 阻抗变换

当变压器的负载阻抗 Z_L 变化时，i_2 变化，i_1 也要随着变化，Z_L 对 i_1 的影响可以用一个接在原边绕组上的等效阻抗 Z'_L 来代替，如图 3.3.4 所示，即将图 3.3.4（a）中虚线框内的变压器和 Z_L 对电源的共同作用以 Z'_L 来等效。为了分析方便，不考虑原边绕组和副边绕组的漏阻抗与空载电流，并忽略各种损耗（认为是理想变压器）。下面分析等效阻抗 Z'_L 和负载阻抗 Z_L 的关系。

对于理想变压器，有 $U_1 = KU_2$，$I_1 = \frac{1}{K}I_2$，因此

$$|Z'_L| = \frac{U_1}{I_1} = \frac{KU_2}{\frac{1}{K}I_2} = K^2\frac{U_2}{I_2} = K^2|Z_L| \tag{3.3.7}$$

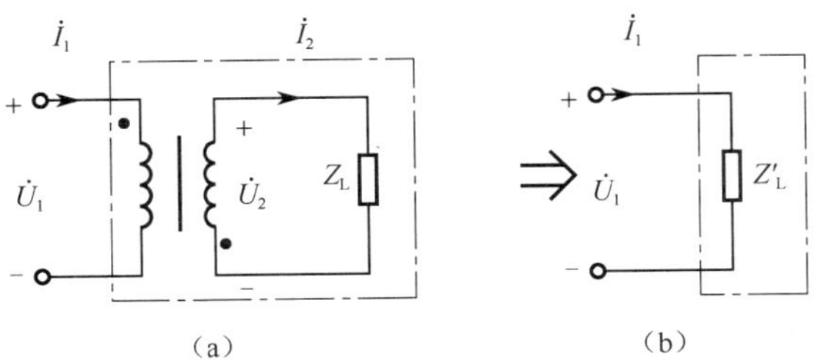

图 3.3.4 变压器的阻抗变换

由式（3.3.7）可知，原边绕组的等效阻抗 $|Z'_L|$ 不仅与 Z_L 有关，还与变压器的变比 K 有关，因此在实际中经常采用不同的变比把负载阻抗 Z_L 变换为所需的比较合适的数值。这种变换方法

称为阻抗匹配。

例 3.3.1 在图 3.3.5 中，一变压器原边绕组接信号源（U_S=1V，内阻 R_S=200Ω），副边绕组接一个负载 $R_L=8\Omega$。

（1）欲使负载从信号源 U_S 获得最大功率，变压器的变比是多少？并求出此时信号源的最大输出功率。

（2）如果将负载直接接入信号源，则信号源输出多大的功率？

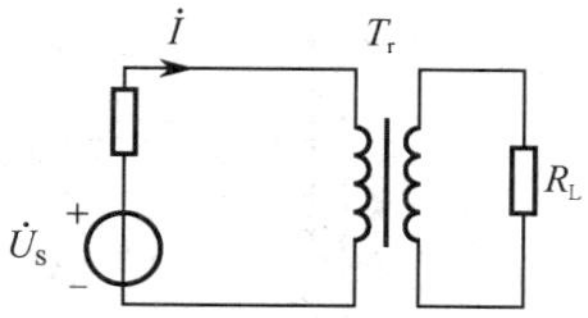

图 3.3.5 例 3.3.1 的电路图

解 （1）负载要获得最大功率，应使其等效负载电阻 R_L' 等于电源内阻，即

$$R_L' = K^2 R_L = R_S$$

故变压器的变比为

$$K = \sqrt{\frac{R_S}{R_L}} = \sqrt{\frac{200}{8}} = 5$$

信号源的输出功率（在电子技术中称为阻抗匹配）为

$$P = I^2 R_L' = \left(\frac{U_S}{R_S + R_L'}\right)^2 R_L' = \left(\frac{1}{200+200}\right)^2 \times 200 = 1.25\times10^{-3}\ (\text{W})$$

（2）当负载直接接入信号源时，信号源的输出功率为

$$P = I^2 R_L = \left(\frac{U_S}{R_S + R_L}\right)^2 R_L = \left(\frac{1}{200+8}\right)^2 \times 8 \approx 0.000185\ (\text{W}) = 0.185\ (\text{mW})$$

3.3.2 变压器的特性

变压器空载运行时，副边绕组输出电压用 U_{20} 表示；当副边绕组接上负载时，随着负载的增大，副边绕组的电流 I_2 增大，副边绕组的阻抗和漏磁通的感应电动势将增大，这将使副边绕组的端电压 U_2 发生变化，U_2 和 I_2 的变化关系可用外特性曲线 $U_2=f(I_2)$ 来表示，如图 3.3.6 所示。对于电阻性和电感性负载，外特性是一条略微下降的曲线。电压下降的程度与原边绕组和副边绕组的阻抗及负载的功率因数有关，在一定的条件下，功率因数越低，端电压下降越快。端电压的变化程度可用电压变化率 ΔU 来表示，即

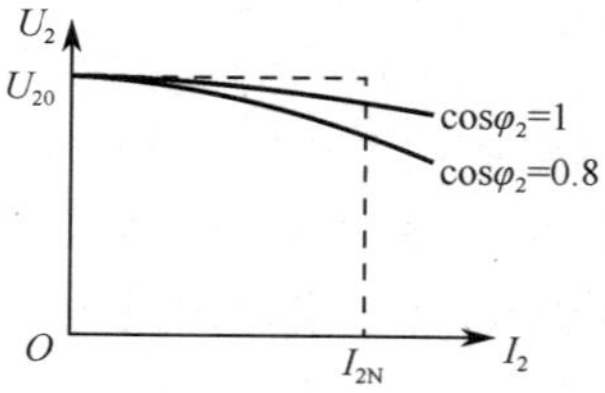

图 3.3.6 变压器的外特性曲线

$$\Delta U = \frac{U_{20} - U_2}{U_{20}} \times 100\% \tag{3.3.8}$$

在一般变压器中，由于其电阻和漏阻抗均很小，因此电压变化率是不大的，约为 5%。

3.3.3 变压器的损耗和额定值

1. 变压器的损耗

由于变压器的原边绕组和副边绕组中存在电阻，铁芯中又存在磁滞和涡流现象，因此变压器运行时存在铜损和铁损。铜损和电流有关，即

$$P_{Cu} = I_1^2 R_1 + I_2^2 R_2 \tag{3.3.9}$$

电流随负载而变，因此铜损称为可变损耗。铁损 P_{Fe} 是由交变磁通在铁芯中产生的，包括磁滞损耗和涡流损耗，由输入电源的电压和频率而定，只要变压器接上固定电源，铁损就存在，而且基本不变，故称为固定损耗。变压器的输出功率 P_2 和输入功率 P_1 之比称为变压器的效

率，即

$$\eta = \frac{P_2}{P_1} \times 100\% = \frac{P_2}{P_2 + P_{Cu} + P_{Fe}} \times 100\% \qquad (3.3.10)$$

图 3.3.7 所示为变压器的效率曲线 $\eta=f(P_2)$，可见，效率随输出功率而变，并有一个最大值。在电力系统中，变压器的效率一般较高，通常在 95%以上，但负载往往不是一直满载运行的，因此在设计时，通常使效率的最大值出现在 50%～60%额定负载内。

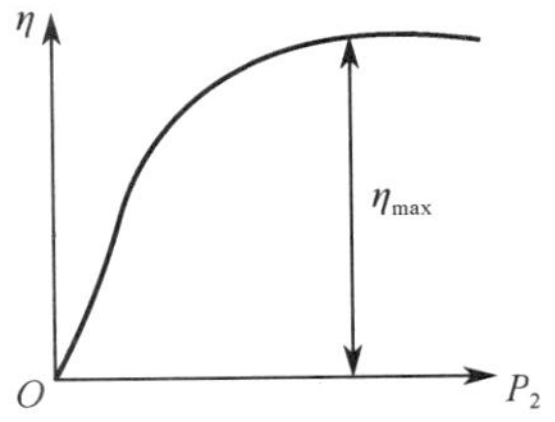

图 3.3.7　变压器的效率曲线

2. 变压器的额定值

变压器与其他电气设备一样，其工作电压、电流及功率等都有一定的限度，为确保变压器能够安全、可靠、经济合理地运行，生产厂家为用户提供了在给定条件下能正常运行的允许工作数据，称为额定值，标在铭牌上，也称为铭牌数据，现简要介绍如下。

（1）额定电压 U_{1N}、U_{2N}。额定电压是根据变压器的绝缘强度和允许温度规定的电压值，以 V 或 kV 为单位，U_{1N} 指原边绕组应加的额定电压，U_{2N} 指原边绕组加电压 U_{1N} 时，副边绕组的空载电压。为使变压器所带负载能正常运行，通常 U_{2N} 要略高于负载的额定电压。另外，在三相变压器中，原边绕组和副边绕组的额定电压均指其线电压。

（2）额定电流 I_{1N}、I_{2N}。额定电流是根据变压器的允许温升规定的电流值，以 A 或 kA 为单位，同样应注意三相变压器中 I_{1N} 和 I_{2N} 均指其线电流。

（3）额定容量 S_N。额定容量反映了变压器传递电功率的能力。变压器的额定容量指其副边绕组的额定视在功率，以 V·A 和 kV·A 为单位。对于单相变压器，$S_N=U_{2N}I_{2N}$；对于三相变压器，$S_N = \sqrt{3} I_{2N} U_{2N}$。

（4）额定频率 f_N。变压器额定运行时使用的交流电源的频率称为额定频率。改变使用频率可导致变压器的某些参数发生变化，并影响其正常工作。

（5）温升 τ_N。温升指变压器在额定运行时，其内部温度允许超出规定的环境温度（+40℃）的最大值。

3.3.4　特殊变压器

1. 自耦变压器

原边绕组和副边绕组公用一个绕组的变压器称为自耦变压器，其结构示意图如图 3.3.8 所示，绕组绕在闭合铁芯上，副边绕组只是原边绕组的一部分。因此，原边绕组和副边绕组间不仅有磁的耦合作用，还存在直接的电气联系。

自耦变压器和普通变压器的工作原理是相同的，其电压、电流的变换关系仍为

$$\frac{U_1}{U_2} = \frac{N_1}{N_2} = K, \quad \frac{I_1}{I_2} = \frac{N_2}{N_1} = \frac{1}{K}$$

自耦变压器与普通变压器相比有很多优点，如损耗小、效率高、节省铜线等。但原边绕组和副边绕组存在电气上的联系，高压侧一旦断线或接地，高压电就会引入低压侧，造成事故，因此自耦变压器通常仅用于电压变比不大的场合，K 一般为 1.5～2.0。

调压器属于自耦变压器，它是利用滑动触点来均匀改变副边绕组的匝数，从而使副边电压平滑可调的，其外形和原理图如图 3.3.9 所示。其中，U_1 为输入电压，U_2 为输出电压，转动手柄，使滑动触点 P 处于不同的位置，就可以改变输出电压。要使 $U_2>U_1$，可将滑动触点 P 置于 b 点上方。在使用调压器时，应注意原边绕组和副边绕组不可对调，防止因使用不当导致电源

短路，烧坏调压器。

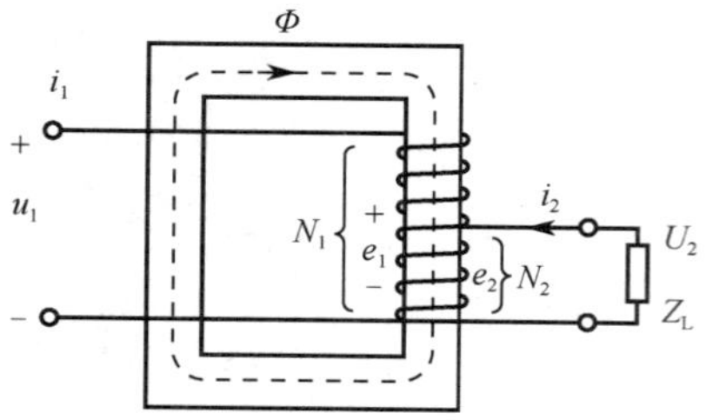

图 3.3.8 自耦变压器的结构示意图

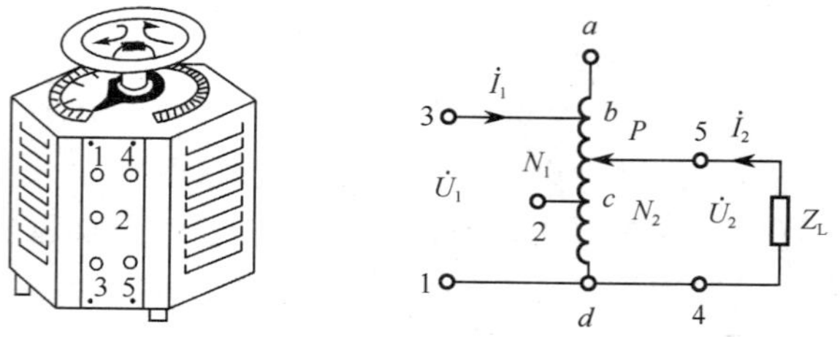

图 3.3.9 调压器的外形和原理图

2. 仪用互感器

大容量的电气设备往往是高电压和大电流的。例如，一台 1000kV·A 的单相变压器，电压为 10000/400V，电流为 100/2500A，直接用仪表测量万伏级的电压和几千安级的电流是不现实的，也是不安全的。为此，在实际中，常根据变压器变换电压和电流的作用，将高电压和大电流按一定比例降低（减小）后测量，并实现与高电压的隔离，完成这种任务的设备叫作互感器。互感器可分为电压互感器和电流互感器。

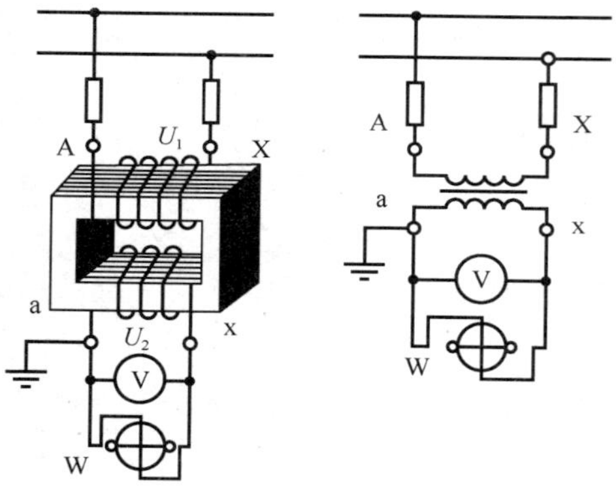

图 3.3.10 电压互感器的结构示意图

（1）电压互感器。

电压互感器是用于测量电压的一种特殊变压器，其结构示意图如图 3.3.10 所示，被测量的电压 U_1 加在高压绕组 AX（匝数较多）的两端，电压表和功率表的电压线圈等接在低压绕组 ax（匝数较少）的两端，原边绕组和副边绕组的电压比，即变比 $K=N_1/N_2$ 通常是已知的，因此测量时只要将电压表的实际读数乘以电压互感器的变比即被测电压 U_1。如果电压表与专用互感器配套使用，就可以直接由电压表读出高压侧的电压。为了使测量仪表标准化，将电压互感器副边绕组电压规定为 100V，其额定电压等级为 1000/100V、10000/100V 等。

为了安全，电压互感器的铁芯及副边绕组必须接地，以防止高压绕组损坏时，在低压侧出现高压，造成设备及人身事故。运行时，副边绕组不允许短路，以免因过热而烧坏电压互感器。因此，原边绕组要装有熔断器用于短路保护。

（2）电流互感器。

电流互感器是一种用来测量大电流的特殊变压器，它的原边绕组匝数很少，串联在被测电路中；副边绕组匝数较多，电流表、功率表的电流线圈等与之串联构成闭合回路，如图 3.3.11 所示。因为变压器有电流变换作用，所以

$$I_1=\frac{N_2}{N_1}I_2=K_iI_2$$

式中，K_i 为电流互感器的变流比。测量时，只要把电流表的读数乘以变流比 K_i 即得被测电流。为了读数方便，与电流互感器配套使用的电流表可以直接按被测电流值刻度。通常电流互感器副边绕组的额定电流设计为 5A，电流互感器的额定电流等级有 50/5A、100/5A、3000/5A 等。

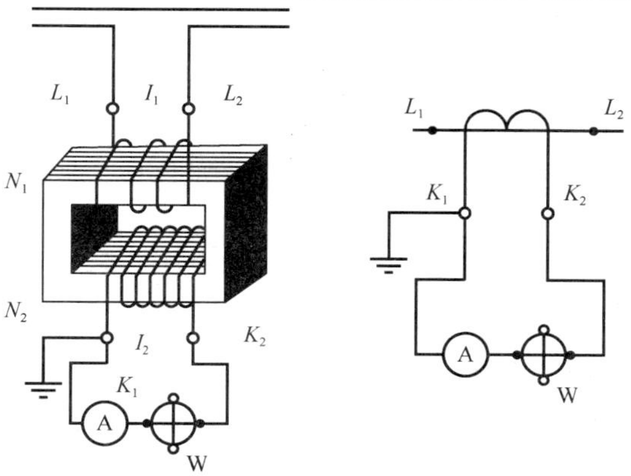

图 3.3.11 电流互感器的结构和原理

为了安全，电流互感器的铁芯及副边绕组一端也应接地。此外，电流互感器在正常运行时，副边绕组不允许开路（这一点与普通变压器不同），因为电流互感器原边绕组电流 I_1 由被测电路决定，其原边绕组磁动势恒为 $\dot{I}_1N_1$，如果副边绕组开路，则铁芯中的合磁通会急剧增大，这不仅会使铁损增大，铁芯严重发热而烧坏电流互感器，还会使副边绕组两端感应出很高的电压，危及人身安全。

图 3.3.12 所示一种钳形电流表，常称为测流钳，是电流互感器和电流表的组合体，其铁芯像钳子，测量时将钳压开，引入被测导线，这时该导线就是原边绕组，其匝数为 1；副边绕组绕在铁芯上，并与电流表接通，故电流表可以指示出被测电流的大小。利用钳形电流表可以不断开电路而随时随地测量交流线路的电流，使用起来很方便。

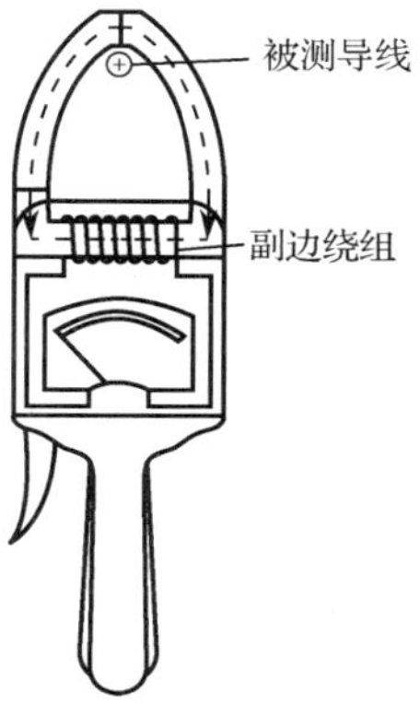

图 3.3.12 钳形电流表

习 题 3

3.1 判断对错：线圈产生的感应电动势的大小正比于通过线圈的磁通的变化率。（ ）

3.2 磁路的磁通等于_____与_____之比，这就是磁路的欧姆定律。

3.3 变压器空载运行时，其铜损较小，因此空载运行时的损耗近似等于______。

3.4 变压器的原边绕组和副边绕组虽然没有直接的电气联系，但当负载增大时，副边绕组的电流会增大，原边绕组的电流_____。

3.5 变压器的工作原理是（ ）。

A．电磁感应　　B．电流的磁效应　　C．电流的热效应

3.6 有一空载变压器，其原边绕组的额定电压为 380V，测得原边绕组的电阻 R=10Ω，可知原边绕组的电流（ ）。

A．大于 38A　　B．等于 38A　　C．远远小于 38A

3.7 某单相变压器的额定电压为 380/220V，额定频率为 50Hz。如果将低压侧接到 380V 的交流电源上，则将出现（ ）的情况。

A．主磁通增大，空载电流减小　　B．主磁通增大，空载电流增大

C．主磁通减小，空载电流减小

3.8 某单相变压器的额定电压为 380/220V，额定频率为 50Hz。如果电源为额定电压，但

频率比额定值高 20%，则将出现（　　）的情况。

A．主磁通和励磁电流均增大　　B．主磁通和励磁电流均减小

C．主磁通增大，而励磁电流减小

3.9　如果将 380/220V 的单相变压器原边绕组接于 380V 的直流电源上，则将出现（　　）的情况。

A．原边绕组电流为零　　B．副边绕组电压为 220V

C．原边绕组电流很大，副边绕组电压为零

3.10　当电源电压的有效值和电源频率不变时，变压器负载运行和空载运行时的主磁通（　　）。

A．完全相同　　B．基本不变　　C．负载运行时比空载运行时大

3.11　变压器在负载运行时，原边绕组与副边绕组在电路上没有直接联系，但原边绕组的电流能随副边绕组的电流的增减而成比例地增减，这是由于（　　）。

A．原边绕组和副边绕组电路中都具有电动势平衡关系

B．原边绕组和副边绕组的匝数是固定的

C．原边绕组和副边绕组的电流产生的磁动势在磁路中具有磁动势平衡关系

3.12　今有变压器实现阻抗匹配，要求从原边绕组看等效电阻是 50Ω，今有 2Ω 电阻一个，变压器的变比 K=（　　）。

A．100　　B．25　　C．5

3.13　变压器由几部分组成？各有何功能？

3.14　由变压器的电压变换原理可知，变压器的电压比等于变比，因此在绕制变压器时，只要保证变比就可以了，匝数多少没关系。例如，原来为 200/50 匝的变压器，把它变成 20/5 匝也可以，这样既保证了变比又可以节省铜线，你认为这样行吗？请简述理由。

3.15　某单相变压器的额定容量为 50V·A，额定电压为 220V/30V。

（1）求原边绕组和副边绕组的额定电流。

（2）如果把 36V 的副边绕组误接到 220V 的交流电源上，则会产生什么结果？简述理由。

3.16　有一电源变压器，其原边绕组的匝数为 460，接在 220V 的交流电源上，空载电流略去不计；其副边有 3 个绕组，电压分别为 U_{21}=110V，U_{22}=36V，U_{23}=6.3V，电流分别为 I_{21}=0.2A，I_{22}=0.5A，I_{23}=1A，负载均为电阻性。试求：

（1）副边绕组的匝数 N_{21}、N_{22}、N_{23}。

（2）变压器的容量 S 和原边绕组的电流 I_1。

3.17　在题图 3.1 中，R_L=8Ω为一扬声器，接在输出变压器 T_r 的副边绕组上，已知 N_1=400，N_2=100，信号源电压的有效值 U_S=6V，内阻 R_S=100Ω，试求信号源的输出功率。

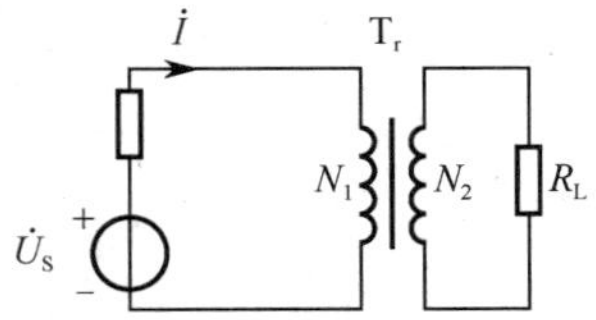

题图 3.1　习题 3.17 的电路图

第 4 章　电动机及常用低压电器

前面提到，变压器和电动机的工作原理都是建立在电磁感应原理之上的。本章首先介绍三相异步电动机的原理和使用，并简要介绍单相电动机；对于直流电动机，主要介绍其基本结构和工作原理，以及不同励磁电动机的性质和特点。另外，本章最后还介绍了电动机常用控制器件和控制电路。

4.1　三相异步电动机的结构

交流电动机分为同步和异步两大类，异步电动机又分为三相、单相两类。三相异步电动机因为结构简单、坚固耐用、性能良好、操作方便、制造成本低而在工农业生产中得到广泛应用。单相电动机的性能不如三相异步电动机的性能，但在只有单相电源的地方常使用单相电动机。

三相异步电动机可分成定子（固定部分）和转子（旋转部分）两个基本部分。定子主要由机座、定子铁芯和定子绕组构成，机座由铸钢和铸铁制成；定子铁芯是圆筒形的，用互相绝缘的硅钢片叠成，装在机座内壁上。在定子铁芯的内圆周表面均匀地冲有很多槽，如图 4.1.1 所示，槽内放置对称三相定子绕组，每相定子绕组的两个出线端都引到机座外的接线盒里，以便能方便地根据需要与三相电源连接，如图 4.1.2（a）所示。如果电动机每相定子绕组的额定电压等于电源的相电压，则可将其接成星形，如图 4.1.2（b）所示；当每相定子绕组的额定电压等于电源的线电压时，可将其接成三角形，如图 4.1.2（c）所示。

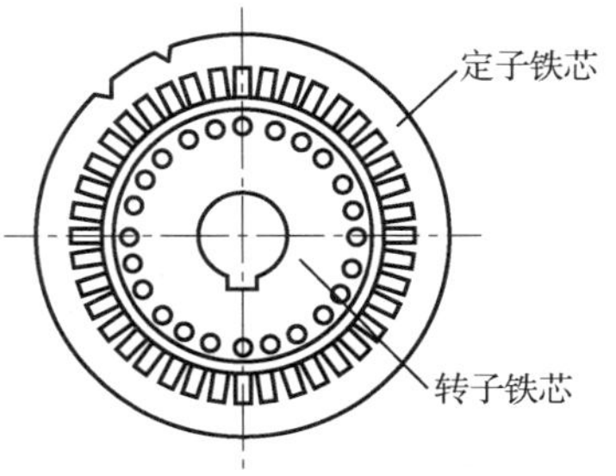

图 4.1.1　三相异步电动机的定子铁芯和转子铁芯

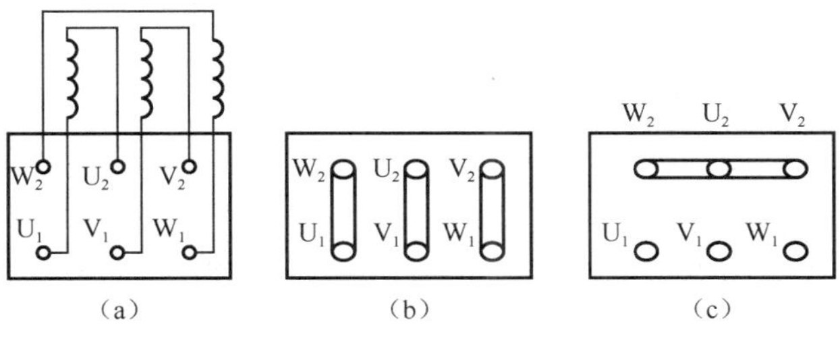

图 4.1.2　三相定子绕组及其连接方法

三相异步电动机的转子主要由转轴、转子铁芯和转子绕组构成。转子铁芯也是由互相绝缘的硅钢片叠成的，并固定在转轴上，在转子铁芯的外圆周表面上有均匀分布的平行槽，以放置转子绕组。转子绕组按结构可分为鼠笼式和绕线式两种。鼠笼式转子绕组做成鼠笼状，就是在转子铁芯的槽中放铜条，其两端用端环连接，如图 4.1.3（a）所示。中小型电动机一般采用铸铝鼠笼式转子绕组，即将熔化的铝液倒入转子绕组槽内，连同风扇等铸成整体结构，如图 4.1.3（b）所示。通常所说的鼠笼式三相异步电动机即转子绕组为鼠笼式的电动机。

绕线式转子绕组的结构与定子绕组的结构类似，在转子绕组槽内嵌放三相绕组。一般将其末端连在一起构成星形，而首端接至转子绕组三个彼此绝缘的铜制滑环上，滑环靠电刷与外电路相接。正常工作时，转子三相绕组是短接的，但是在启动或调速时，在转子电路中串入电阻，以改善启动和调速性能。线绕式电动机的示意图如图 4.1.4 所示。

（a）　　（b）

图 4.1.3　鼠笼式转子绕组

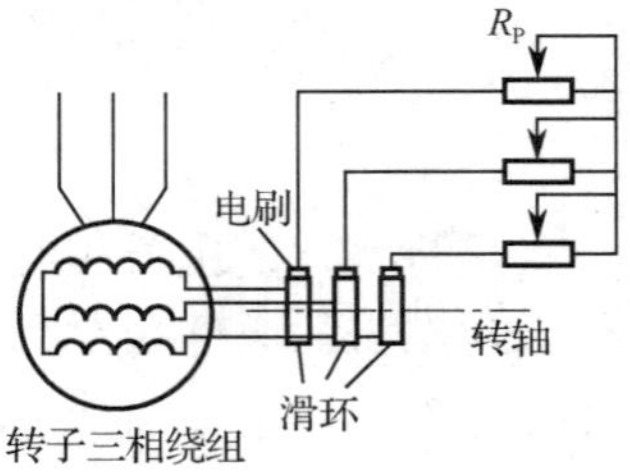

图 4.1.4　绕线式电动机的示意图

三相异步电动机除了以上的主要部分，还有防护用的端盖和轴承盖，支撑转子转动的轴承，以及保证安全的罩盖等。图 4.1.5 所示为鼠笼式异步电动机的结构分解图。

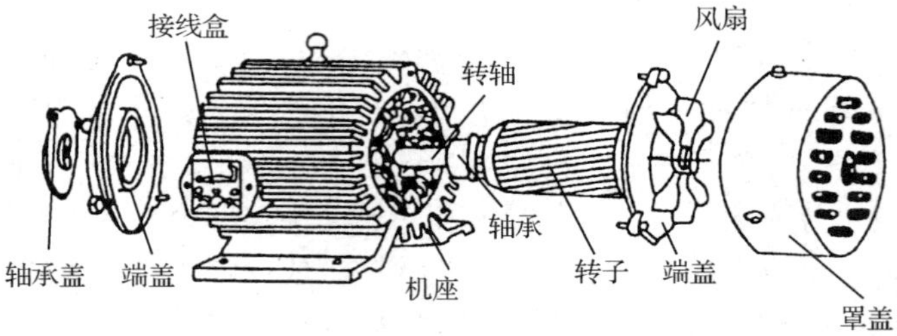

图 4.1.5　鼠笼式异步电动机的结构分解图

4.2　三相异步电动机的工作原理

三相异步电动机接上电源就会转动，这是定子绕组中三相电流产生的旋转磁场与转子内的感生电流相互作用的结果。

1. 旋转磁场的产生

图 4.2.1 所示为最简单的三相异步电动机三相定子绕组的接线示意图。三相定子绕组在空间互成 120°，根据需要，它可以接成星形，也可以接成三角形。图 4.2.1 所示为星形连接，其中的箭头表示电流从里面流出，末端表示电流向里流进。

若将三相定子绕组的首端 U_1、V_1 和 W_1 接到电源上，则三相定子绕组中便有三相对称电流 i_A、i_B、i_C 通过，图 4.2.2 所示为其波形图。下面分析三相对称电流产生的合成磁场在一个周期内的变化情况。

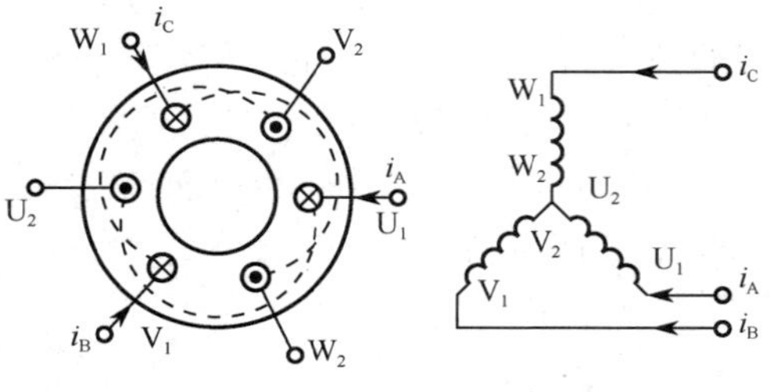

图 4.2.1　最简单的三相异步电动机三相定子绕组的接线示意图

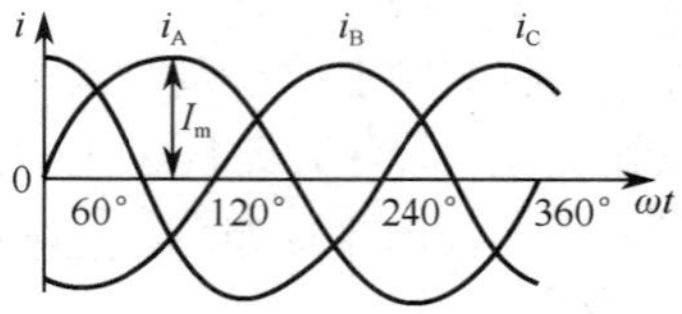

图 4.2.2　三相对称电流的波形图

当 ωt=0 时，由图 4.2.2 可知，$i_A = 0$，$i_B = -\frac{\sqrt{3}}{2}I_m$，$i_C = \frac{\sqrt{3}}{2}I_m$。此时，定子绕组 U_1U_2 中无电流；V_1V_2 中的电流为负，与图 4.2.1 所示的正方向相反，即电流从末端 V_2 流入、首端 V_1 流出；绕组 W_1W_2 中的电流为正，即电流从首端 W_1 流向末端 W_2。根据右手螺旋定则，可判断出合成磁场如图 4.2.3 所示。

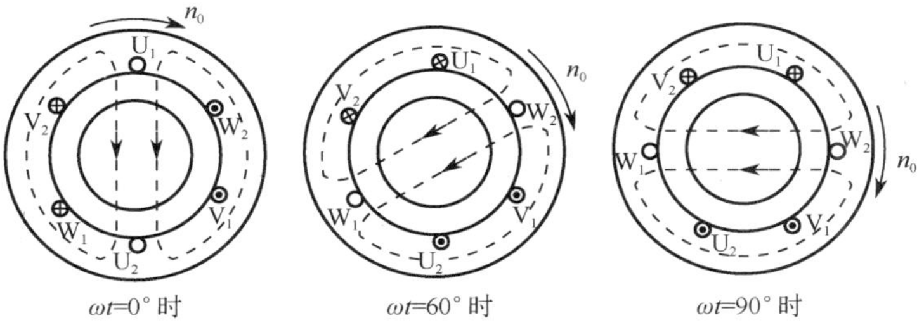

图 4.2.3　三相定子绕组的合成磁场

当 ωt=60° 时，$i_A = \frac{\sqrt{3}}{2}I_m$，$i_B = -\frac{\sqrt{3}}{2}I_m$，$i_C = 0$，显然，此时磁场的空间位置和 ωt=0° 时磁场的空间位置相比，按顺时针方向旋转了 60°。依次分析 ωt=90° 和 ωt=180° 时的合成磁场的空间位置，并和 ωt= 0° 时磁场的空间位置相比，分别按顺时针方向旋转了 90° 和 180°。

由以上分析可知，在三相定子绕组中通入三相对称电流，所产生的合成磁场在空间不断旋转，称为旋转磁场。以上分析的定子绕组的分布情况是，每相定子绕组都有一个线圈，产生两极旋转磁场，即形成一对磁极，电流变化 360°，合成磁场旋转一周。因此，如果电源的频率为 f，则合成磁场的转速 n_1=60f r/min。

如果每相定子绕组都由两个线圈串联组成，则三相定子绕组的连接如图 4.2.4 所示，产生的合成磁场如图 4.2.5 所示。此时的磁极对数 P=2，用同样的方法进行分析，三相电流变化 360°，合成磁场旋转半周。依次类推，当合成磁场中有 P 对磁极时，可推导出合成磁场的转速为

$$n_1 = \frac{60f}{P} \tag{4.2.1}$$

合成磁场的转速 n_1 又称为同步转速，它由电源频率 f 与磁极对数 P 决定，而磁极对数 P 由三相定子绕组的结构决定。我国交流电网的频率 f=50Hz，故当电动机的磁极对数 P 分别为 1、2、3、4 时，由式（4.2.1）可得相应的同步转速 n_1 分别为 3000r/min、1500r/min、1000r/min、750r/min。

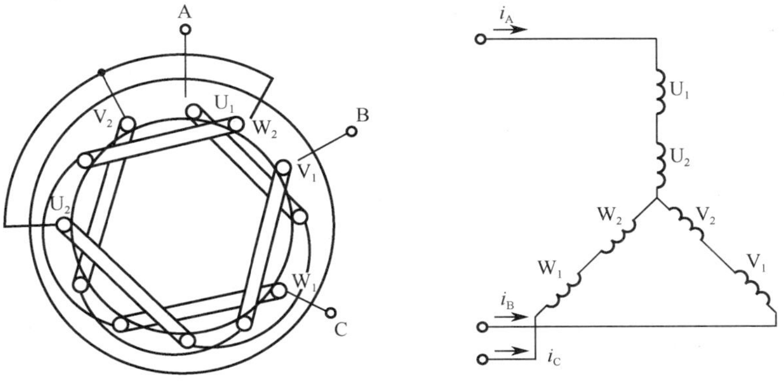

图 4.2.4　四极电动机三相定子绕组的接线示意图

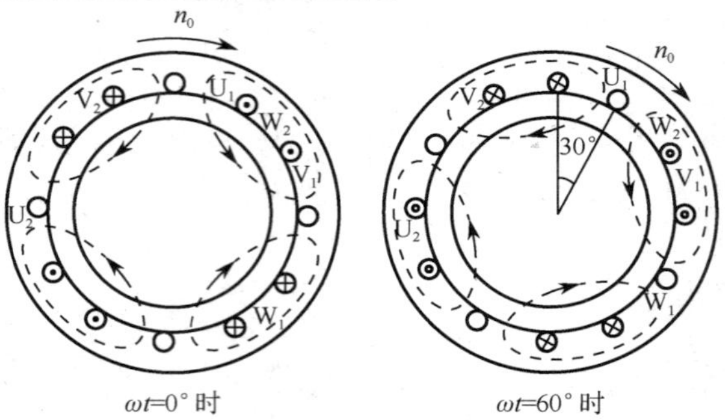

图 4.2.5　四极电动机三相定子绕组产生的合成磁场

另外，图 4.2.4 和图 4.2.5 中的三相定子绕组的首端 U_1、V_1、W_1 分别接电源的三根相线 A、B、C，产生的合成磁场的旋转方向为顺时针，如果改变三相定子绕组中三相电流的相序，即将与三根相线 A、B、C 相接的三相定子绕组的首端 U_1、V_1、W_1 中的任意两相对调，则合成磁场的旋转方向就会变成逆时针，其示意图如图 4.2.6 所示。因此，合成磁场的旋转方向是由相序决定的。

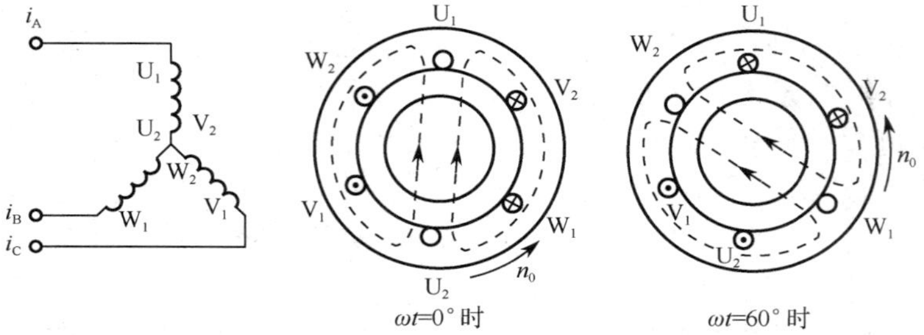

图 4.2.6　合成磁场的反转

2. 电动机的转动原理

图 4.2.7 所示为三相异步电动机的工作原理示意图。在三相定子绕组中通入三相对称电流后，产生的磁场是两极旋转磁场（合成磁场）（磁极对数 P=1），并以恒定的转速 n_1 顺时针旋转。此时，静止的转子导体与旋转磁场之间有相对运动，即转子导体逆时针切割磁通，从而产生感应电动势。根据右手定则可判断出 N 极下的转子导体的感应电动势方向是向外的，而 S 极下的转子导体的感应电动势方向是向里的。由于转子绕组自成闭合回路，因此它在感应电动势的作用下产生感应电流，即转子电流。这时处于旋转磁场中的转子导体自然要受到电磁力的作用，电磁力的方向用左手定则确定，如图 4.2.7 所示，电磁力对转轴形成的电磁转矩为顺时针方向，电动机在该旋转力矩的作用下顺时针旋转。

图 4.2.7　三相异步电动机的工作原理示意图

通过以上分析得出：第一，电动机在正常运行状态下，转子导体的转向与旋转磁场的转向（旋转方向）相同，即电动机总顺着磁场方向旋转；第二，电动机的转速（转子转速）n 一直略低于旋转磁场的转速 n_1（同步转速）。只有这样，转子导体与旋转磁场之间才有相对运动，转子回路中才会产生感应电动势和感应电流，从而形成电磁转矩，转子才会转动。由于 $n \neq n_1$，因此该电动机称为三相异步电动机。由于其转子电流是由电磁感应产生的，因此三相异步电动机又称为三相感应电动机。

转子转速 n 与旋转磁场的转速，即同步转速 n_1 之差称为转差，用 Δn 表示，转差与同步转速之比称为转差率，用 S 表示，即

$$S=\frac{\Delta n}{n_1}=\frac{n_1-n}{n_1} \tag{4.2.2}$$

转差率是异步电动机的重要参数之一。通常异步电动机在额定运行时，转差率一般为 0.02～0.06。电动机启动时，n=0，S=1。当转子转速接近同步转速，即 n 接近 n_1 时，转差率 S 接近 0。因此转差率的变化范围是 0～1。

这里说明一点，以上分析的是电动机的正常运行规律，如果电动机处于制动状态，如回馈发电制动状态，则转差率 $S<0$；在反接电磁制动状态下，转差率 $S>1$。

例 4.2.1　一台异步电动机，已知转子转速（n_N）为 1430r/min，电源频率 f=50Hz。求：

（1）磁极对数。

（2）额定转差率。

解　（1）因为转子转速略低于同步转速，n_N=1430r/min，所以 n_1=1500r/min。

根据 $n_1=\dfrac{60f}{P}$，可得磁极对数为

$$P=\frac{60f}{n_1}=\frac{60\times 50}{1500}=2$$

（2）由已知可得

$$S_N=\frac{n_1-n_N}{n_1}=\frac{1500-1430}{1500}\approx 0.047=4.7\%$$

3. 异步电动机的反转

在分析异步电动机的工作原理时，我们知道，异步电动机在运行状态下，转子的转向（电动机的转向）总与旋转磁场的转向一致，而旋转磁场的转向是由定子绕组所接三相电流的相序决定的，因此，要改变电动机的转向，只需改变三相电流的相序，即把电动机与电源相接的三根相线中的任意两根对调，电动机的转向便与原来相反了。如图 4.2.8 所示，S 为三相双掷开关，当 S 向上合时，接到定子绕组上的电流相序是 A—B—C，电动机正转；当 S 向下合时，电流相序为 B—A—C，电动机反转。大容量电动机的正/反转是靠具有过载保护的磁力启动器来实现的。

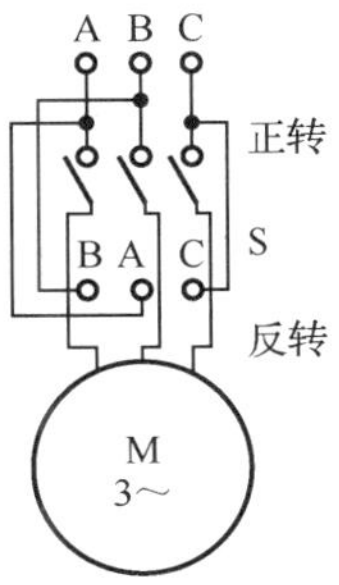

图 4.2.8　异步电动机的正/反转接线

4.3　三相异步电动机的电磁转矩与机械特性

三相异步电动机能够将电能转换为机械能，但就其内部的电磁关系来看，它与变压器有许多相似之处。变压器的原边绕组和副边绕组与同一主磁通相交链，三相异步电动机的定子绕组和转子绕组与同一旋转磁通相交链。因此，三相异步电动机的定子绕组和转子绕组相当于变压器的原边绕组和副边绕组，三相异步电动机的旋转磁场相当于变压器的主磁通。它们之间的能量传递完全靠磁的耦合关系实现。如果给变压器的原边绕组施加交变电压，则会产生交变磁通，

原边绕组中产生感应电动势，感应电动势与给原边绕组施加的电源电压近似平衡。三相异步电动机接通三相交流电源，产生的旋转磁场也会使定子绕组产生感应电动势，此电动势也近似地和给定子绕组施加的电压相平衡。因此，只要电源的电压和频率不变，三相异步电动机就和变压器一样，其铁芯中的主磁通的最大值基本保持不变。当三相异步电动机的负载增大时，转子电流 I_2 增大，它所建立的磁场对旋转磁场有去磁作用，要维持主磁通不变，定子电流必然增大，从而抵消转子磁通的去磁影响。三相异步电动机的定子电流是随转子电流的增大而增大的。

三相异步电动机与变压器的不同之处：第一，变压器是静止的，而三相异步电动机则是旋转的；第二，三相异步电动机的磁路与变压器的磁路相比气隙大，因此其空载电流大；第三，变压器原边绕组和副边绕组的频率相同，而三相异步电动机中转子电流的频率是随转子转速而变的，与定子电流的频率往往不同。了解了三相异步电动机和变压器的相同点和不同点，下面在已经熟知的变压器的电磁关系的基础上分析三相异步电动机的电磁转矩与机械特性。

4.3.1 三相异步电动机的电磁转矩

根据电磁感应原理，三相异步电动机的电磁转矩是旋转磁场和转子电流相互作用形成的，若旋转磁场每极磁通的最大值为 Φ_m，转子电路每相绕组的电流为 I_2，每相电阻为 R_2，功率因数为 $\cos\varphi_2$，则转子电流的有功分量为 $I_2\cos\varphi_2$，因为电磁转矩正比于 Φ_m 和 $I_2\cos\varphi_2$，所以电磁转矩可用下式表示：

$$T = C_T \Phi_m I_2 \cos\varphi_2 \tag{4.3.1}$$

式中，C_T 是由电动机结构决定的常数；电磁转矩 T 的单位为 N·m。

电动机接通电源瞬间，转子转速 n=0，此时，转子导体也以同步转速 n_1 切割旋转磁场，转子电流的频率为

$$f_{20} = f_1 = \frac{P(n_1 - n)}{60} = \frac{Pn_1}{60} \tag{4.3.2}$$

可见，转子电流的频率与转差率成正比，即与转子转速有关。

当电动机启动时，n=0，S=1，转子电流 I_2 很大，转子电路的功率因数 $\cos\varphi_2$ 很小，随着电动机转速的升高，S 减小，I_2 变小，$\cos\varphi_2$ 快速升高，当 $n=n_1$，S=0 时（理想空载情况），$\Delta n = 0$，I_2=0，$\cos\varphi_2$=1，经推导得

$$T = K\frac{SR_2U_1^2}{R_2^2 + (SX_{20})^2} \tag{4.3.3}$$

式中，K 是一个常数；X_{20} 是电动机启动时的转子感抗；U_1 是电源电压。

由式（4.3.3）可见，电动机的电磁转矩与电源电压、转差率（或转速）及电路参数 R_2、X_{20} 有关，其中，U_1^2 正比于电磁转矩 T，因此当电源电压有所变动时，对电磁转矩的影响很大。当电源电压 U_1 及频率 f_1 不变，且 R_2 和 X_{20} 均为常数时，式（4.3.3）表示电磁转矩和转差率的关系。I_2 和 $\cos\varphi_2$ 与转差率 S 的关系如图 4.3.1 所示，转矩特性曲线如图 4.3.2 所示。

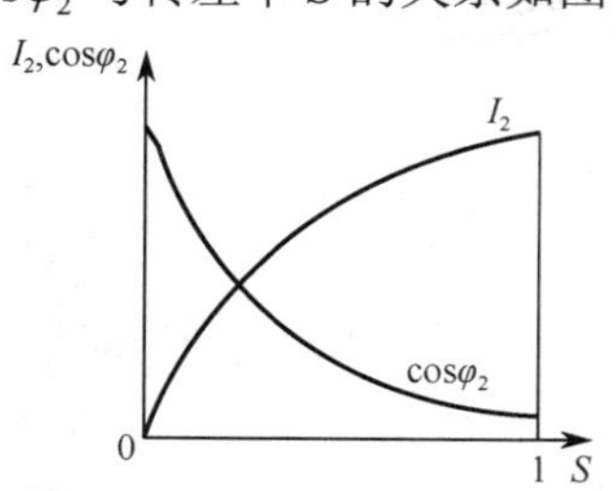

图 4.3.1 I_2 和 $\cos\varphi_2$ 与转差率 S 的关系

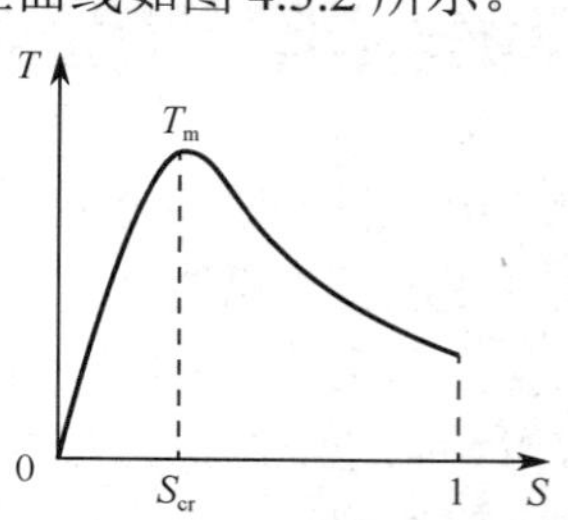

图 4.3.2 转矩特性曲线

4.3.2　三相异步电动机的机械特性

三相异步电动机的机械特性是指转子转速 n 和电磁转矩 T之间的关系，即 $n=f(T)$。因为转子转速和转差率之间存在着 $n=n_1(1-S)$的固定关系，所以 $n=f(T)$曲线可以由 $T=f(S)$曲线演变而来。因为 $S=0$ 时 $n=n_1$，$S=1$ 时 $n=0$，所以只要把 $T=f(S)$曲线的横坐标 S 换成 n 并作为纵坐标，T 改为横坐标，即可求得 $n=f(T)$曲线（机械特性曲线），如图 4.3.3 所示。通常三相异步电动机稳定运行在机械特性曲线的 BD 段。在这段曲线上，负载转矩有很大的变化，而转速变化并不大，即三相异步电动机具有较硬的机械特性。图 4.3.3 中的 T_N 是三相异步电动机的额定转矩，即工作在额定状态下的电磁转矩。当负载增大时，电动机的电磁转矩也自动增大，电动机的电磁转矩 $T>T_N$ 时的工作状态称为过载状态，为了避免电动机过热，不允许长时间过载（在允许温升内，可以短时间过载）。负载转矩不得超过最大电磁转矩 T_m，否则会发生“堵转”而烧毁电动机。因此，T_m 反映了三相异步电动机的过载能力，通常 T_m 与 T_N 的比称为过载系数，用 λ_T 表示，即 $\lambda_T=\dfrac{T_m}{T_N}$（$\lambda_T$ 一般为 2～2.2）。

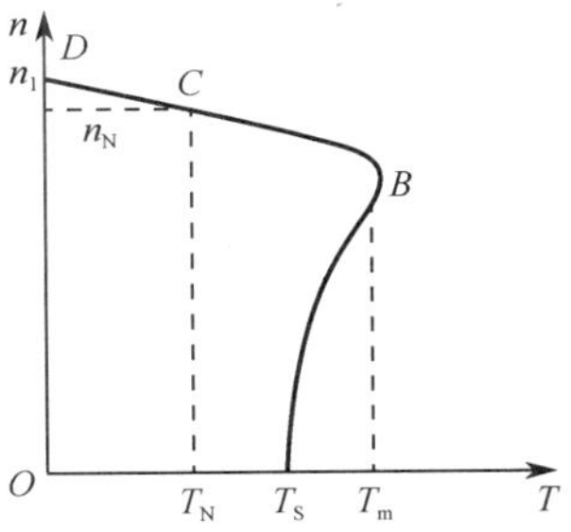

图 4.3.3　机械特性曲线

图 4.3.3 中的 T_S 称为启动转矩，为保证电动机正常启动，电动机的启动转矩必须大于负载反转矩。通常用 T_S 和额定转矩 T_N 的比值来衡量电动机的启动能力，该比值为 1.7～2.2。

鼠笼式异步电动机均具有以上硬机械特性。

三相异步电动机在轻载或接近空载状态下，其功率因数和效率都比较低，因此在选用电动机时，应选择适当的额定功率，使电动机工作于满载和接近满载状态。

4.4　三相异步电动机的启动、调速、制动

4.4.1　三相异步电动机的启动

电动机从接通电源到稳定运行的过程称为启动，电动机的启动性能包括启动电流、启动转矩、启动时间、启动可靠性等。其中最主要的是启动电流与启动转矩，在生产上通常要求有较小的启动电流和较大的启动转矩。因为如果启动电流太大，则一是频繁启动的电动机容易造成绕组过热而损坏；二是启动瞬间将造成输电线路上的压降增大，使电网电压显著下降，这不仅使电动机本身启动时的转矩减小，还会严重影响其他电气设备的正常工作。如果启动转矩不大，小于负载转矩，则电动机难以启动。

为使电动机具有良好的启动性能，可根据实际情况选择适当的启动方法。三相异步电动机的启动方法有下列几种。

1. 直接启动

直接启动是指在启动时把电动机的定子绕组直接接入电网。由于启动时转子与旋转磁场之间的相对速度很大，因此转子电路中会产生很大的感应电动势和感应电流。与变压器一样，转子电流增大，定子电流必然相应增大，因此启动时的定子电流往往比额定电流大 4～7 倍。这种启动方法一般适用于电动机的功率相对于电源容量较小时，否则会影响接在同一电网上其他负载的正常工作。这种启动方法的优点是简单、方便、经济、启动过程快，是中小型鼠笼式异步电动机常用的启动方法。

2. 降压启动

如果电动机直接启动时引起的线路压降较大，则必须采用降压启动，即在启动时降低电动机定子绕组上的电压，以减小启动电流。降压启动的具体方法主要有以下两种。

（1）星形—三角形换接启动。

正常运行时，定子绕组为三角形连接的三相异步电动机可采用星形—三角形换接启动，其原理如图 4.4.1 所示。启动时，可把它连接成星形，开关 S_2 向下闭合，待转速接近额定值时换接成三角形（将开关 S_2 迅速向上合）。采用这种方法启动时，定子每相绕组上的电压 U_e 降到正常工作电压的 $\frac{1}{\sqrt{3}}$，电动机的启动电流 I_{st} 和启动转矩 T_{st} 都要减小为直接启动时的 1/3。因为对于启动时为星形连接的电动机，定子电流为

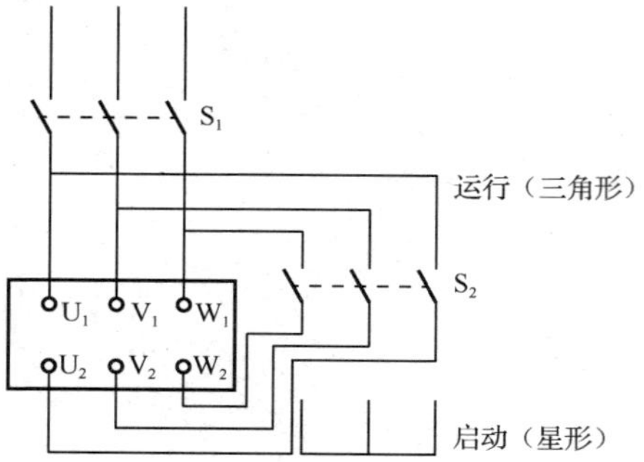

图 4.4.1　星形—三角形换接启动的原理

$$I_{st}=\frac{\frac{U_e}{\sqrt{3}}}{|Z|}=\frac{U_e}{\sqrt{3}|Z|} \tag{4.4.1}$$

以三角形连接直接启动时，定子电流 $I_{1\Delta}$ 为

$$I_{1\Delta}=\sqrt{3}\frac{U_e}{|Z|} \tag{4.4.2}$$

所以

$$\frac{I_{st}}{I_{1\Delta}}=\frac{\frac{U_e}{\sqrt{3}|Z|}}{\sqrt{3}\frac{U_e}{|Z|}}=\frac{1}{3} \tag{4.4.3}$$

因为转矩与电压的平方成正比，所以启动转矩也减小为直接启动时的 $\left(\frac{1}{\sqrt{3}}\right)^2=\frac{1}{3}$。这种换接启动可直接用星三角启动器来实现，该启动器成本低、使用寿命长、动作可靠。

（2）自耦降压启动。

正常运行时为星形连接的鼠笼式电动机可采用自耦降压启动，其原理如图 4.4.2 所示，启动时，将开关扳到启动侧，此时电动机连接在自耦变压器的低压侧，若自耦变压器的变比为 K_A（$K_A<1$），则电动机的启动电压 $U'=K_AU$。当转速接近额定值时，将开关 S 由启动侧切换到运行侧，使电动机获得额定电压而运行，同时将自耦变压器与电源断开。采用这种启动方法，电动机的启动电流和启动转矩与直接启动时的比值为 K_A^2。

（3）转子串联电阻降压启动。

对于绕线式电动机的启动，只要在转子电路中接入大小适当的启动电阻，即可减小启动电流，同时可增大启动转矩。电动机启动结束后，随着转速的上升，将启动电阻逐段切除，其原理如图 4.4.3 所示。这种启动方法常用于要求启动转矩较大的生产机械，如卷扬机、起重机、锻压机等。

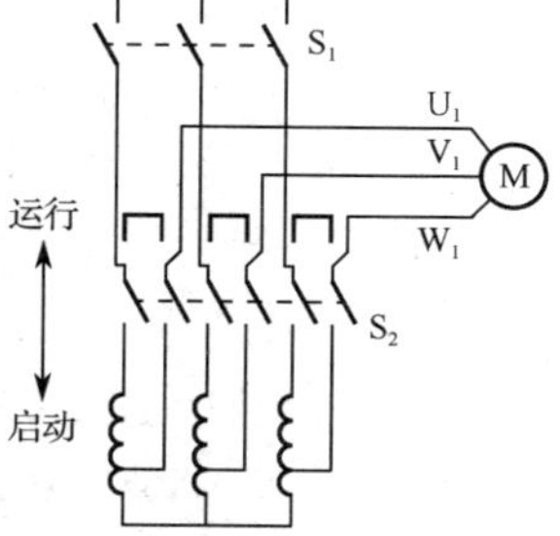

图 4.4.2　自耦降压启动

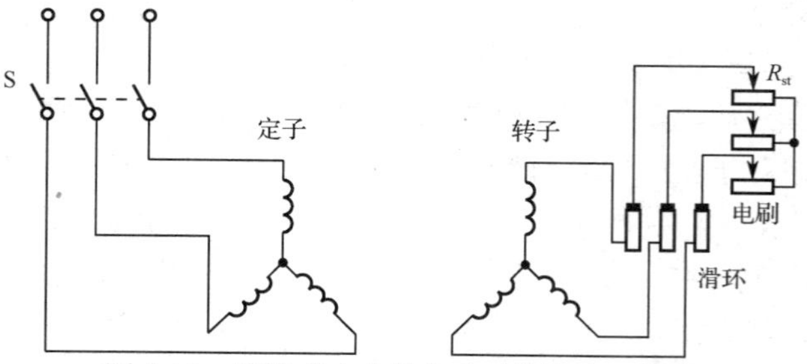

图 4.4.3　绕线式电动机启动时的接线示意图

4.4.2 三相异步电动机的调速

三相异步电动机的调速是指在同一负载下，用人为的方法得到不同的转速以满足生产过程的要求。

根据转差率的定义可知，三相异步电动机的转速为

$$n = (1 - S)n_0 = \frac{60f_1}{P}(1 - S)$$

因此，改变电动机的转速有三种方法，即改变磁极对数 P、电源频率 f_1 及转差率 S。对于鼠笼式电动机，常采用前两种方法调速，后一种方法常用于绕线式电动机的调速。

1. 变极调速

三相异步电动机的磁极对数 P 是由定子绕组的布置和连接方法决定的。因此，变极调速通常通过改变定子绕组的连接方法来实现。一般的三相异步电动机，其磁极对数是不可随意改变的，采用这种方法调速的电动机是专门制造的，这种电动机每相定子绕组由两个“半绕组”组成。例如，图 4.4.4 所示为三相绕组中的一相，如果两个半绕组 U_1U_2 和 $U_1'U_2'$ 是串联连接的，则通电后产生两对磁极的旋转磁场，如图 4.4.4（a）所示；当两个半绕组并联连接时，产生一对磁极的旋转磁场，如图 4.4.4（b）所示。

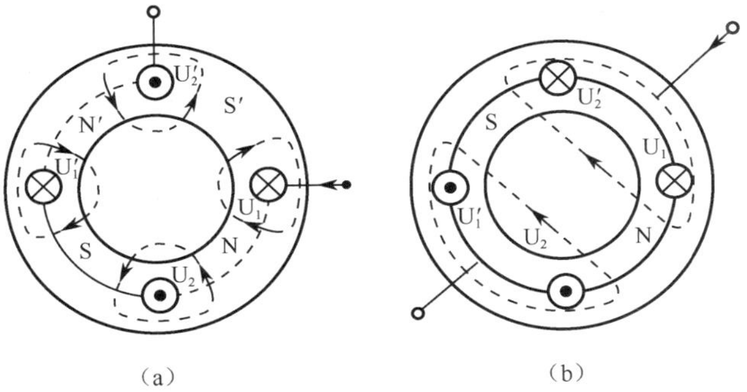

图 4.4.4 变极调速的原理示意图

这种调速方法简单，但只能进行速度挡数不多的有级调速。

2. 变频调速

变频调速是通过改变电源频率来改变电动机转速的一种调速方法。由于频率调节范围较大，一般为 0.5～320Hz，因此调速范围较大。近年来，变频调速技术发展很快，目前主要使用如图 4.4.5 所示的变频调速装置。它由整流器和逆变器两大部分组成，整流器先将 f=50Hz 的三相交流电转换为直流电，再由逆变器转换为频率 f_1 和电压平均值 U_1 都可调的三相交流电，供给三相鼠笼式电动机。变频调速通常有两种方法，即恒转矩调速和恒功率调速。

恒转矩调速通常是在 $f_1 < f_{1N}$ 时，保持 $\frac{U_1}{f_1}$ 的值近似不变，由 $U_1 \approx 4.44 f_1 N_1 \Phi$ 可知，此时 Φ 不变，又因为 $T = K_T \Phi I_2 \cos\varphi_2$，所以 T 也近似不变，即恒转矩调速。这种调速方法不会因为降低 f_1 而增大磁通，从而增大励磁电流、铁损，导致电动机过热。

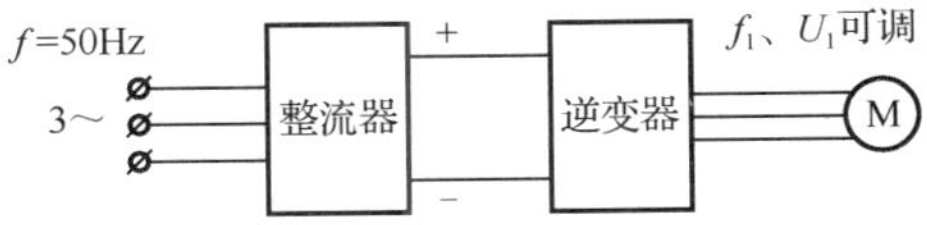

图 4.4.5 变频调速装置

恒功率调速是在 $f_1 > f_{1N}$ 时，保持 $U_1 \approx U_{1N}$，这时磁通 Φ 和转矩 T 都减小。转速升高时，转

矩减小，使 Tn 为常数，即恒功率调速。

变频调速的性能很好，可以使三相异步电动机得到范围较大的平滑无级调速，但由于设备复杂，投资费用高，其应用仍受到一定的限制。随着半导体变流技术的发展，变频技术会日趋完善，并被广泛采用。

3. 变转差率调速

变转差率调速只适用于绕线式电动机，即在转子绕组中串入调速电阻，改变其大小即可实现调速。但要注意不能用启动电阻代替调速电阻，因为启动电阻是按照短时间运行设计的，若长时间通电，可能造成过热损坏。这种调速方法常用在起重提升机械中。

4.4.3 三相异步电动机的制动

电动机的制动俗称刹车。电动机断开电源后，由于转子及拖动系统的惯性作用，电动机总要经过一段时间才能完全停下来。在某些生产机械上，要求电动机能准确停位和迅速停车，以达到高效和安全生产的目的。因此，通常在电动机断电后，要采取一定的措施，即制动方法，使电动机迅速地停下来。常用的制动方法有以下三种。

1. 能耗制动

能耗制动是指在切断三相电源的同时接通直流电源，如图 4.4.6 所示，即将三极双掷开关 S 扳至下方，使定子两相绕组通有直流电，在电动机内部产生一个不旋转的恒定直流磁场 Φ，而转子由于惯性继续沿原方向转动，切割直流磁场，产生感应电动势和感应电流，其方向可由右手定则判定。转子电流又与直流磁场作用，使转子受到电磁力 F 的作用，由左手定则可判断出 F 的方向。该电磁力 F 产生的转矩方向与电动机的转动方向相反，形成制动力矩，使电动机迅速停转。这种制动方法将转子的动能转换为电能，而后又消耗在转子电路中来达到制动的目的，因此称为能耗制动。这种制动方法能量消耗小、制动平稳，但需要配备直流电源。

2. 反接制动

反接制动是在电动机停车时，改变电动机的三相电源的相序，即将图 4.4.7 中的开关扳向下方，此时定子旋转磁场反向旋转，对转子产生一个与原来转向相反的制动力矩，使转子迅速停转。当转子转速接近零时，及时断开开关，否则会导致电动机反转。反接制动时，旋转磁场与转子的相对转速（n_1+n）很大，转子的感生电流很大，因此定子电流迅速增大。为了限制电流，对功率较大的电动机进行反接制动时，必须在定子电路中串入限流电阻（对于绕线式电动机，也可以在转子电路中串入限流电阻）。

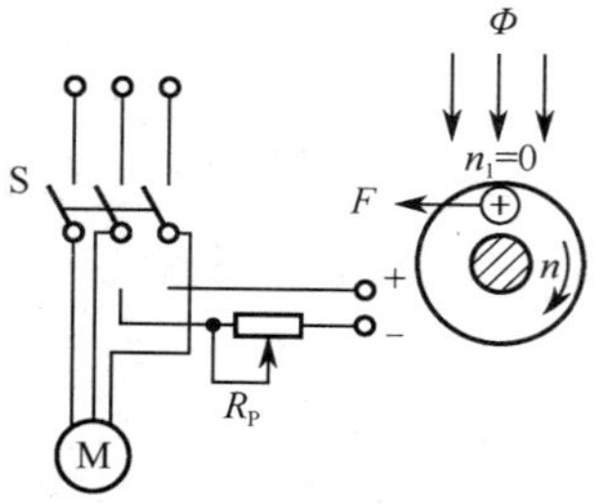

图 4.4.6 能耗制动

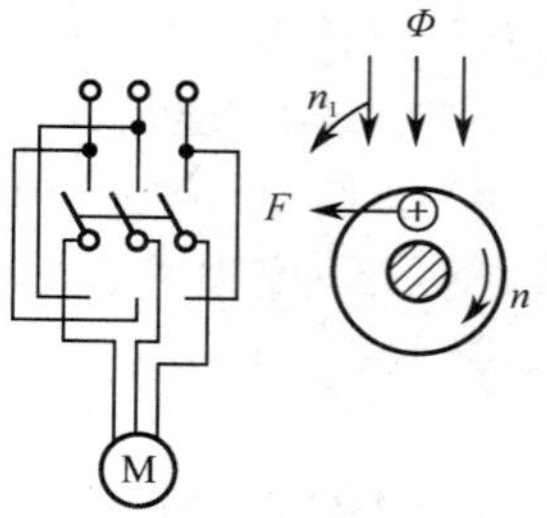

图 4.4.7 反接制动

反接制动的特点是简单、制动效果较好，但制动电流大、能量损耗大，而且制动不够平稳，常用于小功率不频繁启动、停止的电力拖动。

3. 发电反馈制动

电动机在运行时，如果在转轴上再施加一个外力，帮助电动机加速，则可使转子转速 n 超过旋转磁场的转速 n_1，此时转速差 $\Delta n = n_1 - n < 0$，即转子切割磁场的方向变了，电磁转矩是制动力矩，如图 4.4.8 所示。在生产实际中，起重机向下放重物时就会出现这种情况。当用重物拖动转子时，使 $n > n_1$，重物受到制动而匀速下降。这时的电动机已经转入发电运行状态，将重物的位能转换为电能而反馈到电网，因此称为发电反馈制动。

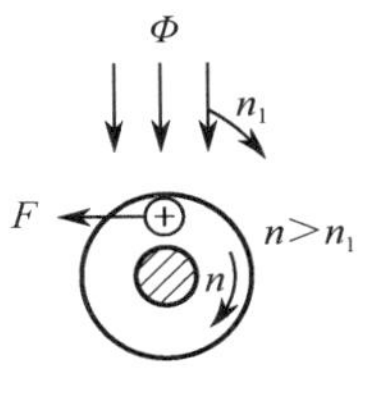

图 4.4.8 发电反馈制动

多速电动机在从高速降到低速的过程中，也会发生这种制动。因为刚将磁极对数 P 加倍时，旋转磁场的转速 n_1 立刻减半，由于惯性，转子转速是逐渐下降的，因此将出现 $n > n_1$ 的情况。

这种制动方法节能效果好，但使用范围较小，因为只有在 $n > n_1$ 时才会产生制动力矩。

4.5 三相异步电动机的铭牌数据

1. 额定功率 P_N

电动机额定运行时，轴上输出的机械功率称为额定功率（电源的额定输入功率为 $P = \sqrt{3} I_N U_N \cos\varphi$）。

2. 额定电压 U_N

电动机在额定运行时，定子绕组应加的线电压称为额定电压。

3. 额定电流 I_N

电动机额定运行时，通过定子绕组的线电流称为额定电流。

4. 额定转速 n_N

电动机额定运行时的转速称为额定转速。额定转矩 T_N 与 n_N、P_N 的关系为

$$T_N = 9550 \frac{P_N}{n_N} = P_N \Omega_N \qquad (4.5.1)$$

式中，P_N 的单位为 kW；n_N 的单位为 r/min；T_N 的单位为 N·m，Ω_N 的单位为 rad/s。

5. 额定效率 η_N

电动机额定运行时的效率称为额定效率，其值为 75%～92%。它与上述各额定值的关系为

$$\eta_N = \frac{P_N}{\sqrt{3} U_N I_N \cos\varphi_N} \times 100\% \qquad (4.5.2)$$

6. 额定频率 f_N

电动机额定运行时，交流电源的频率称为额定频率。

7. 额定功率因数 $\cos\varphi_N$

电动机额定运行时，定子电路的功率因数称为额定功率因数，其值通常为 0.7～0.9。

8. 运行方式

电动机的运行方式可分为三种：连续运行、短时运行和断续运行。

4.6 直流电动机

直流电机作为发电机使用时，将机械能转换为电能；作为电动机使用时，将电能转换为机

械能。过去直流发电机广泛用作直流电源，但由于其结构复杂、价格高，现在基本上被硅整流装置取代。但直流电动机由于具有交流电动机所不及的优良的调速性能和启动特性，仍被广泛采用，如大型的轧钢设备、大型精密机床、大型起重机械、电力牵引设备等。此外，在控制系统中，也广泛采用微型、特殊直流电动机，如直流伺服电动机等。

本节主要介绍直流电动机的结构、工作原理及种类。

4.6.1 直流电动机的结构和工作原理

1. 基本结构

与其他电动机一样，直流电动机也由定子和转子两个基本部分构成，其结构如图 4.6.1 所示，图 4.6.2 所示为其剖面图。

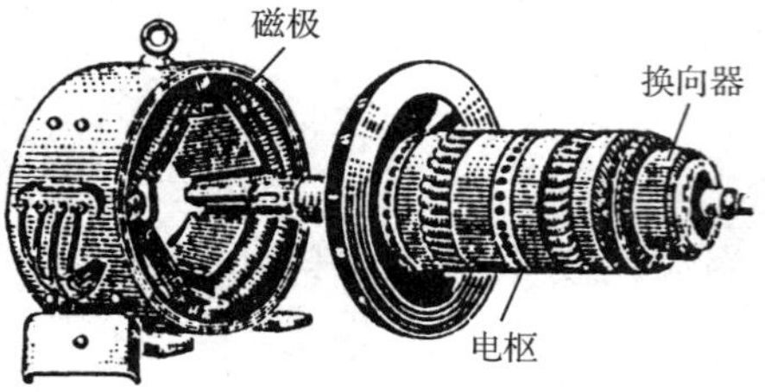

图 4.6.1　直流电动机的结构

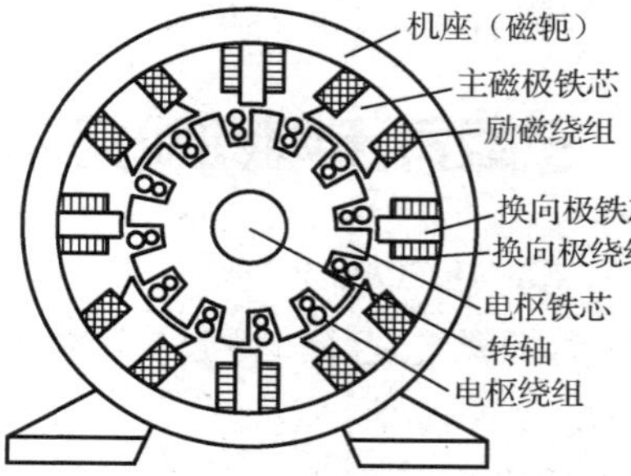

图 4.6.2　直流电动机的剖面图

直流电动机的定子由主磁极、换向极、机座和电刷等组成。主磁极用来产生磁场，分为极心和极掌两部分，极心上有励磁绕组，极掌的作用是使电动机气隙中的磁感应强度的分布最为合理，并用来挡住励磁绕组。主磁极是用钢片叠成的，固定在机座（电动机外壳）上，机座通常用铸钢或铸铁制成，起机械支撑作用，也是磁路的一部分。换向极装在两个磁极之间，用来产生附加磁场，以起换向作用。小功率的直流电动机中有的不装换向极。电刷被弹簧压在转子的换向器上，它可以把转动的电枢与外电路连起来，起导引电流的作用。

直流电动机的转子由电枢绕组、电枢铁芯、换向器和风扇等组成。电枢铁芯呈圆柱状，由硅钢片叠成，表面冲有槽，电枢绕组放在槽中。换向器是直流电动机的一种特殊装置，被装在转轴上，其外形与剖面图如图 4.6.3 所示。它由许多楔形铜片（换向片）组成，换向片间相互绝缘，每个换向片按一定规则与电枢绕组固定连接，当电枢旋转时，换向器与电刷滑动连接，将外电路与电枢转子绕组接通。

2. 工作原理

直流电动机的模型示意图如图 4.6.4 所示。

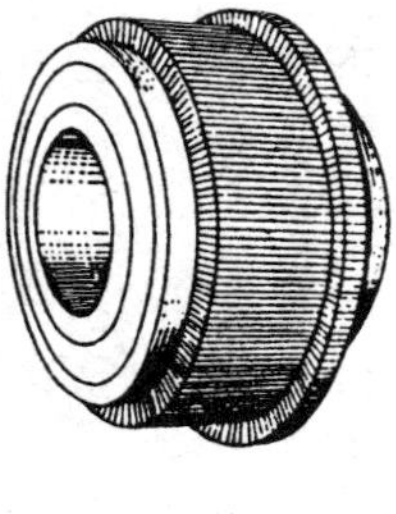

（a）外形

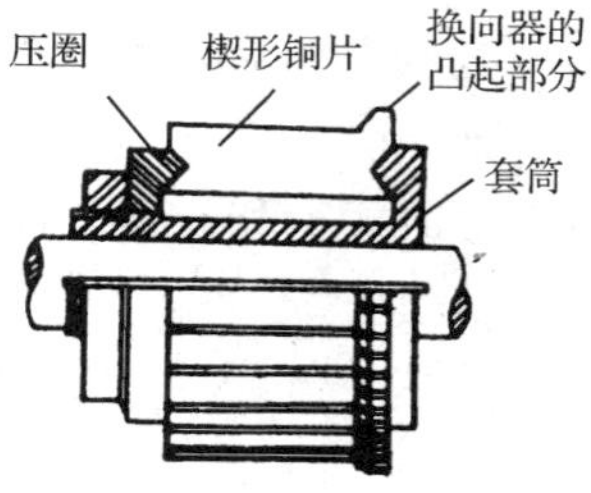

（b）剖面图

图 4.6.3　换向器

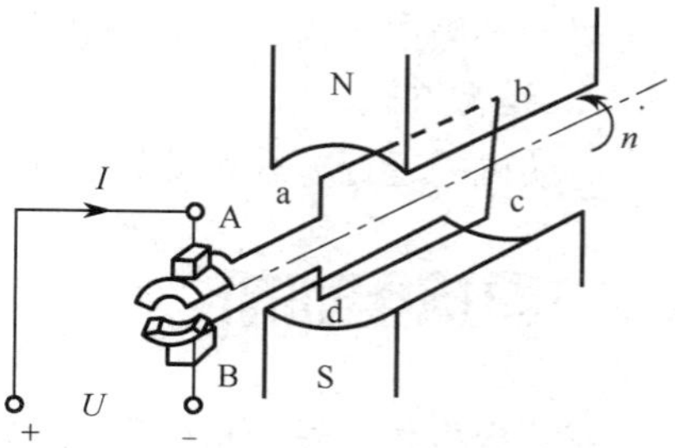

图 4.6.4　直流电动机的模型示意图

直流电动机只有一对磁极，转子只有一个绕组，绕组两端分别连在两个换向片上，换向片与两个固定不动的电刷 A、B 相接触，直流电源的电压加在电刷的引线上。当电压极性如图 4.6.4 所示时，即电刷 A 接正极，电刷 B 接负极，则 N 极下的导体电流为由 a 到 b，S 极下的导体电流为由 c 到 d。载流导体 ab 和 cd 在磁场中受到的电磁力方向由右手定则确定，这一对电磁力形成的电磁转矩使电枢按图 4.6.4 所示的方向（逆时针方向）旋转，当 N 极下的导体 ab 转到 S 极下，S 极下的导体 cd 转到 N 极下时，两导体中的电流方向同时改变，以使电磁转矩的方向不变，这就是换向。换向器起到了及时和自动地改变电流在电枢导体上流向的作用，以保证电动机受到一个方向的电磁转矩，从而按一定的方向连续运转。如果要改变电动机的转向，则需要改变电磁转矩的方向，可通过改变励磁电流的方向或电枢电流的方向来实现，但两者不可同时改变，否则，电动机转向不变。电磁转矩 T 的大小与电动机的结构、电枢电流和每极下的磁通有关：

$$T = C_T \Phi I_a \tag{4.6.1}$$

式中，Φ 为每极下的磁通，单位为 Wb；I_a 为电枢电流，单位为 A；C_T 为电动机结构常数，由电动机的结构决定；T 的单位为 N·m。

电动机转动起来之后，每个电枢导体要切割磁场而产生感应电动势 E，由右手定则可判断出 E 的方向与 I_a 的方向相反，因此 E 为反电动势，其大小可表示为

$$E = C_E \Phi n \tag{4.6.2}$$

式中，C_E 为取决于电动机结构的另一个常数；n 为电枢转速，单位为 r/min。

感应电动势与电枢电流的大小关系由不同的励磁方式决定。

4.6.2　直流电动机的种类

直流电动机按不同的励磁方式可分为以下四种。

1. 串励电动机

图 4.6.5（a）、（b）所示分别为串励电动机的结构示意图和电路图。

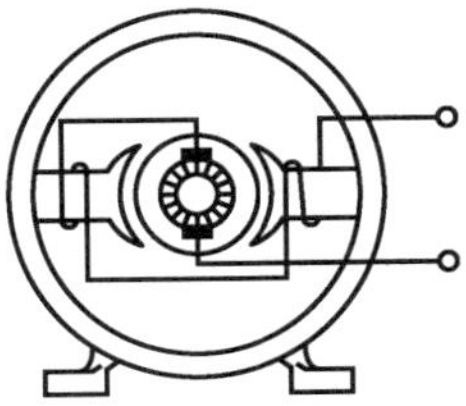

（a）结构示意图

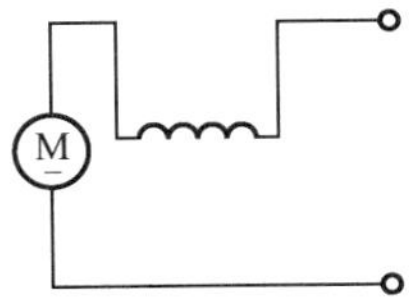

（b）电路图

图 4.6.5　串励电动机

若将电动机的励磁绕组、电枢绕组串联连接到直流电源上，则励磁电流 I_f 就是电枢电流 I_a，与电枢串联的励磁绕组称为串励绕组，为了减小串励绕组的压降及铜损，串励绕组应具有较小的电阻，因此总是用截面较大的导线绕成，且匝数较少。虽然串励绕组匝数少，但其电流 I_f（$=I_a$）较大，故有较大的磁动势，当磁路未饱和时，其产生的磁通可表示为

$$\Phi = KI_f = KI_a$$

式中，K 为比例系数。电枢电流 I_a 与磁场相互作用产生的电磁转矩为

$$T = C_T \Phi I_a = C_T K I_a^2 \tag{4.6.3}$$

表明串励电动机在磁路未饱和时，电磁转矩与电枢电流 I_a 的平方成正比，因此它的启动转矩较大、过载能力较强，通常用于起重、运输等场合。

由图 4.6.5（b）所示的串励电路可得其电压平衡关系式为

$$U = E + I_a(R_a + R_f) \tag{4.6.4}$$

式中，R_f为励磁电路的电阻。将式（4.6.1）和式（4.6.4）代入式（4.6.2）可得串励电动机的转速为

$$n = \frac{U}{C_E\Phi} - \frac{R_a + R_f}{C_E C_T \Phi^2} T \tag{4.6.5}$$

式（4.6.5）表明串励电动机在转矩较小时，有较高的转速。当转矩增大时，电枢电流 I_a 增大，磁通 Φ 增大，转速 n 迅速下降。当转矩 T 增大到一定的值时，磁路达到饱和，磁通增加缓慢，转速 n 随转矩 T 下降的速度减慢。串励电动机的机械特性为软特性，如图 4.6.6 中的曲线 b 所示。

串励电动机的软特性特别适用于起重设备。例如，当起重机提升较轻的货物时，电动机的转速较高，以提高生产率；当提升很重的货物时，其转速较低以保证工作安全。

串励电动机的另一特点是启动转矩较大，因此在汽车、电传动机车方面得到了广泛应用。

但必须指出，串励电动机不能在空载或轻载下工作，否则电动机的转速较高，会使电枢受到极大的离心力而损坏，因此，串励电动机至少应带有 20%～25%的负载启动。此外，串励电动机应与生产机械直接耦合，切不可采用皮带传动。因为万一皮带滑下将使电动机处于空载状态而出现飞车事故。

2. 并励电动机

图 4.6.7（a）、（b）所示分别为并励电动机的结构示意图和电路图。

并励电动机的励磁绕组和电枢绕组并联接在直流电源上，因此两绕组上有相同的电压，为了减小励磁绕组的电损耗，励磁电流 I_f 通常很小，一般大型电动机的 I_f 为额定电流的 1%，小型电动机的 I_f 为额定电流的 5%。为了使励磁电流很小，同时要产生足够大的磁通，励磁绕组的匝数通常很多，导线很细，阻值较大。

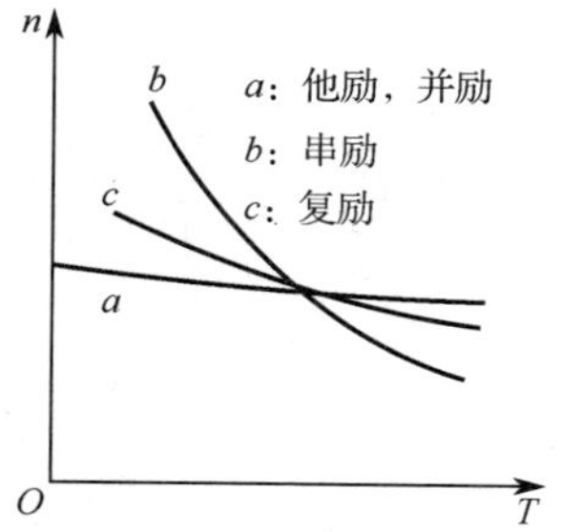

图 4.6.6　直流电动机的机械特性

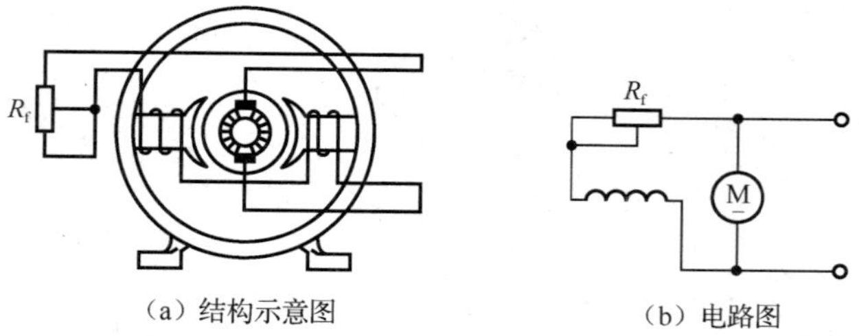

图 4.6.7　并励电动机

由图 4.6.7 可知，当电源电压和励磁电阻 R_f保持不变时，励磁电流 I_f及其产生的磁通也保持不变，即Φ为常数，此时其电磁转矩$T = C_T\Phi I_a = KI_a$。并励电动机的转速与转矩之间的关系为

$$n = \frac{E}{C_E\Phi} = \frac{U - I_a R_a}{C_E\Phi} = \frac{U}{C_E\Phi} - \frac{R_a T}{C_E C_T \Phi^2} \tag{4.6.6}$$

在 U 不变的情况下，I_f不变即 Φ 不变，n 与 T 之间的关系曲线即机械特性曲线，如图 4.6.6 中的曲线 a 所示。该曲线表明随着转矩 T 的增大，转速 n 略有下降，即其机械特性为硬特性。由式（4.6.6）可知，改变电压 U 或励磁电流 I_f（磁通 Φ），就能得到较宽范围的平滑调速。因此这种励磁方式的电动机应用比较广泛。例如，大型车床、磨床、龙门刨床和某些冶金机械等常用并励电动机拖动。

3. 他励电动机

他励电动机的电枢绕组和励磁绕组分别接在两个直流电源上，如图 4.6.8 所示。

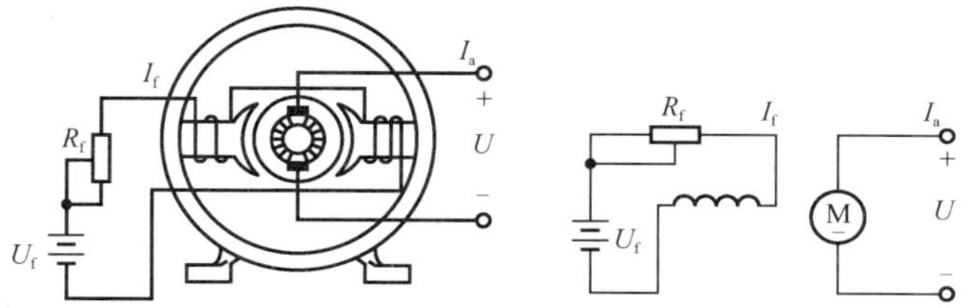

（a）结构示意图　（b）电路图

图 4.6.8　他励电动机

其中，U_f为励磁电源，接励磁绕组，产生励磁电流 I_f，建立磁通Φ。电枢电路接电源 U，产生工作（电枢）电流 I_a，在磁场的作用下产生电磁转矩 T，以转速 n 旋转，并在电枢中产生反电动势，其转速与电动势 E、电枢电流 I_a 及转矩的关系如式（4.6.6）所示（与并励电动机的完全相同），因此其机械特性也与并励电动机的相同，同样具有良好的调速性能。不同的是，他励电动机需要单独的励磁电源，设备复杂一些，但由于其励磁回路和电枢回路各自独立，因此可分别调节，控制比较方便，常应用于对自动控制要求较高的场合。另外，还需要注意的是，直流电动机的励磁回路不能断开，否则励磁电流 $I_f = 0$、$\Phi \approx 0$（只有很小的剩磁），对于启动的电动机，因其转矩太小（$T = K_T \Phi I_a$）而不能启动，同时由于反电动势为零，电枢电流很大，电枢绕组易被烧坏。对于正在有载运行的电动机，如果断开励磁回路，则反电动势立即减小，电枢电流增大，同时由于电磁转矩减小，电动机减速而停转，促使电枢电流增大，以致烧毁电动机绕组和换向器。电动机在空载或轻载运行时，其转速会很快上升，这种现象称为飞车。发生飞车会严重损坏电动机，因此必须防止励磁回路断开。

4. 复励电动机

复励电动机有两个励磁绕组，如图 4.6.9 所示，一个是串励绕组，与电枢串联；另一个是并励绕组，与电枢并联，两个绕组都套在主磁极上，由同一个电源供电。因此电动机的磁通是由这两个绕组的电流共同产生的。

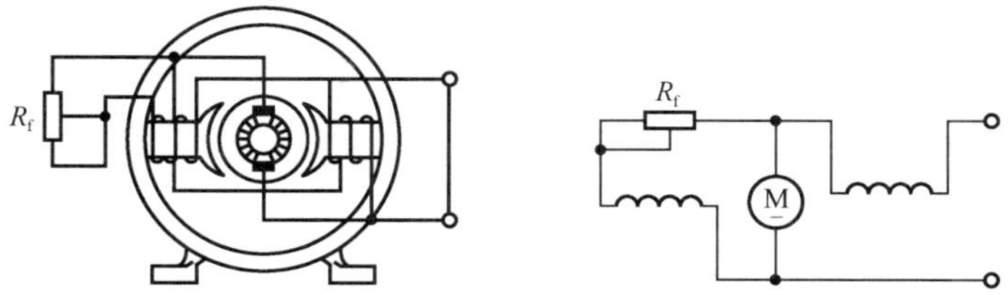

（a）结构示意图　（b）电路图

图 4.6.9　复励电动机

复励电动机由于有并励和串励两个励磁绕组，因此其机械特性介于并励电动机和串励电动机之间，兼有并励电动机和串励电动机的某些优点，一方面，它具有较强的过载能力和较大的启动转矩，以及较软的机械特性；另一方面，在空载或轻载运行时，由于并励绕组的磁场存在，转速不至于过高。因此它在船舶、起重、机床等设备中都有应用。

4.7 常用低压电器

在工农业生产中，普遍采用电动机来驱动各种生产机械，通常称之为电力拖动。

随着生产自动化的日益发展，要求拖动生产机械运动部件的电动机能按照工艺流程自动完成启动、制动、正/反转、调速等各种动作，以提高生产效率，并实现自动控制和远距离操纵，减少体力劳动，这就需要用各种电器组成一个电力拖动系统，以便迅速而准确地对电动机、电磁阀或其他电气设备进行自动控制。在目前的控制技术中，广泛采用继电器接触控制系统。这种控制系统所用的控制元件主要是各种有触点的电器，其结构简单、价格低、维修方便。这些控制元件的缺点是体积大，工作寿命不长，在复杂的控制系统中，触点繁多，易出故障。近年来，工矿企业正在逐渐采用中小型可编程控制器，以适应要求较高的自动控制。

本节仅讨论有触点的控制元件，主要介绍各种低压电器的结构、动作原理及控制作用。

低压电器一般指交流 1200V、直流 1500V 以下，用来切换、控制和保护用电设备的电器。低压电器种类繁多，按其动作方式可分为手动电器和自动电器。手动电器是用手工操作的电器，如闸刀开关、组合开关、按钮等。自动电器是按照各种指令、信号或某个物理量的变化而自动动作的电器，如继电器、接触器等。低压电器按其职能又分为控制电器和保护电器，像闸刀开关、接触器、按钮等用来控制电路的接通、断开及电动机的各种运行状态，故称为控制电器；像熔断器、热继电器分别用来进行短路和过载保护的电器称为保护电器。有些电器既有保护作用又有控制作用，如行程开关等。

现对几种常用低压电器的结构和工作原理叙述如下。

4.7.1 刀开关和熔断器

1. 闸刀开关

闸刀开关是一种简单的手动电器，主要由刀极（动触点）和刀座（静触点）组成。

图 4.7.1 所示为胶盖瓷底闸刀开关的结构和图形符号，这种闸刀开关用瓷质作为底板，刀极和刀座用胶盖罩住。胶盖可以熄灭切断电源时在刀极和刀座间产生的电弧，即有灭弧作用。

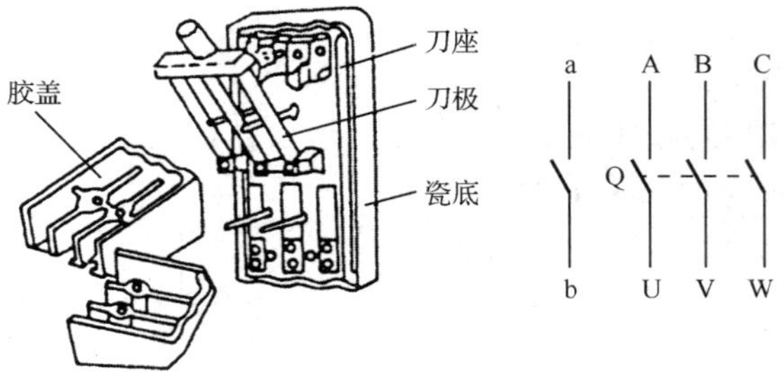

图 4.7.1 胶盖瓷底闸刀开关的结构和图形符号

闸刀开关一般不宜在负载下切断，常用作电源的隔离开关，以便对负载端的设备进行安全检修，对于功率比较小的负载（如功率小于 7.5kW 的鼠笼式异步电动机），也可以用作电源开关，直接控制电动机的启动和停止，但其额定电流必须大于电动机额定电流的 3 倍。

安装闸刀开关时，要注意刀极是上合下断，不可倒装，以免造成误合闸；而且要将电源线接在闸刀开关的上接线端，用电设备接在闸刀开关的下接线端。这样，断电时，裸露在外面的刀极就不带电，而且便于换接熔断器。

2. 组合开关

组合开关又称转换开关，是一种可以同时控制多个电路的转动式刀开关。图 4.7.2 所示为 HZ10-25/3 型组合开关的外形、结构及图形符号。

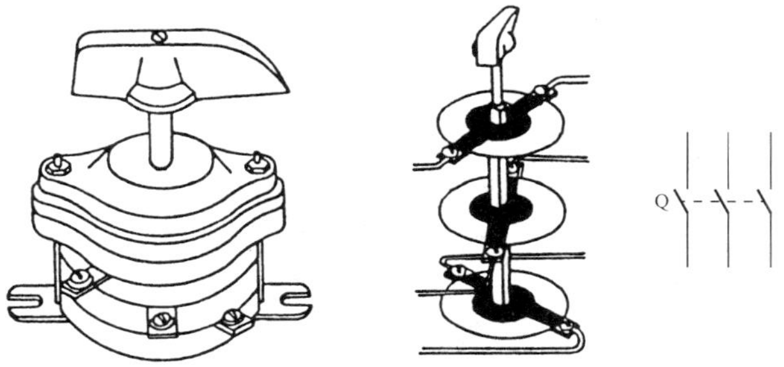

图 4.7.2 HZ10-25/3 型组合开关的外形、结构及图形符号

多极组合开关由多层动、静触点组成。动触点装在附有手柄的转轴上；静触点的一端固定在胶木盒内的绝缘垫片上，另一端伸出盒外与接线螺钉相连。转动手柄时，动、静触点在不同的角度接通或断开。图 4.7.2 所示的组合开关有三个静触点和三个动触点，称为三极组合开关，常用作三相电源的引入开关，也可以用来直接控制小容量的鼠笼式电动机的启动、停止和正/反转。

HZ10 系列组合开关的额定电压为直流 220V、交流 380V，额定电流为 10A、25A、60A、100A。

组合开关的特点是结构紧凑、安装面积小、操作方便可靠，故应用广泛。

3. 自动开关

自动开关又称空气开关，是一种控制保护电器，具有过流、短路及欠压保护作用，正常情况下用来接通和断开负载。它有多种结构形式，但其动作原理是相同的。

图 4.7.3 所示为自动开关的原理图。自动开关的主触点通常是通过手动操作机构来闭合的。自动开关的脱扣机构是一套连杆装置，主触点闭合后被锁钩锁住，如果电路发生故障，那么脱扣机构就在脱扣器的作用下将锁钩脱开，于是主触点就在释放弹簧的作用下迅速分断。脱扣器有过流脱扣器和欠压脱扣器，它们都有电磁铁装置，当电路中的电流正常时，过流脱扣器的电磁吸力较小，衔铁被反力释放弹簧拉下，锁钩保持锁住状态。当电路发生短路或严重过载时，过流脱扣器的电磁铁的线圈电流迅速增大，电磁吸力加大，衔铁被吸下，衔铁向上顶开锁钩，释放弹簧迅速打开主触点，切断电路，负载得到保护。自动开关的脱扣器的动作电流值可以通过调节脱扣器的反力释放弹簧来整定。当电路失压或电压过低时，欠压脱扣器的电磁吸力消失或不足，在其弹簧的作用下，衔铁将锁钩顶开，主触点被释放弹簧迅速打开而切断主电路。当电源恢复正常时，自动开关需要重新合闸才能工作。

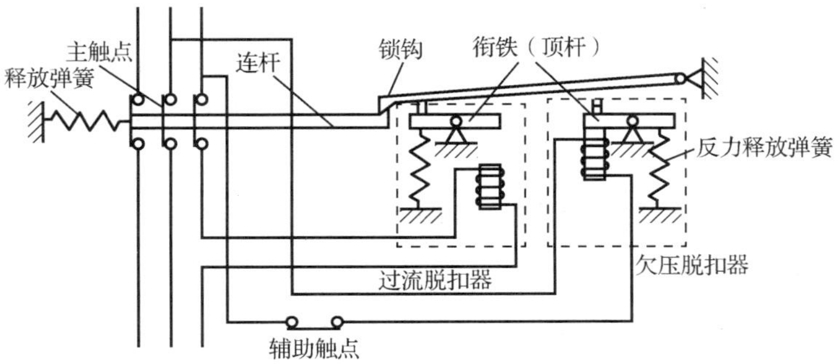

图 4.7.3 自动开关的原理图

4. 熔断器

熔断器是一种简单而有效的短路保护电器。熔断器有管式、插入式、螺旋式等几种形式，其外形及图形符号如图 4.7.4 所示。

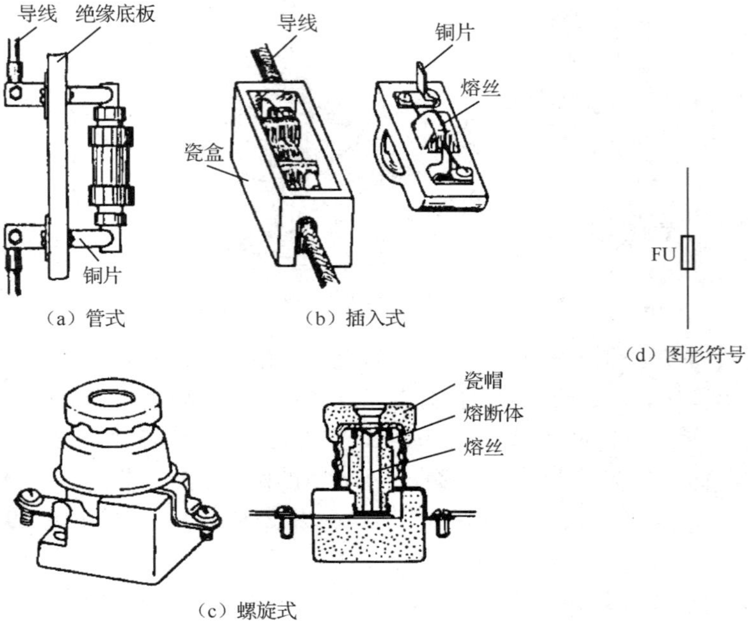

图 4.7.4　常用熔断器的外形及图形符号

熔断器内部的熔丝或熔片（称为熔体）用电阻率较大的、易熔断的合金制成，如铅锡合金等；也可用截面很小的良导体铜或银制成。将熔断器串联在被保护电路中，电路正常工作时，熔断器不应熔断；当电路发生短路故障时，过大的短路电流通过熔断器，熔体很快发热而迅速熔断，切断电路，使电路和设备得到保护。

熔体的选用要根据实际情况，按熔断器熔体的额定电流和熔断时间来确定。

熔体中通过的电流增大到某值时，熔体经过一段时间后熔断，此时间称为熔断时间 t，其长短与通过的电流大小有关。通过的电流越大，熔断时间越短。通过的电流 I_{fumin} 为熔体的最小熔断电流，熔体由于发热会氧化或受机械损伤，因此当熔体电流小于 I_{fumin} 时，熔体也有可能熔断，故熔体的安全电流即其额定电流 I_{fun} 通常规定为 I_{fumin} 的 $\frac{2}{3}$ 左右。

熔体的选择方法一般参照以下条件。

（1）在照明、电热等线路中，熔体的额定电流≥负载的额定电流。

（2）在具有冲击电流的负载电路，如异步电动机的启动电路中，由于启动电流可达电动机额定电流的 4～7 倍，因此，为了在启动时熔体不熔断，而在电路发生短路故障时熔体又能迅速熔断，熔体的额定电流需要按下式来计算：

$$\text{熔体的额定电流} \geqslant \frac{\text{电动机的启动电流}}{2.5}$$

对于频繁启动的电动机，有

$$\text{熔体的额定电流} \geqslant \frac{\text{电动机的启动电流}}{1.5\sim2}$$

（3）对于供电线路上的熔断器，熔体的额定电流可按下式进行粗略计算：

熔体的额定电流=(1.5～2.5)×容量最大的电动机的额定电流+该干线上其他负载电流的总和

系数（1.5～2.5）的选取应根据变压器的容量及电动机的状况而定。当变压器的容量较大，电动机又是轻载启动时，系数可偏小；反之可偏大。

4.7.2　按钮和行程开关

按钮和行程开关是在控制系统中用于发送指令的电器，通常称为主令电器。

1. 按钮

按钮是一种用来接通或断开控制电路的手动开关。

图 4.7.5（a）所示为一种按钮的剖面图，它的动触点和静触点都是桥式双断点式的，上面是一对动断（常闭）触点，下面是一对动合（常开）触点，其图形符号如图 4.7.5（b）所示。

按下按钮帽后，动触点下移，此时上面的动断触点断开，下面的动合触点闭合。松开按钮帽后，由于复位弹簧的作用，动触点复位，即动断触点恢复闭合状态，动合触点恢复断开状态。图 4.7.5 所示的按钮有一对常闭触点和一对常开触点，有的按钮只有两对常开触点，还有的按钮有两对常开触点和两对常闭触点。常用的还有一种双联按钮，如图 4.7.6 所示，其由两个按钮组成，常接到电动机的控制电路中，用于控制电动机的启动和停止。

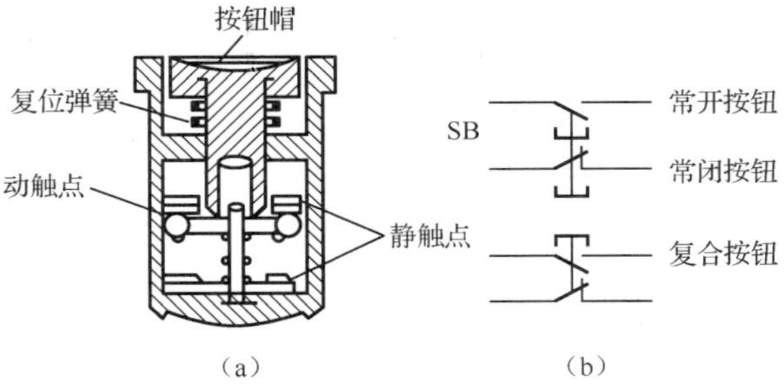

图 4.7.5　按钮的原理图和图形符号

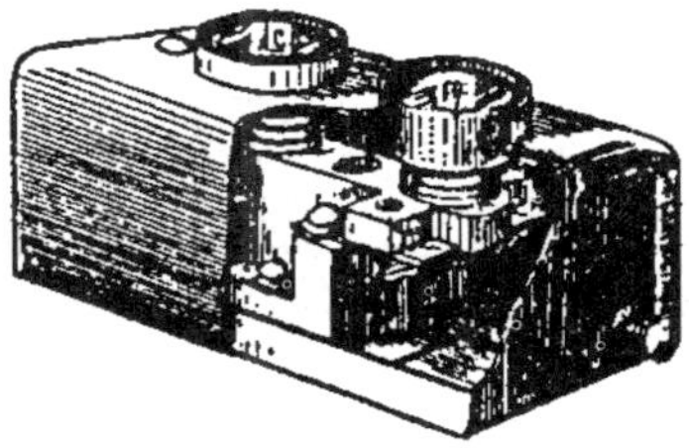

图 4.7.6　双联按钮

2. 行程开关

行程开关用于行程控制，行程控制指根据生产机械的运动部件的位置或位移变化，通过行程开关自动接通或断开控制回路，使受控对象按控制要求动作的一种控制方式。在继电器接触控制系统中，行程控制被广泛用来实现自动往复运动控制和终端保护控制等。目前，行程控制中常用的行程开关有机械式行程开关和无触点行程开关。

（1）机械式行程开关。

机械式行程开关的外形如图 4.7.7 所示，其外部装有滚轮和传动杠杆，内部一般有一对常开触点和一对常闭触点，其结构示意图如图 4.7.8（a）所示，图形符号如图 4.7.8（b）所示。

机械式行程开关一般安装在固定的机座上，生产机械的运动部件上装有撞块，当撞块与行程开关的滚轮相撞时，滚轮通过传动杠杆使行程开关内部的触点开关（串接在电动机的控制线路中）快速切换，产生通断控制信号，从而使电动机改变转向、转速或停止运动。当撞块离开后，有的行程开关可以在内部弹簧的作用下自动复位，有的必须依靠两个方向的撞块来回撞击，使行程开关不断切换。

（2）无触点行程开关——接近开关。

接近开关是一种无触点行程开关，当其他物体与之接近到一定的距离时，它就会发出动作信号，而不需要像机械式行程开关那样用撞块来撞击。它具有定位精度高、可频繁操作、使用寿命长和对环境适应能力强等优点。

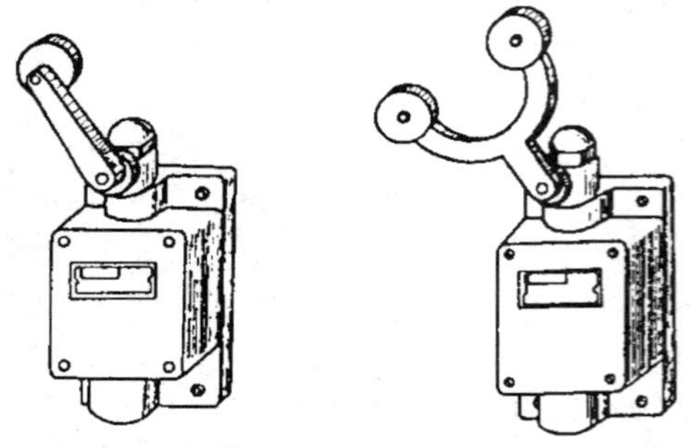

（a）LX19-111 型　　（b）LX19-222 型

图 4.7.7　机械式行程开关的外形

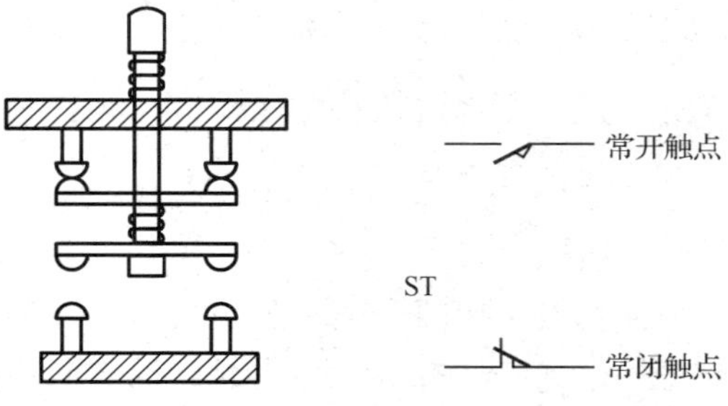

（a）结构示意图　　（b）图形符号

图 4.7.8　机械式行程开关的结构示意图及图形符号

图 4.7.9 所示为停振型接近开关的方框图，其是利用电磁感应原理工作的。感应头是振荡器的感应线圈，当接近开关的感应头未靠近金属检测体时，振荡器产生自激振荡，输出的电压经信号处理器处理后送到比较器中，与基准电压做比较，若比较器输出为零，则继电器线圈中无电流，其触点不动作。当有金属检测体接近感应头时，由于电磁感应作用，感应头的振荡线圈的品质因数明显下降，振荡器停振，使比较器有输出信号，经驱动电路使继电器线圈通电动作。

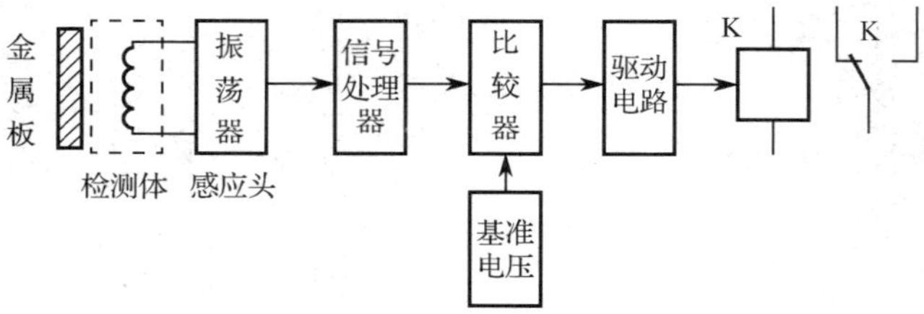

图 4.7.9　停振型接近开关的方框图

4.7.3　交流接触器

交流接触器是继电器接触控制系统中的一种自动电器。它是利用电磁吸力来动作的，多用来直接控制电动机或其他设备的主电路（电气线路中电源与主负载之间的电路，电流一般比较大）的接通和断开，并兼有欠压（或失压）保护功能。

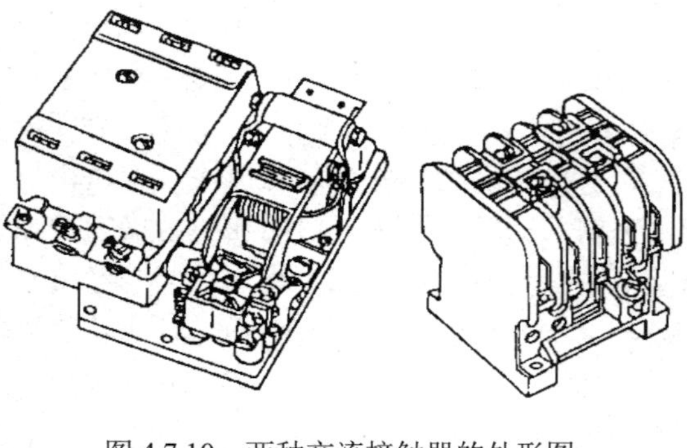

图 4.7.10　两种交流接触器的外形图

图 4.7.10 所示为两种交流接触器的外形图。各种交流接触器的内部结构及动作原理基本一致。图 4.7.11 所示为交流接触器的基本结构及图形符号。

交流接触器主要由电磁铁、触点和灭弧装置组成。电磁铁的铁芯由硅钢片叠成，分上铁芯和下铁芯两部分，下铁芯固定不动，又称为静铁芯，静铁芯上装有吸引线圈；上铁芯可上下移动，又称为动铁芯（衔铁）。另外，因为吸引线圈中通过的是交流电，铁芯中产生交变的磁通，使铁芯发生振动而产生噪声，所以通常在铁芯的端面上嵌装有短路环以消除噪声。

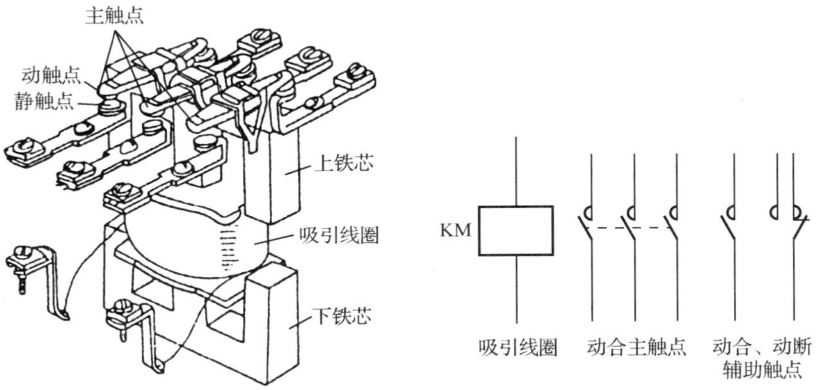

（a）结构示意图　　　　（b）图形符号

图 4.7.11　交流接触器的基本结构及图形符号

交流接触器的触点由一组主触点和若干辅助触点组成，主触点通常有 3～4 对，其接触面积大，装有灭弧装置，可通过较大的电流，用来接通和断开电动机或其他设备的主电路。辅助触点的接触面积小，只能通过较小的电流，通常接在控制电路（电气线路中弱电流通过的部分）中，用来实现各种控制要求，如自锁或互锁等。主触点是常开触点（吸引线圈未通电时，触点处于断开状态），也称为动合触点。辅助触点有常开的也有常闭的（吸引线圈不通电时，触点处于闭合状态），常闭触点也称为动断触点。每组触点都有静触点和动触点两部分，动触点与动铁芯直接相连。

灭弧装置是交流接触器的重要组成部分。由于主触点在分断大电流的负载时要产生电弧（电弧是一种气体导电现象，会产生大量的热量），为了避免烧坏触点及造成相间短路，通常容量稍大的交流接触器装有由耐火材料或隔弧板制作的灭弧罩。

交流接触器的动作原理：当给交流接触器的吸引线圈加上额定电压时，动、静铁芯之间建立的磁场产生电磁吸力，把动铁芯吸下，动铁芯带动动触点下移并与静触点闭合，将电路接通；当线圈断电或电压过低时，电磁吸力消失或减弱，动铁芯不能被吸合，交流接触器的各触点恢复常态，即常开的断开、常闭的闭合。选用交流接触器时，必须按负载要求选择主触点的额定电压、额定电流。交流接触器的额定电压通常为 380V；额定电流有多种，最小为 5A，最大可达 600A，吸引线圈的电压等级有 36V、110V、127V、220V、380V 等。

目前，交流接触器有 CJ10、CJ12、CJ20 等系列，其型号含义如下：

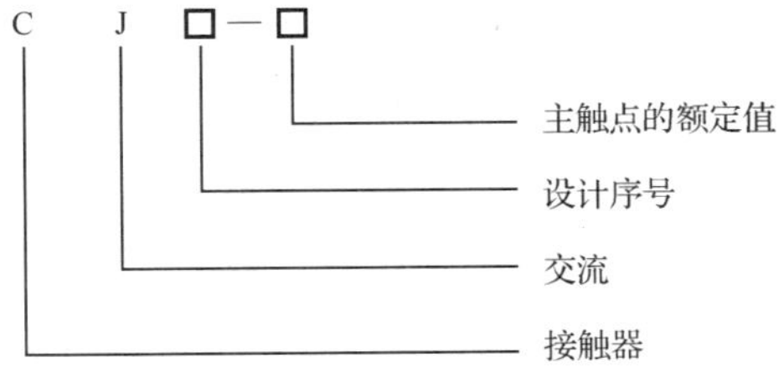

4.7.4　热继电器和时间继电器

继电器是控制电路中应用很广的一种自动电器，它是根据输入的电量（如电流、电压）或非电量（如时间、温度、压力等）的变化而自动接通或断开电路，以达到控制与保护目的的。继电器的种类很多，如热继电器、时间继电器、中间继电器、压力继电器等，其中中间继电器的结构和工作原理与交流接触器的类似，只是其电磁系统小一些，触点数量多一些，常用来传递信号，同时控制多个电路，还可以用来直接通断小功率电动机或其他电气执行元件，这里主要介绍常用的热继电器和时间继电器。

1. 热继电器

热继电器是利用电流的热效应原理工作的一种过载保护电器，其原理图及图形符号如图 4.7.12 所示。它主要由发热元件、双金属片和触点等组成。

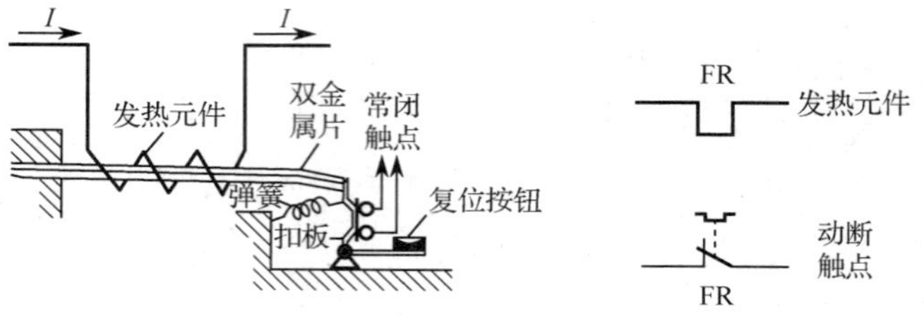

（a）原理图　　（b）图形符号

图 4.7.12　热继电器的原理图及图形符号

发热元件是一段电阻不大的电阻丝，串接在电动机的主电路中。两相结构的热继电器中有两个发热元件，接在三相中的任意两相上；三相结构的热继电器中有三个发热元件，分别接在三相电动机的三相定子绕组上。双金属片是由两种具有不同热膨胀系数的金属碾压而成的，如图 4.7.12（a）所示，下层金属片的热膨胀系数大，上层的小。负载在正常工作状态下，发热元件产生的热量不足以使双金属片变形。过载时，主电路中的电流超过允许值，经过预定时间，发热元件产生过多的热量，传递给双金属片，使双金属片变形而向上弯曲并脱扣。扣板在弹簧的作用下断开接在控制电路中的常闭（动断）触点，使接在控制电路中的交流接触器线圈断电，从而断开电动机的主电路，使电动机免受长期过载的危害。待双金属片冷却后，如果要继电器复位，就按下复位按钮。

要注意，热继电器不能用于短路保护，因为短路时，需要电路立刻断开，虽然短路电流很大，但由于热惯性，热继电器不能立即动作，所以热继电器不能代替熔断器。也正是热继电器具有这种热惯性，使电动机在工作中可以避免一些不必要的停车。例如，电动机在启动和短时过载时，热继电器都不会动作，只有电动机长时间过载，热继电器才会动作。

热继电器的选用主要根据其技术数据——整定电流。所谓整定电流，就是指通过发热元件的电流超过此值的 20%时，热继电器在 20min 内动作。常用的热继电器有 JR0、JR10、JR16 等系列，JR10—10 型热继电器的整定电流从 0.25A 到 10A，共有 17 种规格；JR0—40 型热继电器的整定电流从 0.6A 到 40A，共有 9 种规格。使用热继电器时可调节其整定电流的调节旋钮，使热继电器的整定电流稍大于电动机的额定电流。

另外，由于传统的热继电器在保护功能、动作误差等方面的性能指标比较落后，因此目前已开始使用一种性能较好的电子型电动机保护器，它将逐步取代热继电器。

2. 时间继电器

时间继电器是一种接收控制信号后，触点能够延时动作的自动电器，主要用在需要按时间顺序进行控制的电路中。

时间继电器的种类很多，在继电器接触控制电路中，用得较多的是空气阻尼型时间继电器。另外，随着电子技术的发展，电子型时间继电器的应用也日益广泛。

（1）空气阻尼型时间继电器。

空气阻尼型时间继电器是利用空气的阻尼作用获得动作延时的，分为通电延时和断电延时两种。

图 4.7.13 所示为通电延时空气阻尼型时间继电器的原理图。它主要由电磁系统、延时机构和触点三部分组成。当吸引线圈通电时，衔铁及托板被吸引而下移，使托板与活塞杆之间有一段距离。在释放弹簧的作用下，活塞杆向下移。由于伞形活塞的表面固定有一层橡皮膜，因此当活塞下移时，橡皮膜随之向下凹，上气室的空气变稀薄，使伞形活塞受到阻尼而缓慢下移。经过一定的时间，伞形活塞下移到一定的位置，便通过杠杆推动延时触点动作，使常闭触点断开、常开触点闭合。继电器的延时时间是指从吸引线圈通电时刻起，到延时触点动作的这段时间。延时时间的长短可以通过使用调节螺钉调节进气孔的大小来改变。吸引线圈断电后，依靠恢复弹簧的作用复原，上气室的空气从出气孔迅速排出。

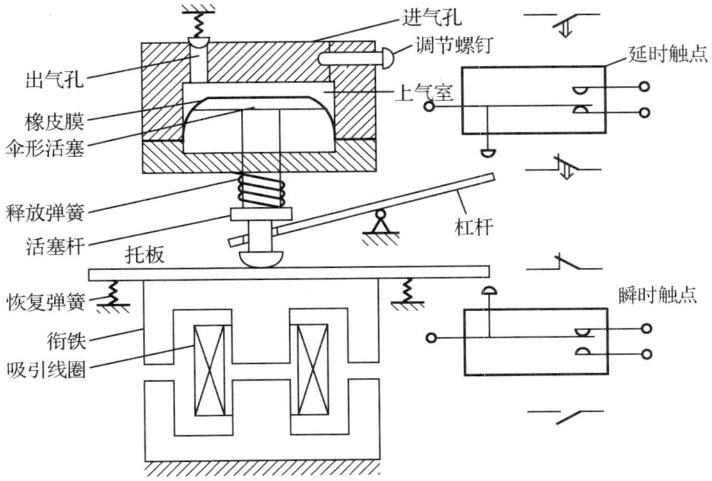

图 4.7.13　通电延时空气阻尼型时间继电器的原理图

断电延时空气阻尼型时间继电器的结构和动作原理与通电延时空气阻尼型时间继电器的基本相同，只是把铁芯倒装，如图 4.7.14 所示。时间继电器的图形符号如图 4.7.15 所示。

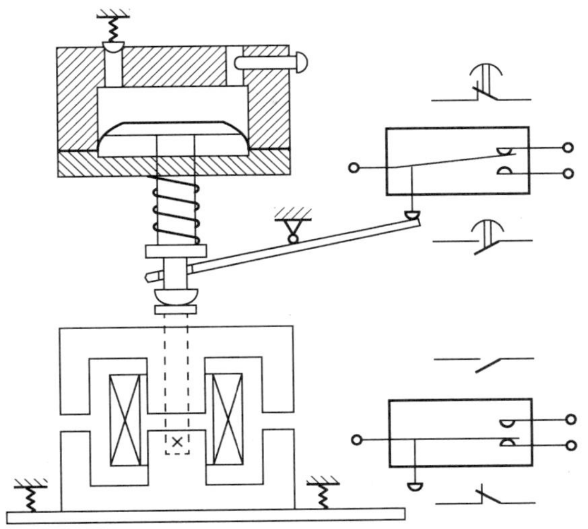

图 4.7.14　断电延时空气阻尼型时间继电器的原理图

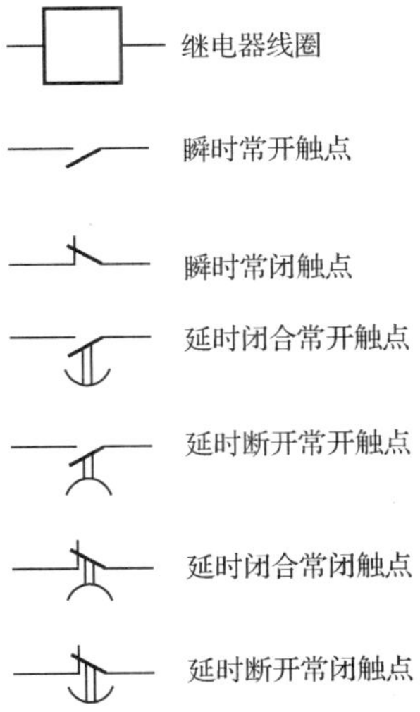

图 4.7.15　时间继电器的图形符号

空气阻尼型时间继电器的延时时间范围有 0.4～60s 和 0.4～180s 两种，其结构简单，但精度较低。

（2）电子型时间继电器-场效应管时间继电器。

场效应管时间继电器是一种电子型时间继电器，具有延时时间范围宽、精度高、体积小、使用寿命长等优点。

图 4.7.16 所示为场效应管时间继电器的原理图，它是利用电容的充放电过程及场效应管的导通和截止来产生延时作用的。在电路中，合上开关 S，变压器副边绕组输出的交流电经过桥式整流、电容 C_1 滤波、稳压二极管 VD_5 稳压后输出直流电压，通过电阻 R_{10}、R_{P1}、R_2 给电容 C_2 充电，U_{C2}（$=U_G$）便由零升高，在 U_{GS} 低于 VT_1 的夹断电压 $U_{GS(off)}$ 时，场效应管 VT_1 截止，$I_{B2}=0$，三极管 VT_2 截止，$U_{C3}=0$，晶闸管 VT_3 无法被触发导通；随着 U_{C2} 的升高，当 $U_{GS}>U_{GS(off)}$ 时，VT_1、VT_2、VT_3 均可导通，于是继电器 K 的线圈中有电，使触点动作。从闭合开关 S 到继电器 K 的触点动作这段时间就是延时时间，通过调节 R_{P1} 和 R_{10} 的大小可以调节电容 C_2 的充电速度，因此延时时间的长短可通过改变 R_{P1} 及开关 S_R 的接通位置来调节。电路中继电器 K 的另外一对触点的切换可以使电容 C_2 通过电阻 R_8 迅速放电，同时使信号灯 HL 发亮以表示延时结束。电容 C_2 放电后，VT_1、VT_2 截止，VT_3 仍然导通。

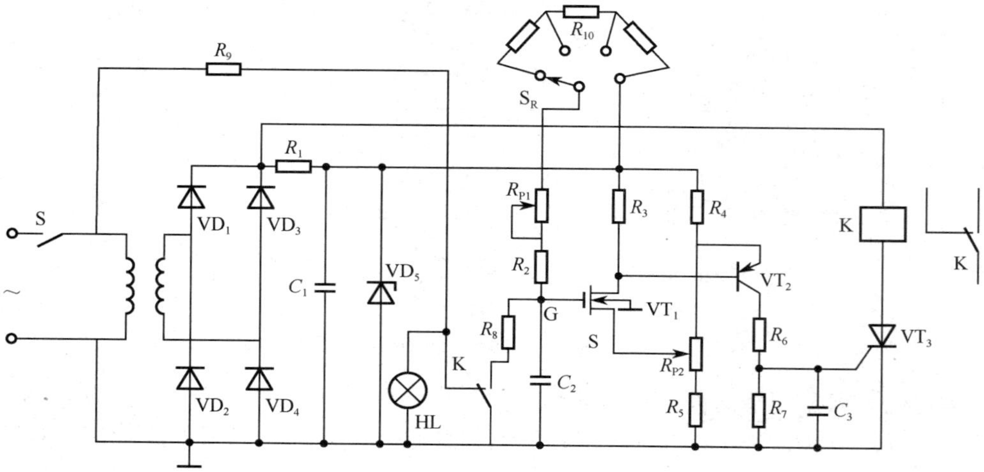

图 4.7.16　场效应管时间继电器的原理图

常用电动机、电器的名称和图形符号如表 4.7.1 所示。

表 4.7.1　常用电动机、电器的名称和图形符号

名　称	图形符号	名　称			图形符号
三相鼠笼式 异步电动机		按钮触点	常开触点		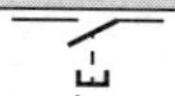
			常闭触点		
三相绕线式 异步电动机		接触器吸引线圈 继电器吸引线圈			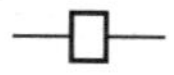
直流电动机		接触器触点	主触点		
			辅助触点	常开触点	
				常闭触点	

续表

名　称	图形符号	名　称		图形符号
单相变压器		时间继电器触点	延时闭合常开触点	
			延时断开常闭触点	
三极开关			延时断开常开触点	
			延时闭合常闭触点	
熔断器		行程开关触点	常开触点	
			常闭触点	
信号灯		热继电器	常闭触点	
			发热元件	

4.8 直接启动控制线路

图 4.8.1 所示为鼠笼式异步电动机直接启动控制线路，所用的低压电器有闸刀开关 Q、交流接触器 KM、按钮 SB、热继电器 FR 及熔断器 FU。

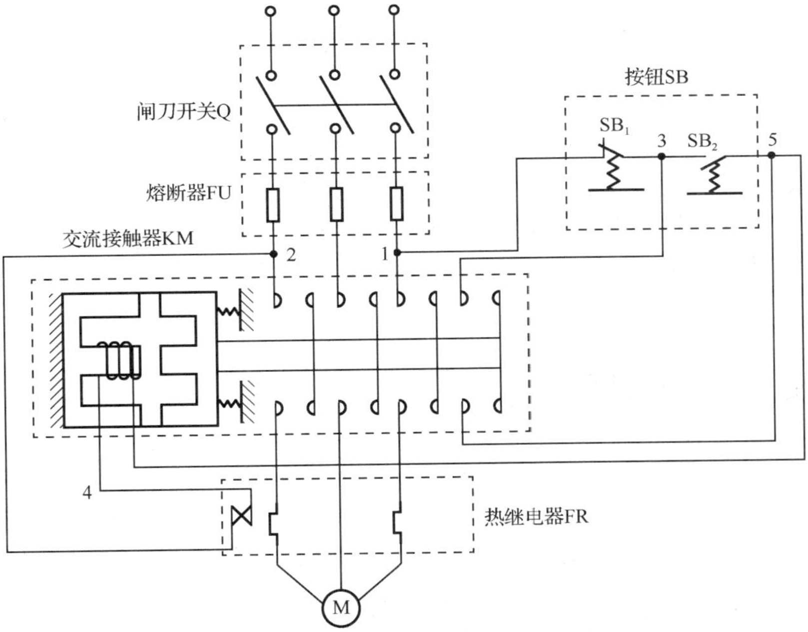

图 4.8.1 鼠笼式异步电动机直接启动控制线路

交流接触器 KM 的三个常开主触点接在三相异步电动机的主电路中，交流接触器 KM 的吸引线圈接在控制电路中。热继电器 FR 的发热元件接在主电路中，热继电器 FR 的常闭触点串接在控制电路中。常开按钮（启动按钮）SB_2 和常闭按钮（停止按钮）SB_1 也串接在控制电路中。

先将闸刀开关 Q 闭合，为电动机启动做准备。当按下启动按钮 SB_2 时，交流接触器 KM 的吸引线圈通电，动铁芯被吸合，从而将三个常开主触点闭合，电动机便启动运转。

当松开启动按钮 SB_2 时，其中的常开触点在弹簧的作用下恢复到断开位置，交流接触器 KM 的吸引线圈断电，主电路中交流接触器 KM 的三个常开主触点也断开，电动机停转，这样只能实现点动控制。这种点动控制常用于电动机的调整和调试。

如果将交流接触器 KM 中的一个常开辅助触点与启动按钮 SB_2 并联，那么在按下启动按钮 SB_2 并松开后，交流接触器 KM 的吸引线圈仍然处于通电状态，从而使主电路中交流接触器 KM 的常开主触点保持闭合，电动机能连续运转，这样便实现了自锁控制。这种依靠交流接触器的辅助触点使其吸引线圈保持通电的作用称为自锁。起自锁作用的辅助触点称为自锁触点。要使电动机停转，只需按下停止按钮 SB_1，将控制电路断开，交流接触器 KM 的吸引线圈断电，它的所有触点均复位，从而将电动机的电源切断。

上述控制线路还具有短路、过载和欠压保护功能。

起短路保护作用的是熔断器 FU，一旦电路发生短路，熔体会迅速熔断，使电动机停转。

热继电器 FR 起过载保护作用。当电动机长时间过载时，串接在定子线路中的热继电器 FR 会产生过多热量，可将其常闭触点断开，使交流接触器 KM 的吸引线圈断电，主触点断开，电动机脱离电源而得到保护。

所谓欠压保护，就是指当电源暂时断电或电压严重下降时，电动机自动从电源切除。控制电路中的交流接触器 KM 即有欠压保护功能，因为当电压下降至某一值时，交流接触器 KM 的电磁铁自行释放，使其主触点断开。当电压恢复正常时，电动机不能自行启动，必须重新按下启动按钮 SB_2，电动机才会启动。这样就排除了由于电动机自行启动产生的安全隐患。

在图 4.8.1 中，各电器都是按照其实际位置画出的，属于同一电器的各部件集中在一起，这样的图称为控制线路的结构图。控制线路的结构图比较便于识别电器，也便于安装和检修。但是当线路比较复杂，使用电器较多时，便不容易看清楚。为了读图、分析及设计方便，控制线路常根据其作用原理画出，即把同一个低压电器中的不同部件分别画在其所连接的各电路（主电路或控制电路）中，这样的线路图称为控制线路的原理图。在控制线路的原理图中，同一电器的各部件用同一文字符号表示（如交流接触器的线圈和触点都用 KM 表示）。每种电器的不同部件都用规定的图形符号表示（如热继电器的发热元件统一用“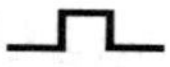”表示，其常闭触点统一表示为“”）。控制线路的原理图中各触点的状态是没有通电或没有发生机械动作时的起始状态。

4.9 正/反转控制线路

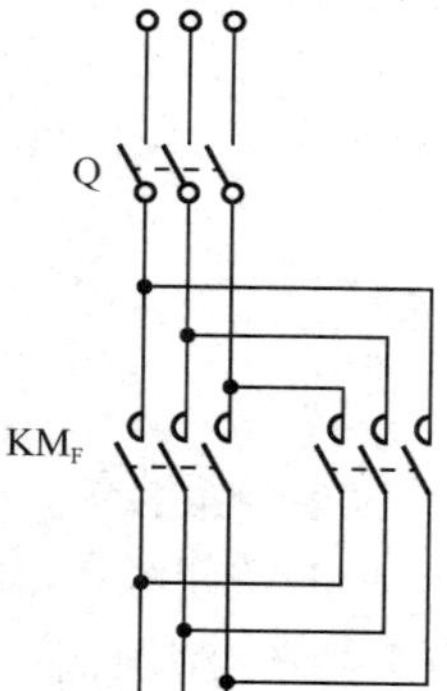

图 4.9.1 用两个交流接触器实现电动机的正/反转

在生产过程中，往往需要工作机械能够实现可逆运行，如机床工作台的前进和后退、主轴的正转与反转、起重机的提升与下降等，这就要求拖动电动机可以正转和反转。由异步电动机的工作原理可知，要改变电动机的转向，只需改变接到异步电动机定子绕组上的电源的相序，即将任意两根电源线对调，就可使电动机反转。要实现这一要求，必须在控制电路中使用两个交流接触器，如图 4.9.1 所示。当正转接触器 KM_F 工作时，电动机正转；当反转接触器 KM_R 工作时，由于对调了两根电源线，因此电动机反转。

由图 4.9.1 可知，如果两个交流接触器同时工作，则两组主触点同时闭合，将有两根电源线通过它们的主触点将电源短路，因此，要保证电动机安全、可靠地工作，必须保证正/反转控制线路中的两个交流接触器不同时通电。为达到这一要求，必须在电路中加互锁或联锁控制。所谓互锁控制，就是指电路在同一时间只允许两个交流接触器中的一个工作。下面分析两种具有互锁保护作用的正/反转控制线路。

在如图 4.9.2（a）所示的控制线路中，有两条并联路径，其一由正转启动按钮 SB_F（并联有自锁触点 KM_F）、反转接触器的常闭辅助触点 KM_R、正转接触器的吸引线圈 KM_F 组成，其二由反转启动按钮 SB_R（并联有自锁触点 KM_R）、正转接触器的常闭辅助触点 KM_F、反转接触器的吸引线圈 KM_R 组成。

当按下正转启动按钮 SB_F 时，正转接触器的吸引线圈 KM_F 通电，其主触点闭合，自锁触点闭合，电动机正转。这时正转接触器的常闭辅助触点 KM_F 断开，使反转接触器的吸引线圈不能通电。

同理，当按下反转启动按钮 SB_R 时，反转接触器的吸引线圈 KM_R 通电并自锁，电动机反转，此时反转接触器的常闭辅助触点 KM_R 断开，使正转接触器的吸引线圈 KM_F 不能得电，这样就实现了互锁控制。两个交流接触器的常闭辅助触点称为互锁触点。

以上控制线路［见图 4.9.2（a）］有一个缺点，即当要求正在正转的电动机反转时，必须先按下停止按钮 SB_1，让互锁触点 KM_F 闭合，再按下反转启动按钮 SB_R 才能使电动机反转，这样带来了操作上的不便。为了解决这个问题，在控制电路中采用复式按钮和触点联锁的控制方法，如图 4.9.2（b）所示，即把正转复合按钮 SB_F 的常闭触点串联在反转控制电路中，而把反转复合按钮 SB_R 的常开触点串联在正转控制电路中。当电动机正转时，按下反转复合按钮 SB_R，它的常闭触点断开，使正转接触器的吸引线圈 KM_F 断电，主触点断开。同时，串联在反转控制电路中的常闭触点 KM_F 恢复闭合，使反转接触器的吸引线圈 KM_R 通电，于是电动机立即从正转状态变为反转状态。这种互锁是根据复合按钮机械动作的先后次序实现的，故称为机械联锁。这种控制电路安全可靠，应用较广。

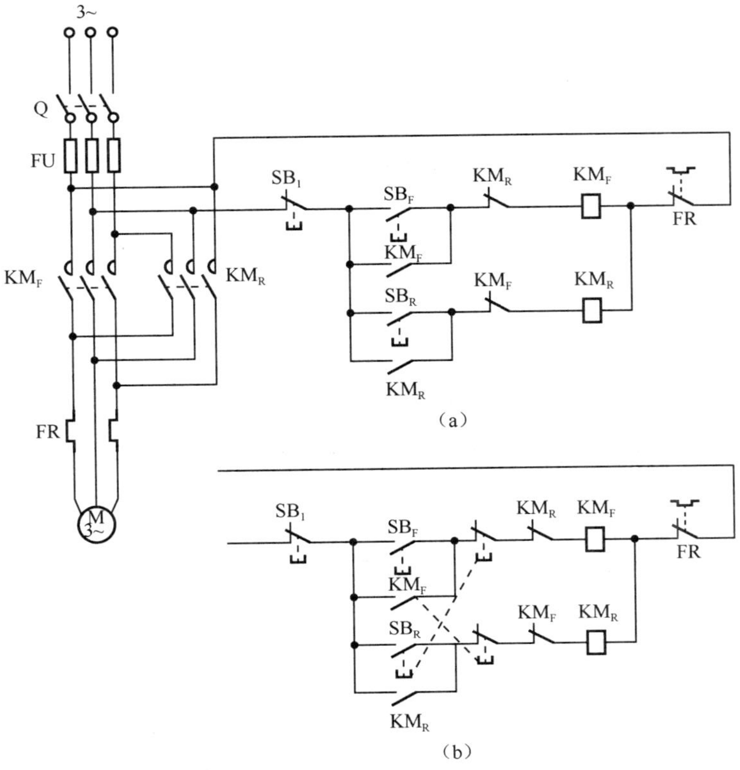

图 4.9.2　鼠笼式异步电动机正/反转控制线路简图

继电器接触器控制系统不仅可用于控制各类电动机的运行，还可用于控制其他用电设备。因此，作为工程技术人员，必须掌握阅读继电器接触器控制电路原理图的一般方法。要准确地分析控制电路的原理，读懂控制电路的功能，需要注意以下几点。

（1）由于控制电路是由一些低压电器按照一定的方式连接而成的，因此首先应掌握各种低压电器的功能、结构和工作原理，以及每个低压电器的内部各部件在控制线路中的连接位置（如交流接触器有切换主电路和欠压保护功能，其主触点接在主电路中，吸引线圈和辅助触点接在控制电路中），并熟悉各低压电器内部不同部件的图形符号。

（2）要读懂控制线路原理图，必须了解控制线路原理图的构成特点。控制线路分为主电路和控制电路，而同一低压电器的不同部件按照其实际的连接位置分散地画在不同的电路中。还要明确在不同的工作阶段，各低压电器的动作是不同的，触点时闭时开，而在原理图中只表示出一种状态（表示起始情况下的位置）。例如，按钮处于没有被按下时的位置，交流接触器各触点的状态是吸引线圈没有通电时的状态。

（3）要掌握继电器接触器控制系统中常用的控制原则，如时间原则、行程原则和顺序控制原则等，实现这些控制原则主要靠相应的控制电器，如时间继电器、行程开关、按钮等。

4.10 安全用电

除了少量大功率电动机使用 3kV 和 6kV 交流电源，绝大多数工业、农业生产和日常生活中都使用低压三相四线制交流电源，其线电压为 380V、相电压为 220V。使用上述电源及电气设备时应特别重视安全用电，使用不当、安装不合理等都可能造成设备事故及人身伤害。因此，要了解安全用电常识、触电方式及急救方法，正确使用各种电气设备。

4.10.1 电流对人体的作用

1. 电流对人体的伤害

人体接触或接近带电体所引起的局部受伤或死亡的现象称为触电。按人体受伤害的程度不同，触电分为电伤和电击两种。

（1）电伤。

电伤是指人体外部受伤，如电弧灼伤、与带电体接触后皮肤红肿，以及在大电流下熔化的金属飞溅到皮肤表面而被烧伤。

（2）电击。

电击是指人体内部器官受到伤害，是由通过人体的电流引起的。人体常因被电击而死亡。实践证明，电击伤人的程度由通过人体的电流强度、电流频率、通过人体的途径、作用于人体的电压、持续的时间长短及触电者的健康状况决定。

人体通过工频电流 1mA 时就会有麻木的感觉，10mA 为摆脱电流；人体通过 50mA 的工频电流一定时间就可致命。电流通过心脏的危险性最大，通电时间越长，触电的伤害程度就越严重。

2. 安全电流及有关因素

实践证明，频率为 25～300Hz 的电流最危险，随着频率的升高，危险性将减小。常见的工频电流，50～60Hz 的危险性最大。

通过人体的电流虽小但时间过长也会有危险，其伤害程度取决于通过人体的电流大小与通电时间的乘积。通常通过人体的电流大小与通电时间的乘积在 30mA·s 以下时，人体不致触电；

若超过 30mA·s，则有触电危险。

3. 安全电压和人体电阻

人体最小电阻一般为 800～1000Ω，皮肤干燥时可达几万欧，而有汗或皮肤破损时电阻迅速减小。根据触电电流和人体电阻，可计算出安全电压为 40V。一般情况下，对地电压低于 40V 为安全电压。但电气设备所在的环境越潮湿，安全电压越低。

我国 GB/T 3805—2008 标准规定，安全电压等级为 42V、36V、24V、12V、6V，可供不同条件下的电气设备选用。一般 36V 以下的电压不会造成人员伤亡，故称 36V 为安全电压。通常机床上的照明用电为 36V，汽车电源电压为 24V 或 12V。

4.10.2 触电方式与触电急救

1. 触电方式

人体的触电方式有单相触电（见图 4.10.1）、两相触电（见图 4.10.2）和电气设备外壳漏电（见图 4.10.3）等多种。

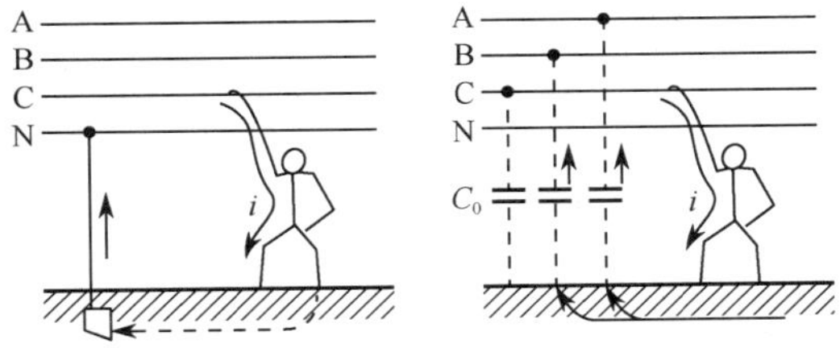

（a）中性点接地　　（b）中性点不接地

图 4.10.1　单相触电

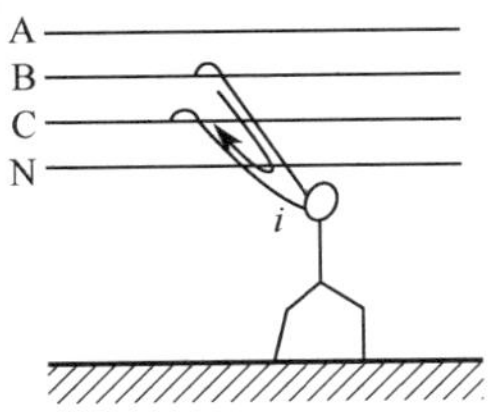

图 4.10.2　两相触电

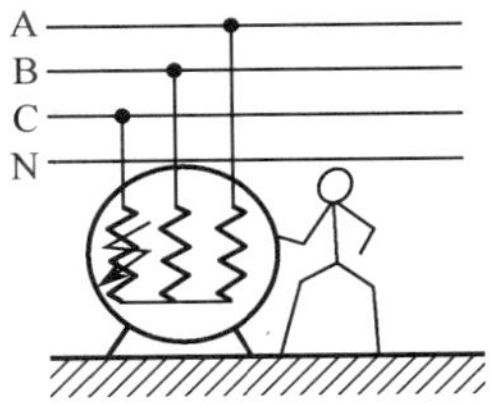

图 4.10.3　电气设备外壳漏电

（1）单相触电。

单相触电可分为三相四线制-中性点接地和三相四线制-中性点不接地两种。

中性点接地的三相四线制单相触电如图 4.10.1（a）所示，人体的一个部位接触一根火线，另一部位接触大地。这样，人体、大地、中线、一相电源绕组形成回路，人体承受相电压，构成三相四线制单相触电。

中性点不接地的三相四线制单相触电如图 4.10.1（b）所示，由于输电线路与大地均属导体，因此两者间存在电容，当人体某部位接触相线时，人体、大地、导体对地电容构成环路，引起触电。这种触电方式的环路电流与对地电容大小有关。导线越长，对地电容越大，对人体的危害越大。

（2）两相触电。

如图 4.10.2 所示，当人的双手或人体的某两个部位接触三相电中的两根相线时，人体承受线电压，环路电阻为人体电阻和接触电阻之和，这时将有一个较大的电流通过人体。这种触电方式是最危险的。

经常发生触电事故的原因如下。

① 人们在某种场合没有遵守安全操作规程，直接接触或过分靠近电气设备的带电部分。

② 不懂电气技术或对电气技术一知半解的人，到处乱拉电线和电灯造成触电。

③ 人体触及因绝缘损坏而带电的电气设备外壳和与之相连的金属构架。

④ 电气设备安装不符合规程要求。

2. 触电急救

当发现有人触电时，应当及时抢救，方法是首先迅速切断电源，或者用绝缘物品（如干木棒、干扁担、干布带、干衣服等）迅速将电源线断开，使触电者脱离电源。如果触电者在高空作业，则还需要预防其在脱离电源时摔下导致摔伤。

当触电者脱离电源被救下以后，如果其只是昏迷，但尚未失去知觉，则应使触电者在空气流通的地方静卧休息，同时请医生前来或送医院诊治。如果触电者只有心跳，呼吸暂时停止，则需要用人工呼吸法进行抢救。

（1）人工呼吸法。

使触电者伸直身体，仰卧在空气流通的地方，解开其衣服及腰带，使其头部尽量后仰，鼻孔朝天，舌根不致阻塞气道，并清理口腔和鼻腔。救护者用一只手捏紧触电者鼻孔，用另一只手的拇指和食指掰开触电者的嘴，紧贴触电者的嘴吹气约 2s 后放松 2s，依次吹气和放松，连续不断地进行。如果掰不开触电者的嘴，则可以捏紧触电者的嘴，紧贴着触电者的鼻孔吹气和放松，以使其嘴张开，如图 4.10.4 所示。

用人工呼吸法抢救触电者时，若触电者有好转的现象（如嘴唇微动、眼皮闪动），则应停止人工呼吸数秒，使其自行呼吸，若触电者还不能完全恢复呼吸，则需要将人工呼吸进行到其能正常呼吸。用人工呼吸法抢救触电者必须坚持长时间进行，在触电者没有呈现出明显的死亡症状以前，切勿轻易放弃。死亡症状应由医生来判断。

（2）胸外挤压法。

触电者有呼吸无心跳时可用胸外挤压法进行抢救。先将触电者平放在地上，并使其头部稍低，救护者站在触电者一侧，将一只手的手掌根放在触电者的胸骨下端，另一只手叠于其上面，依靠救护者的体重，向胸骨下端用力加压，使其陷下 3cm 左右（压力要适当，不能过分用力，否则会压伤触电者）后放松，让触电者胸廓自行弹起，如此有节奏地挤压，每分钟大约 60 次，如图 4.10.5 所示。

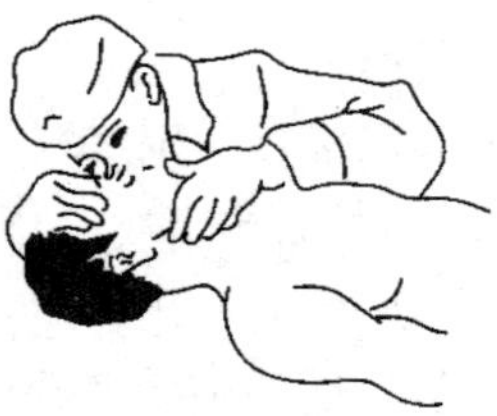

图 4.10.4　人工呼吸法

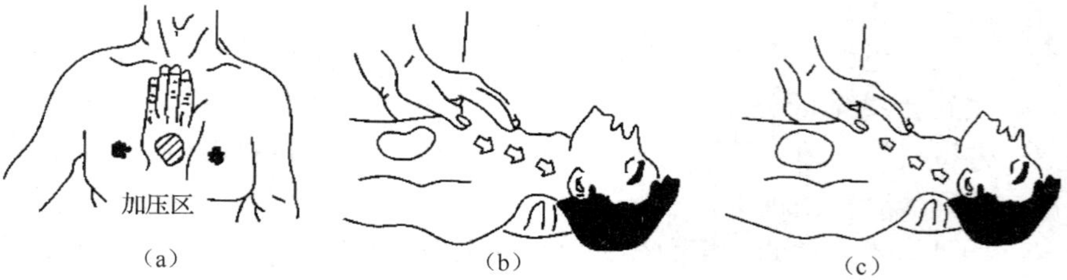

（a）　（b）　（c）

图 4.10.5　胸外挤压法

急救如果有效果，那么触电者的肤色即可恢复，瞳孔缩小，颈动脉搏动可以扪到，自发性呼吸恢复。

当触电者既无心跳又无呼吸时，应同时采用胸外挤压法与人工呼吸法，如图 4.10.6 所示。

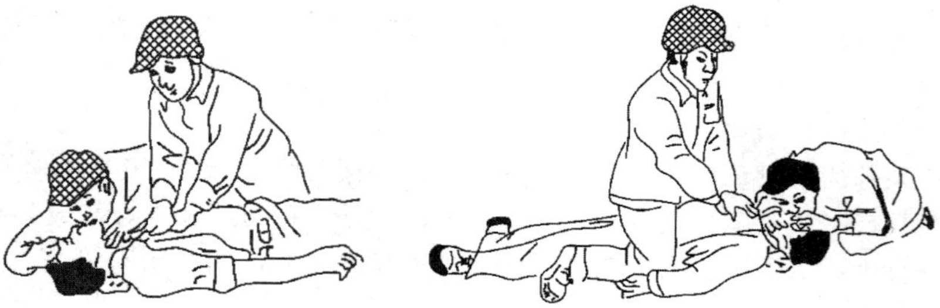

（a）单人操作　（b）双人操作

图 4.10.6　人工呼吸法与胸外挤压法同时进行

4.10.3 保护接地和保护接零

1. 保护接地

（1）工作接地。

为了用电安全，电力系统均将中性点接地，称为工作接地，接地电阻一般小于 4Ω，如图 4.10.7 所示。

（2）保护接地电路。

在无工作接地的系统中，可将电气设备的金属外壳、框架等用接地装置与大地可靠连接，如图 4.10.8 所示。

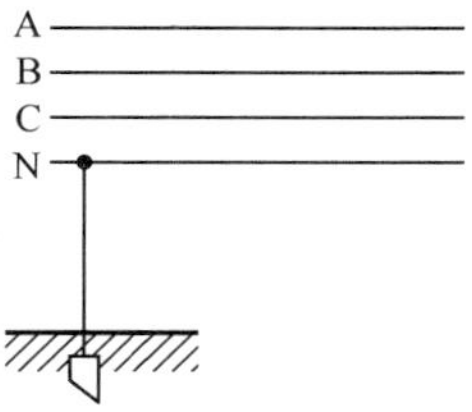

图 4.10.7 工作接地

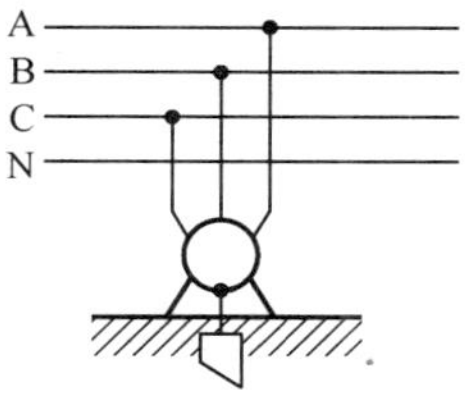

图 4.10.8 保护接地

当设备某相绕组与机壳相碰时，将使机壳带电；当人体与机壳相接触时，因接地电阻很小，远小于人体电阻，电流绝大部分通过接地线入地，从而保护人身安全。

（3）重复接地。

当电源变压器离用户较远时，为防止中线断开或线路电阻过大，应在用户附近将中线再次接地，如图 4.10.9 所示。

2. 保护接零

在有工作接地的系统中，应将电气设备的金属外壳或框架接零线（中线），如图 4.10.10 所示。

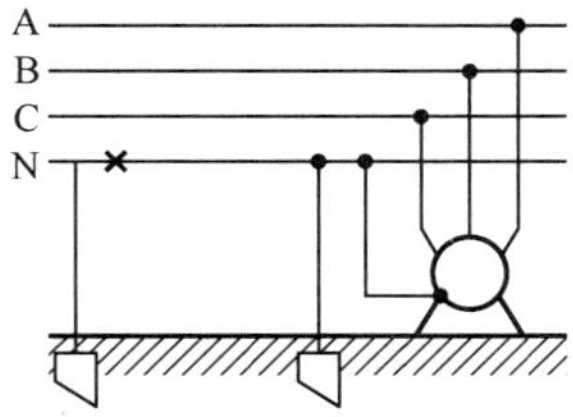

图 4.10.9 重复接地

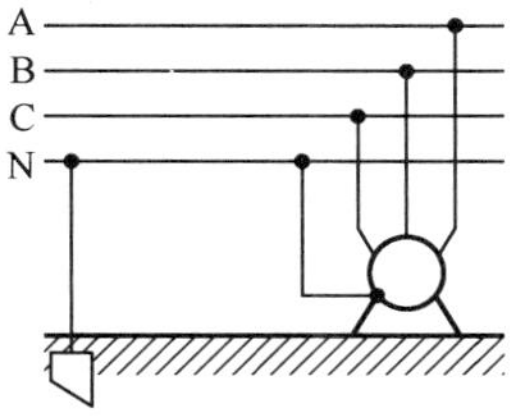

图 4.10.10 保护接零

当设备的某相绕组与机壳相碰而短路时，因有接零保护，所以该相电源会短接，电流会很大，很快将该相熔体熔断而断电。

必须指出，对于中点接地的三相四线制系统，电气设备宜采取保护接零。

在采用保护接地和保护接零时，必须注意以下几点。

（1）不允许在同一电源上把一部分用电设备采用接零保护，另一部分用电设备采用接地保护。因为当机壳接地的设备发生碰壳而开关没断开或保护熔体未动作时，零线与大地间就会出现电压（其高低等于接地短路电流乘以中点的接地电阻），这将使其他接零设备外壳对地有较高的电压，会造成触电。

（2）在采用保护接零时，接零的导线必须牢固，以防脱线。在零线上不允许装熔断器和开关。为使火线碰壳时保护电器可靠动作，要求接零的导线阻抗不能太大。因此，接地装置的安装要严格遵守有关规定，在安装完成后，必须严格检测接地电阻是否合乎要求。

用电器的三线插座与插头：配电箱进线处零线接地，配电箱出线处引出火线（L，相线），工作零线（N）和保护零线也称地线，用“⏚”表示。插座和插头的正确接法如图 4.10.11 所示。

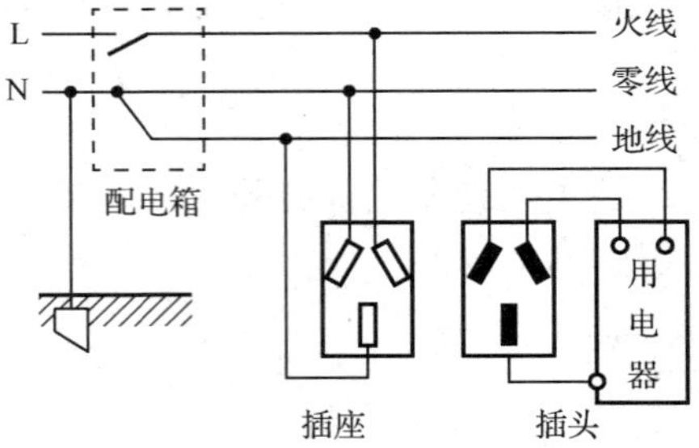

图 4.10.11　插座和插头的正确接法

例 4.10.1　图 4.10.12 所示为一个三相四线制配电网，正常工作时，总配电柜及各相配电箱闸刀开关全部合上，A 相采用接地保护；B 相距离远，采用重复接地保护；C 相采用接零保护；电源中性点有工作接地，试分析回答其中有哪些错误。

（1）若 A 相用电器插头插入插座后发生火线与设备外壳绝缘击穿，则人体将承受的电压是多少？

（2）画出正确的配电网电路图。

解　（1）C 配电箱中的零线上不应装开关与熔断器，当此开关与熔断器断开时，A、B 两相不能正常工作。插座保护接零方法不符合国家标准规定，应将地线接至保护零线上。

B 配电箱与 C 配电箱有同样的错误，即零线上多装了开关与熔断器。

A 相插座采用接地保护是错误的，因为系统已有工作接地。

当 A 相发生绝缘击穿时，外壳与火线相通，相电压加在两根接地线（工作接地线及插座接地线）之间，每个接地电阻为 4Ω，产生 110V 压降，使设备外壳对地有 110V 电压，人体触及设备外壳将造成触电。

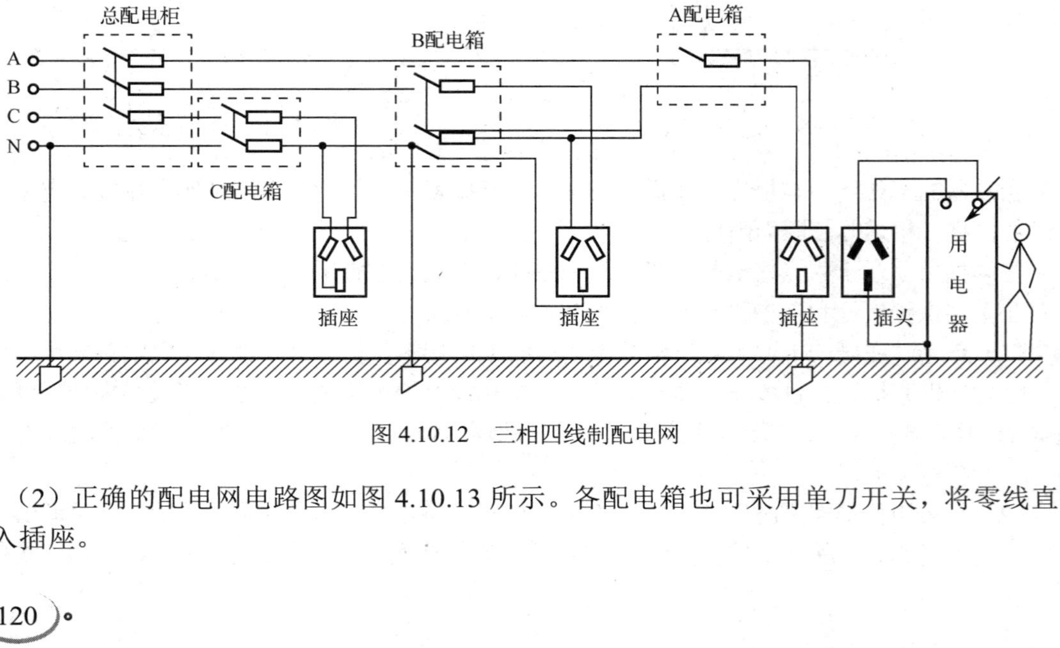

图 4.10.12　三相四线制配电网

（2）正确的配电网电路图如图 4.10.13 所示。各配电箱也可采用单刀开关，将零线直接接入插座。

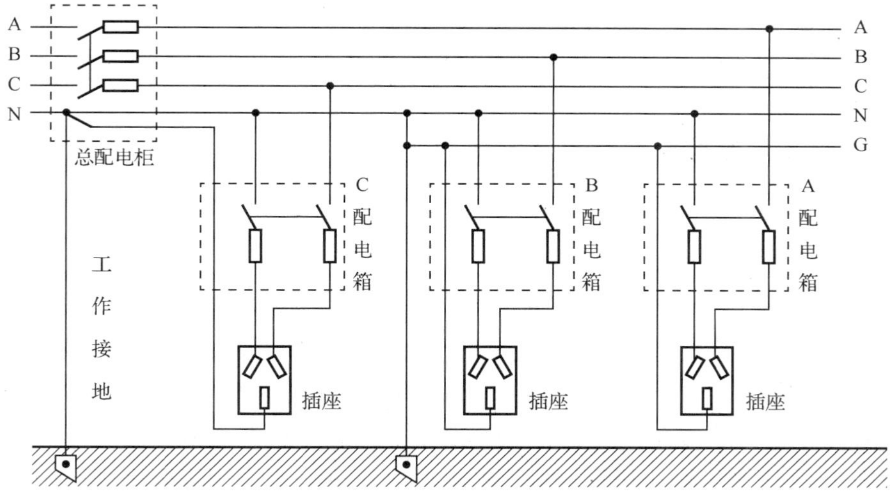

图 4.10.13 正确的配电网电路图

4.10.4 电气防火和防爆

当电气设备发生事故时，很容易引起火灾，甚至爆炸，因此要积极预防。引起电气设备发生火灾或爆炸的原因主要有电气设备内部短路、电路中的开关及触点接触不良、电气设备中的通风设施或散热器件损坏失效、线路或电气设备的绝缘损坏或老化、电气设备严重过载等。

为防止火灾或爆炸的发生，应严格遵守安全操作规程和有关规定。对于易发生火灾或爆炸的危险场所，在使用和安装电气设备时，应选用防爆型、密封型等合适的设备；要定期进行检查，保持电气设备通风良好，排除事故隐患；采用耐火、隔热良好的保护装置等。

4.10.5 静电防护

1. 静电感应

将一个导体放在另一个带电导体的电场中，自由电荷将做瞬间定向移动，立即达到平衡，导体两端各带等量异性电荷，这种现象称为静电感应。

静电是普遍存在的物理现象，其产生的原因有两物体之间互相摩擦、处在电场内的金属物体会感应静电、施加过电压的绝缘体会残留静电。

2. 静电屏蔽

金属导体和金属网能够把外界的电场遮挡住，使其内部不受外界电场的影响，这种现象称为静电屏蔽，如图 4.10.14 所示。

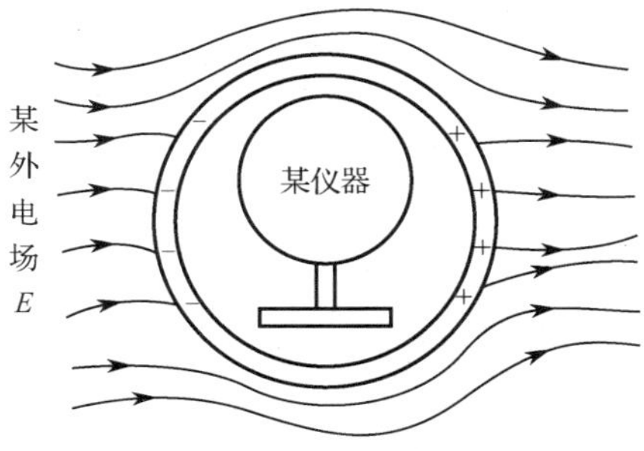

图 4.10.14 空腔导体的静电屏蔽

应用静电屏蔽可以保护仪器、设备免受外电场的影响。例如，为了使某些精密仪器免受外电场的干扰而将其置于金属罩内，某些电子设备、通信电缆电源部分采用屏蔽线，超高压作业时利用均压服等。

3. 防止静电危害的措施

（1）从工艺上控制静电产生。

从工艺上控制静电产生的方法是减少摩擦，如防止传动皮带打滑，降低气体、粉尘和液体的流速等。

（2）接地和泄漏。

为防止静电积累，可通过静电接地装置将静电荷及时泄入大地，将有爆炸危险的建筑物导电地极和生产可燃粉尘的设备及可燃气体的导管接地，泄去设备上的静电荷；增加空气湿度，以消除绝缘体的静电；在绝缘体上采用静电屏蔽罩接地的方法来防止电荷的积累等。最常见的是在运输易燃液体的储罐车上挂接一根铁链。

（3）防雷击。

雷电是自然界中的一种静电放电现象，其特点是电压极高、电流很大、频率较高而时间较短（50～100μs）。各种雷击除直接损害外，还会引起易燃物品发生火灾、爆炸，甚至危及人的生命。对于易受雷击的露天设备、储存容器及仓库等必须安装避雷设备。要避免靠近或接触高处的金属物体或与其相连的金属物体，如栏杆、避雷引下线等。出现雷电时，暂时不要开关电源，与电线及开关的距离至少应保持 2m；不要收听收音机或收看电视机，以免将雷电引入电视机等电子设备，发生爆炸。

习　题　4

4.1　三相异步电动机由几部分组成？旋转磁场是怎样产生的？旋转磁场的转速与哪些因素有关？如何改变旋转磁场的转速？转子转速为何低于旋转磁场的转速？如何改变电动机的转速？

4.2　某三相异步电动机在额定状态下运行，转速为 1430r/min，电源频率为 50Hz，求：

（1）电动机的磁极对数 P。

（2）额定转差率 S_N。

4.3　异步电动机的转差率有何意义？试说明下列几种情况下电动机的运行状态。

（1）$S=1$　（2）$S=0$　（3）$0<S<1$　（4）$S<0$　（5）$S>1$

4.4　异步电动机为什么启动电流大而启动转矩并不大？

4.5　三相异步电动机的启动方法有几种？有哪些调速方法？常用的制动方法有几种？

4.6　直流电动机由几部分组成？如何改变直流电动机的转向？

4.7　直流电动机按励磁方式分为几类？

4.8　熔断器和热继电器分别起什么保护作用？两者能否互相取代？

4.9　交流接触器由哪些部件组成？具有哪些功能？

4.10　通电延时与断电延时有什么区别？

4.11　试设计一个单相简单继电器接触器控制电路，使三相鼠笼式异步电动机控制线路具有启动、停止、自锁、短路和过载保护功能。

4.12　将题图 4.1 所示控制线路中的错误改正。

4.13　指出题图 4.2 所示异步电动机正/反转控制线路中的错误，并分析由此产生的后果。

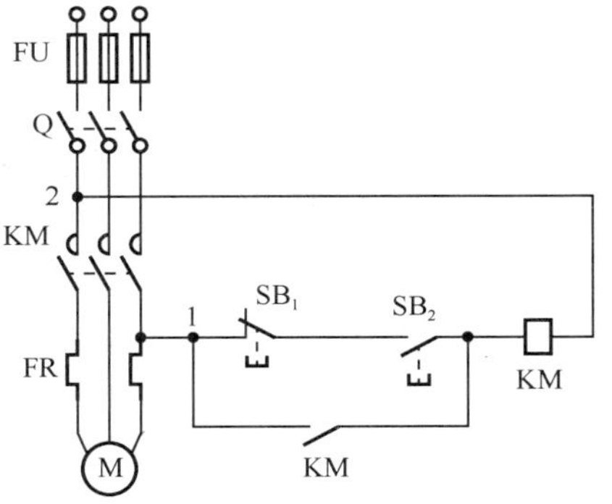

题图 4.1　习题 4.12 的图

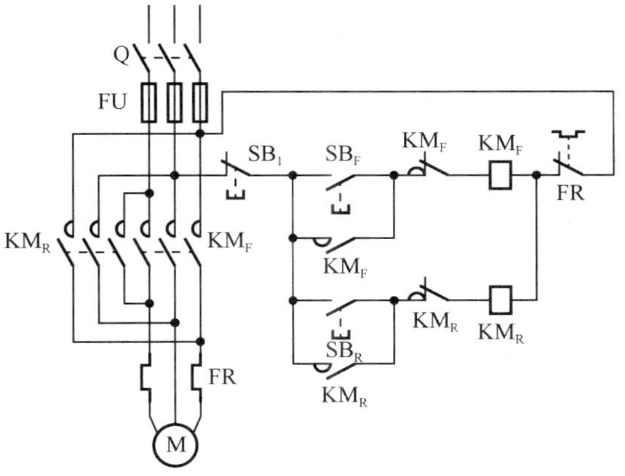

题图 4.2　习题 4.13 的图

4.14　人体触电的伤害程度与哪些因素有关？

4.15　常见的触电形式有哪些？单相触电和两相触电哪个更危险？为什么？

4.16　触电时如何进行急救？

4.17　什么叫保护接地和保护接零？保护接地和保护接零各应用在哪种供电系统中？

4.18　在同一供电系统中，为什么只能采取一种接地（或接零）保护方式？

4.19　照明灯开关是接到灯的相线端安全还是接到工作零线端安全？为什么？

4.20　有人为了安全，将家用电器的外壳接到自来水管或暖气管上，这样能保证安全吗？为什么？

4.21　题图 4.3 所示为刀开关的三种接线图，哪种接法正确？

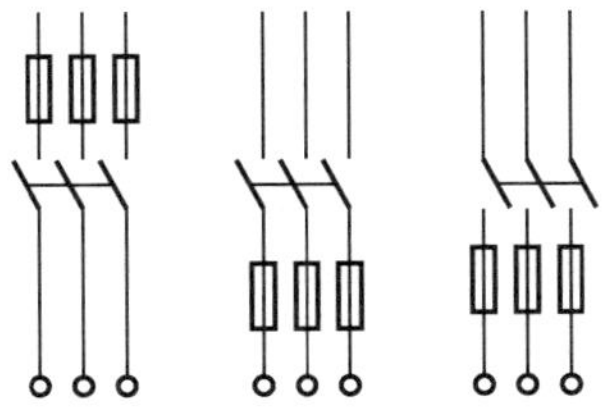

题图 4.3　习题 4.21 的图

4.22　电气设备如何防火和防爆？

4.23　什么是静电感应和静电屏蔽？

4.24　为什么静电容易引起易燃易爆环境发生火灾或爆炸？

4.25　防止静电危害的基本方法有哪些？

第二部分　模拟电子电路

第 5 章　常用半导体器件

5.1　半导体基本知识及 PN 结

在自然界中，按导电能力的强弱，物质可分为三大类：导电能力特别强的物质称为导体，如金、银、铜、铝等一般金属，它们的原子结构最外层电子数量小于 4，易失去；导电能力非常弱，几乎可以看作不导电的物质称为绝缘体，如橡胶、陶瓷、胶木等，它们的原子结构最外层电子数量大于 4，不易失去；导电能力介于导体和绝缘体之间的物质称为半导体，如硅、锗、硒等，它们的原子结构最外层电子数量等于 4。用来制造半导体器件的材料以硅和锗较普遍。半导体器件是用半导体材料制成的，最简单的半导体器件有晶体二极管（简称二极管）、晶体三极管（简称三极管或晶体管）和场效应管等，它们是构成集成电路的基本单元。

半导体具有独特的导电特性。

（1）光敏性。半导体受光照射，电阻率会显著减小，利用这一特性可制作光敏电阻和光敏三极管。

（2）热敏性。半导体的电阻率随温度的升高而显著减小，利用这一特性可制作热敏电阻。

（3）杂敏性。在纯净的半导体（如硅）中加入微量（亿分之一）的杂质（如磷），电阻率就会减小为原来的几百分之一。这是半导体最显著、最突出的特性，利用这一特性可制作各种半导体器件。

1. 本征半导体

非常纯净、不含杂质的半导体称为本征半导体，硅矿石（或锗矿石）经过提炼可以得到本征硅（或本征锗）半导体。硅（或锗）原子结构最外层电子分别与相邻 4 个原子结构最外层的其中一个电子组成共价键结构，如图 5.1.1 所示。每个价电子受到相邻两个原子核的束缚，因此其导电能力弱。当受到光照或加热时，共价键中的少数电子获得足够的能量而跳出共价键成为自由电子，留下的空位置称为空穴，这种现象称为热（本征）激发，由光或热激发的电子与空穴成对产生，如图 5.1.2 所示。电子带负电，空穴带正电，它们都是携带电荷的粒子，统称为载流子。空穴电子对又会复合而消失，本征半导体中载流子的数量很少，导电能力弱，不能直接用来制作半导体器件。

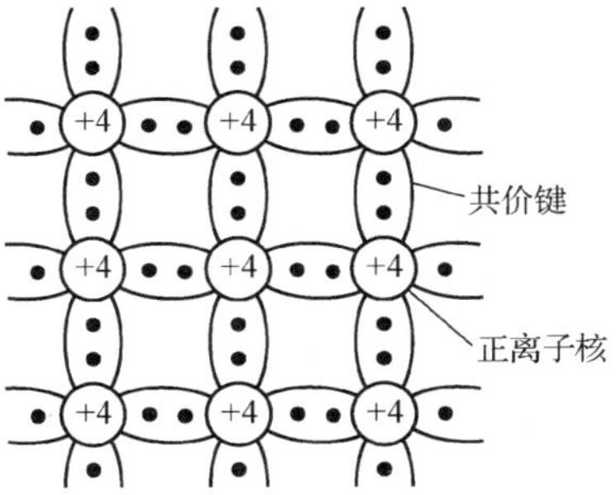

图 5.1.1　硅晶体的共价键结构示意图

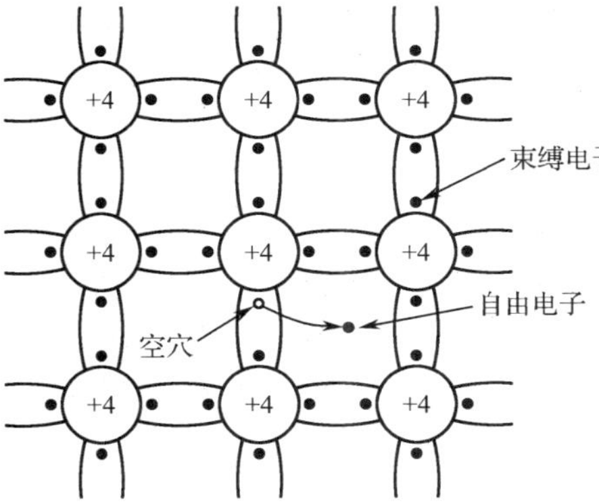

图 5.1.2　本征激发产生空穴电子对

2. N 型半导体和 P 型半导体

在本征半导体中掺入微量的有用杂质，就可以形成导电能力大大增强的杂质半导体。杂质半导体是制作半导体器件的基本材料，按掺入杂质的不同，杂质半导体可以分为 N 型半导体和 P 型半导体。

（1）N 型半导体。

在本征半导体中加入微量的 5 价元素（如磷）形成 N 型半导体，如图 5.1.3 所示。磷原子的 5 个价电子有 4 个与硅原子以共价键结合，多出一个价电子，其受磷原子的束缚力很小，只要很小的能量便可以成为自由电子。可见，掺入磷原子的结果是自由电子大量增加，自由电子成为多数载流子，热激发使共价键中的电子跳出，而留下的空穴是少数载流子。掺杂使 N 型半导体的导电能力显著增强。

（2）P 型半导体。

在本征半导体中加入微量的 3 价元素（如硼）形成 P 型半导体，如图 5.1.4 所示。硼原子的 3 个价电子与附近的硅原子形成 3 个完整的共价键，还有一个共价键因缺少一个电子而多出一个空穴，使 P 型半导体中的空穴大量增加，空穴成为多数载流子，由于光或热激发产生的自由电子为少数载流子。

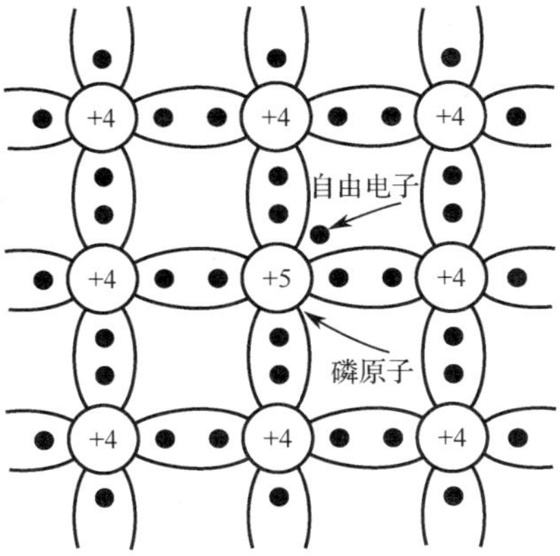

图 5.1.3　N 型半导体的共价键结构

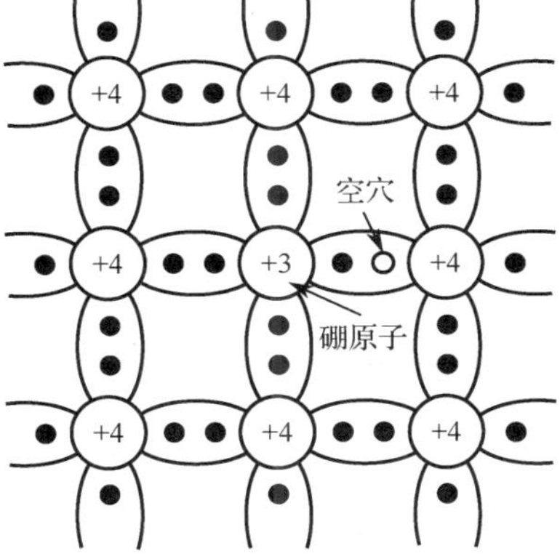

图 5.1.4　P 型半导体的共价键结构

应当注意：①杂质半导体中多数载流子的数量（浓度）主要由掺杂浓度决定，少数载流子的数量（浓度）与光照或温度有关；②N 型半导体和 P 型半导体都不是带电体，对外不显电性，因为掺杂过程中既不丧失电荷，又不从外界得到电荷。

3. PN 结及其单向导电性

（1）PN 结。

P 型半导体或 N 型半导体的导电能力虽然大大增强，但它们还不是我们常说的半导体器件。所谓半导体器件，通常是指采用特殊的制造工艺，在一块完整的本征半导体硅或锗上，一边掺入微量的 5 价元素，形成 N 型半导体；一边掺入微量的 3 价元素，形成 P 型半导体。在 N 型半导体和 P 型半导体的交界面上，形成一个具有特殊电性能的薄层——空间电荷区，称为 PN 结，如图 5.1.5 所示。PN 结是半导体器件的核心。

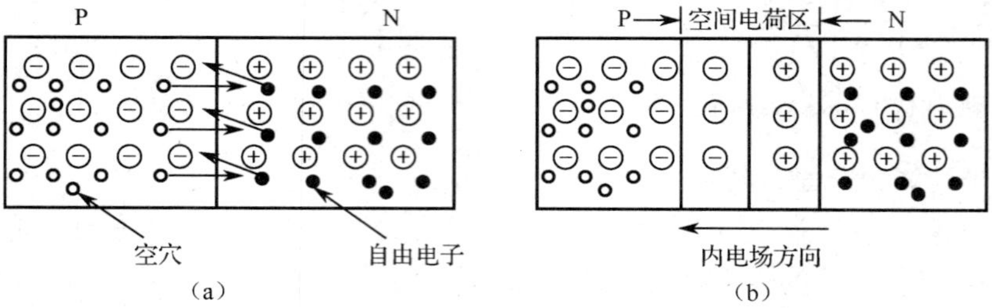

图 5.1.5　PN 结的形成

（2）PN 结的单向导电性。

① PN 结正偏。

P 端接电源的正极，N 端（通过小灯泡）接电源的负极称为 PN 结正偏，如图 5.1.6 所示。这时灯泡会正常发光，PN 结如同开关闭合，呈现很小的电阻，称为导通状态。

② PN 结反偏。

P 端（通过小灯泡）接电源的负极，N 端接电源的正极称为 PN 结反偏，如图 5.1.7 所示。这时灯泡不亮，PN 结如同开关被打开，呈现很大的电阻，称为截止状态。当反向电压升高到一定程度时，PN 结会发生击穿而损坏。

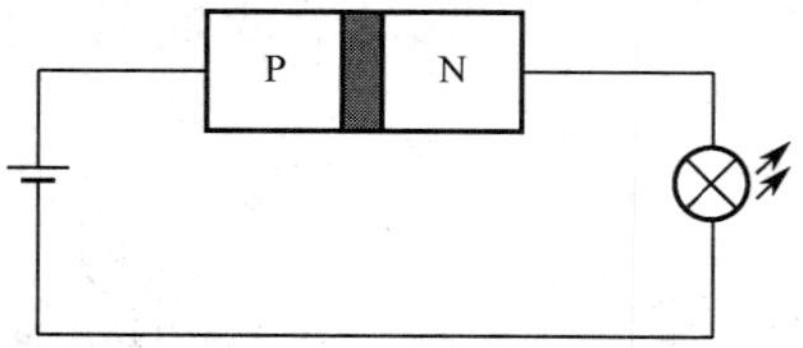

图 5.1.6　PN 结正偏

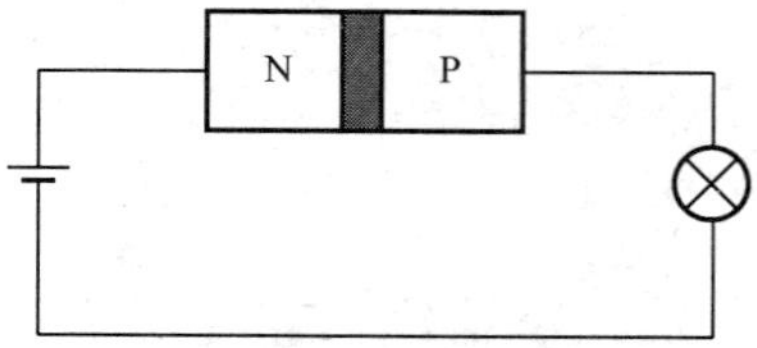

图 5.1.7　PN 结反偏

注意：PN 结的单向导电性只有在外加电压时才会显现出来。

5.2　二极管

5.2.1　二极管的基本结构

二极管由管芯、管壳和两个电极构成，管芯就是一个 PN 结，接 P 端的电极为阳极，接 N 端的电极为阴极。按材料不同，二极管可分为硅管和锗管两类；按管芯结构不同，二极管可分为点接触型、面接触型和平面型三类，如图 5.2.1 所示。

点接触型二极管的 PN 结面积小，通过的电流小，结电容小，适用于高频电路和开关电路。

面接触型二极管的 PN 结面积大，允许通过的电流较大，结电容大，适用于低频整流电路。平面型二极管采用光刻工艺制成，这种二极管的 PN 结面积较大时，可以通过较大的电流，适用于大功率整流电路；当其 PN 结面积较小时，可以通过的电流小，结电容也小，适用于在数字电路中用作开关管。

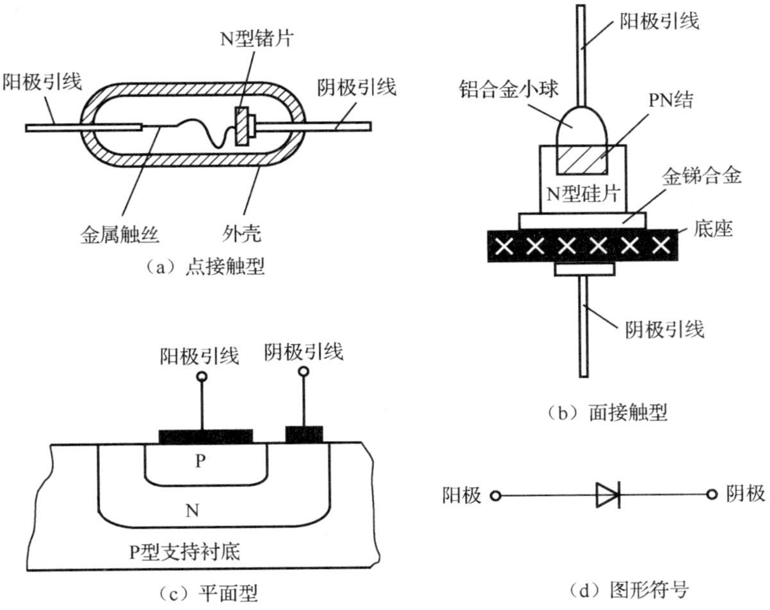

图 5.2.1　二极管的结构及图形符号

5.2.2　二极管的伏安特性

二极管的伏安特性是指加在二极管两端的电压和流过二极管的电流之间的关系，用于定量描述这两者之间关系的曲线称为二极管的伏安特性曲线。通过实验或测试仪可以得到硅二极管的伏安特性曲线，如图 5.2.2 所示。从曲线的变化规律可以看出，二极管的伏安特性可以分为两大区域。

（1）正向区，二极管正偏，即 $U>0$。

（2）反向区，二极管反偏，即 $U<0$。

两个区坐标的标注不在同一数量级上，电压、电流不按比例变化，这说明二极管是非线性器件。

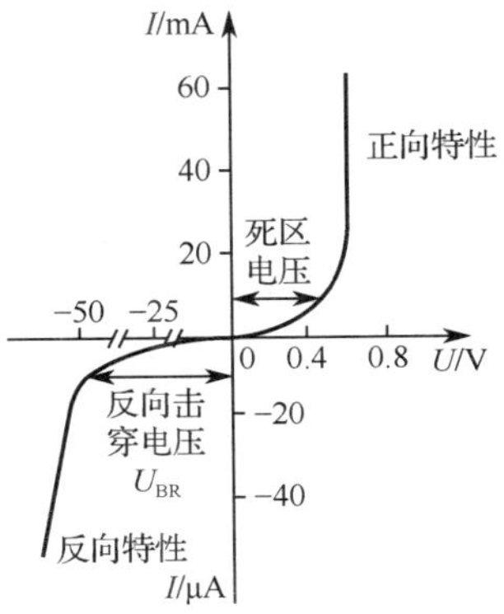

图 5.2.2　硅二极管的伏安特性曲线

在二极管两端加正向电压时，产生正向电流。从伏安特性曲线中可以看到，当外加正向电压很低时，正向电流很小，几乎为零。二极管呈现的电阻较大，此时二极管并不导通，这个区域通常称为死区。当二极管两端的正向电压超过一定数值（锗管约为 0.1V，硅管约为 0.5V）以后，内电场被大大削弱，二极管的电阻变得很小，正向电流增长很快。二极管正向导通且电流不太大时，硅管的正向压降为 0.5～0.7V，锗管的正向压降为 0.1～0.3V。

在二极管两端加反向电压时，形成很小的反向电流。在相当大的反向电压范围内，反向电流是一个很小的不变值，这个电流称为反向饱和电流。反向饱和电流越大，管子的热稳定性越差。一般硅管的反向饱和电流比锗管的小得多，故硅管的热稳定性比锗管的好得多。

当反向电压升高到某一数值时，反向电流急剧增大，二极管失去单向导电性，这种现象称为二极管的反向击穿，此时加在二极管上的反向电压称为反向击穿电压 U_{BR}。

击穿有雪崩击穿、齐纳击穿和热击穿之分，前两种又称为电击穿。发生电击穿时，只要反向电流和反向电压的乘积（PN 结的耗散功率）不超过 PN 结允许的耗散功率，PN 结一般就不会烧毁，反向电压撤销后，二极管仍能正常工作。而热击穿则是一种破坏性击穿，当反向电压过高、反向电流过大时，PN 结的耗散功率超过允许值，引起结温升高，载流子增多，反向电流增大，结温继续升高，如此循环，直到二极管过热而烧毁。

5.2.3　二极管的主要参数

二极管的参数是定量描述二极管性能优劣的质量指标，主要参数如下。

（1）最大整流电流 I_F。它是指二极管长时间工作时，允许通过的最大正向平均电流，由 PN 结的面积和散热条件决定。实际应用时，流过二极管的平均电流不能超过最大整流电流 I_F，超过此值管子将因过热而损坏。

（2）最高反向工作电压 U_{RM}。它是指二极管工作时，允许加的最高反向电压，超过此值后，值二极管就有被反向击穿的危险。通常器件手册上给出的最高反向工作电压约为反向击穿电压 U_{BR} 的一半。

（3）反向电流 I_R。它是指二极管未被击穿时的反向电流值。反向电流小，说明二极管的单向导电性能好。反向电流 I_R 对温度很敏感，因此在使用二极管时，要注意温度的影响。

5.2.4　二极管的测试

二极管测试包含两项内容：判断二极管的正负极性，判断其性能好坏。当用指针式万用表测试小功率二极管时，应选“$R\times100$”或“$R\times1k$”挡。因为“$R\times1$”和“$R\times10$”挡的内电阻小，流过管子的电流大，正向电流过大容易烧坏管子。而“$R\times10k$”挡的内部电压高（一般为 12V 或 15V），易发生反向击穿。用黑表笔（电源正极）接二极管的正极（阳极），红表笔（电源负极）接二极管的负极（阴极）时，二极管正向导通，正向电阻约为几百欧。反之，用红表笔接二极管的正极，黑表笔接二极管的负极，二极管反向截止，反向电阻在几百千欧以上。阻值在这个范围内，管子的性能正常。若其正向电阻和反向电阻均趋于无穷大，则说明管子内部断开；若正向电阻和反向电阻均为零，则说明管子内部短路；若正向电阻和反向电阻接近，则说明二极管的性能严重恶化。

当用数字式万用表测试二极管时，用红表笔接二极管的正极，黑表笔接二极管的负极，数字式万用表直接显示二极管的正向压降。

5.2.5　稳压二极管

1. 稳压二极管的特性

稳压二极管的作用是稳定电压，它是利用特殊工艺制造的面接触型硅二极管，其伏安特性曲线及图形符号如图 5.2.3 所示。

由图 5.2.3 可见，稳压二极管的正向特性与普通二极管的相似，而反向击穿区非常陡直。稳压二极管就工作在反向击穿区，但这种击穿不是破坏性的，只

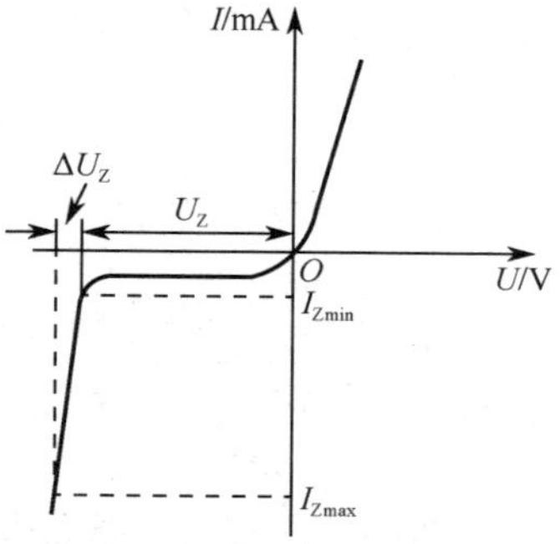

（a）伏安特性曲线

（b）图形符号

图 5.2.3　稳压二极管的伏安特性曲线及符号

要在电路中串联一个适当的限流电阻，就能保证稳压二极管工作于可逆的电击穿状态，而不会达到热击穿使管子烧毁。在电击穿状态下，通过管子的电流在很大范围内变化，管子两端的电压几乎不变，利用这一点可以达到稳定电压的目的。在实际电路中，稳压二极管必须接在待稳定的电压两端。

2. 稳压二极管的主要参数

（1）稳定电压 U_Z。它是指稳压二极管中的电流为规定的测试电流（如 10mA）时，稳压二极管两端的电压。由于制造工艺的原因，即使同一型号的稳压二极管，其稳定电压也具有一定的分散性，如 2CW11 型稳压二极管的稳定电压为 3.2～4.5V，2CW14 型稳压二极管的稳定电压为 6～7.5V。

（2）稳定电流 I_Z。稳定电流只是稳压二极管正常工作时的参考电流，但对于每种型号的稳压二极管，都规定了一个最大稳定电流 I_{Zmax} 和最小稳定电流 I_{Zmin}。当其实际工作电流小于 I_{Zmin} 时，稳压二极管可能工作于反向截止状态；当其实际工作电流大于 I_{Zmin} 时，稳压二极管有可能被烧毁。在 I_{Zmin}～I_{Zmax} 范围内，稳压二极管的实际工作电流越大，稳压效果越好。

（3）动态电阻 r_Z。动态电阻是稳压二极管端电压的变化量与相应电流变化量的比值，即稳压二极管的动态电阻越小，反向伏安特性曲线越陡，稳压性能越好，一般为几欧至几十欧。

（4）额定功耗 P_Z。它是由稳压二极管的允许温升决定的参数，其数值为稳定电压和允许的最大稳定电流的乘积。

3. 稳压二极管稳压电路

图 5.2.4 所示为稳压二极管稳压电路，由稳压二极管和电阻构成。其中，电阻称为限流电阻，作用是使流过稳压二极管的电流小于 I_{Zmax}，保证稳压二极管安全工作。由于负载与稳压二极管并联，因此又称该电路为并联稳压电路。

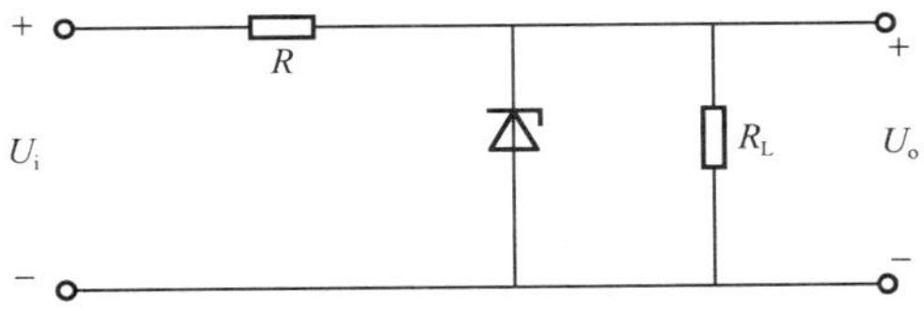

图 5.2.4 稳压二极管稳压电路

引起电压不稳定的原因是电网电压波动和负载变化，稳压电路的作用是保证负载上的电压稳定。当负载不变而电网电压升高时，负载上（稳压二极管两端）的电压也升高，由其特性可知，管内电流将显著增大，使限流电阻上的电流（I_Z+I_L）和压降增大，从而限制了输出电压（U_o=U_i−U_R）的升高。若电网电压不变，只有负载电流增大，则限流电阻上的压降增大，使 U_o 降低，稳压二极管的电流显著减小，从而使流过限流电阻的电流和限流电阻上的压降减小，因此输出电压保持稳定。可见，限流电阻还具有调压的作用。同理，若电网电压降低（或负载电流减小），则变化过程相反。

5.3 三极管

三极管也称双极型三极管，它的发明引起了电子技术的一场革命，在现代生产、科研、生活及各方面获得了极其广泛的应用。它最主要的用途是可以对信号进行放大。几种三极管的外形如图 5.3.1 所示。

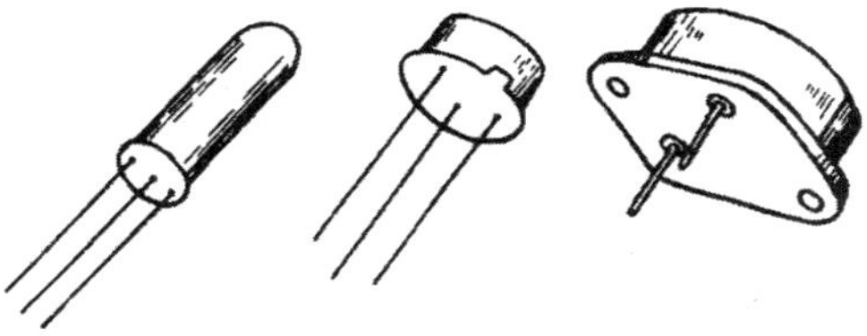

图 5.3.1 几种三极管的外形

5.3.1 三极管的基本结构

三极管的结构示意图和图形符号如图 5.3.2 所示。它由两个 PN 结、三个区组成，这三个区分别称为发射区、基区和集电区。各区引出一个电极，相应地称为发射极（简称射极）、基极和集电极，分别用字母 E、B、C 表示。发射区与基区交界处的 PN 结称为发射结，记作 BE 结；集电区与基区交界处的 PN 结称为集电结，记作 BC 结。

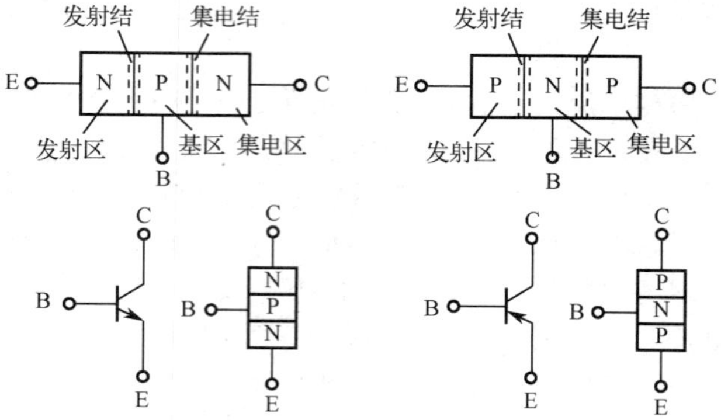

（a）NPN型　　（b）PNP型

图 5.3.2　三极管的结构示意图和图形符号

在图 5.3.2 中，发射极的箭头表示给 PN 结加正向电压时的电流方向。一个功能完好的三极管必须满足以下条件。

（1）发射区掺杂浓度最高，作用是发射载流子。

（2）基区必须做得很薄（微米级），掺杂浓度最低，作用是传输和控制载流子。

（3）集电区的体积做得最大，作用是收集载流子。

三极管的种类很多，按功率不同可分为小功率管、中功率管和大功率管，按工作频率不同可分为低频管和高频管，按管芯材料不同可分为硅管和锗管，按结构不同可分为 PNP 型管和 NPN 型管。

5.3.2 三极管的电流分配和放大作用

1. 三极管具有放大作用的条件

三极管正常放大时，外加电压必须满足：①发射结外加正向电压，即 P 区较 N 区为正；②集电结外加反向电压，即 P 区较 N 区为负。

2. 三极管的电流分配和放大原理

为了了解三极管的电流分配和放大作用，可以先做一个实验，实验电路如图 5.3.3 所示。NPN 型管组成的放大器外加电压满足放大条件，基极电流 I_B、集电极电流 I_C、发射极电流 I_E 的方向如图 5.3.3 中的箭头所示，从电源的正极经管子到电源的负极。

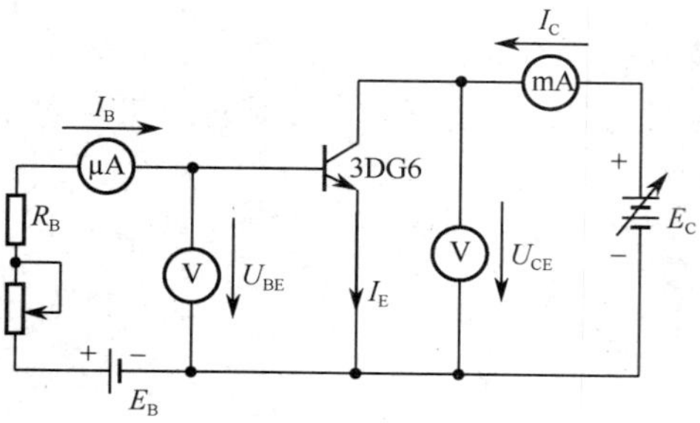

图 5.3.3　测量三极管特性的实验电路

调节可变电阻的阻值，可改变 I_B，并得到与之对应的集电极电流 I_C、发射极电流 I_E，测量结果如表 5.3.1 所示。

表 5.3.1　测量结果

I_B/mA	0	0.01	0.02	0.03	0.04	0.05
I_C/mA	0.001	0.52	1.04	1.59	2.08	2.60
I_E/mA	0.001	0.53	1.06	1.62	2.12	2.65

由测量结果可得出如下结论。

（1）三极管三个电流的每组数据都满足以下关系：

$$I_E=I_B+I_C\ （I_C \gg I_B） \tag{5.3.1}$$

式（5.3.1）表明了三极管电流的分配规律，即发射极电流等于基极电流和集电极电流之和，无论是 NPN 型管还是 PNP 型管均满足这一规律。在图 5.3.3 中，可以把三极管看作一个节点，这三个电流的关系满足基尔霍夫电流定律，即流入管子的电流之和等于流出管子的电流之和。

（2）基极电流 I_B 增大时，集电极电流 I_C 相应成比例增大。当三极管接成共发射极电路且工作于静态（无交流信号输入）时，集电极电流 I_C（输出电流）与基极电流 I_B（输入电流）的比值称为共发射极静态（直流）电流放大系数，用 $\overline{\beta}$ 表示：

$$\overline{\beta}=\frac{I_C}{I_B} \tag{5.3.2}$$

（3）基极电流 I_B 的小变化可以引起集电极电流 I_C 的大变化，即基极电流 I_B 对集电极电流 I_C 具有小量控制大量的作用，这就是三极管的电流放大作用。若基极电流 I_B 的变化量为 ΔI_B，它引起的集电极电流的变化量为 ΔI_C，则 ΔI_C 与 ΔI_B 的比值称为动态（交流）电流放大系数（β），即

$$\beta=\frac{\Delta I_C}{\Delta I_B} \tag{5.3.3}$$

显然，$\overline{\beta}$ 和 β 的含义是不同的，$\overline{\beta}$ 反映三极管静态工作时的电流放大特性，β 反映三极管动态工作时的电流放大特性。但在三极管输出特性曲线比较平坦，且各条曲线间距相等的条件下，可以认为 $\overline{\beta}\approx\beta$。

在一般放大电路中，通常选用 β=30～80 的三极管为宜。

（4）当基极电流 I_B=0 时，I_C=0.01mA，这个微小的集电极电流称为穿透电流，用 I_{CEO} 表示，此值越小，三极管的质量越好。

下面用载流子在三极管内部的运动规律来解释上述结论。

如图 5.3.3 所示，由于给发射结加了正向电压，因此发射区的多数载流子（自由电子）很容易越过发射结扩散到基区，并由电源不断向发射区补充自由电子，形成发射极电流 I_E。由于基区很薄，而且空穴浓度很低，因此扩散到基区的自由电子仅有少部分与空穴复合，E_B 从基区拉走相应的自由电子，形成基极电流 I_B。大多数自由电子在浓度差作用下继续向集电结扩散，由于集电结反向偏置，因此从基区扩散来的自由电子很容易漂移过集电结到达集电区，被集电区收集形成集电极电流 I_C。故基极电流 I_B 远远小于集电极电流 I_C，而近似等于发射极电流 I_E。

5.3.3　三极管的特性曲线

三极管的特性曲线用来表示其各极电压和电流之间的关系，反映了三极管的性能，是分析放大电路的重要依据，最常用的是采用共发射极接法时的输入特性曲线和输出特性曲线。这些特性曲线可用三极管特性图示仪直观地显示出来，也可通过如图 5.3.3 所示的实验电路进行测绘。实验电路中用的是 NPN 型硅管 3DG6。

1. 输入特性曲线

输入特性曲线是指当集射极电压 u_{CE} 为常数时，输入电路（基极电路）中基极电流 i_B 与基射极电压 u_{BE} 之间的关系曲线，即 $i_B = f(u_{BE})|_{u_{CE}=常数}$，如图 5.3.4 所示。

因为发射结相当于一个二极管，所以三极管的输入特性与二极管的输入特性相似，也是非线性关系，同样存在死区和正向区。硅管的死区电压约为 0.5V，锗管的死区电压为 0.1～0.3V。硅管的正向工作电压约为 0.7V，锗管的正向工作电压约为 0.3V。

对硅管而言，当 u_{CE}≥1V 时，集电结反向偏置，并且内电场足够强，而基区又很薄，可以把从发射区扩散到基区的自由电子中的绝大部分拉入集电区。如果此时继续升高 u_{CE}，则只要 u_{BE} 保持不变（从发射区发射到基区的自由电子数一定），i_B 也就不再明显变化。也就是说，u_{CE}>1V 后的输入特性曲线基本上是重合的。因此，通常只画出 u_{CE}≥1V 的输入特性曲线。

2. 输出特性曲线

输出特性曲线是指当基极电流 i_B 为常数时，输出电路（集电极电路）中集电极电流 i_C 与集射极电压 u_{CE} 之间的关系曲线，即 $i_C = f(u_{CE})|_{i_B=常数}$，如图 5.3.5 所示。

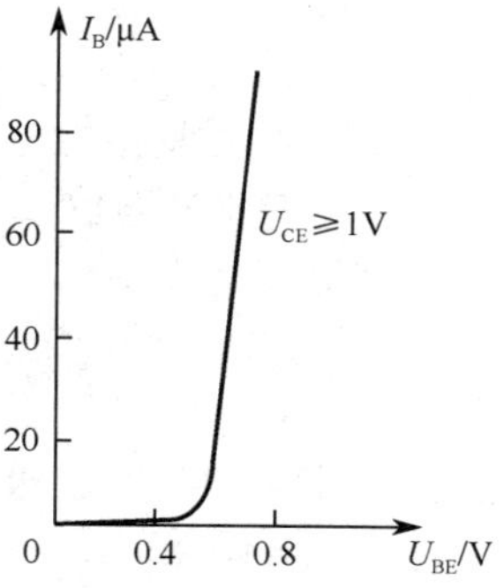

图 5.3.4　三极管的输入特性曲线

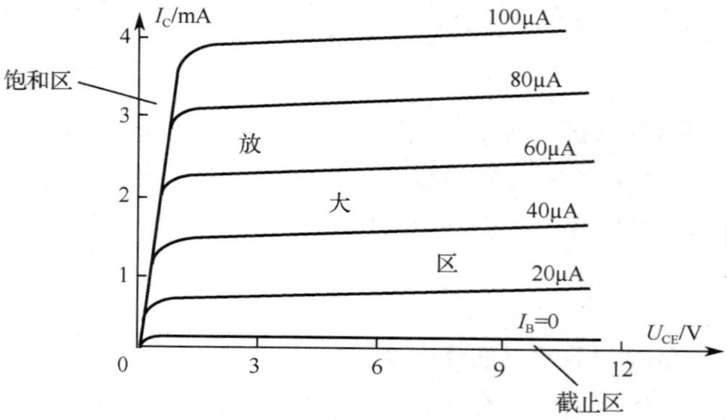

图 5.3.5　三极管的输出特性曲线

由图 5.3.5 可得出以下结论。

（1）每条特性曲线对应不同的基极电流，即在相同的 u_{CE} 作用下，改变基极电流 i_B 可以改变集电极电流 i_C。

（2）输出特性可分为三个区，对应三极管的三种工作状态。

① 截止区（截止状态）：i_B=0 曲线以下区域，在截止区内，管子的外加电压使发射结和集电结均反偏，i_E、i_C 基本为 0，管子失去放大能力。如果把三极管当作一个开关，则此时开关处于断开状态。对硅管而言，当 u_{BE}<0.5V 时，管子即已开始截止，但是为了可靠截止，常使 u_{BE}≤0。

② 饱和区（饱和状态）：在输出特性曲线中，i_C 上升部分拐弯点的连线与纵轴之间的区域。在饱和区内，管子的外加电压使发射结和集电结均正偏，i_C 不受 i_B 的控制，管子失去放大作用。如果把三极管当作一个开关，则此时开关处于闭合状态。在饱和状态下，集电极、发射极间的电压用 U_{CES} 表示，它通常低于 1V。

③ 放大区（放大状态）：输出特性曲线的中间平坦区域，一般 u_{CE}>1V。外加电压使发射结正偏，集电结反偏。放大区的特点：①i_C 受 i_B 的控制，输出电流的变化量 Δi_C 是输入电流变化量 Δi_B 的 β 倍，即管子有电流放大作用；②该段输出特性曲线与横轴近似平行，随着 u_{CE} 的升高，曲线微微上翘，显然 i_C 不受 u_{CE} 的控制，因此三极管是一个受电流 i_B 控制的电流源。

需要说明的是，当将三极管用作放大器时，外加的偏置电压应保证其工作在放大状态，即发射结正偏，集电结反偏；在脉冲数字电路中，三极管用作开关，此时，外加的偏置电压应保证其工作在截止状态（开关断开）或饱和状态（开关闭合）。

5.3.4　三极管的主要参数

三极管的参数是用来评价三极管质量优劣和选用三极管的依据，也是计算和调整电路不可缺少的数据。了解这些参数的意义，对于合理使用和充分利用三极管是十分必要的。

（1）电流放大系数（有时写成 h_{fe}）：反映基极电流对集电极电流的控制能力，即电流放大能力。

（2）极限参数：三极管正常工作时允许的电流、电压和功率的极限值。如果超过这些数值，则管子将不能正常工作。

① 集电极最大允许电流 I_{CM}：当集电极电流 i_C 增大时，电流放大系数 β 会减小，规定使 β 减小到正常值的 1/2～2/3 时的集电极电流。在实际使用中，若 $i_C>I_{CM}$，则也可能不会损坏三极管，但其 β 值会显著减小，甚至有烧坏管子的可能。

② 集射极反向击穿电压 $U_{(BR)CEO}$。基极开路时，集电极和发射极之间的最高允许电压。当三极管的集射极电压 $U_{CE}>U_{(BR)CEO}$ 时，将导致管子击穿损坏。器件手册中给出的 $U_{(BR)CEO}$ 一般是常温（25℃）时的值，温度升高时，三极管的 $U_{(BR)CEO}$ 值将降低，使用时应特别注意。

③ 集电极最大允许耗散功率 P_{CM}：三极管因受热而引起的参数变化不超过允许值时，集电极消耗的最大功率。由于集电结是反向连接的，电阻很大，因此集电极电流在流过集电结时会产生热量，使集电结温度上升。根据管子工作时允许的集电结最高温度，定出集电极最大允许耗散功率 P_{CM}，使用时应满足 $U_{CE}I_C<P_{CM}$。

根据管子的 P_{CM}，由 $P_{CM}=I_C U_{CE}$ 可在三极管的输出特性曲线上画出 P_{CM} 曲线，它是一条双曲线，如图 5.3.6 所示。其中，三个极限参数 I_{CM}、$U_{(BR)CEO}$、P_{CM} 以内的区域称为三极管的安全工作区。

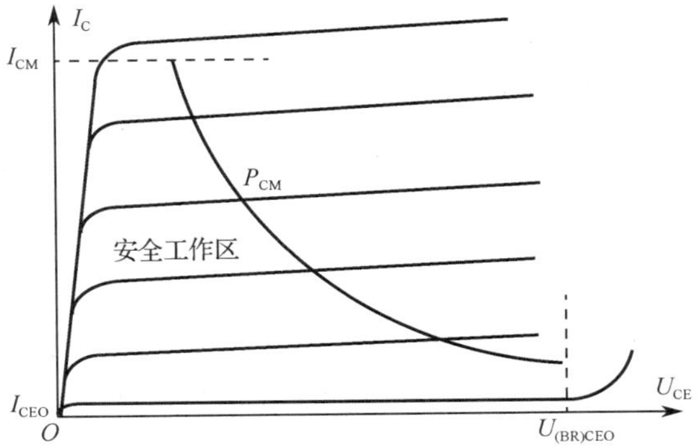

图 5.3.6　三极管的安全工作区

5.3.5　简化的小信号模型

三极管是一种非线性器件，在对由三极管组成的放大电路进行分析时，为了简化分析和计算，人们对它进行了合理的近似处理，即在放大电路的输入信号幅值比较小的条件下，把三极管在静态工作点附近小范围内的特性曲线近似地用直线代替，这时可用一个线性有源网络（含受控源）来等效，从而把由三极管组成的非线性电路近似作为线性电路来处理，这就是微变等效电路分析法的基本思想。这里的“微变”是指交流小信号输入，即要求三极管在小信号（微变量）条件下工作。

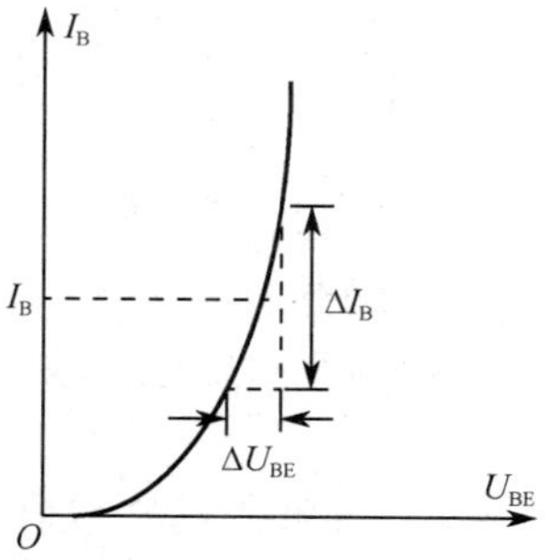

图 5.3.7　交流小信号条件下三极管的输入特性曲线

在交流小信号条件下，如何把三极管线性化，用一个等效电路（也称为线性模型）来代替是首先要讨论的问题。下面从共发射极三极管的输入特性和输出特性两方面来分析讨论。

图 5.3.7 所示的三极管的输入特性曲线是非线性的。当输入信号很小时，在静态工作点附近可认为特性曲线是直线。当 U_{CE} 为常数时，ΔU_{BE} 与 ΔI_B 之比为

$$r_{be} = \left.\frac{\Delta U_{BE}}{\Delta I_B}\right|_{U_{CE}} = \left.\frac{u_{be}}{i_b}\right|_{U_{CE}}$$

式中，r_{be} 称为三极管的输入电阻，表示三极管的输入特性。在小信号输入的情况下，r_{be} 是一个常数，由它确定 u_{BE} 和 i_B 之间的关系。因此，三极管的输入电路可用 r_{be} 等效代替，如图 5.3.8 所示。

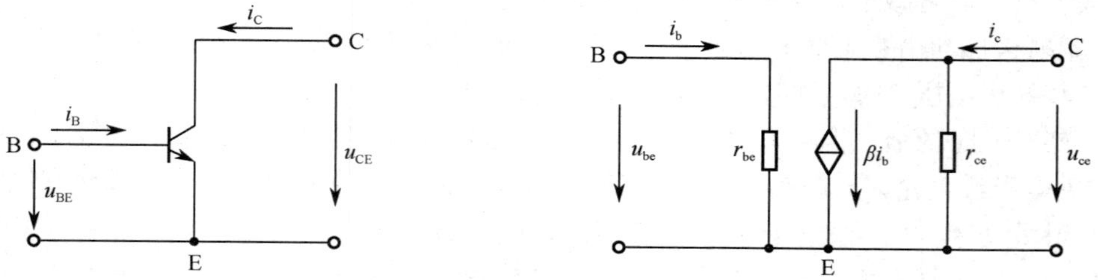

（a）共发射极三极管　（b）小信号等效电路

图 5.3.8　三极管微变等效电路（小信号模型）

低频小功率三极管的输入电阻 r_{be} 常用下式来估算：

$$r_{be} \approx 300 + (1+\beta)\frac{26\text{（mV）}}{I_E\text{（mA）}}$$

式中，I_E 是发射极电流的静态值，适用范围为 $0.1\text{mA}<I_E<5\text{mA}$，超过此范围，将产生较大的误差。$r_{be}$ 一般为几百欧到几千欧，对交流而言，它是一个动态电阻，在器件手册中常用 h_{ie} 代表。

图 5.3.9 所示为交流小信号条件下三极管的输出特性曲线，在线性工作区，它是一组近似等距的平行直线。当 U_{CE} 为常数时，有

$$\beta = \left.\frac{\Delta I_C}{\Delta I_B}\right|_{U_{CE}} = \left.\frac{i_c}{i_b}\right|_{U_{CE}}$$

在小信号输入的情况下，β 是一个常数，由它决定 i_c 受 i_b 控制的关系，因此，三极管的输出电路可用一个等效恒流源 $i_c=\beta i_b$ 代替，以表示三极管的电流控制作用。当 $i_b=0$ 时，βi_b 不复存在，因此它不是一个独立电源，而是受输入电流 i_b 控制的受控源。

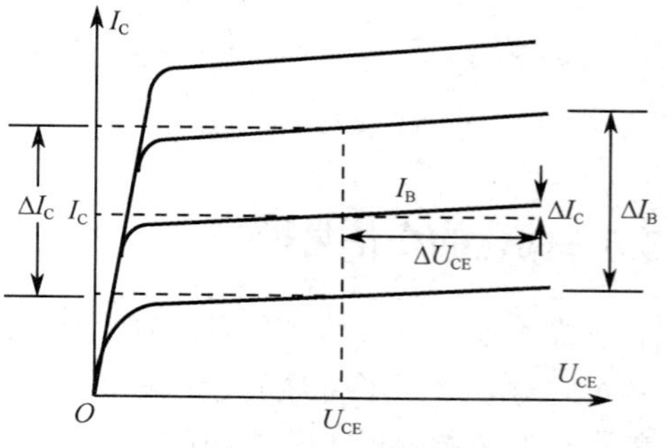

图 5.3.9　交流小信号条件下三极管的输出特性曲线

另外，由图 5.3.9 还可以看到，三极管的输出特性曲线并不完全与横轴平行，而是稍稍向上翘。当 I_B 为常数时，有

$$r_{ce}=\frac{\Delta u_{CE}}{\Delta i_C}\bigg|_{I_B}=\frac{u_{ce}}{i_c}\bigg|_{I_B}$$

式中，r_{ce} 称为三极管的输出电阻。在小信号输入的情况下，r_{ce} 也是一个常数。如果把三极管的输出电路看作电流源，那么 r_{ce} 就是电流源的内阻，故在等效电路中与恒流源 βi_b 并联。由于 r_{ce} 的值很大，约为几十千欧到几百千欧，因此在后面的微变等效电路中把它忽略。

5.4 绝缘栅型场效应管

场效应管是一种新型的半导体器件，它与普通三极管不同，普通三极管是电流控制器件，输入电阻较小（10^2～$10^4\Omega$）；而场效应管则是电压控制器件，输入电阻很大（$10^7\Omega$ 以上），这是它的突出优点。此外，场效应管还具有噪声低、热稳定性好、抗辐射能力强、耗电少、便于集成等优点。因此，在现代电子技术，特别是大规模集成电路中，场效应管得到了迅速发展。

根据结构的不同，场效应管可分为结型场效应管（JFET）和绝缘栅型场效应管（MOSFET）两大类。结型场效应管是利用半导体内的电场效应来控制其电流大小的，也称体内场效应器件；而绝缘栅型场效应管则是利用半导体表面的电场效应来控制漏极电流的，有时也称表面场效应管。它们都只有半导体中的多数载流子参与导电，因此又称为单极型三极管。在绝缘栅型场效应管中，目前用得最多的是以 SiO_2 作为绝缘介质的金属-氧化物-半导体场效应管，简称 MOS 管，它有 N 沟道和 P 沟道之分，其中每一类又可分为增强型和耗尽型两种，本节重点对 N 沟道增强型 MOS 管进行讨论。

5.4.1 结构及工作原理

1. 结构

N 沟道增强型 MOS 管的纵剖面图和图形符号如图 5.4.1 所示。

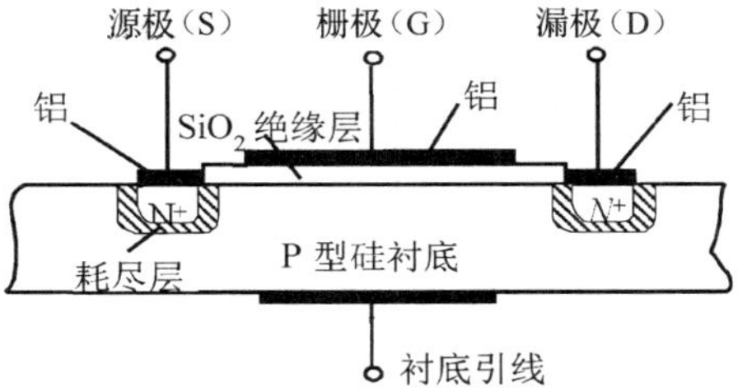

（a）纵剖面图

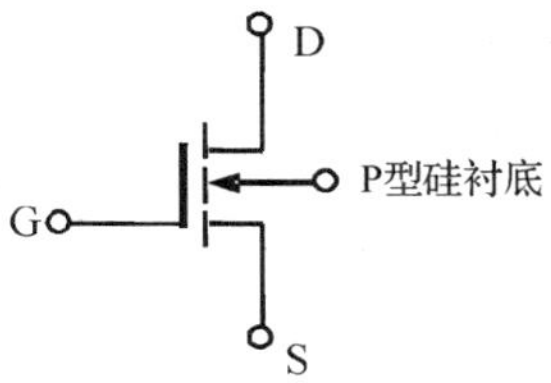

（b）图形符号

图 5.4.1　N 沟道增强型 MOS 管纵剖面图和图形符号

它以一块掺杂浓度较低、电阻率较大的 P 型硅半导体薄片作为衬底，利用扩散的方法在 P 型硅衬底中形成两个高掺杂的 N^+区，并用金属铝引出两个电极，分别称为漏极（D）和源极（S）；在半导体表面覆盖有一层薄的 SiO_2 绝缘层，在漏源极间的绝缘层上安置一个铝电极，作为栅极（G），就成了 N 沟道增强型 MOS 管，其符号如图 5.4.1（b）所示，箭头方向表示由 P（衬底）指向 N（沟道）。而 P 沟道增强型 MOS 管的箭头方向表示由 P（沟道）指向 N（衬底）。这种管子的栅极与源极和漏极间是绝缘的。

2. 工作原理

MOS 管是利用栅源电压的高低来改变半导体表面感生电荷的多少，从而控制漏极电流的大小的。实现这种控制作用可以有多种方式，下面以 N 沟道增强型 MOS 管为例进行讨论。

MOS 管的源极和衬底通常是接在一起的（大多数管子在出厂前已连接好）。在图 5.4.2（a）中，增强型 MOS 管的源区（N^+型）、衬底（P 型）和漏区（N^+型）之间形成两个背靠背的 PN 结。当栅源电压 u_{GS}=0 时，不管漏源电压 u_{DS} 的极性如何，总有一个 PN 结是反偏的，漏源之间没有导电沟道，因此漏极电流 i_D≈0。

若在栅源之间加上正向电压（栅极接正极，源极接负极），如图 5.4.2（b）所示，则栅极（铝层）和 P 型硅片（衬底）间相当于以 SiO_2 为介质的平板电容，在正的栅源电压作用下，介质中便产生一个垂直于半导体表面的、由栅极指向 P 型硅片的电场（由于绝缘层很薄，因此，即使只有几伏的栅源电压 u_{GS}，也可产生 10^5～10^6V/cm 数量级的强电场），这个电场排斥空穴而吸引自由电子，因此，在该电场作用下，P 型硅片靠近栅极一侧的多数载流子（空穴）被排斥，留下不能移动的负离子，形成耗尽层；同时 P 型硅片中的少数载流子（自由电子）被吸引到衬底表面。当 u_{GS} 较低时，吸引自由电子的能力不强，漏源间仍无导电沟道，此时 i_D≈0；当栅源电压达到一定数值时，被吸引的自由电子在栅极附近的 P 型硅片表面形成一个 N 型薄层导电沟道，将两个 N^+型区连通。此时，若加上电压 u_{DS}，则将有漏极电流 i_D 产生。显然，当 u_{DS} 一定时，u_{GS} 越高，导电沟道越厚，i_D 越大。一般把开始形成导电沟道的栅源电压叫作开启电压，用 U_T 表示。

当 u_{GS}≥U_T，即导电沟道形成后，如图 5.4.2（c）所示，在 u_{DS} 的作用下，漏极电流 i_D 将随 u_{DS} 的上升而迅速增大，但由于沟道存在电位梯度，因此沟道的厚度是不均匀的，靠近源极端厚，靠近漏极端薄。当 u_{DS} 升高到一定数值（如 $u_{GD}=u_{GS}-u_{DS}=U_T$）时，靠近漏极端被夹断，u_{DS} 继续升高，形成一夹断区［见图 5.4.2（d）］，沟道被夹断后，u_{DS} 上升，i_D 趋于饱和。

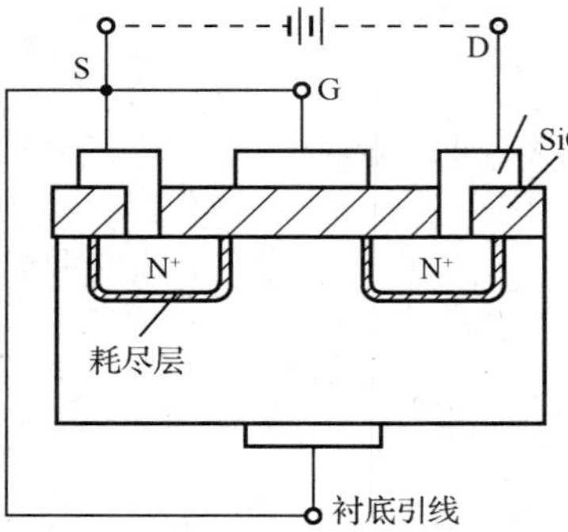

（a）u_{GS}=0时，没有导电沟道

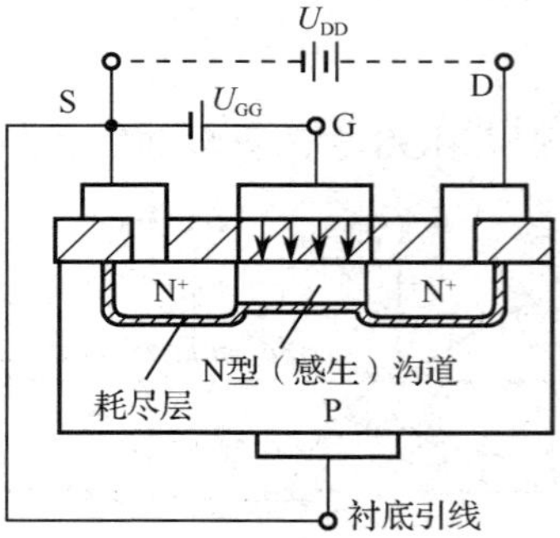

（b）u_{GS}≥U_T时，出现N型沟道

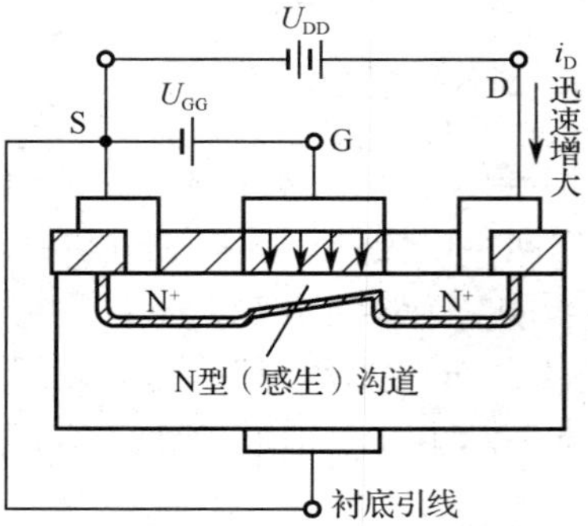

（c）u_{DS}较低时，i_D迅速增大

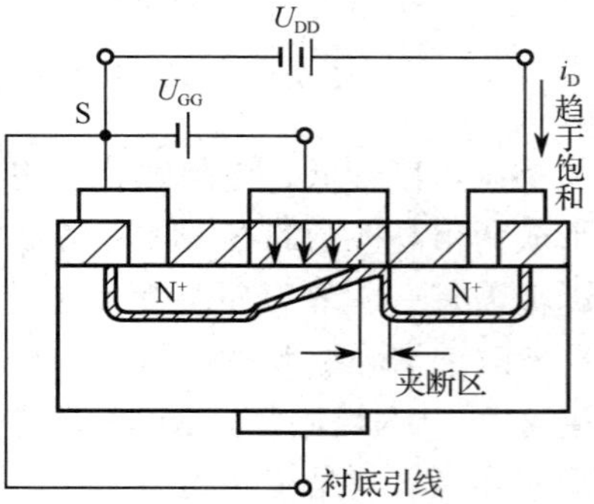

（d）u_{DS}较低出现夹断时，i_D趋于饱和

图 5.4.2　N 沟道增强型 MOS 管工作原理示意图

N 沟道耗尽型 MOS 管的结构与 N 沟道增强型 MOS 管的结构相似，区别在于栅源电压 u_{GS}=0 时，N 沟道耗尽型 MOS 管中的栅源极间已有导电沟道产生，而 N 沟道增强型 MOS 管必须在 $u_{GS} \geqslant U_T$ 的情况下，从源极到漏极才有导电沟道形成。因为这种管子在制造时，在 SiO_2 绝缘层中掺有大量的正离子（制造 P 沟道耗尽型 MOS 管时掺入负离子），即使在 u_{GS}=0 时，由于正离子的作用，N 沟道耗尽型 MOS 管也和 N 沟道增强型 MOS 管接入正栅源电压并使 $u_{GS} \geqslant U_T$ 时相似，能在源区（N^+型）和漏区（N^+型）的中间 P 型硅片上感应出较多的负电荷（自由电子），形成 N 型沟道，将源区和漏区连通，如图 5.4.3 所示。因此在栅源电压为零时，在正的 u_{DS} 的作用下，也有较大的漏极电流 i_D 由漏极流向源极。如果所加的栅源电压 u_{GS} 为负，则沟道中感应的负电荷减少，沟道变窄，i_D 变小，当 u_{GS} 负向升高到某一数值时，导电沟道消失，i_D 趋于零，管子截止，故称为耗尽型。沟道消失时的栅源电压称为夹断电压，用 U_P 表示。

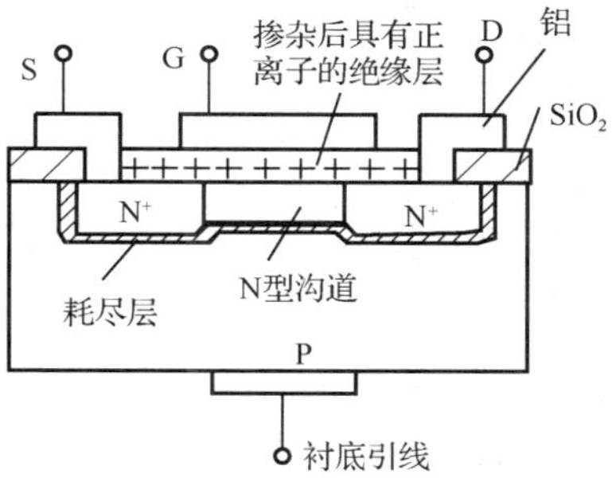

图 5.4.3　N 沟道耗尽型 MOS 管

5.4.2　特性曲线

场效应管和三极管一样，其电压和电流之间的关系也可以用两组曲线来描述：一组是输出特性曲线，表示在一定的栅源电压 u_{GS} 的作用下，漏源电压 u_{DS} 与漏极电流 i_D 的关系；另一组是转移特性曲线，表示在一定的漏源电压 u_{DS} 的作用下，栅源电压 u_{GS} 与漏极电流 i_D 的关系。N 沟道增强型 MOS 管的输出特性曲线和转移特性曲线分别如图 5.4.4（a）、（b）所示。

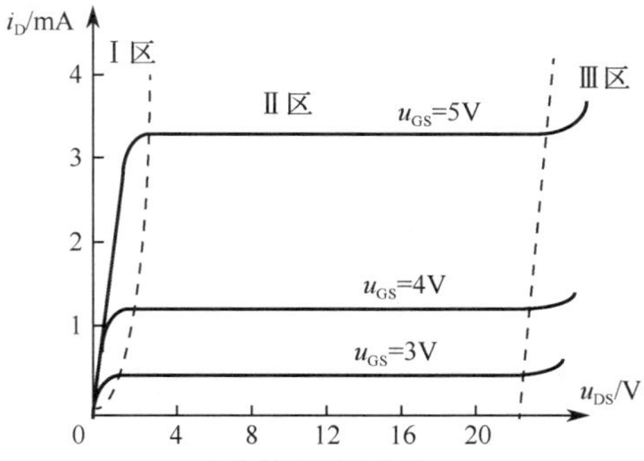

（a）输出特性曲线

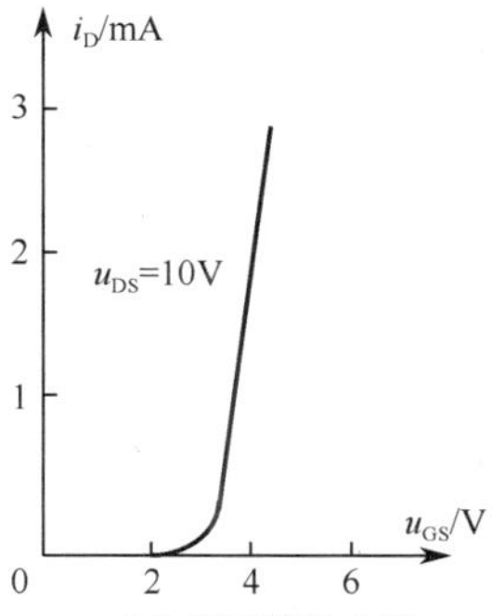

（b）转移特性曲线

图 5.4.4　N 沟道增强型 MOS 管的特性曲线

由转移特性曲线可以看到，当漏源电压 u_{DS} 一定时，只有在栅源电压 u_{GS} 超过某一电压值时，才使管子由截止状态变为导通状态，即漏极和源极之间出现导电沟道，该电压值称为这种场效应管的开启电压。

N 沟道增强型 MOS 管的输出特性曲线大致可分为可变电阻区、饱和区和击穿区，下面分别加以介绍。

可变电阻（Ⅰ）区：位于输出特性曲线的起始部分。管子工作在预夹断前，i_D 随着 u_{DS} 的上升而近似线性地增大，但增大的比值受 u_{GS} 的控制；栅源电压越低，输出特性曲线越倾斜，i_D 随 u_{DS} 的上升而增大的数值越小，漏源间的等效电阻越大。此时，N 沟道增强型 MOS 管的漏源间可看作一个受栅源电压 u_{GS} 控制的可变电阻。

饱和区（也称恒流区、放大区或Ⅱ区）：管子工作在预夹断后，i_D 已趋于饱和，几乎不随 u_{DS} 的变化而变化，但受 u_{GS} 的控制，u_{GS} 越高，i_D 越大。场效应管用作线性放大器件时，就工作于这个区域。

击穿（Ⅲ）区：若 u_{DS} 继续上升，则当栅漏极间 PN 结上的反偏电压上升到使 PN 结发生击穿时，i_D 将急剧增大，输出特性进入击穿区。管子被击穿后就不能工作了，因此，场效应管不允许工作在这个区。

当 u_{GS} 低于开启电压时，漏极电流 $i_D=0$，场效应管呈现一个很大的电阻，这个区称为夹断区，类似三极管的截止区。

场效应管的使用注意事项如下。

（1）在 MOS 管中，有的产品将衬底引出（管子有四个引脚），以便使用者视电路需要任意连接。一般来说，P 型衬底接低电位，N 型衬底接高电位，应视 P 沟道、N 沟道而异。但在某些特殊电路中，当源极的电位很高或很低时，为了减小源极与衬底间电压对管子导电性能的影响，可将源极与衬底连在一起。

（2）场效应管（包括结型和 MOS 型）常制成漏极与源极可以互换的形式，而其伏安特性没有明显变化。但有些产品出厂时已将源极和衬底连在一起，这时源极与漏极不可以互换，使用时必须注意。

（3）场效应管的栅源电压不能接反，MOS 管不使用时，由于其输入电阻极大，因此必须将各电极短路，以免因外电场作用而使管子损坏。

（4）焊接时，电烙铁必须有外接地线，以屏蔽交流电场，防止损坏管子，尤其在焊接 MOS 管时，最好断电后焊接。

5.5 光电器件

5.5.1 发光二极管

发光二极管（LED）是一种把电能转换为光能的半导体器件，其图形符号如图 5.5.1 所示，箭头指向外，表示向外发光。它具有一个 PN 结，工作在正向偏置的状态下。按发光类型不同，它可分为可见光发光二极管、红外线发光二极管和激光发光二极管。

可见光发光二极管发出的颜色有红、黄、绿等，可用于数字、字符显示器件，或者电子仪器、仪表指示器等。这类发光二极管具有亮度强、清晰度高、电压低（1.5～3V）、反应快、体积小、使用寿命长等特点。

红外线发光二极管可用于光电耦合器、红外线遥控装置等。激光发光二极管可用于小功率光电设备中，如计算机上的光盘驱动器、激光打印机中的打印头等。

5.5.2 光电二极管

光电二极管又称光敏二极管，是将光能转换为电能的半导体器件，其符号如图 5.5.2 所示，箭头指向里，表示接收光照。它也由一个 PN 结构成，但是其 PN 结面积较大，且在它的 PN 结处，通过管壳上的一个玻璃窗口能接收外部的光照。这种器件的 PN 结在反向偏置的状态下工作，反向电流随光照强度的增加而增大。

图 5.5.1　发光二极管的图形符号

图 5.5.2　光电二极管的图形符号

光电二极管可用于制造光耦合器、红外线遥控装置等。在光缆传输系统中，需要同时用到发光二极管和光电二极管，如图 5.5.3 表示，发光二极管发射电路通过光缆驱动光电二极管接收电路。

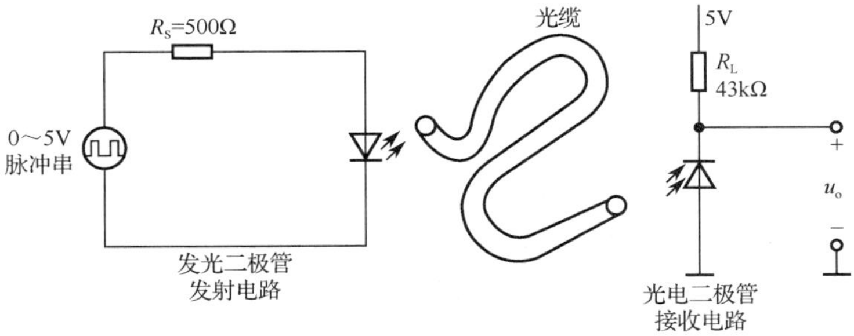

图 5.5.3　光缆传输系统

5.5.3　光电三极管

光电三极管又称光敏三极管，具有光电二极管的光敏特性。光电三极管工作时，首先将光信号转换为电信号，然后对电流进行放大。因此，光电三极管受光照射产生的光电流可达相应光电二极管的$(1+\beta)$倍。光电三极管的原理图和图形符号分别如图 5.5.4（a）、（b）所示。

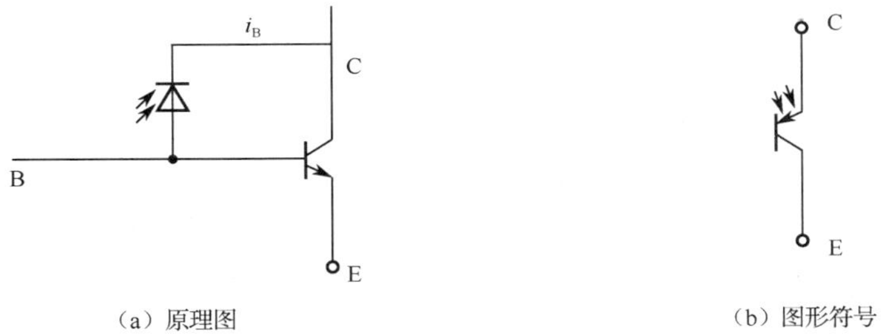

图 5.5.4　光电三极管

5.5.4　光耦合器

光耦合器是一种把发光二极管与光电管（光电二极管或光电三极管）封装在一个固定光路内的光电器件。它用输入的电信号驱动发光二极管，使之发出一定波长的光，照射光电管产生光电流，转换为电信号后送给负载，这就完成了电—光—电的转换，从而起到将输入、输出隔离的作用。

光耦合器以光为媒介传输电信号，使输出电路与输入电路在电气上隔离；信号只能单向传输，而且具有良好的隔离性与抗干扰性；输入端与输出端之间的耐压可达几百伏到几千伏，绝缘电阻达 $10^{11}\Omega$。它主要用于要求电气隔离而需单向传输信号的场合。例如，在长线信息传输中作为终端隔离元件，可以大大提高信噪比；在计算机数字通信及实时控制中作为信号隔离的接口器件，可以大大提升计算机工作的可靠性。图 5.5.5 所示为由发光二极管和光电三极管组成的光耦合器。

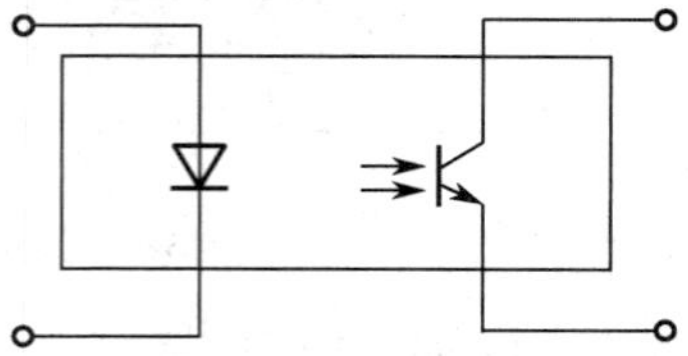

图 5.5.5　由发光二极管和光电三极管组成的光电耦合器

习　题　5

5.1　填空。

（1）本征半导体是指____________________，本征半导体导电的三个特性是__________、__________和________________。

（2）P 型半导体的多数载流子是____________，N 型半导体的少数载流子是__________。

（3）PN 结外加________电压，呈现的电阻大、电流小，此时称为__________状态。

（4）PN 结正偏是指 P 端接电源的________，N 端接电源的__________。

（5）二极管根据结构不同可分为________、__________、________；按材料不同可分为_______、_______，前者的死区电压为______V、正向电压为_____V，后者的死区电压为______V、正向电压为______V。两者相比，反向电流大的是__________。

（6）稳压二极管工作在伏安特性曲线的____________区，在该区内，流过稳压二极管的反向电流有________的变化，但它两端的电压变化________（较大、较小、基本不变）。

（7）稳压二极管工作时的电流必须在__________范围内才能起稳定电压的作用，且不会因热击穿而损坏。

（8）一个性能良好的三极管，在制造时必须满足________、__________、_________，正常放大时外部供电必须满足____________、____________。

（9）增强型 MOS 管是指____________，耗尽型 MOS 管是指____________。

（10）光电二极管是将_____能转换为______能的半导体器件，当它受到光照时，反向电阻_____，如果外电路闭合，就有_______产生。它工作在伏安特性曲线的________区。

（11）发光二极管是将_____能转换为_____能的半导体器件，它工作在伏安特性曲线的____________。它的死区电压比普通二极管的要____（高、低）。

（12）光耦合器是完成________________转换的半导体器件，它以_________作为传输媒介，使输出电路与输入电路具有良好的隔离性与抗干扰性。

5.2　在题图 5.1 所示的各电路中，E=5V，$u_i=10\sin\omega t$ V，二极管的正向压降可忽略不计，试分别画出输出电压 u_o 的波形。

5.3　电路如题图 5.2 所示，电源 u_S 为正弦波电压，试绘出负载 R_L 两端的电压波形，设二极管是理想的。

5.4　某二极管的伏安特性可表示为 $I=10\times10^{-12}(e^{\frac{U}{U_T}}-1)$ A，常温下 U_T=26mV。

（1）计算 U 为 0、0.2V、0.6V、−5V 时的电流值。

（2）在用万用表的电阻挡测量二极管的正向电阻时，发现“R×10”挡比用“R×100”挡测得的电阻小，这是为什么呢？

（3）计算 $U=+0.5\text{V}$ 时的动态电阻 $\left(r=\dfrac{\Delta U_E}{\Delta I_E}\right)$。

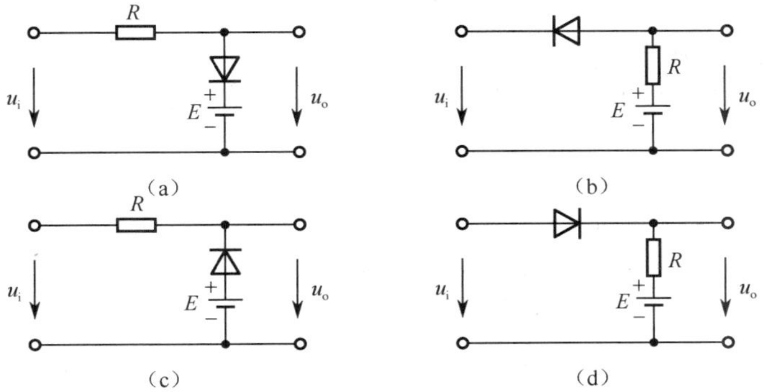

题图 5. 1　习题 5.2 的电路

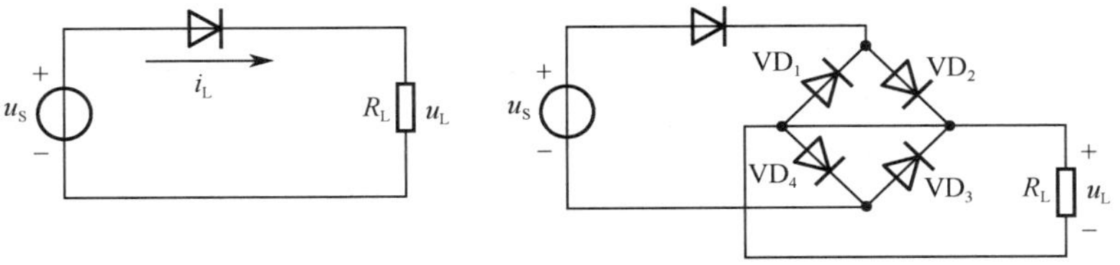

题图 5.2　习题 5.3 的电路

5.5　在题图 5.3 中，硅稳压二极管 VD_{Z1} 的稳定电压为 6V，VD_{Z2} 的稳定电压为 9V，设它们的正向压降均为 0.7V，电源电压 u_i=18V。试求电路中各输出电压 u_o 的值。

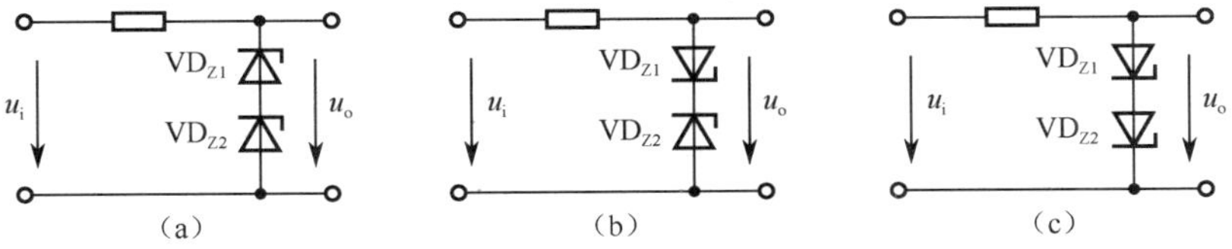

题图 5.3　习题 5.5 的电路

5.6　电路如题图 5.4 所示，稳压二极管 VD_Z 的稳定电压 U_Z=8V，限流电阻 R=3kΩ，设 $u_i=15\sin\omega t$ V，试画出 u_o 的波形。

5.7　设题图 5.5 中的二极管 VD 为理想二极管，试通过计算判断其是否导通。

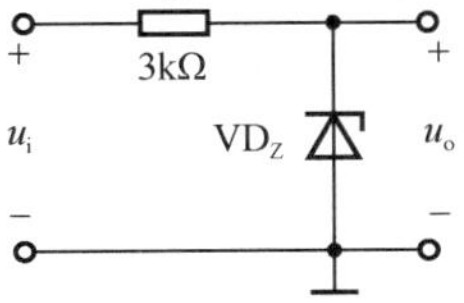

题图 5.4　习题 5.6 的电路

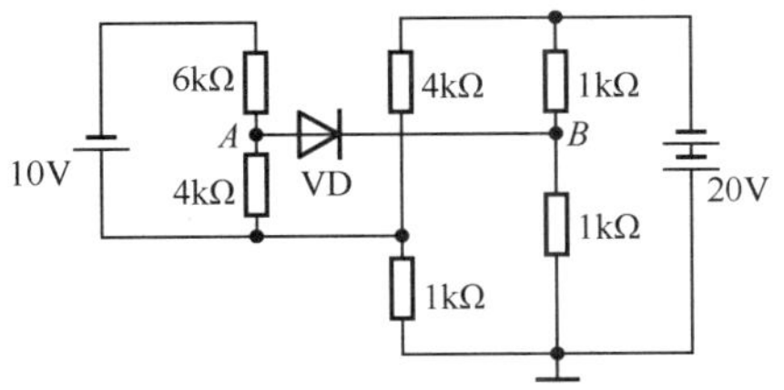

题图 5.5　习题 5.7 的电路

5.8　场效应管和双极型三极管相比有何特点？

5.9　测得某放大电路中三极管的三个电极 A、B、C 的对地电位分别为 V_A=−9V，V_B=−6V，

V_C=−6.2V，试分析 A、B、C 中哪个是基极、发射极、集电极，并说明此三极管是 NPN 型管还是 PNP 型管。

5.10　有两个三极管，其中一个管子的β=150，I_{CEO}=200μA；另一个管子的β=50，I_{CEO}=10μA，其他参数一样，你选择哪个管子？为什么？

5.11　一个绝缘栅型场效应管的转移特性曲线如题图 5.6 所示。

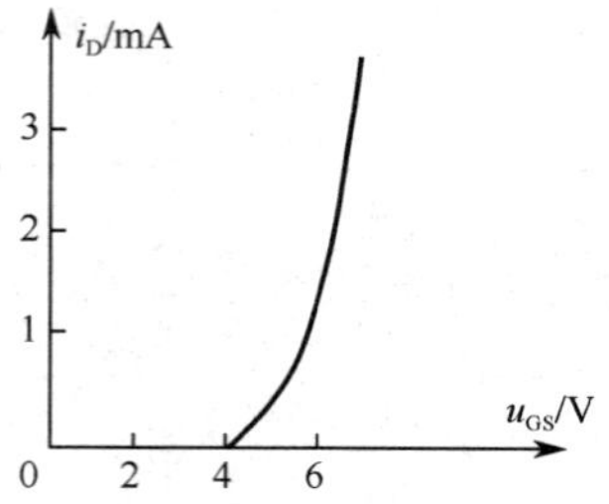

题图 5.6　习题 5.11 图

（1）它是耗尽型管子还是增强型管子？

（2）它是 N 沟道管子还是 P 沟道管子？

（3）从该转移特性曲线中可求出该场效应管的什么参数？为多大？

第 6 章　基本放大电路

人们日常生活中所用的收音机、电视机、扬声器及工业生产中所用的精密电子测量仪器、仪表中都含有用三极管构成的放大电路（又称放大器），能够利用三极管的电流控制作用将微弱的电信号放大成幅度足够大且与原来信号变化规律一致的信号，以便人们测量和使用。

当人对着话筒讲话时，声音先经过话筒变成微弱的电信号，再经过放大电路，利用三极管的电流控制作用，把电源供给的能量转换为较强的电信号，然后经过扬声器转换为更大的声音。这种放大还要求放大后的声音必须真实地反映讲话人的声音和语调，是一种不失真的放大。若把扬声器的电源切断，则扬声器不发声，可见，扬声器得到的能量是从电源能量转换而来的，故放大器上还必须加直流电源。

为了了解放大电路的工作原理，下面先讨论基本放大电路。基本放大电路是指由一个三极管构成的简单放大电路。电压放大电路是应用较多的放大电路，其基本形式有三种：共发射极放大电路、共集电极放大电路、共基极放大电路。本书介绍前两种。

6.1　共发射极放大电路

6.1.1　共发射极放大电路的组成

共发射极放大电路简称共射极放大电路，以发射极作为公共端，基极作为信号的输入端，集电极作为信号的输出端。信号从基极和发射极输入，放大后从集电极和发射极输出，如图 6.1.1 所示。

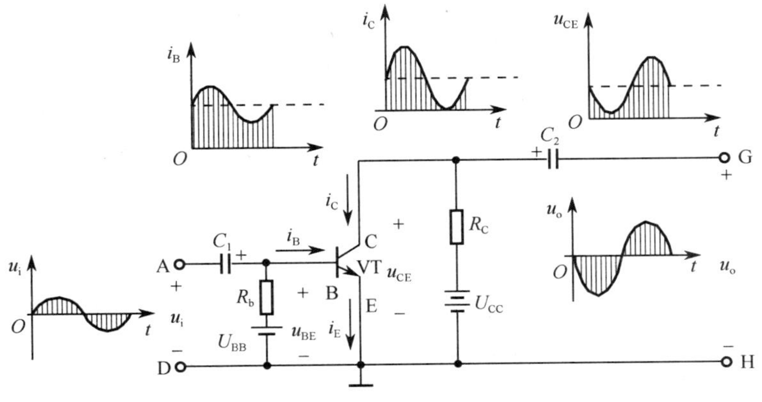

图 6.1.1　共发射极放大电路

要使放大电路具有比较理想的放大特性，必须满足两方面的基本要求：第一，必须保证三极管工作在放大区，即三极管的发射结处于正偏（正向偏置）状态，集电结处于反偏（反向偏置）状态；第二，必须使交流信号顺利传输，即交流信号既能顺利地加到放大电路的输入端，又能从放大电路的输出端顺利取出信号。

组成放大电路的各元件的作用如下。

（1）三极管。具有电流放大作用的三极管是放大电路中的放大元件，也是其核心元件。能量较小的输入信号通过三极管的电流控制作用，使直流电源 U_{CC} 供给一定的能量，从而在输出端获得一个能量较大的信号。

（2）集电极电源 U_{CC}。U_{CC} 除为输出信号提供能量外，还保证集电结处于反偏状态，以使三极管起到放大作用。U_{CC} 一般为几伏到几十伏。

（3）集电极电阻 R_C。它的作用是将集电极电流 I_C 的变化转换为集电极电压 U_{CE} 的变化，以实现电压放大。若 $R_C=0$，则 $U_{CE}=U_{CC}$，输出电压为零。R_C 一般为几千欧至几十千欧。

（4）基极电源 U_{BB} 和基极偏置电阻 R_b。它们的作用是保证发射结处于正偏状态，并提供合适的基极电流 I_B，以使放大电路获得合适的静态工作点。R_b 一般为几十千欧至几百千欧。

（5）耦合电容 C_1、C_2（也称隔直电容）。它们一方面起隔直作用，C_1 用来隔断放大电路与信号源之间的直流通路，而 C_2 则用来隔断放大电路与负载之间的直流通路；另一方面起交流耦合作用，保证交流信号畅通无阻地经过放大电路传输至负载。通常要求耦合电容上的交流压降小到可以忽略不计，即对于交流信号可视为短路，因此其容量要取得较大，常用极性电容，容量一般为几微法至几十微法，使用时必须注意其接法：正极接高电位，负极接低电位。

图 6.1.1 所示的放大电路的工作原理：待放大的输入电压 u_i 从电路的 A、D 两端（放大电路的输入端）输入，通过 C_1 加到三极管的基极，从而引起基极电流 I_B 的变化，I_B 的变化使集电极电流 I_C 随之变化，I_C 的变化量在集电极电阻 R_C 上产生压降。集电极电压的变化量经过 C_2 传递到 G、H 两端（放大电路的输出端）输出，获得输出电压。如果电路参数选择适当，那么 u_o 的幅度将比 u_i 的大得多，从而达到放大的目的。

放大作用是利用三极管的基极对集电极的控制作用来实现的，即在输入端加一个能量较小的信号，通过三极管的基极电流来控制通过集电极的电流，从而将直流电源 U_{CC} 的能量转换为所需的形式供给负载。因此放大作用实质上是放大器的控制作用，放大器是一种能量控制器件。

在图 6.1.1 中，用了两个直流电源，电压分别为 U_{CC} 和 U_{BB}，实际上可将 U_{BB} 省去，并把 R_b 改接为由 U_{CC} 供电，如图 6.1.2（a）所示。图 6.1.2（b）所示为图 6.1.2（a）的习惯画法。这样，发射结仍处于正偏状态，且可产生合适的基极电流。

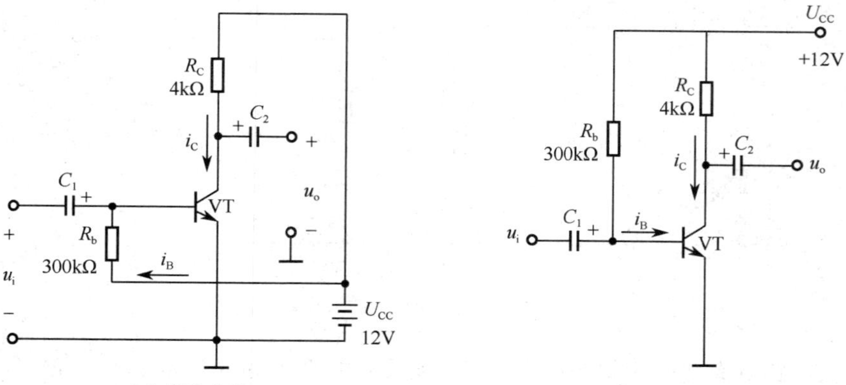

（a）简化电路　　（b）习惯画法

图 6.1.2　共发射极放大电路的简化

6.1.2　共发射极放大电路分析

1. 静态分析

当放大电路中没有输入信号（u_i=0）时，电路中各处的电压、电流都是不变的（直流），称为直流工作状态或静止状态，简称静态。静态时，三极管各电极的电流和各电极间的电压分别用 I_B、I_C、U_{BE} 和 U_{CE}（发射极的电压、电流均为零，因此不写）表示，它们的数值将在特性曲线上确定一点，常称为静态工作点 Q。静态工作点可通过放大电路的直流通路用近似估算法求得，也可用图解法进行求解，下面分别加以介绍。

1）用近似估算法确定静态工作点

由于 C_1、C_2 具有隔直作用，因此对于静态下的直流电路，它们相当于开路，于是对于图 6.1.2，可画出其直流通路，如图 6.1.3 所示。

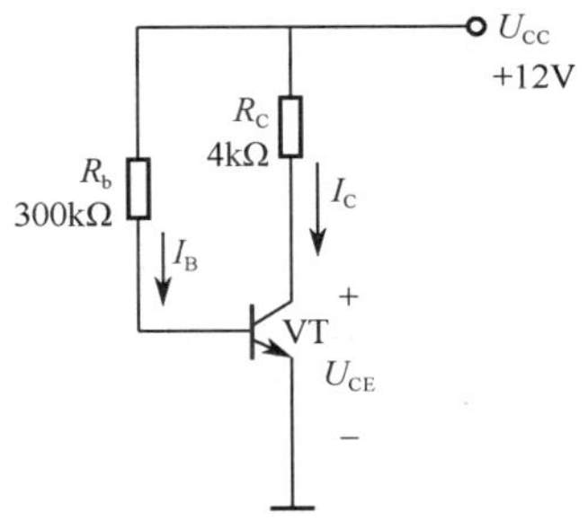

图 6.1.3　共发射极放大电路的直流通路

由图 6.1.3 可知，静态时的基极电流为

$$I_B=\frac{U_{CC}-U_{BE}}{R_b}\approx\frac{U_{CC}}{R_b} \tag{6.1.1}$$

式中，U_{BE} 对于硅管为 0.5～0.7V，对于锗管为 0.1～0.3V。集电极电流为

$$I_C\approx\beta I_B \tag{6.1.2}$$

集电极与发射极之间的电压为

$$U_{CE}=U_{CC}-I_C R_C \tag{6.1.3}$$

参数给定时，I_B、I_C 和 U_{CE} 的值可分别由式（6.1.1）～式（6.1.3）估算出来，从而得到静态工作点，分析电路时，尽量由电压方程得到电流方程，可灵活运用到不同结构的放大电路分析中。

例 6.1.1　在图 6.1.2 中，已知 U_{CC}=12V，R_C=4kΩ，R_b=300kΩ，β=37.5，试估算该放大电路的静态工作点。

解　由近似估算法确定静态工作点的基本步骤如下。

（1）画出放大电路的直流通路：将耦合电容视为开路后所得的电路，如图 6.1.3 所示。

（2）由基极回路求 I_B。利用式（6.1.1）可求得

$$I_B=\frac{U_{CC}}{R_b}=\frac{12}{300}=0.04\ (\text{mA})$$

（3）求 I_C。利用式（6.1.2）可求得

$$I_C=\beta I_B=37.5\times0.04=1.5\ (\text{mA})$$

（4）求 U_{CE}。利用式（6.1.3）可求得

$$U_{CE}=U_{CC}-I_C R_C=12-1.5\times4=6\ (\text{V})$$

2）用图解法确定静态工作点

图解法是分析非线性电路的一种基本方法，能直观地分析和了解静态工作点的变化对放大电路的影响。放大电路的图解法就是在三极管的输入、输出特性曲线上，用作图的方法确定电路的静态工作点，具体步骤如下（具体数据同例 6.1.1）。

（1）把放大电路分成非线性和线性两部分。如图 6.1.4（a）所示，非线性部分包括三极管和确定其偏流的 U_{BB} 和 R_b，线性部分包括 U_{CC} 和 R_C 的串联电路。

（2）画出非线性部分的伏安特性曲线。

三极管的偏流 I_B 由 U_{BB} 和 R_b 来确定，即

$$I_B \approx \frac{U_{BB}}{R_b} = 0.04\text{mA} \tag{6.1.4}$$

而 I_C 和 U_{CE} 的关系就是三极管对应偏流 I_B 的那条输出特性曲线，即

$$i_C = f(u_{CE})\Big|_{I_B=0.04\text{mA}} \tag{6.1.5}$$

（3）画出线性部分的伏安特性曲线——直流负载线：

$$U_{CE}=U_{CC}-I_C R_C \tag{6.1.6}$$

式（6.1.6）是直线方程，表示一条直线，要画出该直线最简便的方法是找出两个特殊点，即横轴上一点 $M(U_{CC},0)$ 和纵轴上一点 $N(0,U_{CC}/R_C)$。连接这两点就构成线性部分的伏安特性曲线，由于其斜率为 $-1/R_C$，因此该直线又称为直流负载线。

（4）由电路的线性与非线性两部分的伏安特性曲线的交点确定静态工作点 Q，如图 6.1.4（b）所示。Q 点对应的电流、电压值是静态下的电流和电压，由图 6.1.4（b）可以得出 I_B、I_C 和 U_{CE} 的值。由此可见，只要改变 R_b、R_C 或 U_{CC}，就可以改变 Q 点。

① 由式（6.1.6）可知，改变 R_C 将改变直流负载线的斜率，而 M 点的位置不变。当 R_C 减小而其他参数不变时，直流负载线变陡，Q 点右移，即 N 点向上移动，否则情况反之。

② 由式（6.1.6）可知，改变 R_b 时，直流负载线不变，即 M、N 点的位置不变。当 R_b 减小而其他参数不变时，基极电流 I_B 增大，相应地 I_C 也增大，Q 点在直流负载线上向上移动，否则情况反之。

③ 由式（6.1.6）可知，改变 U_{CC} 时，直流负载线的斜率不变，但 M、N 点的位置改变。当 U_{CC} 升高而其他参数不变时，直流负载线平行向右移动，否则情况反之。

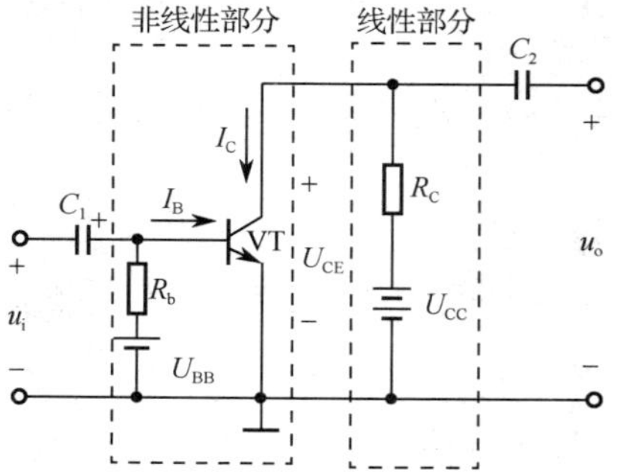

（a）电路

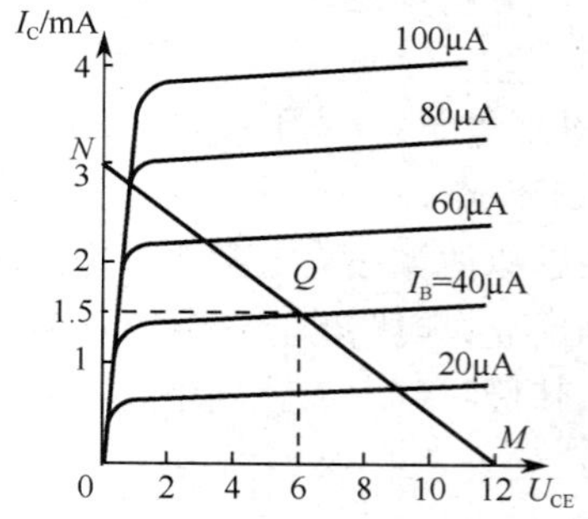

（b）图解

图 6.1.4 静态工作情况图解

在实际工作中，通常采用调节 R_b 的方法来调整 Q 点，使放大电路处于最佳或较好的工作状态。

2. 动态分析

当给放大电路加上输入信号后，电路中各处的电压、电流值均在静态值的基础上产生相应的变化，因此称为动态。动态分析是指在静态值确定后，分析信号的传输情况，考虑的只是电流和电压的交流分量（信号分量）。

1）三极管各极电压和电流的波形

由放大电路输入的交流信号 u_i 通过 C_1 作用到发射结上，电路中各电压、电流值随之变化。有了这一输入信号，电路由静态变为动态。图 6.1.5 所示的动态波形图说明了电路的状态变化，

此时加在三极管 B、E 两极间的是直流电压量 U_{BE} 及交流信号量 u_i（见图 6.1.5 中的①）的叠加，其波形具有单向脉动的特性，如图 6.1.5 中②所示。由于这一单向脉动电压的作用，将产生一个单向脉动电流 i_B 流过输入回路，如图 6.1.5 中③所示。

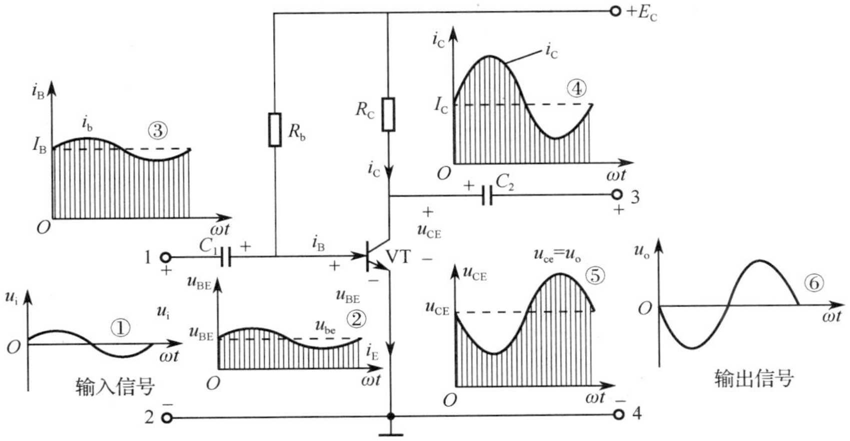

图 6.1.5　放大电路的动态波形图

遵循放大规律，单向脉动电流 i_B 被三极管放大为较大的电流 i_C，在集射极之间将得到放大的电压信号 u_{CE}，也是直流电压量及交流信号量的叠加，如图 6.1.5 中的⑤所示。显然，i_C、u_{CE} 的波形同样具有单向脉动的特性。

由于隔直电容 C_2 的作用，U_{CE} 的直流量被阻隔，只有交流分量通过 C_2，形成输出信号电压 u_o，如图 6.1.5 中的⑥所示，这正是希望得到的被放大了的交流信号。

综上所述，可将放大电路的工作情况归纳如下。

（1）未加输入电压时，三极管各电极间的电压和各电极电流为恒定的直流量（I_B、I_C、U_{CE}）；加上输入电压后，I_B、I_C、U_{CE} 都在原来静态值的基础上叠加了一个交流量。虽然 I_B、I_C 和 U_{CE} 的瞬时值是变化的，但其方向始终不变。

（2）输出电压 u_o 的幅值比输入电压 u_i 的幅值大得多，而且 u_o 与 u_i 为同频率的正弦波。

（3）由如图 6.1.5 所示的波形图可以看到，电流 I_B、I_C 与输入电压 u_i 同相，而 u_o 与 u_i 反相，即共发射极放大电路具有倒相作用，这是共发射极放大电路的一个重要特性。

（4）从放大的角度出发，要求信号既能被放大，又不失真或失真小，此时必须设置合适的静态工作点。对于小信号放大电路，静态工作点的位置必须保证在交流信号的整个周期内，三极管都处于放大区，不能进入特性曲线的饱和区或截止区，否则将引起饱和失真（静态工作点过高）或截止失真（静态工作点过低），如图 6.1.6 所示。另外，如果输入信号的幅度过大，则有可能同时出现截止失真和饱和失真。

因此，为获得最大的不失真信号或最大的动态工作范围，一般要求将静态工作点选在交流负载线的中央。

为了分析方便，将直流和交流分开考虑（这仅仅是一种分析方法），若只考虑交流，则将交流电流过的路径称为交流通路。画交流通路的原则：①大电容可视为短路；②直流电源可视为短路，因为直流电源的内阻很小。

按照这个原则画出的图 6.1.7（a）所示电路的交流通路如图 6.1.7（b）所示。可见，在输出回路中，I_C 分成两路：一路流向负载电阻 R_L，另一路流经集电极电阻 R_C。因此，对交流分量而言，交流负载电阻是 R_C 和 R_L 的并联值。

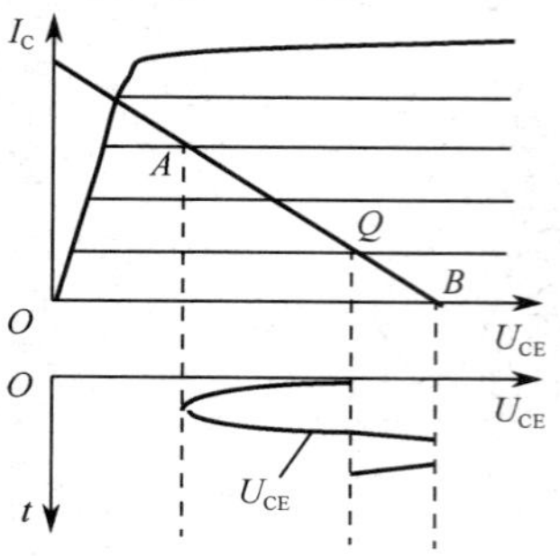

（a）截止失真

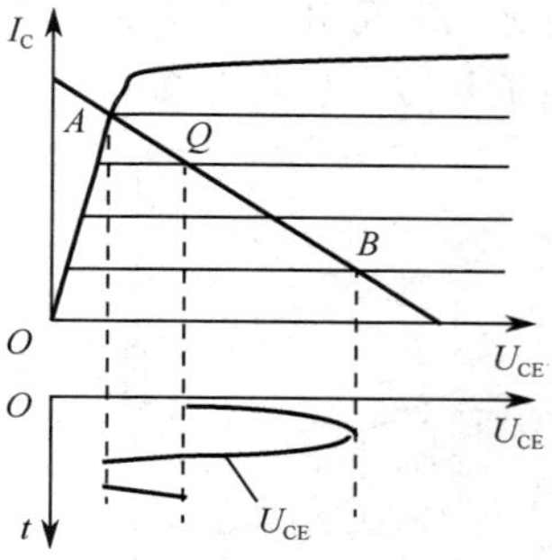

（b）饱和失真

图 6.1.6　放大电路的非线性失真

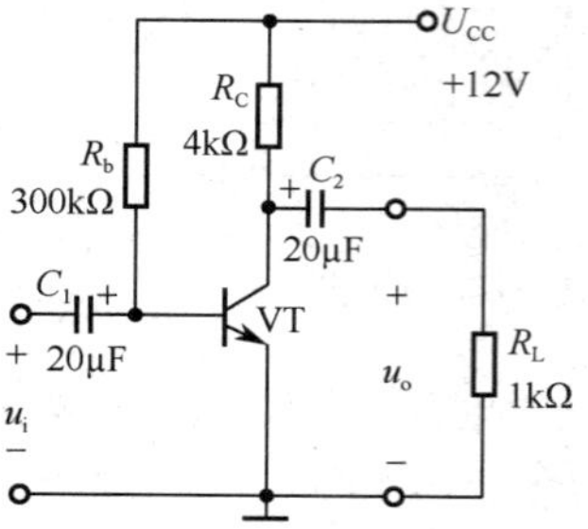

（a）电路

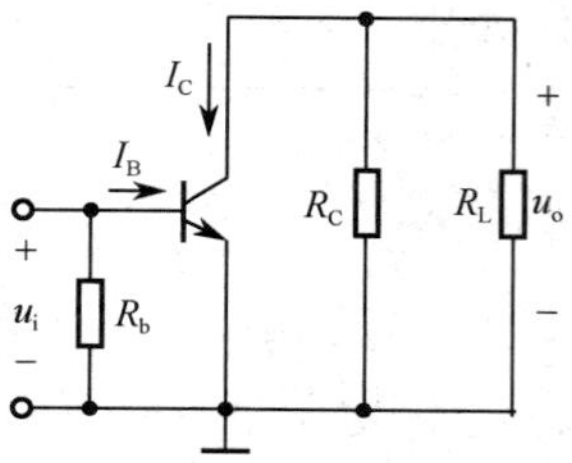

（b）交流通路

图 6.1.7　放大电路输出端有负载电阻 R_L 的电路

2）微变等效电路分析法

由图解法可知，当放大电路的输入信号较小，且静态工作点选择合适时，三极管的工作情况接近线性状态，这时可将三极管等效为一个线性有源网络，从而把由三极管组成的非线性电路当作线性电路来处理，这就是微变等效电路分析法。

采用微变等效电路分析法对放大电路进行动态分析时，应首先画出与放大电路相对应的微变等效电路（具体步骤为先画出放大电路的交流通路，再画出其对应的微变等效电路），然后按线性电路的一般分析方法进行求解。

图 6.1.8（a）所示的共发射极放大电路的交流通路如图 6.1.8（b）所示，把三极管用小信号等效电路来代替，就可得到放大电路的微变等效电路（设输入为正弦信号），如图 6.1.8（c）所示；随后可按照线性电路的一般分析方法对放大电路的动态性能进行分析。描述放大电路动态性能的指标主要有电压放大倍数、输入电阻和输出电阻等，下面分别对其进行定量分析。

（1）电压放大倍数 A_u。

电压放大倍数是衡量放大电路对输入信号放大能力的主要指标，它的定义为输出电压变化量 Δu_o 与输入电压变化量 Δu_i 之比，即

$$A_u = \frac{\Delta u_o}{\Delta u_i} \tag{6.1.7}$$

当放大电路的输入为正弦信号时，其可表示为

$$\dot{A}_u = \frac{\dot{U}_o}{\dot{U}_i} \tag{6.1.8}$$

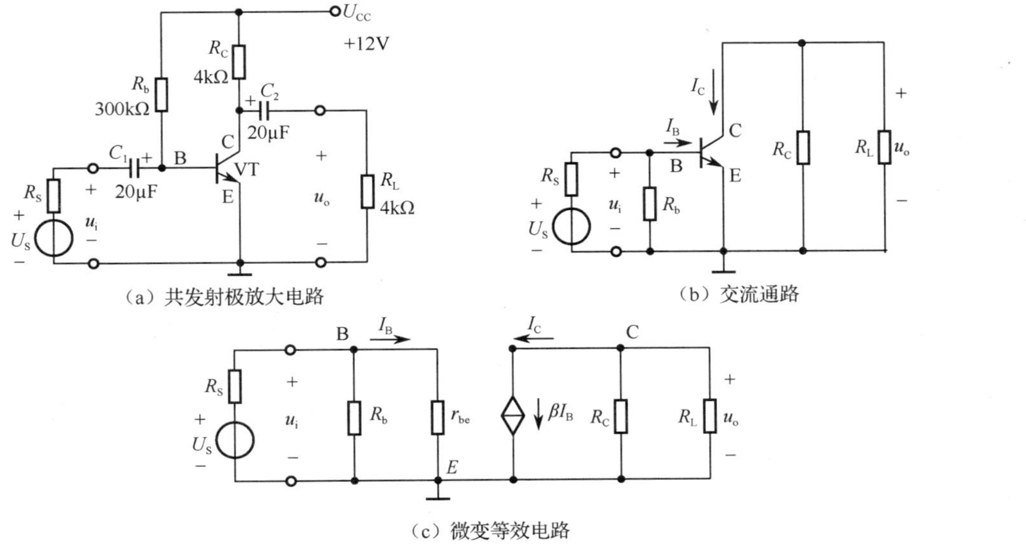

图 6.1.8 画共发射极放大电路的微变等效电路步骤

由图 6.1.8（c）可求得输入电压 $\dot{U}_{\mathrm{i}}=\dot{U}_{\mathrm{be}}=\dot{I}_{\mathrm{b}}r_{\mathrm{be}}$，输出电压为

$$\dot{U}_{\mathrm{o}}=-\dot{I}_{\mathrm{c}}R_{\mathrm{L}}'=-\beta\dot{I}_{\mathrm{b}}R_{\mathrm{L}}'$$

式中，$R_{\mathrm{L}}'=R_{\mathrm{C}}//R_{\mathrm{L}}$。

因此电压放大倍数为

$$\dot{A}_u=\frac{\dot{U}_{\mathrm{o}}}{\dot{U}_{\mathrm{i}}}=\frac{-\beta\dot{I}_{\mathrm{b}}R_{\mathrm{L}}'}{\dot{I}_{\mathrm{b}}r_{\mathrm{be}}}=-\beta\frac{R_{\mathrm{L}}'}{r_{\mathrm{be}}} \tag{6.1.9}$$

式中，负号表示输出电压与输入电压反相。

当放大电路的输出端开路（未接 R_{L}）时，有

$$A_u=-\beta\frac{R_{\mathrm{C}}}{r_{\mathrm{be}}} \tag{6.1.10}$$

可见，放大电路负载开路时，电压放大倍数提升了；或者说负载电阻越小，电路的电压放大倍数越低。

（2）输入电阻 R_{i}。

当将输入电压加到放大电路的输入端时，放大电路就相当于信号源的一个负载电阻，这个负载电阻就是放大电路本身的输入电阻。它的定义为放大电路输入电压变化量与输入电流变化量之比，或者说从放大电路的输入端向放大电路看进去的等效电阻，如图 6.1.9 所示。

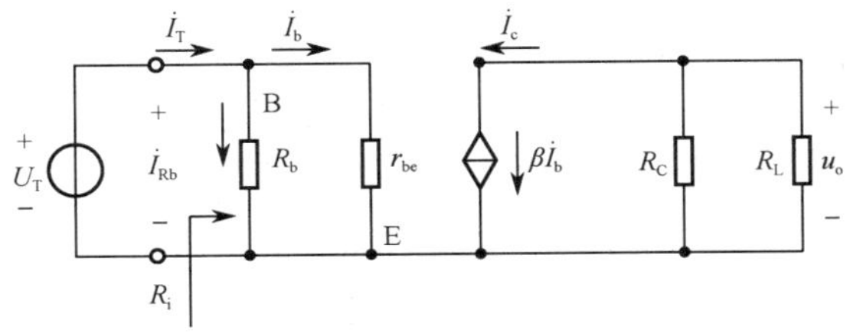

图 6.1.9 共发射极放大电路的输入电阻

在输入为正弦信号时，有

$$R_i = \frac{\dot{U}_T}{\dot{I}_T} \tag{6.1.11}$$

由图 6.1.9 可得

$$\dot{I}_T = \frac{\dot{U}_T}{R_b} + \frac{\dot{U}_T}{r_{be}} \tag{6.1.12}$$

将式（6.1.12）变形后代入式（6.1.11）得

$$R_i = \frac{1}{\dfrac{1}{R_b} + \dfrac{1}{r_{be}}} = r_{be}//R_b \tag{6.1.13}$$

通常 $R_b \gg r_{be}$，故 $R_i \approx r_{be}$，但要注意两者具有不同的物理意义。R_i 代表放大电路的输入电阻，r_{be} 代表三极管的输入电阻。

若把一个内阻为 R_S、电压为 U_S 的正弦信号加到放大电路的输入端，则由于输入电阻的存在，实际加到放大电路上的输入电压为

$$\dot{U}_i = \frac{\dot{U}_S R_i}{R_S + R_i} \tag{6.1.14}$$

可见，$\dot{U}_i < \dot{U}_S$，说明输入电压有一定程度的衰减，R_i 越大，$\dot{U}_i$ 越接近 $\dot{U}_S$，衰减越小，因此输入电阻是衡量放大电路对输入电压衰减程度的重要指标。在实际应用中，总希望输入电阻大一些，因为这个电阻越大，信号源提供的信号电流越小，放大电路对信号源的影响就越小。

（3）输出电阻 R_o。

放大电路的输出电阻的定义为从放大电路输出端（不包括 R_L）看进去的等效电阻。输出电阻越小，放大电路的带负载能力越强，并且负载变化时，对输出电压的影响也小，因此输出电阻越小越好。对于负载，放大电路的输出端相当于一个信号源，该信号源的内阻就是放大电路的输出电阻，如图 6.1.10 所示。

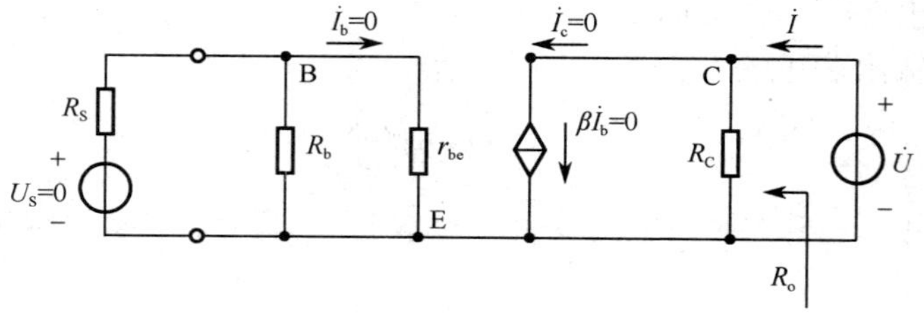

图 6.1.10　共发射极放大电路的输出电阻

求放大电路的输出电阻的方法：将信号源置零（令 $\dot{U}_S = 0$，即将电压源短路），但保留其内阻 R_S，将负载电阻开路后，在放大电路的输出端加一个交流电压 $\dot{U}$，对应地会产生交流电流 $\dot{I}$，则输出电阻 R_o 为

$$R_o = \frac{\dot{U}}{\dot{I}} \tag{6.1.15}$$

由图 6.1.10 可得

$$\dot{I} = \frac{\dot{U}}{R_C} \tag{6.1.16}$$

故共发射极放大电路的输出电阻为

$$R_o = R_C \tag{6.1.17}$$

需要注意的是，以上讨论的输入电阻 R_i 和输出电阻 R_o 都是对静态工作点附近的变化信号而言的，属于动态（交流）电阻，不能用 R_i 和 R_o 的公式来计算静态工作点。

例 6.1.2　如图 6.1.8 所示，若三极管的 $\beta = 40$，试确定该电路的静态工作点，并计算其电压放大倍数 A_u、输入电阻 R_i 和输出电阻 R_o。

解　（1）确定静态工作点。

由于 $\beta = 40$，因此

$$I_B = \frac{U_{CC}}{R_b} = \frac{12V}{300k\Omega} = 40\mu A$$

$$I_C = \beta I_B = 40 \times 40\mu A = 1.6mA \approx I_E$$

$$U_{CE} = U_{CC} - I_C R_C = 12V - 1.6mA \times 4k\Omega = 5.6V$$

（2）求三极管的 r_{be}：

$$r_{be} = 300\Omega + (1+\beta) \times \frac{26\text{（mV）}}{I_E\text{（mA）}} = 300\Omega + (1+40) \times \frac{26\text{（mV）}}{1.6\text{（mA）}} = 966.25\Omega \approx 1k\Omega$$

（3）求电压放大倍数 A_u：

$$A_u = -\beta \frac{R'_L}{r_{be}} = -\beta \frac{R_C // R_L}{r_{be}} = -40 \times \frac{2}{1} = -80$$

共发射极放大电路的电压放大倍数较高，通常为几十到几百。

（4）求输入电阻 R_i。

利用式（6.1.13）得

$$R_i = r_{be} // R_b = 300k\Omega // 1k\Omega \approx 1k\Omega$$

（5）求输出电阻 R_o。

利用式（6.1.17）得

$$R_o = R_C = 4k\Omega$$

6.1.3　静态工作点的稳定

放大电路的静态工作点不仅关系到输出波形是否会失真，还会影响电压放大倍数、输入电阻和输出电阻等动态性能指标。要使放大电路正常而稳定地工作，除必须选取合适的静态工作点外，还应保持静态工作点稳定。前面介绍的共发射极放大电路结构简单，电压和电流的放大作用都较明显，其主要缺点是静态工作点不稳定，电路本身没有自动调节静态工作点的能力。

造成放大电路静态工作点不稳定的原因有很多，如电源电压波动、电路参数变化、环境温度变化、三极管老化及更换等，其中主要是环境温度变化，因为三极管的特性参数会随着温度的变化而改变，从而使静态工作点离开原来的数值而变得不稳定。

1. 温度对静态工作点的影响

环境温度变化时，几乎所有的三极管参数都要随之改变，其中变化最明显的是三极管的反向饱和电流 I_{CBO}、发射结压降 U_{BE} 和电流放大系数β，主要表现为环境温度升高，发射结压降 U_{BE} 减小，电流放大系数 β 增大，会使放大电路中的集电极电流增大，从而使放大电路的静态工作点上移，放大电路容易产生饱和失真；反之，环境温度降低，静态工作点下移，放大电路容易产生截止失真。因此，必须采取一定的措施，使环境温度变化时，静态工作点能够自动稳定在合适的位置，放大电路仍能正常工作。

2. 稳定静态工作点的措施

图 6.1.11 所示为一种常用的稳定静态工作点的放大电路，称为基极分压式射极偏置电路（简称射极偏置电路），其采用 R_{b1}、R_{b2} 组成分压电路，只要取值适当，使 $I_2 \gg I_B$（$I_1 \approx I_2$），基极对地电位为

$$V_B \approx \frac{R_{b2}}{R_{b1}+R_{b2}}U_{CC} \tag{6.1.18}$$

就可认为基极电位 V_B 不随温度而改变。

图 6.1.12 所示为射极偏置电路的微变等效电路。

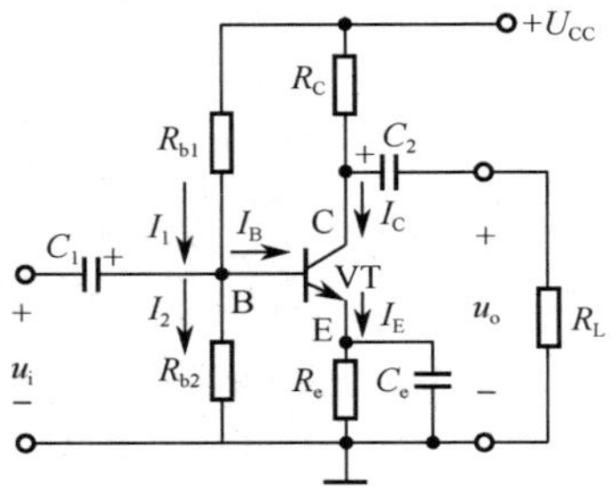

图 6.1.11　射极偏置电路

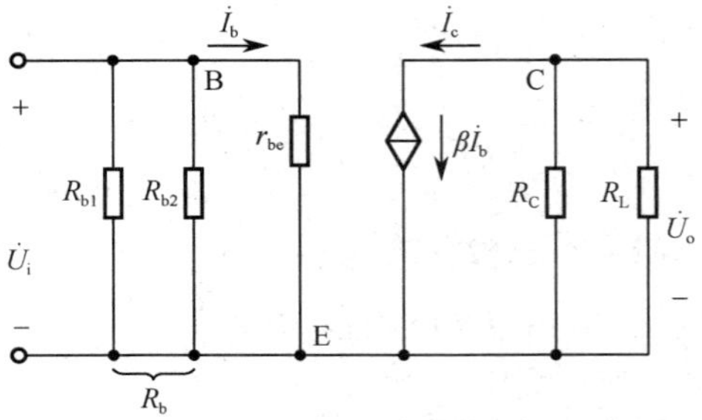

图 6.1.12　射极偏置电路的微变等效电路

另外，利用发射极电阻 R_e，使发射极电流为

$$I_E \approx I_C = \frac{V_B - U_{BE}}{R_e} \tag{6.1.19}$$

当 V_B、R_e 一定，且 $V_B \gg U_{BE}$ 时，I_E 基本不变，且与三极管的参数β、U_{BE} 和 I_{CBO} 几乎无关，I_E 不但受温度影响小，而且在更换三极管时，静态工作点也基本不变，而只取决于外电路参数。

该电路稳定静态工作点的原理如下：当 I_C 因某种原因增大时，I_E 也增大，发射极电位 $V_E=I_ER_e$ 就升高，使外加于三极管的 U_{BE} 降低（因 $U_{BE}=V_B-V_E$，而 V_B 被 R_{b1}、R_{b2} 分压固定），从而使 I_B 自动减小，抑制了 I_C 的增大，I_C 基本恒定不变。

R_e 的接入起到了稳定静态工作点的作用，但同时会使电压放大倍数下降，而且 R_e 越大，电压放大倍数下降越多。为使 R_e 的接入既起到稳定静态工作点的作用，又对交流信号不起作用，不影响电压放大倍数，通常最简单的做法是在 R_e 两端并联一个大电容 C_e（一般为几十微法），使 $XC_e \ll R_e$（X 为电容容抗），此时对于交流接近短路，因此对交流信号而言，可看作发射极直接接地，故称该电容为射极旁路电容。

例 6.1.3　在如图 6.1.13 所示的电路中，$U_{CC}=12V$，$R_C = R_e = 2k\Omega$，$R_L = 4k\Omega$，$R_{b1} = 20k\Omega$，$R_{b2} = 10k\Omega$，硅三极管的 $\beta = 50$，试求：

（1）静态工作点 Q。

（2）电压放大倍数。

（3）输入电阻和输出电阻。

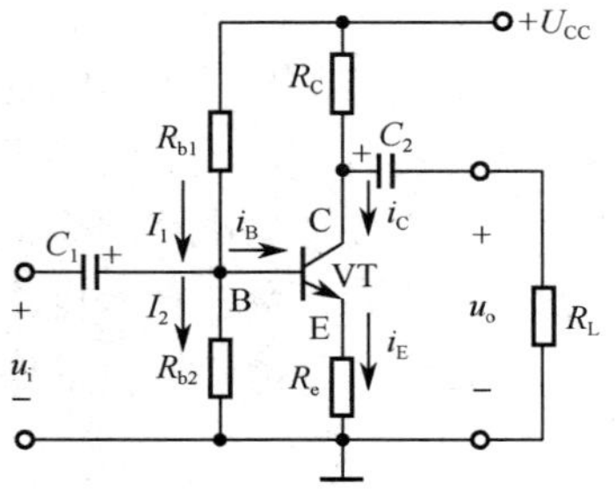

图 6.1.13　例 6.1.3 的电路图

解　（1）静态工作点 Q 的近似估算为

$$V_B = \frac{R_{b2}}{R_{b1}+R_{b2}}U_{CC} = \frac{10}{20+10}\times 12 = 4\text{（V）}$$

$$I_C \approx I_E = \frac{V_B - U_{BE}}{R_e} = \frac{4-0.7}{2} = 1.65\text{（mA）}$$

$$I_B = \frac{I_E}{1+\beta} = \frac{1.65}{51} \approx 0.032\text{（mA）}$$

$$U_{CE} \approx U_{CC} - I_C(R_e + R_C) = 12 - 1.65\times 4 = 5.4\text{（V）}$$

（2）电压放大倍数的计算。

图 6.1.14 所示为图 6.1.13 的微变等效电路，可得

$$\dot{U}_i = \dot{I}_b r_{be} + (1+\beta)\dot{I}_b R_e = \dot{I}_b[r_{be} + (1+\beta)R_e]$$

$$\dot{U}_o = -\beta \dot{I}_b R'_L$$

式中

$$R'_L = R_C // R_L = 2//4 \approx 1.33\text{（k}\Omega\text{）}$$

因此

$$\dot{A}_u = \frac{\dot{U}_o}{\dot{U}_i} = \frac{-\beta \dot{I}_b R'_L}{\dot{I}_b[r_{be} + (1+\beta)R_e]} = \frac{-\beta R'_L}{r_{be} + (1+\beta)R_e}$$

$$r_{be} = 300\Omega + (1+\beta)\frac{26\text{（mV）}}{I_E\text{（mA）}}$$

$$= 300 + 51 \times \frac{26}{1.65} \approx 1.1\text{（k}\Omega\text{）}$$

$$\dot{A}_u = -\frac{50 \times 1.33}{1.1 + 51 \times 2} = -\frac{66.5}{103.1} \approx -0.65$$

可见，加入 R_e 使电路的电压放大倍数降低很多。若在 R_e 两端并联大电容 C_e，则由计算可知，此时的电压放大倍数约为-60，负号表示输出电压与输入电压反相。

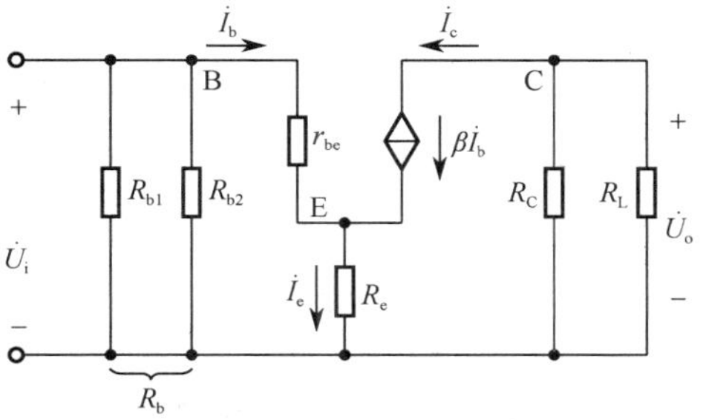

图 6.1.14　射极偏置电路的微变等效电路

（3）输入电阻和输出电阻的计算。

计算输入电阻的等效电路如图 6.1.15 所示，电路输入端在外加交流电压 $\dot{U}_T$ 的作用下，相应的交流电流 $\dot{I}_T$ 为

$$\dot{I}_T = \dot{I}_{Rb} + \dot{I}_b = \dot{U}_T\left(\frac{1}{R_b} + \frac{1}{r_{be} + (1+\beta)R_e}\right)$$

式中

$$R_b = R_{b1} // R_{b2}$$

因此根据定义，输入电阻为

$$R_i = \frac{\dot{U}_T}{\dot{I}_T} = R_b // [r_{be} + (1+\beta)R_e]$$

$$= 20//10//[1.1 + 51 \times 2] \approx 6.6\text{（k}\Omega\text{）}$$

可见，加入 R_e 后，输入电阻变大了很多。若 R_e 被 C_e 旁路，则

$$R_i = R_b // r_{be} = 20//10//1.1 \approx 1\text{（k}\Omega\text{）}$$

计算输出电阻的等效电路如图 6.1.16 所示。

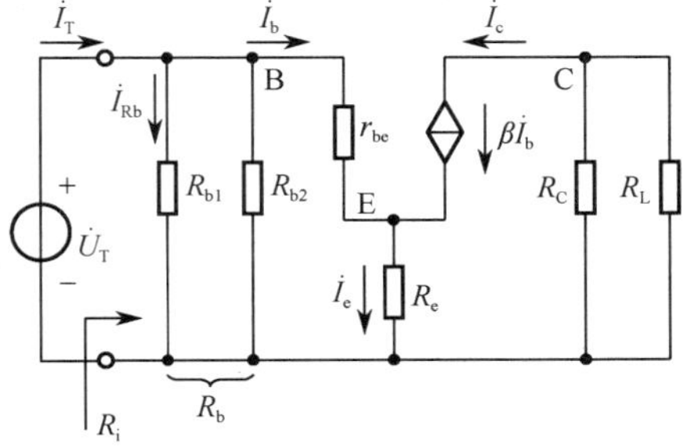

图 6.1.15　计算输入电阻的等效电路

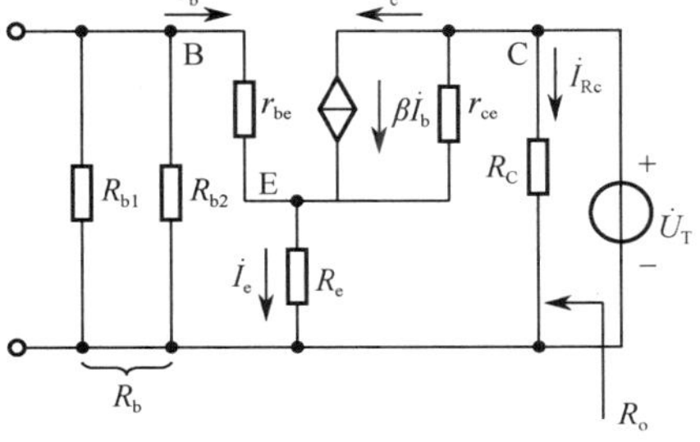

图 6.1.16　计算输出电阻的等效电路

在输入回路和输出回路中，由基尔霍夫电压定律可得

$$\dot{I}_b(r_{be}+R'_S)+(\dot{I}_b+\dot{I}_c)R_e=0 \quad （R'_S=R_S//R_b）$$

$$\dot{I}_b=-\frac{R_e}{r_{be}+R'_S+R_e}\dot{I}_c$$

$$\dot{U}-(\dot{I}_c-\beta\dot{I}_b)r_{ce}-(\dot{I}_b+\dot{I}_c)R_e=0 \text{（}r_{ce}\text{为三极管的输出电阻）}$$

$$\dot{U}=\dot{I}_c\left[r_{ce}+R_e+\frac{R_e}{r_{be}+R'_S+R_e}(\beta r_{ce}-R_e)\right]$$

在实际情况下，$r_{ce}\gg R_e$，故有

$$R'_o=\frac{\dot{U}}{\dot{I}_c}=r_{ce}\left(1+\frac{\beta R_e}{r_{be}+R'_S+R_e}\right)$$

因此

$$R_o=R'_o//R_C$$

通常 $R'_o\gg R_C$，故有 $R_o\approx R_C$，由此可见，加入 R_e 后，输出电阻基本保持不变。

6.2 共集电极放大电路

图 6.2.1（a）所示为共集电极放大电路的原理图，其中，u_S 和 R_S 分别是信号源的电压及内阻，图 6.2.1（b）所示为其交流通路。由交流通路可知，输入信号加在基极与集电极之间，输出信号从发射极和集电极之间取出，集电极是输入、输出回路的公共端，因此称为共集电极放大电路。由于信号是从发射极输出的，故又称射极输出器。

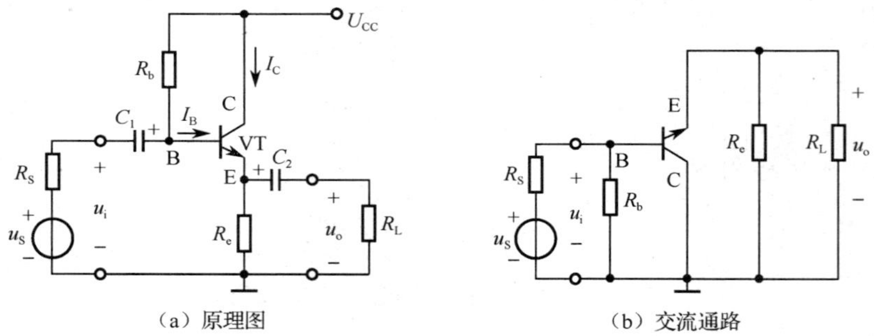

图 6.2.1　共集电极放大电路

6.2.1　射极输出器的静态分析

由图 6.2.1（a）可知，在输入回路中，按照基尔霍夫电压定律可得

$$U_{CC}=I_BR_b+U_{BE}+(1+\beta)I_BR_e \tag{6.2.1}$$

解得

$$I_B=\frac{U_{CC}-U_{BE}}{R_b+(1+\beta)R_e} \tag{6.2.2}$$

在式（6.2.2）中，一般有 $U_{CC}\gg U_{BE}$，故有

$$I_B\approx\frac{U_{CC}}{R_b+(1+\beta)R_e} \tag{6.2.3}$$

此外，由 $I_C=\beta I_B$ 及 $U_{CE}\approx U_{CC}-I_CR_e$ 可求出 I_C 和 U_{CE}，从而确定该电路的静态工作点。

6.2.2 射极输出器的动态分析

1. 电压放大倍数

由图 6.2.1（b）所示的交流通路可画出射极输出器的微变等效电路，如图 6.2.2 所示。根据基尔霍夫电压定律可列出输入回路的方程：

$$\dot{U}_i = \dot{I}_b r_{be} + \dot{I}_e R'_L = \dot{I}_b[r_{be} + (1+\beta)R'_L] \tag{6.2.4}$$

$$R'_L = R_e // R_L \tag{6.2.5}$$

解得

$$\dot{I}_b = \frac{\dot{U}_i}{r_{be} + (1+\beta)R'_L} \tag{6.2.6}$$

又因为

$$\dot{U}_o = \dot{I}_e R'_L = (1+\beta)\dot{I}_b R'_L$$

所以

$$\dot{A}_u = \frac{\dot{U}_o}{\dot{U}_i} = \frac{\dot{I}_b(1+\beta)R'_L}{\dot{I}_b[r_{be} + (1+\beta)R'_L]} = \frac{(1+\beta)R'_L}{r_{be} + (1+\beta)R'_L} < 1 \tag{6.2.7}$$

一般 $(1+\beta)R'_L \gg r_{be}$，故 $\dot{A}_u \approx 1$。

这表明射极输出器的输出电压和输入电压数值相近，相位相同（这一点与共发射极放大电路相反），即输出信号跟随输入信号变化。尽管该放大电路无电压放大作用，但是其输出电流很大，因此仍有电流和功率放大作用。

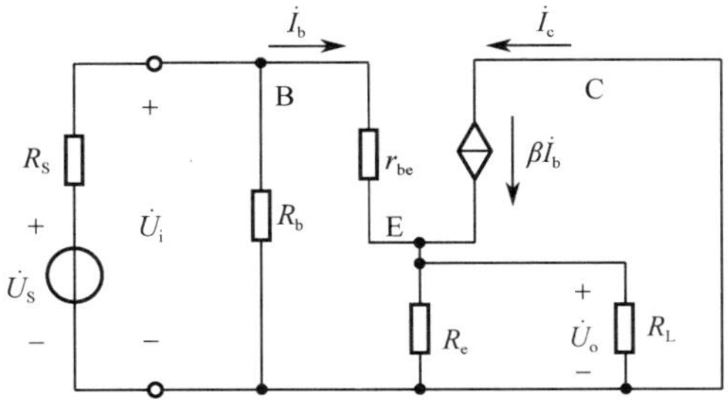

图 6.2.2 射极输出器的微变等效电路

2. 输入电阻

由图 6.2.3（a）可知

$$R_i = \frac{\dot{U}_T}{\dot{I}_T} = \frac{\dot{I}_b r_{be} + (1+\beta)\dot{I}_b R'_L}{\dot{I}_b + \dfrac{\dot{U}_T}{R_b}} = \frac{R_b[r_{be} + (1+\beta)R'_L]}{R_b + r_{be} + (1+\beta)R'_L} \tag{6.2.8}$$

因为

$$\beta \gg 1 \text{ 及 } \beta R'_L \gg r_{be}$$

所以

$$R_i \approx R_b // \beta R'_L \tag{6.2.9}$$

由此可见，与共发射极放大电路相比，射极输出器的输入电阻大得多。

3. 输出电阻

计算输出电阻的微变等效电路如图 6.2.3（b）所示，可得

$$\dot{I}_{\rm T}=\dot{I}_{\rm e}+\dot{I}_{\rm b}+\beta\dot{I}_{\rm b}=\dot{I}_{\rm e}+(1+\beta)\dot{I}_{\rm b}=\frac{\dot{U}}{R_{\rm e}}+(1+\beta)\frac{\dot{U}}{r_{\rm be}+R'_{\rm S}} \tag{6.2.10}$$

式中

$$R'_{\rm S}=R_{\rm S}//R_{\rm b}$$

故

$$R_{\rm o}=\frac{\dot{U}_{\rm T}}{\dot{I}_{\rm T}}=\frac{1}{\dfrac{1}{R_{\rm e}}+\dfrac{1}{\dfrac{r_{\rm be}+R_{\rm S}}{1+\beta}}}=R_{\rm e}//\left(\frac{r_{\rm be}+R_{\rm S}}{1+\beta}\right) \tag{6.2.11}$$

通常

$$R_{\rm e}\gg\frac{r_{\rm b}+R'_{\rm S}}{1+\beta},\quad R_{\rm b}\gg R_{\rm S} \tag{6.2.12}$$

因此

$$R_{\rm o}\approx\frac{r_{\rm be}+R'_{\rm S}}{1+\beta}=\frac{r_{\rm be}+(R_{\rm S}//R_{\rm b})}{1+\beta}\approx\frac{r_{\rm be}+R_{\rm S}}{1+\beta} \tag{6.2.13}$$

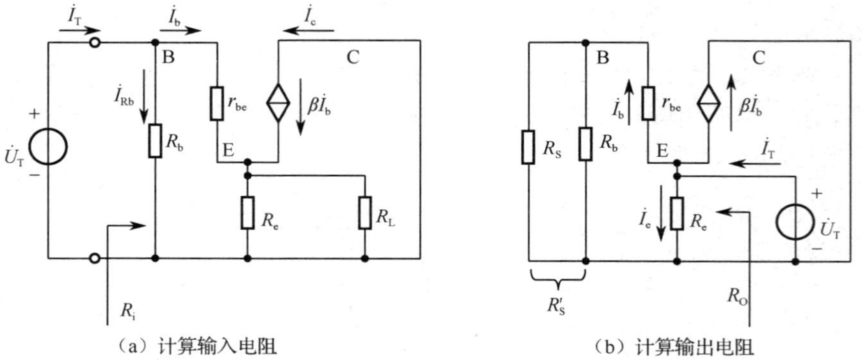

图 6.2.3 计算输入电阻和输出电阻的微变等效电路

在式（6.2.13）中，信号源内阻 $R_{\rm S}$ 和三极管输入电阻 $r_{\rm be}$ 都很小，而管子的 β 值一般较大，因此，射极输出器的输出电阻比共发射极放大电路的输出电阻小得多，一般为几十欧。

综上所述，射极输出器有以下特点：①$A_u \leqslant 1$，电压没有被放大，但电流和功率被放大了；②输出信号与输入信号相位相同；③输入电阻很大，可以减小信号源（或前级）输出的信号电流；④输出电阻很小，可以减小负载对放大器的影响。

在多级放大器中，射极输出器扮演着三种角色：输入级、输出级和中间隔离级。所谓中间隔离级，就是指前级输出电阻大，而后级输入电阻小，这种阻抗不匹配将造成耦合中的信号损失，使电压放大倍数下降，将射极输出器接在中间，起阻抗匹配作用，总的电压放大倍数将升高。

6.3 差动放大电路

差动放大电路的原理图如图 6.3.1 所示，这是一种结构和参数完全对称的电路，其中，发射极电阻 $R_{\rm e}$（又称共模反馈电阻或长尾电阻）引入的是电流串联负反馈，起稳定静态工作点、减小零点漂移和提高共模抑制比的作用；接入 $-U_{\rm EE}$ 的目的是补偿 $R_{\rm e}$ 两端的直流电压降，避免因静态工作点过分下移而严重影响电路的电压放大倍数。

图6.3.1中的电路有两个输入端和两个输出端。若两个输入端同时有信号输入，则称为双端输入；若一个输入端短接，另一个输入端有信号输入，则称为单端输入。若输出信号从两个三极管的集电极之间取出，则称为双端输出；若输出信号从一个三极管的集电极与地之间取出，则称为单端输出。具体应用时，可根据实际需要，灵活选择输入、输出方式。

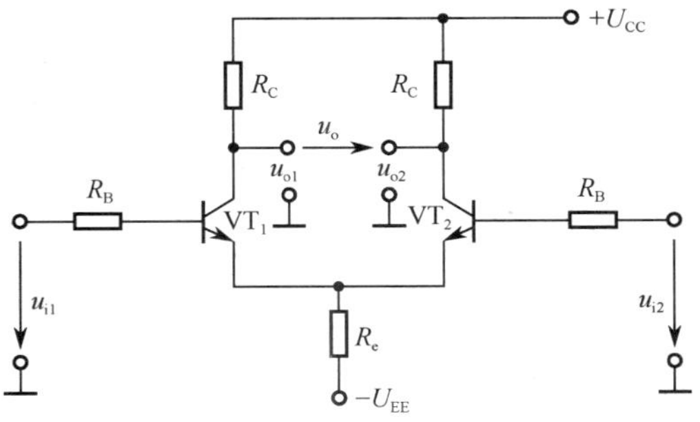

图 6.3.1　差动放大电路的原理图

（1）差模信号与共模信号。

当给差动放大电路的两个输入端加上大小相等、极性相同的一对信号（$u_{i1}=u_{i2}$）时，称为共模输入方式，这样的一对信号称为共模信号。由于差动放大电路具有对称结构，因此在共模信号的作用下，两个三极管集电极引起的电位变化完全相同，输出电压为零，即差动放大电路对共模信号没有放大作用，或者说差动放大电路对共模信号的电压放大倍数为零。温度变化或电源波动等对差动放大电路造成的零点漂移折合到输入端后可看作共模信号。

当给差动放大电路的两个输入端加上大小相等、极性相反的一对信号（$u_{i1}=-u_{i2}$）时，称为差模输入方式，这样的一对信号称为差模信号。在差模输入信号的作用下，差动对三极管集电极的电流变化大小相等、方向相反，因此流过 R_e 的总电流不变，即对差模信号而言，R_e 相当于短路；同时使其中一个三极管的集电极电位下降，另一个三极管的集电极电位升高，输出电压 u_o 是单管集电极电位变化量的两倍。

当给差动放大电路的两个输入端加上大小和极性都是任意的输入信号时，称为比较输入方式。为了便于分析和处理，可以将这种既非共模、又非差模的信号分解为共模分量和差模分量，方法是，若差动放大电路的两个输入端对地的输入信号分别为 u_{i1} 和 u_{i2}，则其差模输入信号定义为 $u_{id}=(u_{i1}-u_{i2})$，共模输入信号定义为 $u_{ic}=(u_{i1}+u_{i2})/2$；相应地，两个对地输入信号也可用差模信号与共模信号表示，即 $u_{i1}=u_{ic}+u_{id}/2$，$u_{i2}=u_{ic}-u_{id}/2$。例如，若 u_{i1}=12mV，u_{i2}=8mV，则可以将 u_{i1} 分解为 10mV 与 2mV 之和，即 u_{i1}=10mV+2mV；而把 u_{i2} 分解为 10mV 与 2mV 之差。这样，就可认为输入信号中的共模分量是 10mV，差模分量为 4mV。

（2）工作原理。

当输入电压 $u_{i1}=u_{i2}=0$ 时，基极电流远小于发射极电流，因此可认为两管的基极电位近似为零，从而得到偏置电路的方程为

$$U_{EE}=I_E R_e+U_{BE}$$

$$I_E=\frac{U_{EE}-U_{BE}}{R_e}$$

因电路结构对称，两个三极管的特性参数一致，所以有

$$I_{C1}=I_{C2}=\frac{1}{2}I_E,\quad I_{C1}R_C=I_{C2}R_C$$

故

$$u_o=u_{o1}-u_{o2}=0$$

即输入信号为零时，输出信号也为零。当温度变化引起管子集电极电流变化时，由于电路具有稳定静态工作点的作用，使集电极电流的变化减小；而电路的对称性决定了电流的变化量相等，因此输出电压总为零，即对称差动放大电路的温度漂移为零。

当在电路的两个输入端加上差模信号时，三极管 VT_1、VT_2 产生的电流的变化量大小相等、方向相反，其集电极对地的电压变化量 u_{o1}、u_{o2} 也大小相等、方向相反，两个集电极之间的输出电压 $u_o=u_{o1}-u_{o2}$；同时，两个输入端的输入信号 $u_{id}=u_{i1}-u_{i2}$，即 $u_{i1}=\frac{1}{2}u_{id}$，$u_{i2}=-\frac{1}{2}u_{id}$。设电路对称时各单管的电压放大倍数均为 A_u，则在差模信号输入下，输出电压 $u_o=u_{o1}-u_{o2}=A_u(u_{i1}-u_{i2})=A_u u_{id}$，故双端输出时的差模电压放大倍数 $A_{ud}=\frac{u_o}{u_{id}}=A_u$，与单管放大电路的电压放大倍数相同。

当在电路的两个输入端加上共模信号时，由于电路对称，因此流过两管的集电极电流或者同时增大，或者同时减小，集电极电位总是相等，双端输出时的电压为零，共模电压放大倍数（定义为输出电压与输入共模电压之比，用 A_{uc} 表示）也为零；而流过发射极电阻 R_e 的电流的变化量是单管电流变化量的两倍，从电压等效的观点可认为每个管的发射极回路中串接了 $2R_e$ 的电阻，负反馈作用增强，即使电路不完全对称，其抑制共模信号（通常是漂移信号或伴随输入信号一起加入的干扰信号）的能力也是很强的。

总之，要增强差动放大电路的共模（或零漂）抑制能力，必须从两方面着手：尽量使电路完全对称；设法增大 R_e，如利用电流源电路取代 R_e。

（3）共模抑制比。

实际上，不管采取什么样的改进措施，差动放大电路都不可能完全对称，其零点漂移依然存在，共模信号的电压放大倍数不可能为零。通常将差模信号的电压放大倍数 A_{ud} 和共模信号的电压放大倍数 A_{uc} 之比定义为共模抑制比，用 K_{CMR} 表示，即

$$K_{CMR}=\frac{A_{ud}}{A_{uc}} \tag{6.3.1}$$

共模抑制比反映了差动放大电路抑制共模信号的能力，其值越大，差动放大电路抑制共模信号（零点漂移）的能力越强。

6.4 互补对称功率放大电路和集成功率放大电路

功率放大电路（简称功放电路、功放器）与前面分析的小信号电压放大电路相比，从原理上来说没有本质的区别，都是通过三极管的电流控制作用把直流电源供给的能量按照输入信号的变化规律传送给负载的。不同的是，电压放大电路主要用于小信号放大，其任务是为负载提供足够高的不失真的信号电压；功率放大电路主要用于大信号放大，其任务是为负载提供足够大的信号功率。功率放大电路工作于大信号状态，因而会遇到小信号电压放大电路中没有遇到的特殊问题，有一些特殊要求。

（1）输出功率尽可能大，使负载获得所需的功率。为了获得大的功率输出，要求功放管的电压和电流都有足够大的输出幅度，因此管子往往在接近极限状态下工作。

（2）效率要高。由于输出功率大，因此直流电源消耗的功率也大，这就存在一个效率问题。所谓效率，就是负载得到的有用信号功率和电源供给的直流功率的比值，该比值越大，意味着效率越高。

（3）非线性失真要小。功率放大电路在大信号状态下工作，因而不可避免地会产生非线性失真，并且同一功放管的输出功率越大，非线性失真往往越严重，这就使输出功率和非线性失真成为一对主要矛盾。

另外，工作于大信号状态下的功率放大电路不宜用小信号等效电路分析法进行分析，采用图解法更为合理。再有，三极管多工作于极限状态，工作电流大，管子本身要发热，故还应考虑管子的散热问题。

放大电路按电流通过三极管的情况不同，其工作状态一般可分为四类：在输入为正弦信号时，通过三极管的电流 I_C 不出现截止状态的称为甲类；在正弦信号的一个周期中，三极管只有半个周期导通的称为乙类；导通期大于半个周期而小于一个周期的称为甲乙类；导通期小于半个周期的称为丙类。在低频电路中，采用前三种工作状态，如在电压放大电路中采用甲类，在功率放大电路中采用乙类或甲乙类。至于丙类，常用于高频功率放大电路和某些振荡电路中。

6.4.1　互补对称功率放大电路

集成运放的输出级要求有较高的输出电压、较大的输出电流及较强的带负载能力，因此常采用互补对称功率放大电路，如图 6.4.1 所示，它可以看作由两个射极跟随器组合而成。

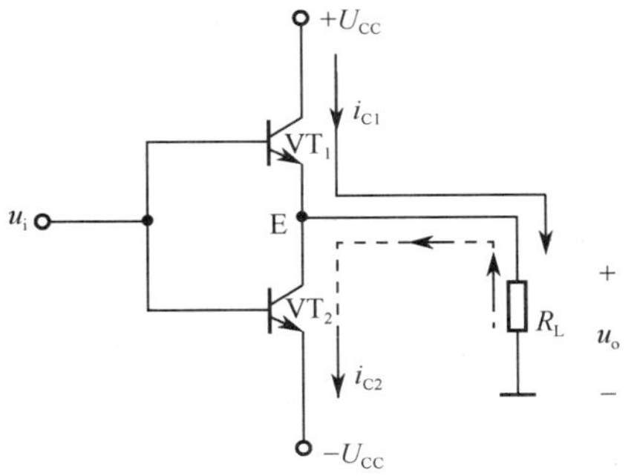

图 6.4.1　互补对称功率放大电路

在这个电路中，设 VT_1、VT_2 的特性对称，则在 $u_i=0$ 时，发射极电压 u_E 为零，VT_1、VT_2 截止，电路无静态损耗。当有交流信号 u_i 作用时，在 u_i 的正半周，VT_1 导通、VT_2 截止，电流方向如图 6.4.1 中的实线箭头所示，输出电压 u_o 为上正下负，处于正半周；在 u_i 的负半周，VT_2 导通、VT_1 截止，电流方向如图 6.4.1 中的虚线箭头所示，输出电压 u_o 为上负下正，处于负半周。由于 VT_1、VT_2 轮流导通，上下对称，互相补充，在负载上合成一个完整的与 u_i 相对应的波形，因此称为互补对称功率放大电路。

功率放大电路的形式有多种，早期的低频功率放大电路（分立电路）采用变压器耦合方式，由于变压器的体积大、质量大，且容易引入电磁干扰，频带难以做宽，电路又不能集成化，因此近年来已被直接耦合或阻容耦合互补对称功率放大电路替代。

1. OCL 电路

由于三极管的输入特性中存在一个死区，因此互补对称功率放大电路会产生交越失真。为减小和克服交越失真，通常在两基极之间加上二极管（或者电阻，或者二极管和电阻的结合），以供给 VT_1 和 VT_2 一定的正偏压，使之处于微导通状态，这就是 OCL 电路，其原理图如图 6.4.2 所示。其中，VT_3 组成前置放大级（VT_3 的偏置电路未画出），VT_1 和 VT_2 组成互补输出级。由于电路对称，因此静态时在 VD_1、VD_2 上产生的压降为 VT_1、VT_2 提供了一个适当的正偏压，此时 $I_{C1}=I_{C2}$，$I_L=0$，$u_o=0$；当有即使很小的信号 u_i 输入时，因电路工作于甲乙类工作状态，电路也可线性地在零点附近进行放大，u_o 与 u_i 基本上呈线性关系。但是，为了提高工作效率，在设置偏压时，应尽可能使电路接近乙类工作状态。

设输入信号足够大，VT_1、VT_2 极限运用（输入信号达最大值时，VT_1 或 VT_2 开始饱和），饱和压降为 U_{CES}，则输出电压 u_o 的最大值 $U_{om}=U_{CC}-U_{CES}$，此时电路有最大输出功率。在不考虑波形失真时，输出电压 u_o 的有效值为 $U_{om}/\sqrt{2}$，最大输出功率为

$$P_{om}=\frac{(U_{om}/\sqrt{2})^2}{R_L}=\frac{1}{2}\frac{(U_{CC}-U_{CES})^2}{R_L}\approx\frac{1}{2}\frac{U_{CC}^2}{R_L}\quad（忽略 VT_1、VT_2 的饱和压降）$$

而两个直流电源提供的总平均功率为

$$P_S = \frac{2}{2\pi}\int_0^{\pi} U_{CC}\frac{U_{CC}-U_{CES}}{R_L}\sin\omega t\,d\omega t$$

$$= \frac{2}{\pi}\frac{U_{CC}(U_{CC}-U_{CES})}{R_L} \approx \frac{2}{\pi}\frac{U_{CC}^2}{R_L}$$

因此电路的效率为

$$\eta = \frac{P_{om}}{P_S}\times 100\% = \frac{\pi}{4}\times 100\% \approx 78.5\%$$

由于 VT_1、VT_2 的饱和压降 U_{CES} 不可能等于零，因此电路的实际效率总低于 78.5%。

2. OTL 电路

OCL 电路采用的是双电源供电方式，如果互补对称功率放大电路采用单电源供电，则由于两互补管的发射极静态电位不为零而不能直接与负载相连，需要在输出端接入电容，这就是 OTL 电路，其原理图如图 6.4.3 所示。

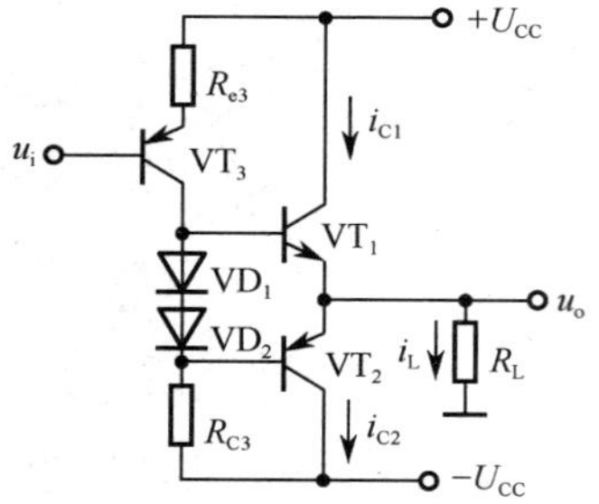

图 6.4.2　OCL 电路的原理图

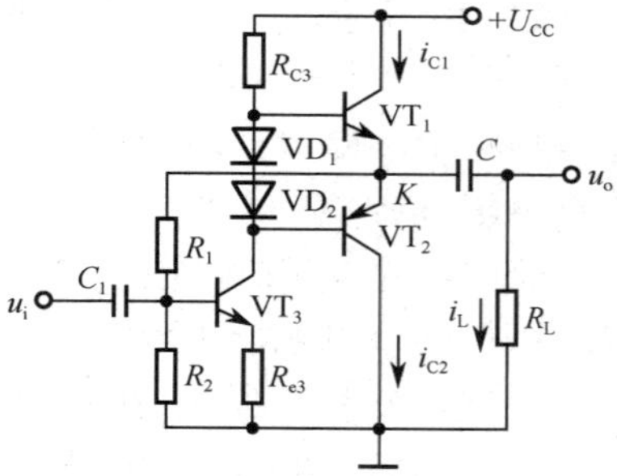

图 6.4.3　OTL 电路的原理图

OTL 电路要求静态时 K 点电位 $V_K = U_{CC}/2$，即 C 的电压被充到 $U_{CC}/2$。动态时，由于 C 足够大(使 R_LC 的乘积远大于 u_i 信号的周期)，因此在信号作用期间，可认为 C 上的电压 $U_C \approx U_{CC}/2$ 不变。在 u_i 的负半周，VT_1 导通、VT_2 截止，产生电流 I_{C1}，使 R_L 得到正半周电压；在 u_i 的正半周，VT_2 导通、VT_1 截止，C 通过 VT_2 对 R_L 放电，产生电流 I_{C2}，使 R_L 得到负半周电压，此时起到了负电源作用。在理想情况下（忽略 VT_1、VT_2 的饱和压降 U_{CES}），输出电压 u_o 的最大值为 $U_{CC}/2$，因此最大输出功率为

$$P_{omax} = \frac{\left(\frac{U_{CC}/2}{\sqrt{2}}\right)^2}{R_L} = \frac{1}{8}\frac{U_{CC}^2}{R_L}$$

同样，可推导出 OTL 电路的最大效率与 OCL 电路的一致，即

$$\eta_{max} = \frac{P_{omax}}{P_S}\times 100\% = \frac{\pi}{4}\times 100\% \approx 78.5\%$$

6.4.2　集成功率放大器举例

随着半导体技术的发展，人们目前已生产出各种类型、可输出不同功率的集成功率放大器。要使用集成功率放大器，只需外接一定的电阻、电容及负载，加上电源就可以向负载提供一定的功率。下面以 TDA2030 集成音频功率放大器为例来介绍有关知识。

TDA2030 集成音频功率放大器用于音频甲乙类放大，具有输出功率大、谐波失真和交越失真小、转换速率高、外围电路简单等特点，适用于收录机、立体声扬声器中的音频功率放大。

它的外形采用 5 脚塑封结构，如图 6.4.4（a）所示，其中，1 脚为同相输入端，2 脚为反相输入端、3 脚接负电源，4 脚为输出端，5 脚接正电源。它的内部包含由恒流源差动放大电路构成的输入级、中间级、复合互补对称式 OCL 电路构成的输出级、启动和偏置电路及短路/过热保护电路等，其结构框图如图 6.4.4（b）所示。

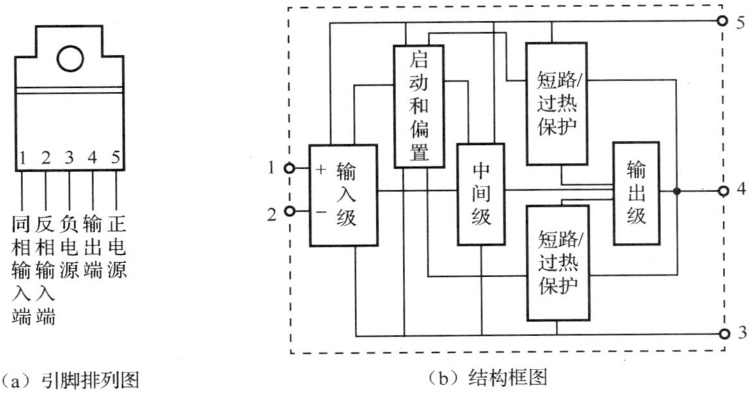

图 6.4.4 TDA2030 集成音频功率放大器

TDA2030 集成音频功率放大器的电源电压为±6～±18V，允许功耗为 20W（90℃时），输出峰值电流（内部限流）可达 3.5A，存放温度为−40～+150℃。当电源电压为±14V，且负载电阻 R_L 为 4Ω时，输出功率 P_o 达 18W；1 脚的输入阻抗为 5MΩ（典型值），当电压增益为 30dB，且 R_L=4Ω，P_o=12W 时，频带宽度为 10～14kHz。

图 6.4.5 所示为 TDA2030 集成音频功率放大器采用 OCL 接法（双电源）的典型应用电路。其中，R_2、C_2 和 R_3 构成电压并联负反馈，改变 R_2 或 R_3 可以改变电路的增益；C_3、C_4 称为退耦电容，用于电源滤波，以免交流信号影响直流电源及电源中的纹波信号影响功率放大电路的工作性能；VD_1、VD_2 为保护二极管，防止正、负电源接反时损坏 TDA2030 集成音频功率放大器；R_4 和 C_5 用来补偿高频时负载（喇叭）的电感，从而改善高频时的负载特性。

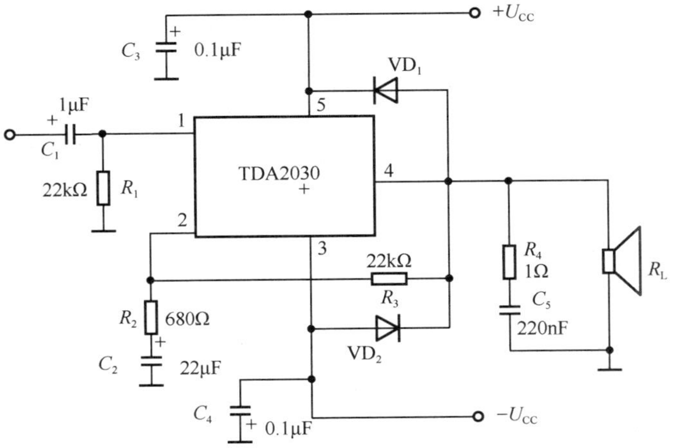

图 6.4.5 TDA2030 集成音频功率放大器采用 OCL 接法（双电源）的典型应用电路

TDA2030 集成音频功率放大器也可接成 OTL（单电源接法）电路，这时只要把 1 脚电压偏置成 $U_{CC}/2$，3 脚接地，4 脚加接输出电容即可，其余元件不变，如图 6.4.6 所示。静态时，两个 100kΩ电阻的分压使 1 脚电压为 $U_{CC}/2$，对直流来说，放大器即跟随器，4 脚电压和 1 脚电压相等，也为 $U_{CC}/2$。TDA2030 集成音频功率放大器接成 OTL 电路时，电源电压 U_{CC} 为 12～36V。

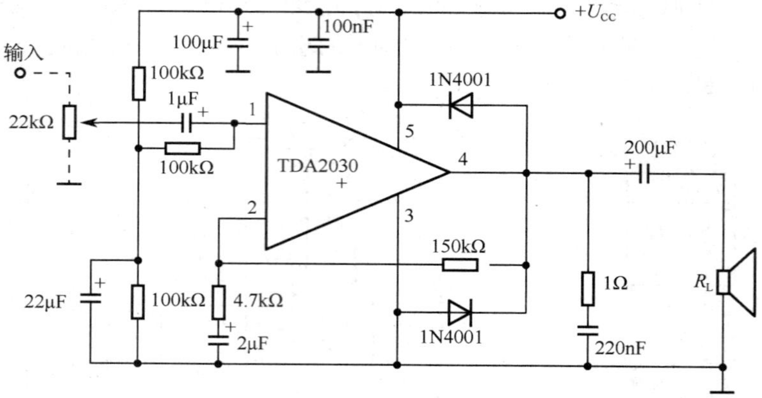

图 6.4.6　TDA2030 接成 OTL 电路

习　题　6

6.1　填空。

（1）共发射极和共集电极放大电路相比，输入电阻大的是__________电路、输出电阻小的是__________ 电路、电压放大倍数高的是__________电路、__________电路输出电压和输入电压反相、______________电路输出电压和输入电压同相。

（2）共发射极放大电路信号从___________极输入、____________极输出，共集电极放大电路信号从____________极输入、____________极输出。

（3）场效应管的偏置电路有_________和_________两种，前者适用于_______管，后者适用于___________管。

（4）放大器的失真分为__________和__________。前者是由_____________引起的，后者是由_______________引起的。

6.2　什么是静态和静态工作点？放大电路中为何要设置合适的静态工作点？

6.3　当分别改变电路参数 U_{CC}、R_b、R_C 时，静态工作点如何移动？试画图说明。一般情况下，要调整静态工作点，又不影响放大性能，调节哪个参数最方便？

6.4　场效应管放大电路的直流偏置电路有哪几种？各有什么特点和应用？

6.5　如题图 6.1（a）所示，若输出信号波形为题图 6.1（b）～（d）时，试判断它们属于何种类型的非线性失真？应采取怎样的措施加以改善？

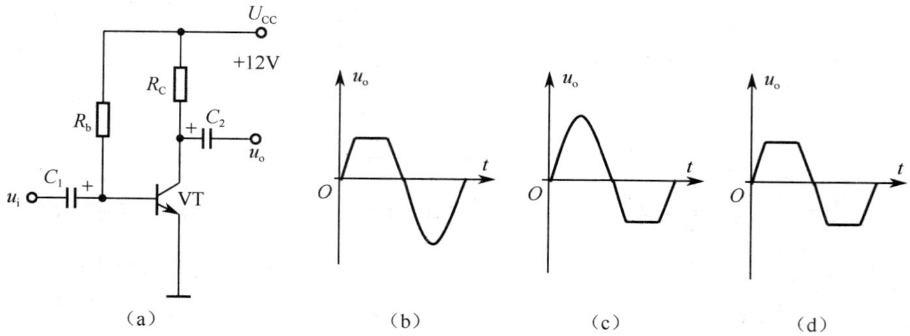

题图 6.1　习题 6.5 的电路图

6.6 试判断题图 6.2 所示电路是否具有放大作用？若没有，则说明原因并加以改正。

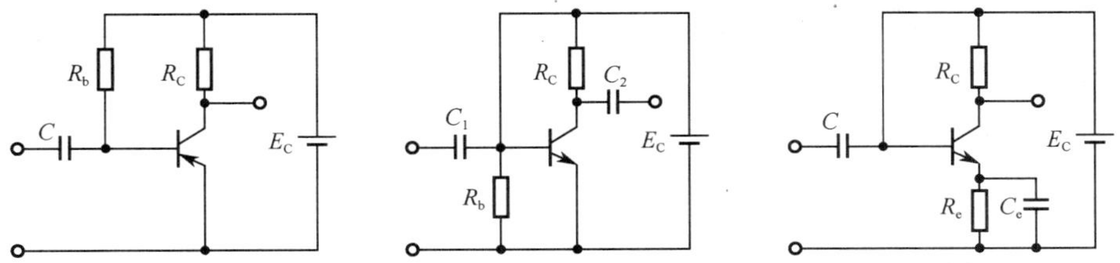

（a）（b）（c）

题图 6.2 习题 6.6 的电路图

6.7 如题图 6.3 所示，当 $U_{CC}=12V$，$\beta=100$，$r_{be}=1k\Omega$，$R_{b1}=36k\Omega$，$R_{b2}=24k\Omega$，$R_C=2k\Omega$，$R_e=2k\Omega$ 时，试求：

（1）放大电路的输入电阻、输出电阻。

（2）放大电路的电压放大倍数。

6.8 如题图 6.3 所示，当 $U_{CC}=12V$，$\beta=30$，$r_{be}=0.774k\Omega$，$R_{b1}=51k\Omega$，$R_{b2}=10k\Omega$，$R_C=3k\Omega$，$R_e=0.5k\Omega$ 时，试计算：

（1）静态工作点。

（2）输入电阻、输出电阻。

（3）C_e 开路时的电压放大倍数。

6.9 如题图 6.4 所示，当 $U_{CC}=12V$，$\beta=100$，$r_{be}=1.6k\Omega$，$R_{b1}=36k\Omega$，$R_{b2}=24k\Omega$，$R_C=2k\Omega$，$R_L=5.1k\Omega$，$R_S=0.6k\Omega$ 时，试求：

（1）放大电路的输入电阻、输出电阻。

（2）放大电路的电压放大倍数。

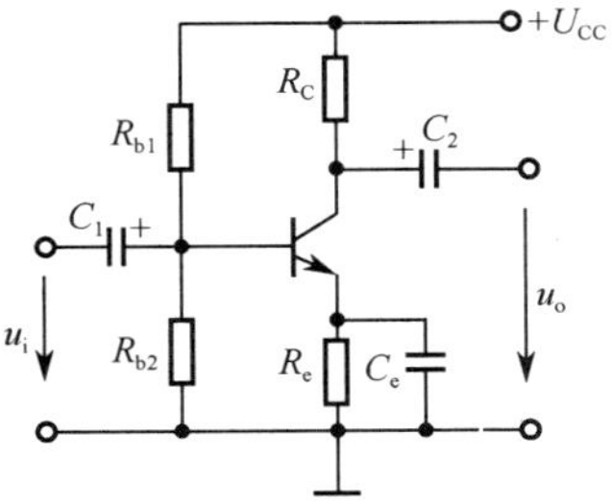

题图 6.3 习题 6.7、习题 6.8 的电路图

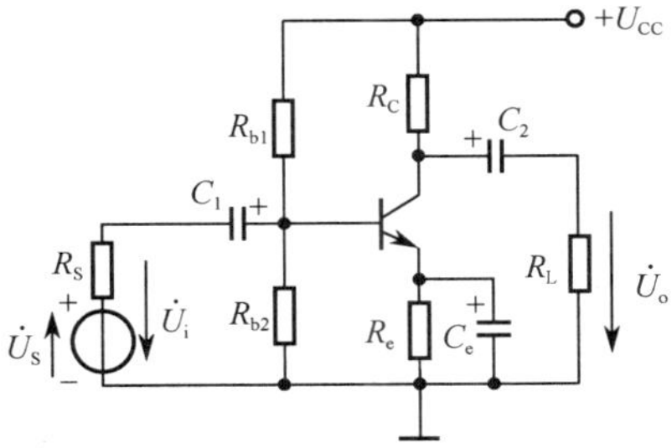

题图 6.4 习题 6.9 的电路图

6.10 如题图 6.5 所示，当 $U_{CC}=12V$，$\beta=50$，$r_{be}=1k\Omega$，$R_{b1}=40k\Omega$，$R_{b2}=20k\Omega$，$R_C=4k\Omega$，$R_L=4k\Omega$，$R_{e1}=0.5k\Omega$，$R_{e2}=1k\Omega$ 时，试计算其电压放大倍数和输入电阻。

6.11 题图 6.6 所示为射极输出器，R_S=200Ω，硅管的 $\beta=50$。试求：

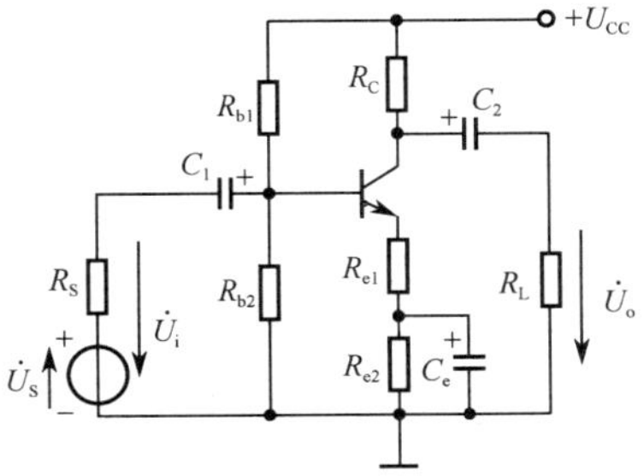

题图 6.5 习题 6.10 的电路图

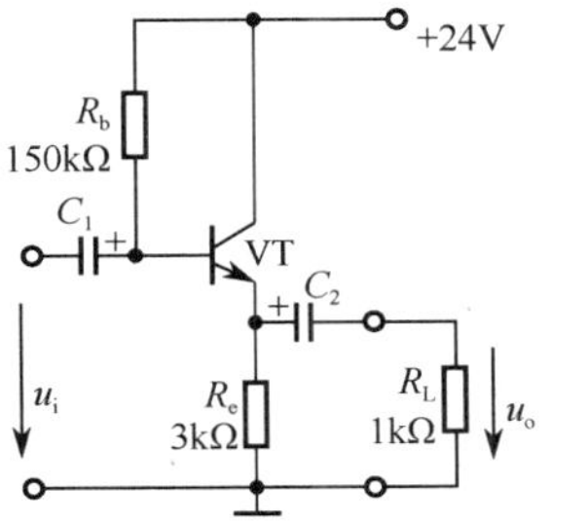

题图 6.6 习题 6.11 的电路图

（1）电路的输入电阻。

（2）电路的输出电阻。

（3）电路的最高输出电压。

6.12　电路如题图 6.7 所示。

（1）画出微变等效电路。

（2）写出电压放大倍数的表达式。

（3）写出输出电阻的表达式。

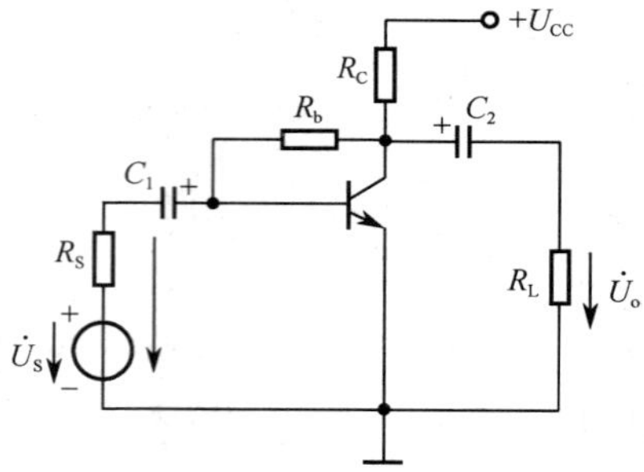

题图 6.7　习题 6.12 的电路图

6.13　判断下列说法是否正确。

（1）甲类功率放大电路在输出功率为零时，管子消耗的功率最大。

（2）乙类功率放大电路在输出功率最大时，管子消耗的功率最大。

（3）在输入电压为零时，甲乙类互补对称功率放大电路中的电源消耗的功率是两个管子的静态电流与电源电压的乘积。

（4）有一个 OTL 电路，其电源电压 U_{CC}=16V，R_L=8Ω，在理想情况下，可得到的最大输出功率为 10W。

第 7 章　集成运算放大电路

7.1　集成运算放大电路概述

集成电路是把晶体管、电阻、电容等必要元器件和导线集中在同一块半导体基片上形成的具有电路功能的器件。与分立元件电路相比，其具有体积小、质量轻、外部焊点少、安装和测试方便、工作可靠等优点。常用集成电路的外形如图 7.1.1 所示。

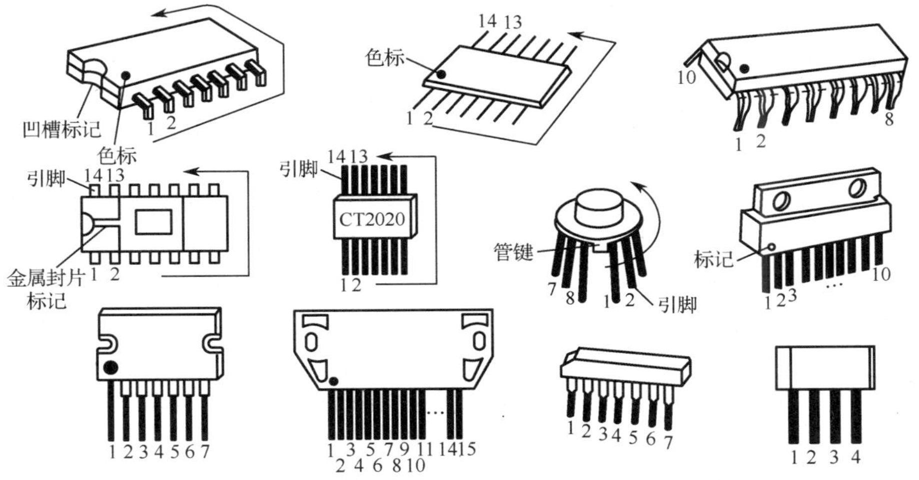

图 7.1.1　常用集成电路的外形

根据不同的分类标准，集成电路具有很多类型，如按集成度可分为小规模集成电路（一块芯片上包含的元器件在 100 个以下）、中规模集成电路（一块芯片上包含的元器件在 100 至 1000 个之间）、大规模集成电路（一块芯片上包含的元器件在 1000 至 100000 个之间）和超大规模集成电路（一块芯片上包含的元器件在 100000 个以上），按所用器件可分为双极型（三极管）集成电路和单极型（场效应管）集成电路，按电路功能可分为数字集成电路和模拟集成电路等。

模拟集成电路又分为线性和非线性两类，如集成稳压电源、振荡器、乘法器等为非线性类，集成功率放大器、高频集成放大器及集成运算放大器等为线性类。集成运算放大器（简称集成运放或运放）是模拟集成电路中发展最早、应用最广泛的集成器件。随着集成技术的不断发展，集成运算放大器的品种越来越多，其应用领域目前已远远超出数值运算范围，被广泛应用于信号的测量和处理、信号的产生和转换及自动控制等领域，成为电子技术领域应用最广泛的电子器件之一。

7.1.1　集成运算放大器的组成

集成运算放大器是一种高增益的直接耦合放大器。由于采用直接耦合，所以集成运算放大器既可以放大交流信号，又可以放大变化极为缓慢的信号（缓变信号）。

集成运算放大器的类型不同，其内部结构有很大的差别，但不管其内部结构多么复杂，其基本组成主要有输入级、中间放大级、输出级和偏置电路四部分，可用如图 7.1.2 所示的框图表示。

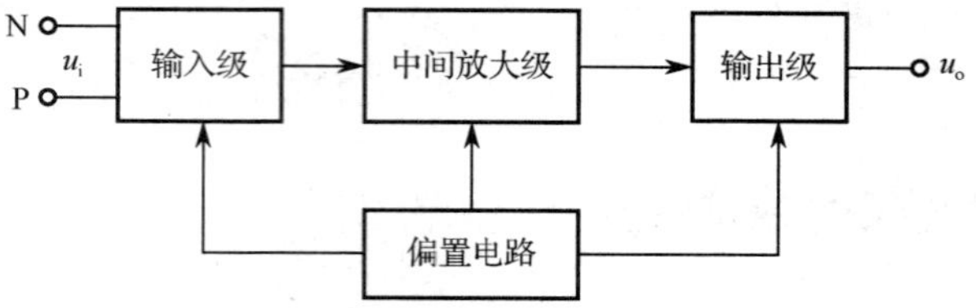

图 7.1.2　集成运算放大器的组成框图

输入级是决定集成运算放大器性能好坏的关键，由于集成运算放大器中各级间采用直接耦合方式，因此输入级产生的零点漂移对电路的影响最大。为此，集成运算放大器的输入级常采用差动放大电路来减小零点漂移，增大输入电阻，增强抗干扰能力，并提供集成运算放大器的同相输入端和反相输入端。

中间放大级的作用是使集成运算放大器获得很高的电压放大倍数，常由一级或多级带有源负载的共发射极或共基极放大电路构成，其中有源负载可用电流源电路实现。

输出级主要使集成运算放大器有较强的带负载能力。因此，要求输出级能提供较高的输出电压和较大的输出电流，并且其输出电阻要尽可能小。因此，输出级通常采用互补对称功率放大电路。

偏置电路是集成运算放大器的基础，它采用各种形式的电流源电路来为各级提供小而稳定的偏置电流。

在多级放大电路中，前一级与后一级之间通过一定的方式连接，使前一级的输出信号有效地传送到后一级，这种级与级之间的连接称为级间耦合。常用的级间耦合方式有阻容耦合、变压器耦合和直接耦合。

阻容耦合利用电容隔直通交的特性，将前一级电路输出的交流信号传递到后一级电路的输入端，并且直流状态相互隔离，互不影响；变压器耦合利用变压器的电磁感应原理，将前一级输出的交流信号传递到后一级电路的输入端，同样，直流状态互不影响，并且具有阻抗变换作用。这两种耦合方式都只能传递交流信号而不能传递直流信号或缓变信号。而在集成电路工艺中，不宜做出大容量的电容，电感更是难以制造，因此，集成运算放大器中多采用直接耦合。

直接耦合就是把前一级电路的输出端和后一级电路的输入端直接连接起来，这样既能放大交流信号，又能放大直流信号，但其存在两方面的不足：一是前、后级电路的静态工作点相互影响；二是存在零点漂移，这是直接耦合最主要的问题。

一个理想的直接耦合放大电路，当输入端短接（u_i=0）时，其输出端会产生一个不一定为零、恒定不变的电压，即存在一个初始值。而实际的直接耦合放大电路的输入端短接时，会在输出端产生一个偏离初始值的无规则缓慢变化的输出电压，这种现象称为零点漂移。

在多级直接耦合放大电路中，第一级的零点漂移的影响最为严重，因为前级静态工作点的微小变化将会逐级传递放大，级数越多，放大倍数越高，在输出端产生的零点漂移越严重。另外，当放大电路中有信号输入时，漂移电压信号会与有用电压信号混合而难以区分，严重时甚至使放大电路无法正常工作，因此抑制直接耦合放大电路的零点漂移，特别是削弱输入级电路的零点漂移已成为多级直接耦合放大电路一个至关重要的问题。目前，抑制零点漂移的方法很多，其中最简单、有效的就是输入级采用差动放大电路。

基本差动放大电路的结构和参数完全对称，其中，发射极电阻 R_e 引入的是电流串联负反馈，起着稳定静态工作点、减小零点漂移和提高共模抑制比的作用，即当输入信号为零时，输出信号也为零。当温度变化引起管子集电极电流变化时，由于电路具有稳定静态工作点的作用，集电极电流变化减小，而电路的对称性决定着电流的变化量相等，因此输出电压总为零，即对称差动放大电路的温度漂移等于零。

7.1.2　集成运算放大器的主要参数

集成运算放大器的性能可以用一些参数来描述。为了合理地选择和正确地使用集成运算放大器，必须了解其主要参数的意义。

（1）最高输出电压 u_{omax}。

u_{omax} 是指集成运算放大器在额定电源电压和额定负载下，不出现明显非线性失真的输出电压峰值，其与集成运算放大器的电源电压有关，通常比电源电压低 1～2V。

（2）开环差模电压放大倍数 A_{uo}。

A_{uo} 是指在没有外接反馈电路时，集成运算放大器的输出电压与两个输入端的信号电压之比，也称开环电压放大倍数或开环电压增益，常用分贝数表示，定义为 $A_{uo}(\mathrm{dB})=20\lg\frac{u_o}{u_i}$（dB）。常用集成运算放大器的 A_{uo} 一般为 10^4～10^7，即 80～140dB。

（3）输入失调电压 u_{io}。

对于理想的集成运算放大器，当输入电压为零（把两个输入端短接）时，输出电压应为零，但实际的集成运算放大器由于在制造过程中元件参数的不一致性等，当输入电压为零时，输出电压并不为零。或者说，要使输出电压为零，必须在输入端外加一个微弱的补偿电压，即输入失调电压 u_{io}，u_{io} 一般为毫伏数量级，其值越大，说明输入差动级的失配越严重。

（4）输入失调电流 I_{io}。

输入失调电流是指输入信号为零时，两个输入端静态电流之差，其主要由输入级差分对管的特性不完全对称所致，一般为纳安数量级。

（5）输入偏置电流 I_{iB}。

当集成运算放大器输出的直流电压为零时，两个输入端的静态偏置电流的平均值称为输入偏置电流 I_{iB}。I_{iB} 越小，集成运算放大器的性能越好，其一般为纳安或微安数量级。

（6）最高差模输入电压 u_{idmax}。

最高差模输入电压是指集成运算放大器两个输入端允许加的最大差模信号电压。输入电压超出 u_{idmax} 时，输入级差分对管中某个三极管的发射结将反向击穿，从而使集成运算放大器的性能变差，甚至损坏。

（7）最高共模输入电压 u_{icmax}。

最高共模输入电压是指集成运算放大器的两个输入端能够承受的最高共模信号电压。超出这个电压时，集成运算放大器的输入级工作不正常或共模抑制比下降，甚至造成器件损坏。

7.1.3　理想集成运算放大器及其传输特性

为便于分析和计算，常把实际的集成运算放大器视为理想集成运算放大器，其图形符号如图 7.1.3 所示，它有两个输入端（反相输入端和同相输入端）和一个输出端，反相输入端标有“−”，同相输入端标有“+”，它们对地的电压分别用 u_-（或 u_N）和 u_+（或 u_P）表示。

理想集成运算放大器的主要技术指标如下。

开环电压放大倍数 $A_{uo} \to \infty$。

差模输入电阻 $r_{id} \to \infty$。

开环输出电阻 $R_o \to 0$。

共模抑制比 $K_{CMR} \to \infty$。

输入偏置电流 I_{iB}、输入失调电流 I_{io} 及输入失调电压 u_{io} 均为零。

集成运算放大器的电压传输特性表示开环时输出电压与输入电压之间的关系，如图 7.1.4 所示。其中的粗实线表示理想的电压传输特性，而虚线则表示实际的电压传输特性，可分为线性区和饱和区。

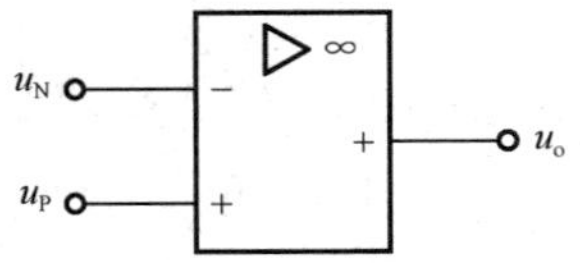

图 7.1.3　理想集成运算放大器的图形符号

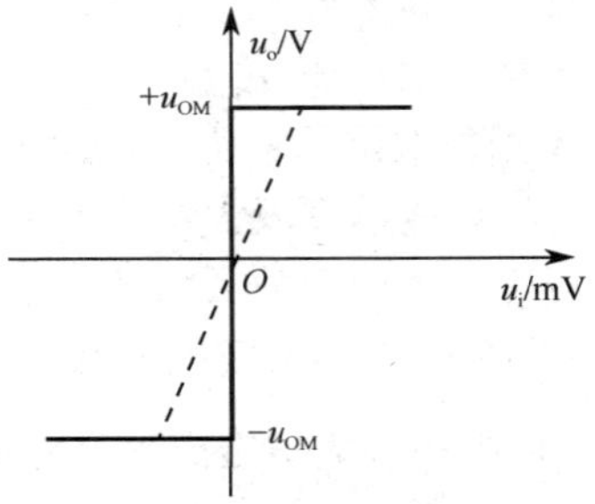

图 7.1.4　集成运算放大器的电压传输特性

集成运算放大器工作在线性区时，输出电压 u_o 和两个输入端之间的电压（u_P−u_N）的函数关系是线性的，可用下式表示：

$$u_o = A_{uo}(u_P - u_N) = A_{uo}u_i$$

由于集成运算放大器的开环电压放大倍数很高，因此，即使输入信号是微伏数量级的，也足以使集成运算放大器工作于饱和状态，输出电压稳定。此时，若 $u_P>u_N$，则输出电压 u_o 为正饱和值$+u_{OM}$，接近正电源电压；若 $u_P<u_N$，则输出电压 u_o 为负饱和值$-u_{OM}$，接近负电源电压。

工作在线性区的理想集成运算放大器利用其理想化参数，可以在输入端导出两个重要结论。

（1）理想集成运算放大器的两个输入端不取电流，即 I_i=0，通常称为“虚断”，这是因为 $R_{id} \to \infty$。

（2）理想集成运算放大器的两个输入端之间的电压差为零，即 $u_d=u_P-u_N=0$，而 $u_N=u_P$ 常称为“虚短”。这是因为输出电压为有限值，而开环电压放大倍数 $A_{uo} \to \infty$，所以

$$u_d = u_P - u_N = \frac{u_o}{A_{uo}} = 0$$

利用“虚断”（I_i=0）和“虚短”（$u_N=u_P$）这两个重要概念，对各种工作于线性区的集成运算放大器进行分析都将非常简单。

7.2　放大电路中的负反馈

反馈的概念和理论在各个领域得到了广泛应用，放大电路中普遍应用的是负反馈，如引入直流负反馈来稳定静态工作点，引入交流负反馈来改善放大电路的性能。本节从反馈的概念和分类入手，着重介绍反馈类型的判别和负反馈对放大电路性能的影响。

7.2.1　反馈的概念

1. 反馈的定义

所谓反馈，就是把放大电路输出信号（电流或电压）的一部分或全部通过一定的元件或网络（称为反馈网络）回送到放大电路输入端的过程。这种回送信号（称为反馈信号）与外加输入信号共同参与对放大电路的控制，这样的放大电路称为反馈放大电路。

2. 反馈放大电路的组成框图

图 7.2.1 所示为反馈放大电路的组成框图，它主要由放大电路和反馈网络组成，构成一个闭环系统，因而反馈放大电路又称闭环放大电路。

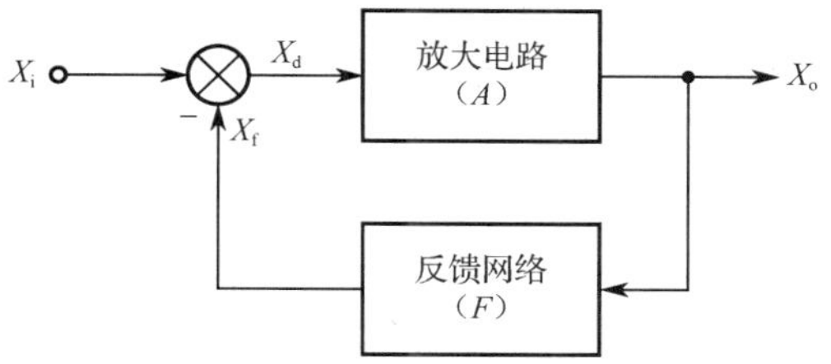

图 7.2.1　反馈放大电路的组成框图

在图 7.2.1 中，X 既可表示电压信号，又可表示电流信号。X_i 代表原输入信号，X_o 代表输出信号，X_f 代表反馈信号，“⊗”表示比较环节，原输入信号与反馈信号的比较结果称为净输入信号，用 X_d 表示，A 为放大电路的放大倍数（也称为开环放大倍数），F 为反馈网络的反馈系数。信号的传递方向如图 7.2.1 中的箭头表示。若反馈信号的引入导致净输入信号增强，则称引入了正反馈，用关系式 $X_d=X_i+X_f$ 表示；若反馈信号的引入导致净输入信号减弱，则称引入了负反馈，用关系式 $X_d=X_i-X_f$ 表示。

如图 7.2.1 所示，当引入负反馈时，有

$$A=\frac{X_o}{X_d} \qquad (7.2.1)$$

$$F=\frac{X_f}{X_o} \qquad (7.2.2)$$

$$X_d=X_i-X_f \qquad (7.2.3)$$

根据式（7.2.1）～式（7.2.3），可求得负反馈放大电路的闭环放大倍数 A_f 的一般表达式为

$$A_f=\frac{X_o}{X_i}=\frac{A}{1+AF} \qquad (7.2.4)$$

这是分析负反馈放大电路的一个重要公式，通常把 $|1+AF|$ 称为反馈深度。

3. 反馈的分类

根据不同的标准，可以对反馈进行如下分类。

按反馈极性的不同，可将反馈分为正反馈和负反馈两大类。正反馈虽能提高电路的放大倍数，但容易引起自激振荡，故放大电路中很少采用；负反馈虽然会降低电路的放大倍数，却能使放大电路的动态性能得到多方面的改善。

按反馈信号的成分不同，可将反馈分为直流反馈和交流反馈。若反馈信号中仅含有直流成分，则这种反馈称为直流反馈，直流负反馈主要用于稳定电路的静态工作点；若反馈信号中仅含有交流成分，则这种反馈称为交流反馈，交流负反馈主要用于改善电路的动态性能。在不少情况下，放大电路中既有直流负反馈又有交流负反馈，以同时满足稳定静态工作点和改善动态性能的要求。

根据反馈网络的取样对象不同，可将反馈分为电压反馈和电流反馈。如果反馈信号取样于输出电压，则为电压反馈，电压负反馈具有稳定输出电压的作用；如果反馈信号取样于输出电

流，则为电流反馈，电流负反馈具有稳定输出电流的作用。

根据反馈信号与输入信号在放大电路输入回路中的连接形式（或比较方式）不同，可将反馈分为串联反馈和并联反馈。串联反馈就是在输入回路中，将输入信号、反馈信号和净输入信号三者串联比较，以电压形式相加或相减，即有 $u_d = u_i - u_f$ 。而并联反馈就是在输入回路中，将输入信号、反馈信号和净输入信号三者并联比较，以电流形式相加或相减，即有 $i_d = i_i - i_f$ 。

在前面讲过的各种类型的反馈电路中，我们主要讨论交流负反馈，即今后讨论的电路主要是交流信号作用下的负反馈电路。

7.2.2 反馈电路的判别

根据反馈网络与放大电路在输出、输入端的连接方式不同，有 4 种典型的负反馈电路，即电压串联负反馈、电压并联负反馈、电流串联负反馈和电流并联负反馈。

反馈电路类型的判别可以归纳为以下 4 个步骤。

（1）判断电路中有无反馈。判断一个电路中有无反馈，首先要看电路的输出回路与输入回路之间有没有相互联系的元件或网络（找出反馈元件或网络）。若有联系输出回路与输入回路的电路，则输出量可以通过这一电路回送到输入端，可以判定电路中有反馈；否则，电路中无反馈。

（2）判断反馈极性。反馈极性的判断通常采用瞬时极性法：假设电路的输入信号瞬时增大（用“+”表示），在该信号作用下，逐级推出电路中各点的电位变化情况（以“+”表示电位升高，以“−”表示电位降低），并根据反馈元件两端的电位情况判断反馈信号使净输入信号增强还是减弱了，使净输入信号增强的是正反馈，使净输入信号减弱的是负反馈。

（3）判断是串联反馈还是并联反馈。判断引入的是串联反馈还是并联反馈，主要根据反馈信号、原输入信号和净输入信号在电路输入端的连接方式与特点，具体可以采用以下 3 种方法。

概念法：若反馈信号与输入信号在输入端以电压（或电流）的形式相加减，则为并联（或串联）反馈。

交流短路法：将输入信号交流短路后，若反馈作用不再存在（输入回路与输出回路之间没有了联系的元件或网络），则为并联反馈，否则为串联反馈。

同极判别法：如果反馈信号和输入信号加到放大元件的同一电极，则为并联反馈，否则为串联反馈。

（4）判断是电压反馈还是电流反馈。判断引入的是电压反馈还是电流反馈可以根据反馈信号和输出信号在电路输出端的连接方式与特点，具体可以采用以下 3 种方法。

概念法：若反馈信号取自输出电压（或电流），则为电压（或电流）反馈。

交流短路法：将输出信号交流短路后，若反馈作用不再存在（输入回路与输出回路之间没有了联系的元件或网络），则为电压反馈，否则为电流反馈。

同极判别法：如果反馈信号和输出信号取自放大元件的同一电极，则为电压反馈，否则为电流反馈。

1．电压串联负反馈电路

图 7.2.2 所示为电压串联负反馈的组成框图和典型电路。在图 7.2.2（a）中，比较环节的“+”“−”表示 u_i 与 u_f 的极性相反，为负反馈。在图 7.2.2（b）中，集成运算放大器即基本放大环节，R_F 和 R 构成反馈环节，输入电压信号 u_i 通过 R_b 加于集成运算放大器的同相输入端。由于图 7.2.2（b）中所标 u_i、u_f 的极性是参考极性，而参考极性是可以任意规定的，因此为了判断电路的反馈极性，通常采用瞬时极性法，即设定输入信号在某一瞬间的极性，从而标出电路中其他相关点在

同一瞬间的极性。例如，在图 7.2.2（b）中，设输入电压的极性为正（用“⊕”表示），根据集成运算放大器同相输入端的概念，得知输出电压也为正，输出电压 u_o 通过 R_F 和 R 分压后得到的反馈电压 u_f 也为正，而 u_f 加于集成运算放大器的反相输入端。可见，集成运算放大器的净输入电压 $u_d=u_i-u_f$。这一关系式说明了两点：①引入反馈后净输入电压降低，为负反馈；②反馈信号与输入信号在输入回路中彼此串联（以电压量做比较），为串联反馈。若忽略集成运算放大器输入端的电流，则有

$$u_f=\frac{R}{R+R_F}u_o \tag{7.2.5}$$

可见，反馈电压 u_f 取决于输出电压 u_o，而和 R_L 是否接入无关，称为电压反馈。因此图 7.2.2（b）所示为电压串联负反馈电路。

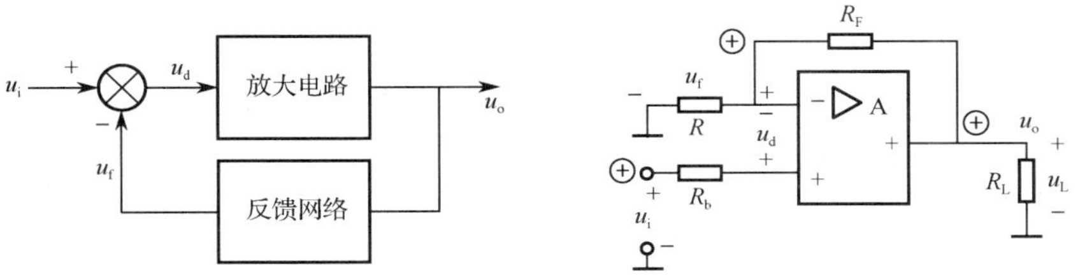

图 7.2.2　电压串联负反馈的组成框图和典型电路

2. 电压并联负反馈电路

电压并联负反馈的组成框图和典型电路如图 7.2.3 所示。在图 7.2.3（b）中，用瞬时极性法标出了 u_i 和 u_o 的相对极性及各电流的方向，在输入回路中，反馈信号与输入信号以电流量做比较，且引入反馈后净输入电流减小，即 $i_d=i_i-i_f$，为并联负反馈，反馈电流为

$$i_f=\frac{u_- - u_o}{R_F} \tag{7.2.6}$$

由于 u_- 很低，因此 i_f 取决于输出电压 u_o，与 R_L 是否接入无关，故为电压反馈。因此该电路为电压并联负反馈电路。

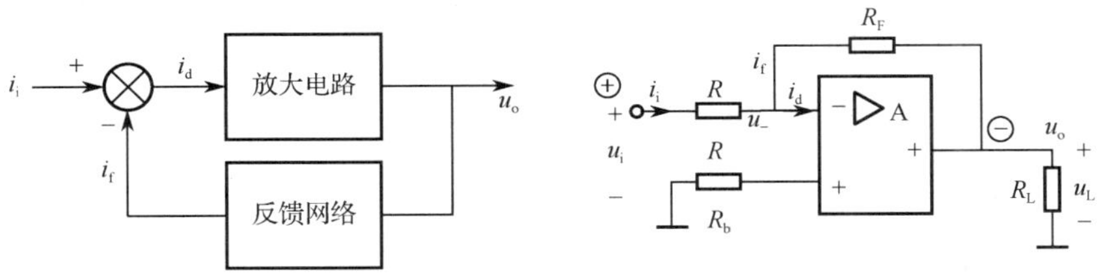

图 7.2.3　电压并联负反馈的组成框图和典型电路

3. 电流串联负反馈电路

图 7.2.4 所示为电流串联负反馈的组成框图和典型电路。在图 7.2.4（b）中，R_L 为负载电阻，接在输出端和反相输入端之间，它和 R 构成反馈环节。用瞬时极性法标出各电压极性和电流方向。显然，$u_d=u_i-u_f$，为串联负反馈；由于流入反相输入端的电流很小，因此，若 R_L 不接入（开路），则 $i_o=0$，反馈量消失。可见，反馈电压 u_f 取决于输出电流 i_o，为电流反馈。因此这个电路为电流串联负反馈电路。

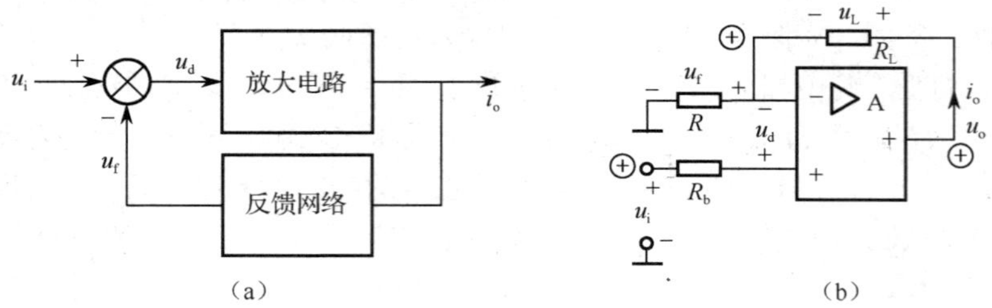

图 7.2.4　电流串联负反馈的组成框图和典型电路

4. 电流并联负反馈电路

电流并联负反馈的组成框图和典型电路如图 7.2.5 所示。在图 7.2.5（b）中，R_L 为负载电阻，它和 R_F、R_2 构成反馈网络。用瞬时极性法可标出输入、输出端的电压极性和对应的各电流方向。可见，$i_d=i_i-i_f$，为并联负反馈；由于 u_- 很低（接近零），因此 i_f 可以看作由 i_L 对 R_F 和 R_2 的分流得到，即若不接入 R_L（开路），则 $i_o=0$，反馈量消失。显然，反馈电流 i_f 取决于输出电流 i_o，为电流反馈。因此该电路为电流并联负反馈电路。

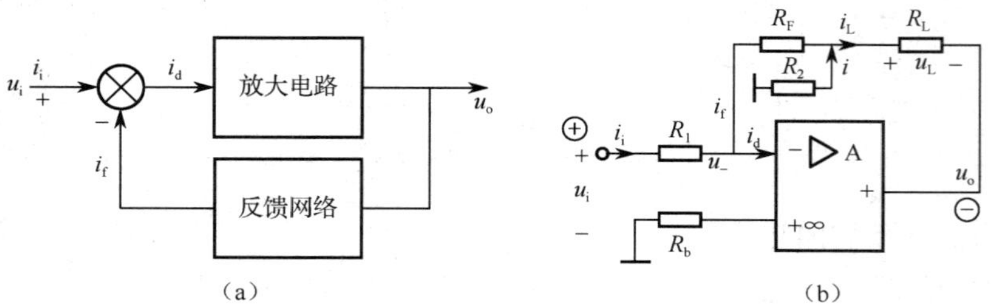

图 7.2.5　电流并联负反馈的组成框图和典型电路

综上所述，反馈电路在输入回路中的接法决定了它是串联反馈还是并联反馈，在输出回路中的接法决定了它是电压反馈还是电流反馈；而对于由单个集成运算放大器组成的反馈电路，反馈信号接到反相输入端便构成负反馈。

7.2.3　负反馈对放大电路性能的影响

负反馈虽然会使电路的放大倍数下降，但能从多方面改善放大电路的性能，现分析如下。

1. 提高放大电路放大倍数的稳定性

放大倍数的稳定性是用放大倍数绝对值的相对变化量来表示的，用 $\frac{dA}{A}$ 的大小来评定。对 $A_f=\frac{A}{1+AF}$ 中的 A 求导，得

$$\frac{dA_f}{dA}=\frac{1+AF-AF}{(1+AF)^2}=\frac{1}{(1+AF)^2}$$

即

$$dA_f=\frac{1}{(1+AF)^2}dA$$

用 $dA_f=\frac{1}{(1+AF)^2}dA$ 除以 $A_f=\frac{A}{1+AF}$ 可得

$$\frac{dA_f}{A_f}=\frac{1}{1+AF}\frac{dA}{A} \tag{7.2.7}$$

表明在放大电路中引入负反馈后，放大倍数的相对变化量是未加反馈时的 $\frac{1}{1+AF}$，即放大倍数的稳定性提高了。

例 7.2.1　已知某负反馈放大电路的开环放大倍数 A=10000，反馈系数 F=0.01，三极管的参数变化使 A 降低了 10%，试求变化后 A_f 的值及其相对变化量。

解　三极管的参数变化后的开环放大倍数为

$$A=10000\times(1-10\%)=9000$$

闭环放大倍数为

$$A_f=\frac{A}{1+AF}=\frac{9000}{1+9000\times0.01}\approx98.9$$

闭环放大倍数的相对变化量为

$$\frac{dA_f}{A_f}=\frac{1}{1+AF}\frac{dA}{A}=\frac{1}{1+9000\times0.01}\times(-10\%)\approx0.11\%$$

由此可见，引入负反馈后，虽然放大倍数降低了，但其相对变化量大大地减小了，从而提高了放大倍数的稳定性。

2. 减小非线性失真

由于三极管具有非线性，因此当放大电路的静态工作点选择不当或输入信号幅度过大时，会造成输出信号的非线性失真，引入负反馈后，可将输出端失真的信号送回输入端，使净输入信号产生某种程度的预先失真，经过放大后，输出信号的失真可大大减小。应当注意的是，负反馈可减小非线性失真指的是减小反馈环内的失真，如果输入波形本身就是失真的，那么这时即使引入负反馈也是无济于事的。

3. 展宽通频带

由前面分析放大电路的频率特性可知，由于电路中电容的影响，放大倍数在低频段和高频段都要下降，引入负反馈后，放大倍数稳定了，意味着幅度特性曲线在低频段和高频段的下降速度减慢，因而展宽了放大电路的通频带。

4. 对输入、输出电阻的影响

（1）串联负反馈使输入电阻增大。从电工理论的角度分析，任何电路在“串”联一个电路后，其总阻值必增大。

（2）并联负反馈使输入电阻减小。这是因为任何电路在“并”联一个反馈回路后，其总阻值必减小。

（3）电压负反馈使输出电阻减小。这是因为电压负反馈使输出电压稳定，而一个恒定的输出电压的内阻必定很小（理想电压源的内阻为零）。

（4）电流负反馈使输出电阻增大。这是因为电流负反馈使输出电流稳定，而一个恒定的输出电流的内阻必定很大（理想电流源的内阻为无穷大）。

综上所述，引入负反馈后，虽然放大倍数降低了，但能从多方面改善放大电路的性能，提高放大倍数的稳定性，改善波形失真，尤其可以通过选用不同类型的负反馈来改变放大电路的输入电阻和输出电阻，以适应实际需要，至于反馈引起的放大倍数降低的问题，可以通过增加放大电路的级数来解决。

7.3 集成运算放大器在信号运算方面的应用

集成运算放大器的基本应用可分为线性应用和非线性应用两大类。当集成运算放大器通过外接电路引入负反馈而使其闭环工作于线性区时，可构成模拟信号运算电路、正弦波振荡电路和有源滤波电路等；当集成运算放大器处于开环状态或引入正反馈而使其工作于非线性区时，可构成各种电压比较器和矩形波发生器等。本节介绍的模拟信号运算电路都属于负反馈应用电路。

7.3.1 比例运算电路

1. 反相比例运算电路

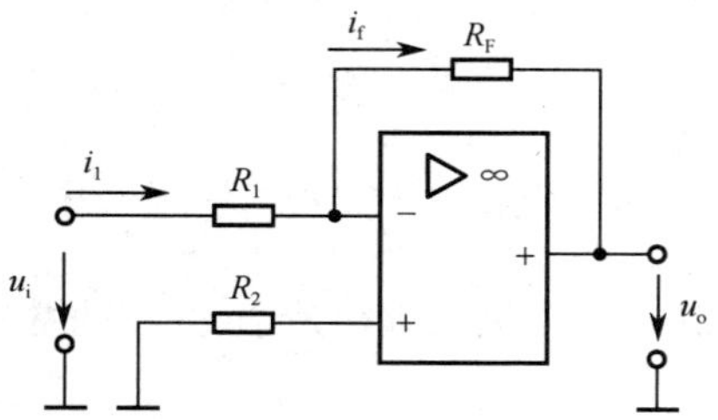

图 7.3.1 反相比例运算电路

图 7.3.1 所示为反相比例运算电路。输入信号 u_i 经输入电阻 R_1 加在反相输入端，同相输入端通过电阻 R_2 接地，反馈电阻 R_F 跨接在输出端和反相输入端之间，构成电压并联负反馈电路。为了保证电路处于对称状态，需要使集成运算放大器的反相输入端和同相输入端的外接电阻相等，即应满足 $R_2=R_1 /\!/ R_F$，故 R_2 称为平衡电阻。

由理想集成运算放大器的两个重要结论 $i_i=0$、$u_P=u_N$ 可得，流过 R_F 的电流 i_f 等于通过 R_1 的电流 i_1，即 $i_f=i_1$，以及 $u_N=u_P=0$。由图 7.3.1 可列出

$$i_1=\frac{u_i-u_N}{R_1}=\frac{u_i-0}{R_1}=\frac{u_i}{R_1}$$

$$i_f=\frac{u_N-u_o}{R_F}=\frac{0-u_o}{R_F}=-\frac{u_o}{R_F}$$

由此可得

$$u_o=-\frac{R_F}{R_1}u_i \tag{7.3.1}$$

因此反相比例运算电路的电压放大倍数为

$$A_{uf}=\frac{u_o}{u_i}=-\frac{R_F}{R_1} \tag{7.3.2}$$

式（7.3.2）中的负号表示输出电压 u_o 与输入电压 u_i 反相，且其比值由 R_F 与 R_1 决定，而与集成运算放大器本身的参数无关。因此可以通过选择合适的电阻来获得所需的电压增益。

当 $R_1=R_F$ 时，$u_o=-u_i$ 或 $A_{uf}=-1$，表明输出电压与输入电压大小相等、极性相反，此时的电路就称为反相器。

在图 7.3.1 中，尽管反相输入端未接地，但其电位趋于零，这种反相输入端电位趋于零的现象称为“虚地”。“虚地”是集成运算放大器工作在闭环状态下的一个重要特点。应当指出，“虚地”并不是真正的“地”，不能把反相输入端看作与地短接，否则信号无法加到集成运算放大器中。

2. 同相比例运算电路

图 7.3.2 所示为同相比例运算电路。输入信号从同相输入端加入，反相输入端经电阻接地，反馈电阻接在集成运算放大器的输出端与反相输入端之间，构成电压串联负反馈电路。

在理想集成运算放大器条件下，有

$$u_N=u_P=u_i$$

$$i_1=i_f$$

由图 7.3.2 可列出

$$i_1=-\frac{u_N}{R_1}=-\frac{u_i}{R_1}$$

$$i_f=\frac{u_N-u_o}{R_F}=\frac{u_i-u_o}{R_F}$$

由以上各式可得

$$u_o=\left(1+\frac{R_F}{R_1}\right)u_i \tag{7.3.3}$$

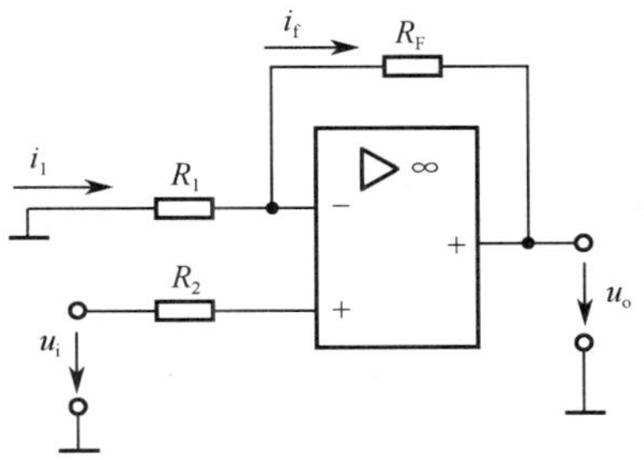

图 7.3.2　同相比例运算电路

闭环电压放大倍数为

$$A_{uf}=1+\frac{R_F}{R_1} \tag{7.3.4}$$

表明输出电压与输入电压同相，电路的电压放大倍数 A_{uf} 不低于 1，且仅由外接电阻 R_F 和 R_1 决定，与集成运算放大器本身的参数无关。

当 $R_1\to\infty$（断开）或 $R_F=0$（短路）时，有

$$A_{uf}=\frac{u_o}{u_i}=1 \tag{7.3.5}$$

说明输出电压与输入电压大小相等、极性相同，故称为电压跟随器。

7.3.2　加法运算电路

1. 反相加法运算电路

加法运算电路的功能是对若干输入信号求和。图 7.3.3 所示为反相加法运算电路，是在反相比例运算电路的输入端加上 3 个输入信号构成的。为使两个输入端电路对称，要求平衡电阻 $R_p=R_1//R_2//R_3//R_F$。

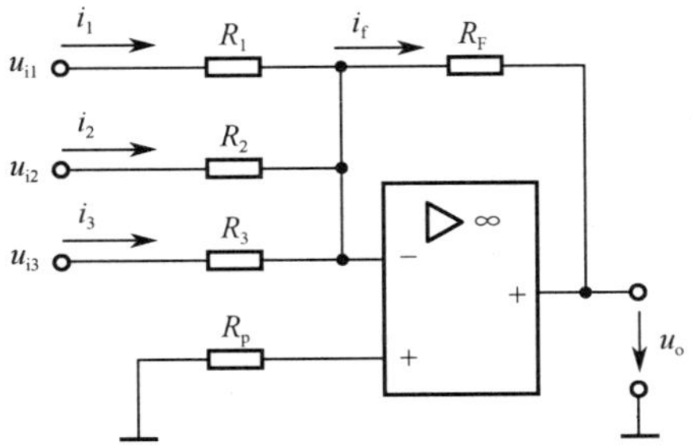

图 7.3.3　反相加法运算电路

在理想集成运算放大器条件下，由图 7.3.3 可列出

$$i_1=\frac{u_{i1}}{R_1}$$

$$i_2=\frac{u_{i2}}{R_2}$$

$$i_3=\frac{u_{i3}}{R_3}$$

$$i_f=i_1+i_2+i_3$$

$$i_f=-\frac{u_o}{R_F}$$

可得

$$u_o=-\left(\frac{R_F}{R_1}u_{i1}+\frac{R_F}{R_2}u_{i2}+\frac{R_F}{R_3}u_{i3}\right) \tag{7.3.6}$$

当 $R_1=R_2=R_3=R$ 时，式（7.3.6）变为

$$u_o=-\frac{R_F}{R}(u_{i1}+u_{i2}+u_{i3}) \tag{7.3.7}$$

若 $R=R_F$，则

$$u_o=-(u_{i1}+u_{i2}+u_{i3}) \tag{7.3.8}$$

可见，加法运算电路也与集成运算放大器本身的参数无关，只要阻值足够精确，就可保证加法运算的精度和稳定性。

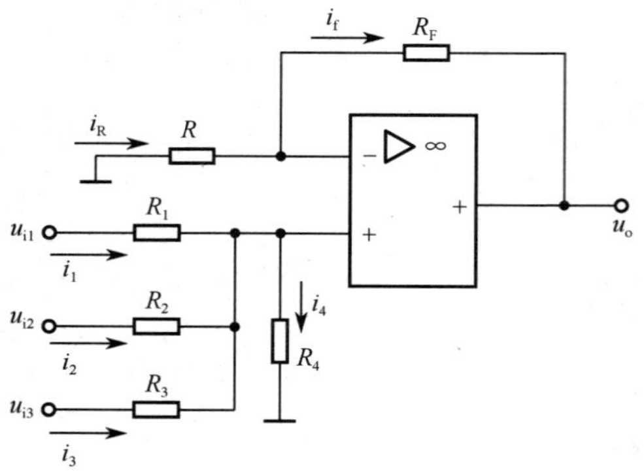

图 7.3.4　同相加法运算电路

2. 同相加法运算电路

图 7.3.4 所示为同相加法运算电路，是在同相比例运算电路的输入端加上 3 个输入信号构成的。

在理想集成运算放大器条件下，由图 7.3.4 可列出

$$i_1 = \frac{u_{i1}}{R_1}$$

$$i_2 = \frac{u_{i2}}{R_2}$$

$$i_3 = \frac{u_{i3}}{R_3}$$

$$i_4 = i_1 + i_2 + i_3$$

$$i_f = i_R$$

可得

$$u_o = \left(\frac{R_F}{R_1}u_{i1} + \frac{R_F}{R_2}u_{i2} + \frac{R_F}{R_3}u_{i3}\right) \quad (7.3.9)$$

当 $R_1=R_2=R_3=R$ 时，式（7.3.9）变为

$$u_o = \frac{R_F}{R}(u_{i1} + u_{i2} + u_{i3}) \quad (7.3.10)$$

若 $R=R_F$，则

$$u_o = (u_{i1} + u_{i2} + u_{i3}) \quad (7.3.11)$$

7.3.3　减法运算电路

集成运算放大器的反相输入端和同相输入端都有信号输入的方式称为差动输入方式。这种输入方式可以实现两个信号的减法运算。图 7.3.5 所示为减法运算电路。

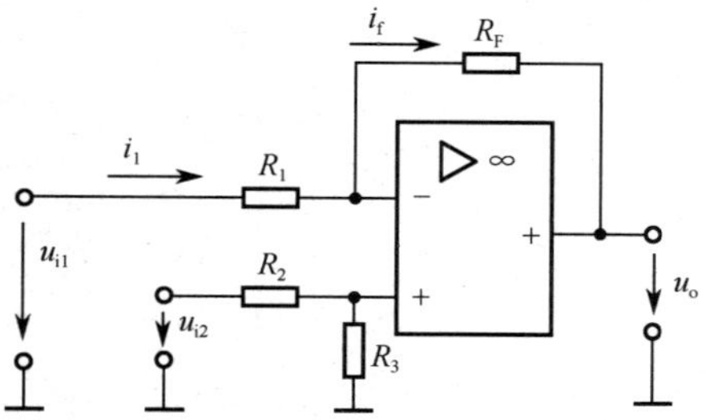

图 7.3.5　减法运算电路

在理想集成运算放大器条件下，由图 7.3.5 可列出

$$i_1 = \frac{u_{i1} - u_N}{R_1}$$

$$i_f = \frac{u_N - u_o}{R_F}$$

因为 $i_1 = i_f$（“虚断”），所以有

$$u_o = \left(1 + \frac{R_F}{R_1}\right)u_N - \frac{R_F}{R_1}u_{i1}$$

又由“虚短”可知

$$u_N = u_P = \frac{R_3}{R_2 + R_3}u_{i2}$$

代入上式后可得

$$u_o = \left(1 + \frac{R_F}{R_1}\right)\frac{R_3}{R_2 + R_3}u_{i2} - \frac{R_F}{R_1}u_{i1} \quad (7.3.12)$$

当 $R_1=R_2$ 和 $R_F=R_3$ 时，有

$$u_o = \frac{R_F}{R_1}(u_{i2} - u_{i1}) \tag{7.3.13}$$

如果 $R_F=R_1$，则得

$$u_o = u_{i2} - u_{i1} \tag{7.3.14}$$

由于输出电压与两个输入电压的差值成正比，因此实现了减法运算。

7.3.4　积分运算电路

把反相比例运算电路中的 R_F 用 C_F 代替就构成了积分运算电路，如图 7.3.6 所示。

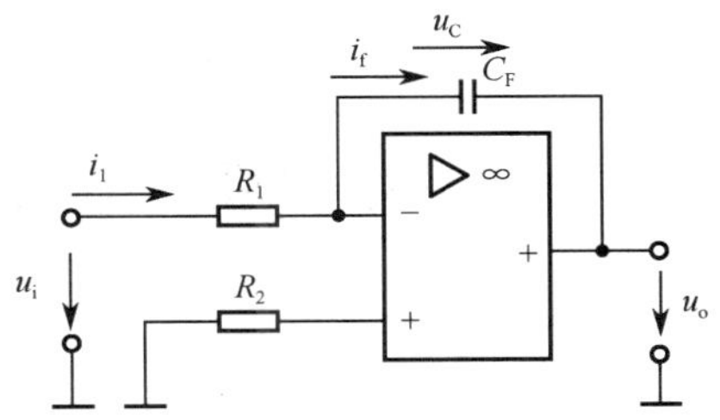

图 7.3.6　积分运算电路

由理想集成运算放大器的“虚断”和“虚短”可知 $u_N=u_P=0$，以及 $i_i=0$，从而得

$$i_1 = i_f = \frac{u_i}{R_1} = C_F\frac{du_C}{dt}$$

$$u_o = -u_C = -\frac{1}{C_F}\int i_f dt = -\frac{1}{R_1 C_F}\int u_i dt \tag{7.3.15}$$

可见，输出电压 u_o 正比于输入电压 u_i 对时间的积分，其比例常数取决于积分时间常数 $\tau = R_1 C_F$，式（7.3.15）中的负号表示 u_o 与 u_i 反相。

7.3.5　微分运算电路

微分运算是积分运算的逆运算，只要将积分运算电路中的 R_1 和 C_F 的位置互换，就构成了微分运算电路，如图 7.3.7（a）所示。

根据理想集成运算放大器的两个结论，由图 7.3.7（a）可列出

$$i_1 = C_1\frac{du_C}{dt} = C_1\frac{du_i}{dt}$$

$$u_o = -i_f R_F = -i_1 R_F$$

从而得

$$u_o = -R_F C_1\frac{du_i}{dt} \tag{7.3.16}$$

可见，输出电压正比于输入电压 u_i 对时间的微分，其比例常数取决于时间常数 $\tau = R_F C_1$。当输入信号为矩形波电压时，输出信号为尖脉冲电压，如图 7.3.7（b）所示。

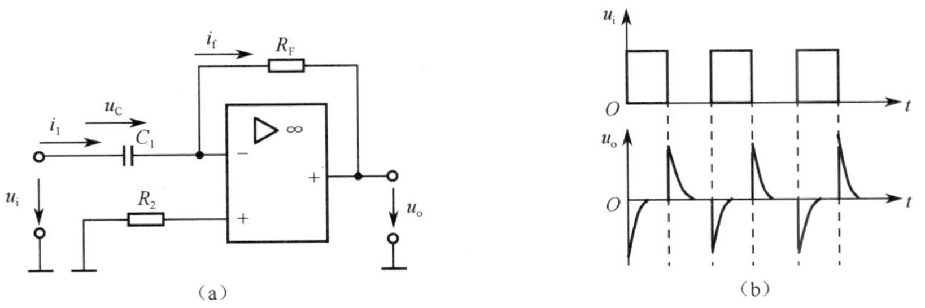

图 7.3.7　微分运算电路及其波形

例 7.3.1　求图 7.3.8 所示电路中 u_o 与 u_i 的关系表达式。

解　根据理想集成运算放大器的“虚短”和“虚断”，有

$u_N=u_P=0$，$i_i=0$

由图 7.3.7 可列出

$$u_o=-i_f R_F$$

$$i_f=i_R+i_C=\frac{u_i}{R_1}+C_1\frac{du_i}{dt}$$

故可得

$$u_o=-\left(\frac{R_F}{R_1}u_i+R_F C_1\frac{du_i}{dt}\right)$$

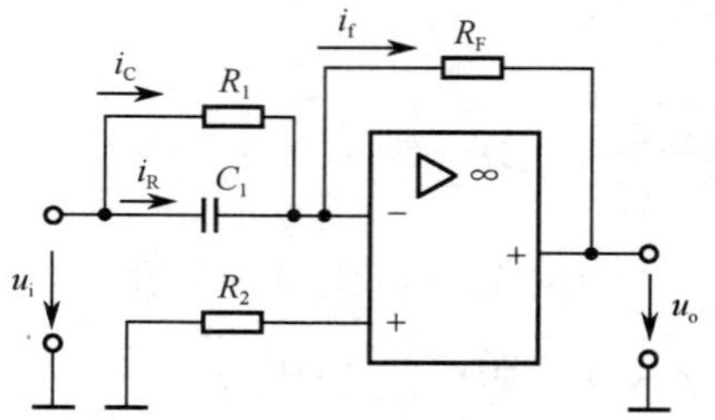

图 7.3.8　例 7.3.1 的电路图

7.4　集成运算放大器在幅值比较方面的应用

集成运算放大器工作于非线性区时，可构成幅值比较器，其功能是对送到集成运算放大器输入端的两个信号（输入信号和参考信号）进行比较，并在输出端以高、低电平的形式给出比较结果。需要注意的是，工作于非线性区的集成运算放大器只有在分析临界转换工作时才能应用“虚断”和“虚短”的概念。

幅值比较器的种类很多，本节主要讨论常用的电压比较器和集成运算放大器在波形产生方面的应用。

7.4.1　电压比较器

简单的电压比较器的电路如图 7.4.1（a）所示。在该电路中，集成运算放大器工作于饱和区，即非线性区。输入电压 u_i 作用在集成运算放大器的反相输入端，参考电压 U_R（可正可负）加在集成运算放大器的同相输入端。由于理想集成运算放大器的开环电压放大倍数很高，因此只要反相输入端和同相输入端之间有一个很小的电压差值，就会使集成运算放大器趋于饱和。

该电路的工作特性：当输入电压 u_i 高于参考电压 U_R，即 $u_d=u_i-U_R>0$ 时，集成运算放大器的输出电压为低电平，即 $u_o=-U_{OM}$；当输入电压 u_i 低于参考电压 U_R，即 $u_d=u_i-U_R<0$ 时，集成运算放大器的输出电压为高电平，即 $u_o=+U_{OM}$。由此绘出电路的传输特性曲线，如图 7.4.1（b）所示。

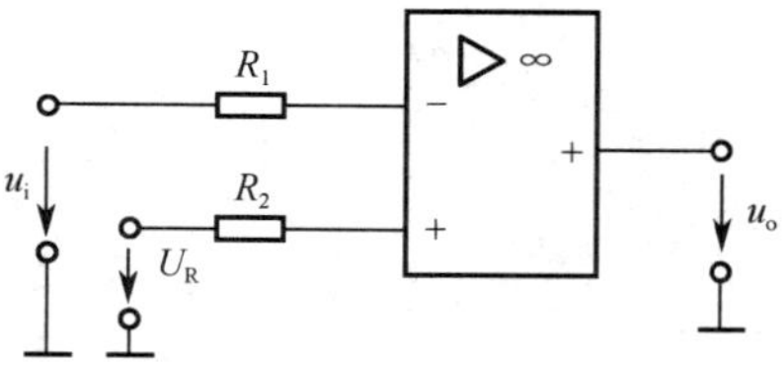

（a）电路

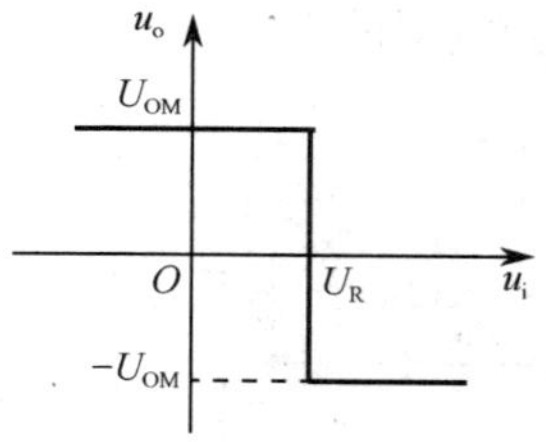

（b）传输特性曲线

图 7.4.1　简单的电压比较器

当然，输入模拟电压 u_i 也可以加在集成运算放大器的同相输入端，而参考电压 U_R 作用在集成运算放大器的反相输入端。此时电路的工作特性：当 $u_i>U_R$ 时，$u_o=+U_{OM}$；当 $u_i<U_R$ 时，$u_o=-U_{OM}$。

由于这种电路只有一个门限电压 U_{th}（数值上等于参考电压 U_R），故称为单门限电压比较器。

当参考电压 U_R=0 时，输入电压每经过一次零，输出电压就产生一次跳变，这种比较器又称为过零比较器。

7.4.2 集成运算放大器在波形产生方面的应用

在如图 7.4.1（a）所示的单门限电压比较器的基础上，通过反馈网络（由 R_F 和 R_2 构成）将输出电压的一部分送到集成运算放大器的同相输入端，就构成了如图 7.4.2（a）所示的具有正反馈特性的迟滞电压比较器，图 7.4.2（b）所示为其传输特性曲线。

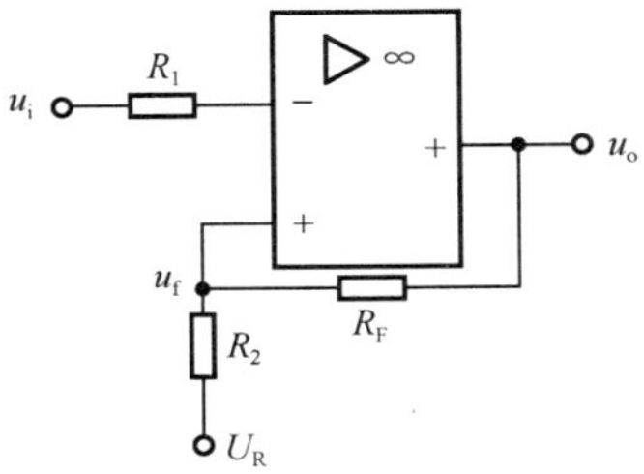

（a）电路

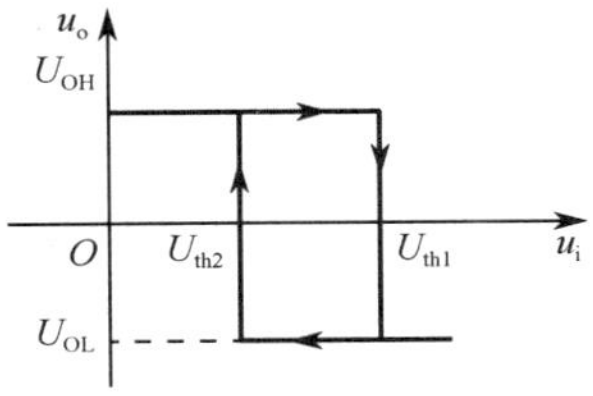

（b）传输特性曲线

图 7.4.2 迟滞电压比较器

设开始时 $u_o=u_{OH}$，则集成运算放大器同相输入端的电压为

$$u_P = u_f = \frac{R_2}{R_2+R_F}U_{OH} + \frac{R_F}{R_2+R_F}U_R \tag{7.4.1}$$

当反相输入电压 u_i 逐渐升高但低于 u_P 时，集成运算放大器两个输入端之间的电压 $u_d=u_i-u_P<0$，输出电压仍为高电平；当 u_i 升高到略高于 u_P 时，$u_d=u_i-u_P>0$，输出电压变为低电平 U_{OL}。当 $u_i=u_P$ 时，电路发生翻转，输出电压跳变，此时的 u_P 称为上阈值电压或上门限电压 U_{th1}。

当输出电压变为低电平 U_{OL} 后，集成运算放大器同相输入端的电压也随之变为

$$u_P = \frac{R_2}{R_2+R_F}U_{OL} + \frac{R_F}{R_2+R_F}U_R \tag{7.4.2}$$

当反相输入电压 u_i 从高于 u_P 逐渐降低时，集成运算放大器两个输入端之间的电压 $u_d=u_i-u_P>0$，输出电压仍为低电平；当 u_i 降低到略低于 u_P 时，$u_d=u_i-u_P<0$，输出电压变为高电平。同理，输出电压发生跳变时的 u_P 称为电路的下阈值电压或下门限电平 U_{th2}。

综上可知，当输入电压从高于 U_{th1} 逐渐降低到 U_{th1}，甚至低于 U_{th2} 时，电路不会从低电平翻转到高电平；同样，当输入电压从低于 U_{th2} 逐渐升高到 U_{th2}，甚至高于 U_{th1} 时，电路不会从高电平翻转到低电平。也就是说，电路两种状态的转换出现了迟滞，迟滞电压比较器也因此得名。两个跳变点的电压差称为迟滞电压或迟滞宽度 ΔU_{th}，其大小为

$$\Delta U_{th} = U_{th1} - U_{th2} = \frac{R_2}{R_2+R_F}(U_{OH} - U_{OL}) \tag{7.4.3}$$

迟滞宽度说明输出状态转换后，只要在跳变点电压附近的干扰电压不超过迟滞宽度 ΔU_{th}，输出电压就稳定不变。

如果图 7.4.2（a）所示电路中的 U_R 为零，则传输特性曲线将沿横轴方向移动，成为关于纵轴对称的曲线。

此时，若 $u_o=U_{OH}=U_{OM}$，则集成运算放大器同相输入端的电压为

$$u_P = \frac{R_2}{R_2+R_F}U_{OM} \tag{7.4.4}$$

当反相输入电压 u_i 逐渐升高到略高于 u_P 时，输出电压由高电平 U_{OH} 变为低电平 U_{OL}，设 $U_{OL}=-U_{OM}$。此时，集成运算放大器同相输入端的电压随之变为

$$u_P=\frac{R_2}{R_2+R_F}U_{OL}=-\frac{R_2}{R_2+R_F}U_{OM} \tag{7.4.5}$$

当反相输入电压 u_i 降低到略低于 u_P 时，输出电压由低电平 U_{OL} 变为高电平 U_{OH}，而同相输入端的电压又会随之发生变化。

例 7.4.1 在如图 7.4.3（a）所示的电路中，$U_{OM}=\pm5V$，$U_R=3V$，$R_F=40k\Omega$，$R_2=10k\Omega$。

（1）求这个比较器的上、下阈值电压。

（2）由输入电压 u_i 的波形画出输出电压 u_o 的波形。

解 由上、下阈值电压公式可求出 U_{th1} 和 U_{th2} 分别为

$$U_{th1}=\frac{40}{10+40}\times3+\frac{10}{10+40}\times5=3.4\text{（V）}$$

$$U_{th2}=\frac{40}{10+40}\times3-\frac{10}{10+40}\times5=1.4\text{（V）}$$

画出 u_o 的波形，如图 7.4.3（b）所示。

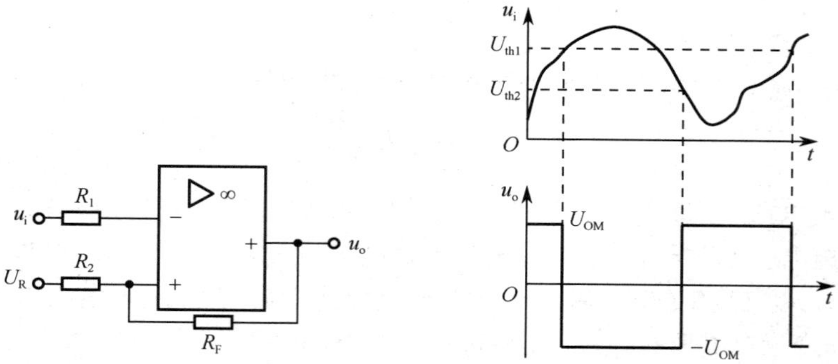

（a）电路　　（b）波形

图 7.4.3 越界报警器

迟滞电压比较器可构成许多有实际用途的电路，图 7.4.3（a）所示电路可作为越界报警器，当信号电压高于 U_{th1} 或低于 U_{th2} 时，输出电压 u_o 跳变，发出报警信号。如果输入信号 u_i 表示的是一个温度值，则该电路还可以作为温度控制电路，将温度控制在 U_{th1}、U_{th2} 标定的范围内；改变参考电压 U_R 可以改变温度范围。

习 题 7

7.1 填空。

（1）工程上，上限频率 f_H 是指____________，下限频率 f_L 是指____________，通频带是指____________。

（2）反馈按极性不同可分为____________、____________，按输入端的连接方式不同可分为____________、____________，按输出端取出信号的性质不同可分为____________、____________，按反馈量的成分不同可分为____________、____________。

（3）当反馈信号和输入信号从同一点送入放大器时，称为____________反馈；当反馈信号和输入信号从不同点送入放大器时，称为____________反馈。

（4）当反馈信号与放大器的输出电压成正比时，称为____________反馈；当反馈信号与放大器的输出电流成正比时，称为____________反馈。

（5）在反馈放大器中，$|1+AF|$称为_________。若$|1+AF|\geqslant 1$，则A_f近似等于________，此时电路处于________状态；若$|1+AF|\leqslant 1$，则电路处于________状态。

（6）某负反馈放大器，当输出端接地时，反馈量为零，表明电路引入的是__________反馈。

7.2 工作在线性区的理想集成运算放大器有哪两个重要结论？举例说明它们在运算电路分析中的作用。

7.3 在集成运算放大器电路分析中，常用到“虚地”的概念，试问“虚地”端可直接接地吗？以题图 7.1 所示的反相比例运算电路为例说明这个问题。

7.4 在题图 7.2 中，已知 R_{11}=5kΩ，R_{12}=10kΩ，R_{13}=15kΩ，u_{i1}=0.5V，u_{i2}=−0.5V，u_{i3}=0.2V，求输出电压 u_o。

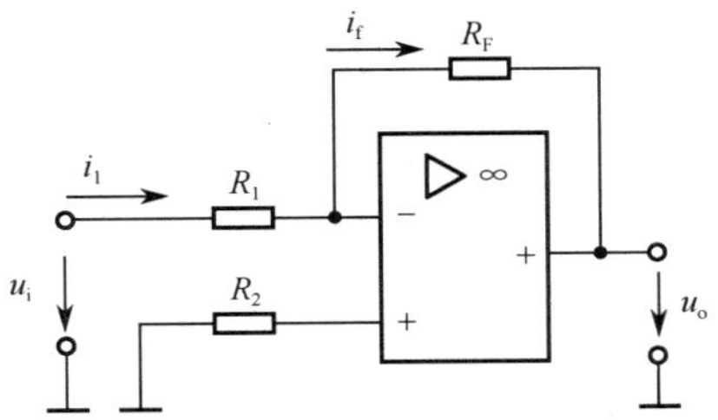

题图 7.1 反相比例运算电路

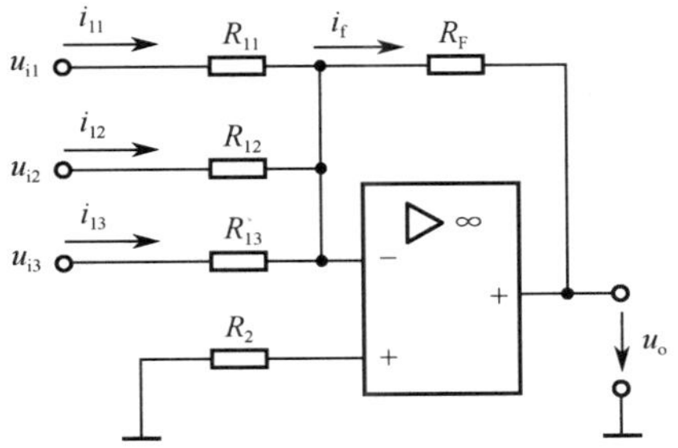

题图 7.2 反相加法运算电路

7.5 电路如题图 7.3（a）所示，$R_1=R_2=R_F$，输入信号 u_{i1} 和 u_{i2} 的波形如题图 7.3（b）所示，画出输出电压 u_o 的波形。

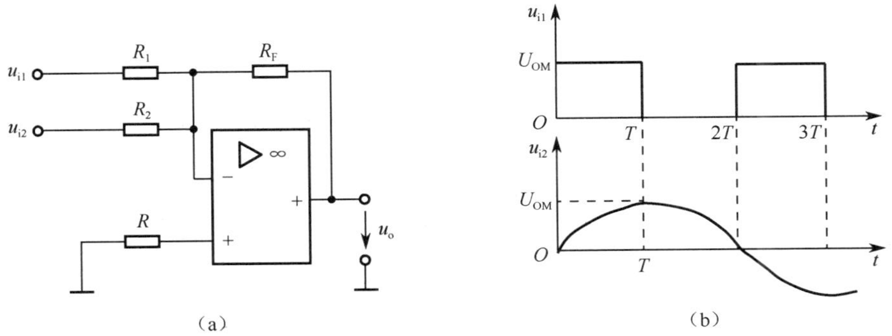

题图 7.3 习题 7.5 的图

7.6 电路如题图 7.4 所示，求 u_o 与 u_i 的运算关系式。

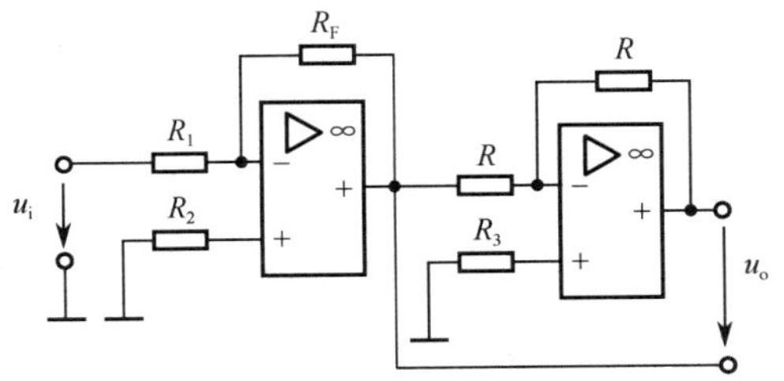

题图 7.4 习题 7.6 的电路

7.7　电路如题图 7.5 所示，写出 u_o 与 u_{i1}、u_{i2} 的运算关系式。

7.8　电路如题图 7.6 所示，已知 u_i=−0.8V，求输出电压 u_o。

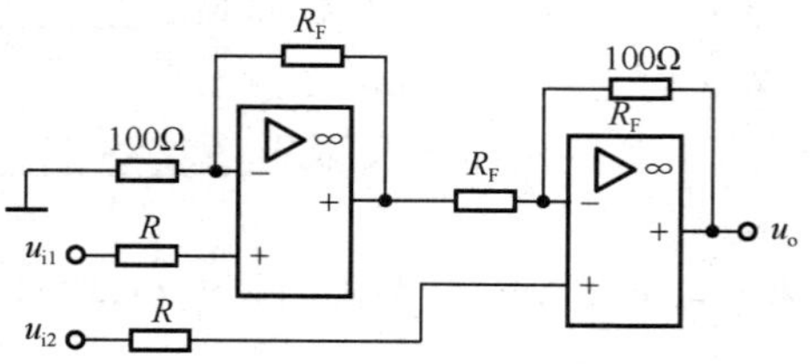

题图 7.5　习题 7.7 的电路

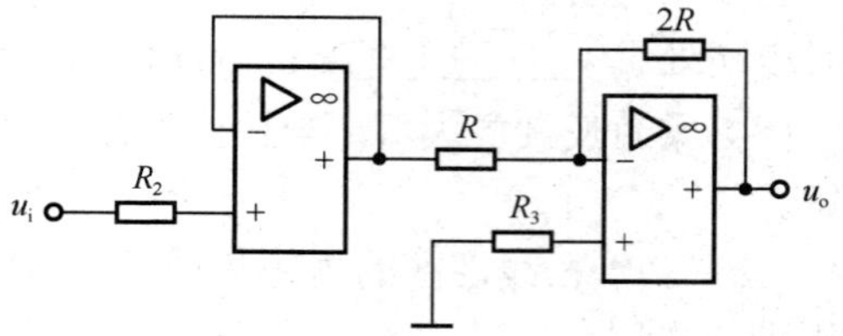

题图 7.6　习题 7.8 的电路

7.9　电路及输入电压波形如题图 7.7 所示，画出输出电压的波形。

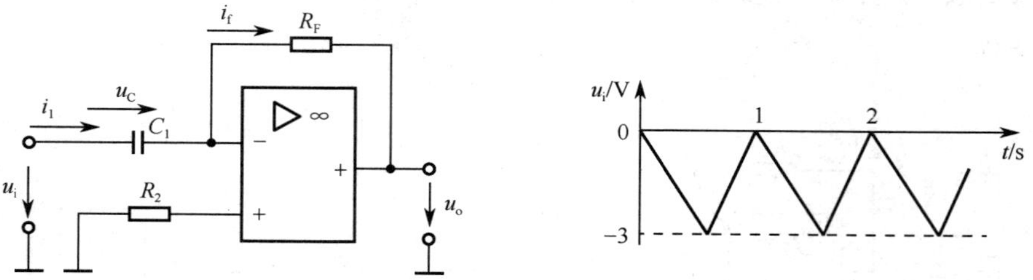

题图 7.7　习题 7.9 的图

7.10　如题图 7.8 所示，输出电压的幅值为±14V，u_i=1V。在下列 3 种情况下，电路的名称是什么？输出电压 u_o 是多少？

（1）变阻器滑动头在最上方。

（2）变阻器滑动头在中间。

（3）变阻器滑动头在最下方。

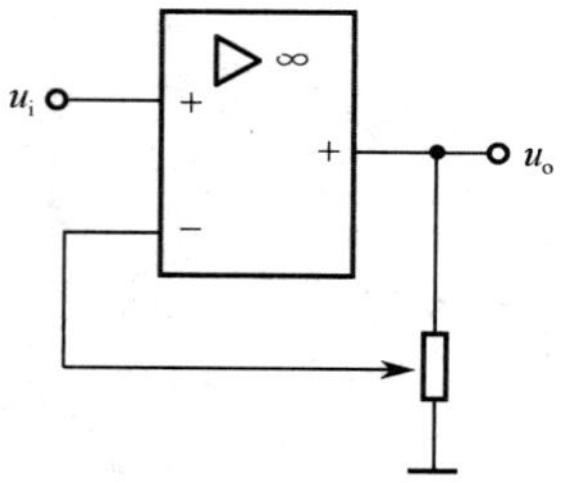

题图 7.8　习题 7.10 的图

第 8 章　直流稳压电源

直流稳压电源一般由电源变压器、整流电路、滤波电路和稳压电路组成，如图 8.0.1 所示。

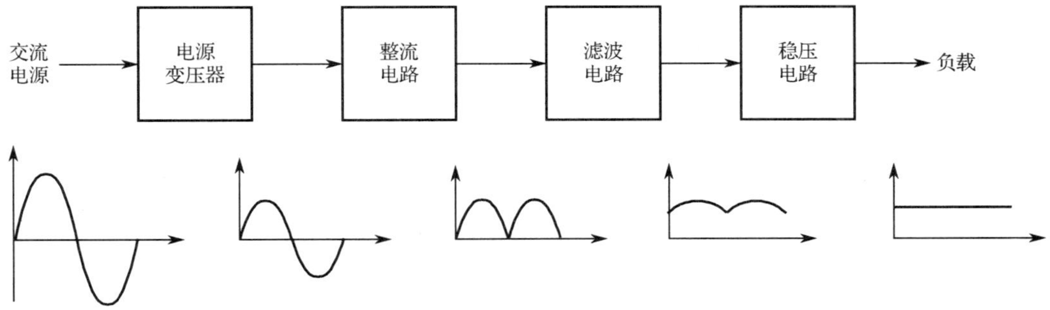

图 8.0.1　直流稳压电源

直流稳压电源的工作原理：电源变压器将有效值为 220V 的单相交流电压转换为电路所需的交流电压；利用整流元件（二极管）的单向导电性将交流电压整流为单方向变化的直流脉动电压，利用电容或电感等储能元件的充放电效应滤除直流脉动电压中的谐波成分，从而得到比较平滑的直流电压；而这种直流电压易受到电网波动和负载变化等因素的影响，因此必须加入稳压电路，利用负反馈等手段维持输出直流电压稳定。

本章在介绍桥式整流电路和电容滤波电路的基础上，重点讨论串联反馈型稳压电路和三端集成稳压器的原理与使用常识。

8.1　整流电路

整流就是将交流电压转换为单向的直流电压，该直流电压可能是脉动的，电压高低可能不定，但电压方向是单一的，不再发生变化。为了便于分析，在以下整流电路的分析中，设二极管为理想二极管，负载为纯电阻。在小功率（200W 以下）整流电路中，常见的有单相半波整流电路、全波整流电路、桥式整流电路和倍压整流电路。本书主要研究单相桥式整流电路。

8.1.1　单相半波整流电路

1. 电路组成及工作原理

单相半波整流电路如图 8.1.1 所示，它由单相电源变压器、整流二极管 VD 和负载 R_L 组成。为讨论方便，设单相电源变压器和整流二极管都是理想元件，即可以忽略变压器绕组上的阻抗电压、二极管的正向管压降及反向电流。

在 u_2 的正半周，VD 正偏导通，电流从 A 端流经 R_L 后回到 B 端；在 u_2 的负半周，VD 反偏截止，R_L 短路，无输出。这样，流过 R_L 的电流的方向为单向，电路的电压波形如图 8.1.2 所示。

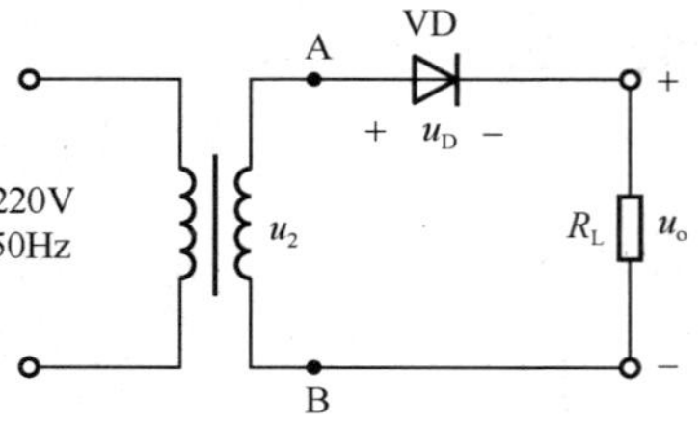

图 8.1.1　单相半波整流电路

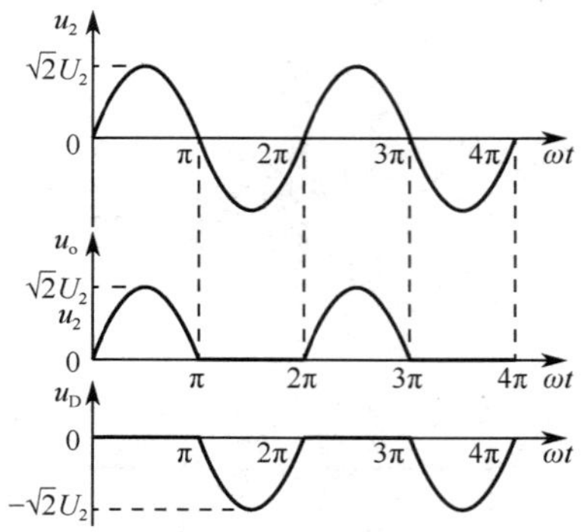

图 8.1.2　单相半波整流电路的电压波形

2. 主要参数

（1）输出电压的平均值为

$$U_o = \frac{1}{2\pi}\int_0^{\pi}\sqrt{2}U_2\sin\omega t\mathrm{d}\omega t = \frac{2\sqrt{2}}{2\pi}U_2 \approx 0.45U_2$$

若已知输出电压的平均值 U_o，则所需电源变压器副边绕组电压的有效值 U_2 为

$$U_2 = U_o/0.45 \approx 2.22U_o$$

（2）输出电流的平均值为

$$I_o = U_o/R_L = 0.45U_2/R_L$$

（3）流过二极管的电流的平均值为

$$I_D = I_o = 0.45U_2/R_L$$

（4）二极管承受的最高反向电压为

$$U_{RM} = \sqrt{2}U_2$$

单相半波整流电路主要用于电力补偿和修正、单相驱动和点动保护，以及流量检测等，具有结构简单、体积小、质量轻、制造成本低、容易实现成熟的节能和自动控制的优点，它最大的缺点是半波效率很低，由于流入的都是正半波，因此负半波不能被整流而损失了。

8.1.2　单相桥式整流电路

1. 电路组成及工作原理

单相桥式整流电路如图 8.1.3 所示，它由单相电源变压器、4 个整流二极管 VD_1～VD_4 和负载 R_L 组成。为讨论方便，设单相电源变压器和整流二极管都是理想元件，即可以忽略变压器绕组上的阻抗电压、二极管的正向管压降及反向电流。

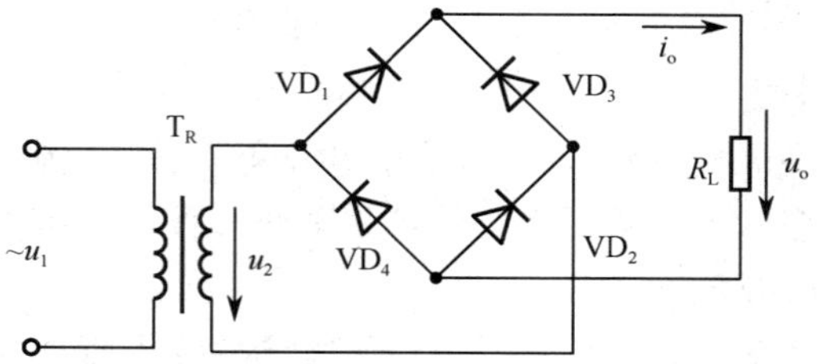

图 8.1.3　单相桥式整流电路

在 u_2 的正半周，VD_1、VD_2 经 R_L 导通，VD_3、VD_4 反偏截止；在 u_2 的负半周，VD_3、VD_4

经 R_L 导通，VD_1、VD_2 反偏截止。这样，流过 R_L 的电流方向不变，电路的电压与电流的波形如图 8.1.4 所示。

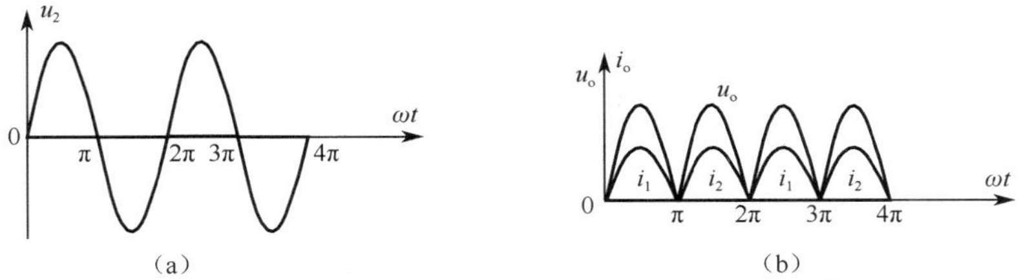

图 8.1.4　单相桥式整流电路的电压与电流的波形

2. 主要参数

（1）输出电压的平均值为

$$U_o=\frac{1}{\pi}\int_0^{\pi}\sqrt{2}U_2\sin\omega t\mathrm{d}\omega t=\frac{2\sqrt{2}}{\pi}U_2\approx 0.9U_2$$

若已知输出电压的平均值 U_o，则所需电源变压器副边绕组电压的有效值 U_2 为

$$U_2=U_o/0.9\approx 1.11U_o$$

（2）输出电流的平均值为

$$I_o=U_o/R_L=0.9U_2/R_L$$

（3）流过二极管的电流的平均值为

$$I_D=0.5\,I_o=0.45U_2/R_L$$

（4）二极管承受的最高反向电压为

$$U_{RM}=\sqrt{2}U_2$$

8.1.3　三相桥式整流电路

单相桥式整流电路一般用于小功率场合，而在某些要求整流功率达几千瓦的场合，为避免三相电网负载不平衡，影响供电质量，常采用如图 8.1.5 所示的三相桥式整流电路。它由三相电源变压器、6 个二极管 VD_1～VD_6 和负载 R_L 组成。

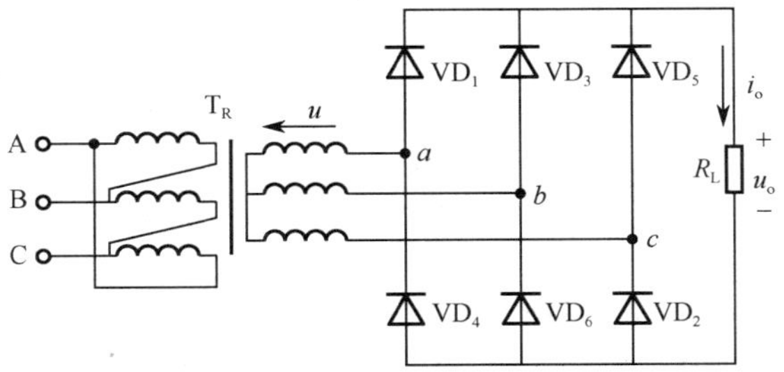

图 8.1.5　三相桥式整流电路

在图 8.1.5 中，VD_1、VD_3、VD_5 组成共阴极组，VD_2、VD_4、VD_6 组成共阳极组；VD_1、VD_4 接 A 相，VD_3、VD_6 接 B 相，VD_5、VD_2 接 C 相。由于二极管的单向导电作用，共阴极组中阳极电位最高的二极管导通，共阳极组中阴极电位最低的二极管导通，因此，该电路中 6 个二极管的触发顺序是 VD_1→VD_2→VD_3→VD_4→VD_5→VD_6→VD_1，并且在同一时间内，分别有两个不同相和不同组别的二极管导通，每个二极管的导通时间对应的电角度为 120°。例如，在 0～t_1 期间（见图 8.1.6），C 相电压为正且最高，B 相电压为负，A 相电压为正但低于 C 相电压，

因此在这段时间内，VD_5 和 VD_6 导通；如果忽略二极管的正向管压降，则负载上产生的电压 u_o 就是线电压 u_{CB}。由于 VD_5 导通后，VD_1 和 VD_3 的阴极电位基本等于 c 点的电位，于是 VD_1 和 VD_3 截止；而 VD_6 的导通使得 VD_2 和 VD_4 的阳极电位接近 b 点的电位，故 VD_2 和 VD_4 也截止。此时回路电流的路径为 $c \to VD_5 \to R_L \to VD_6 \to b$。

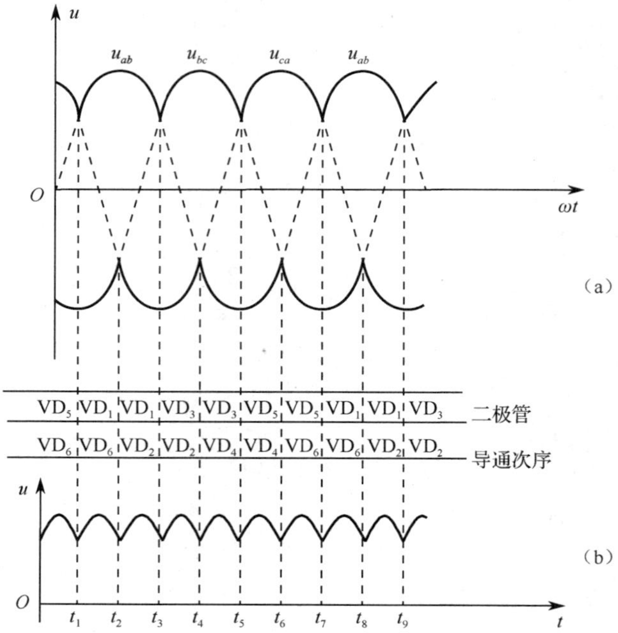

图 8.1.6　三相桥式整流电路电压的波形

同样，由图 8.1.6 可见，在 $t_1 \sim t_2$ 期间，a 点电压最高，b 点电压仍然最低，将导致 VD_6、VD_1 导通，其余 4 个二极管均截止，回路电流的路径为 $a \to VD_1 \to R_L \to VD_6 \to b$，负载电压为线电压 u_{ab}。

依次类推，就可以列出图 8.1.5 中二极管的导通次序和负载电压波形，如图 8.1.6 所示。

8.2　滤波电路

整流以后的脉动直流信号除含有直流分量外，还含有丰富的谐波分量。要滤除脉动直流信号中的谐波分量（交流分量），保留直流分量，得到平滑的直流电压输出，必须利用储能元件的充放电效应来实现，能完成这种滤波功能的装置称为滤波电路（又称滤波器）。滤波电路利用电抗性元件对交、直流阻抗的不同实现滤波。电容对直流开路，对交流阻抗小，因此电容应该并联在负载两端。电感对直流阻抗小，对交流阻抗大，因此电感应与负载串联。经过滤波电路后，既可保留直流分量又可滤掉一部分交流分量，改变了交、直流分量的比例，减小了电路的脉动系数，提高了直流电压的质量。

实用的滤波电路形式很多，有电容滤波电路、电感滤波电路和复式滤波电路等。

8.2.1　电容滤波电路

电容滤波的基本方法是在整流电路的输出端，即负载 R_L 两端并联一个容量足够大的电解电容，如图 8.2.1（a）所示，利用电容的充放电特性滤除整流输出脉动直流电压中的部分交流分量，使负载电压比较平滑。

当 u_2 在正半周且高于电容两端的电压 u_C 时，VD_1、VD_3 导通，电容充电；当充电电压达到最大值 U_{2m} 后，u_2 开始下降，电容放电，经过一段时间后，$u_C>u_2$，VD_1、VD_3 截止，u_C 按指数规律下降。当 u_2 在负半周时，工作情况类似，只不过在 $|u_2|>u_C$ 时，导通的是 VD_2、VD_4。图 8.2.1（b）所示为经电容滤波的负载电压的波形。

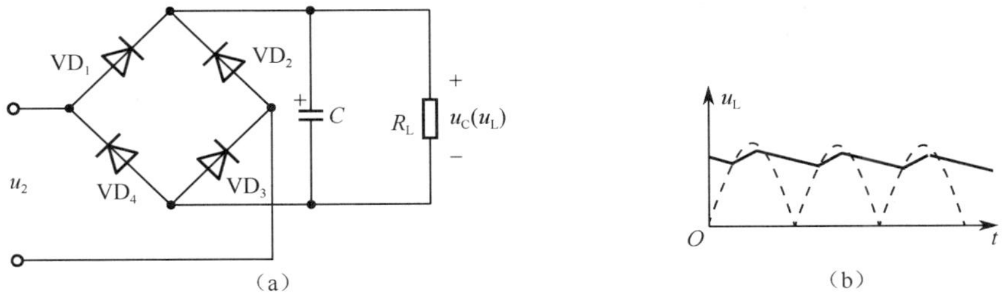

图 8.2.1　桥式整流电容滤波电路

由图 8.2.1（b）可得到以下结论。

（1）由于电容的储能作用或充放电特性，电容滤波使输出电压的直流平均值提高，交流分量减少。

（2）负载 R_L 一定时，滤波电容越大，放电速度越慢，输出的平均电压越高，交流分量越少。

（3）电容滤波的输出电压随负载电流的增大（R_L 减小）而很快下降（放电加快），故其外特性较差，常用于负载电流变化不大的场合。

（4）电容滤波使整流二极管的导通时间缩短了，且电容放电时间常数越大，其导通角越小，导通电流的冲击性越强，对管子的使用寿命不利，选管时应放宽参数范围。

鉴于电容滤波输出电压的平均值随负载电阻 R_L 变化较大，如当 $R_L\to\infty$时，输出电压的平均值为$\sqrt{2}U_2$（电容只充电不放电）；而不接滤波电容时的输出电压的平均值为 $0.9U_2$，故在一般情况下，电容滤波输出电压的平均值$U_o\approx1.2U_2$。

8.2.2　其他滤波电路

1. 电感滤波电路

电感滤波电路图如图 8.2.2 所示。电感滤波电路是利用电感对脉动直流的反向电动势来达到滤波的目的的，电感量越大，滤波效果越好。电感滤波电路的带负载能力比较强，多用于负载电流很大的场合。利用储能元件电感的电流不能突变的性质，把电感与整流电路的负载串联，也可以起到滤波的作用。

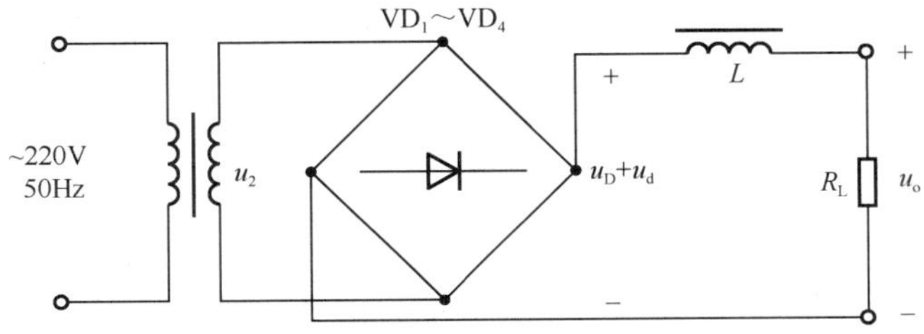

图 8.2.2　电感滤波电路

当 u_2 在正半周时，VD_1、VD_3 导通，电感中的电流将滞后 u_2；当 u_2 在负半周时，电感中的

电流将由 VD_2、VD_4 提供。因桥式电路具有对称性，加之电感中电流的连续性，所以 4 个二极管的导通角都是 180°。

2. RC 滤波电路

将两个电容和一个电阻组成 RC 滤波电路，又称 π 型 RC 滤波电路，如图 8.2.3 所示。这种滤波电路由于增加了一个电阻 R，使交流纹波都分担在 R 上。R 和 C_2 越大，滤波效果越好，但 R 过大又会造成压降过大，降低输出电压。

3. LC 滤波电路

与 RC 滤波电路相对的还有一种 LC 滤波电路，如图 8.2.4 所示。这种滤波电路综合了电容滤波电路纹波小和电感滤波电路带负载能力强的优点。

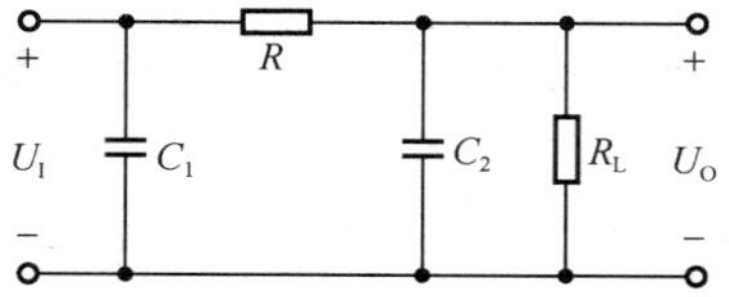

图 8.2.3　RC 滤波电路

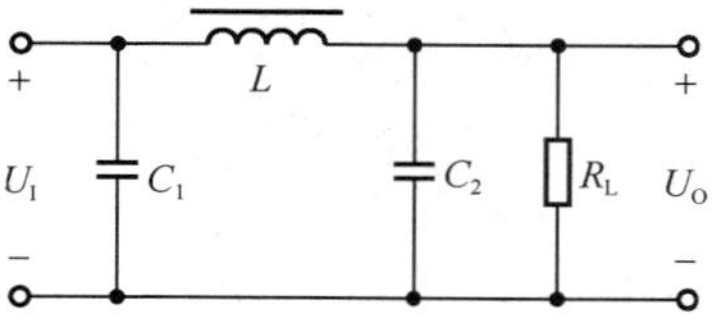

图 8.2.4　LC 滤波电路

4. 有源滤波电路

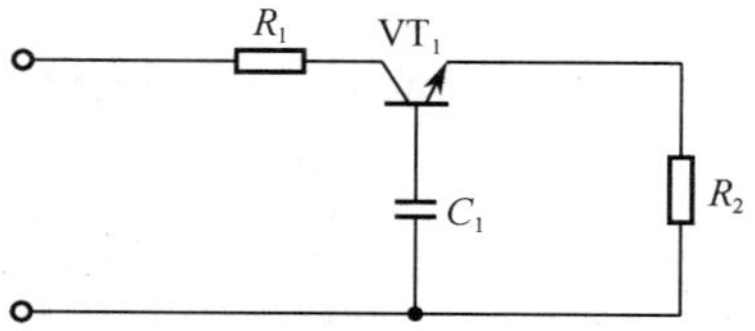

图 8.2.5　有源滤波电路

当对滤波效果要求较高时，可以通过增大滤波电容来改善滤波效果。但是受电容体积的限制，又不可能无限制地增大滤波电容，这时可以使用有源滤波电路，如图 8.2.5 所示。其中，R_1 是三极管 VT_1 的基极偏流电阻，C_1 是三极管 VT_1 的基极滤波电容，R_2 是负载。这个电路实际上是利用三极管 VT_1 的放大作用将 C_1 放大 β 倍，相当于接入一个容量为$(\beta+1)C_1$ 的电容进行滤波。

在图 8.2.5 中，C_1 可选择几十微法到几百微法；R_1 可选择几百欧到几千欧，具体取值可根据 VT_1 的 β 值确定，β 值大，R 可取稍大，只要保证 VT_1 的集射极电压（U_{CE}）高于 1.5V 即可。

有源滤波电路属于二次滤波电路，前级应有电容滤波等电路，否则无法正常工作。

8.3　稳压电路

8.3.1　串联反馈型稳压电路

当交流电网电压波动或负载变化时，为了使交流电压经过整流、滤波电路后得到的直流电压保持稳定，必须加稳压电路。稳压电路的种类很多，有稳压二极管稳压电路、开关型稳压电路和串联反馈型稳压电路等，这里主要介绍串联反馈型稳压电路。

1. 电路组成

串联反馈型稳压电路如图 8.3.1 所示，它通常由以下 4 部分组成。

（1）取样网络：由 R_1、R_p、R_2 组成，取出部分输出电压 U_F（采样电压）并将其送到比较放大电路的反相输入端。

（2）基准电压 U_{REF}：取决于工作在反向击穿状态下的稳压二极管 VD_Z 的稳定电压 U_Z，R 为其限流电阻。

（3）比较放大电路：通常由集成运算放大器或分立元件放大器构成，它将基准电压 U_{REF} 与采样电压 U_F 的差值放大，其输出作用在调整管的基极上。

（4）调整管：通常由功率三极管或复合管构成，在比较放大电路输出电压的控制下，改变调整管的管压降 U_{CE}，使输出电压稳定。

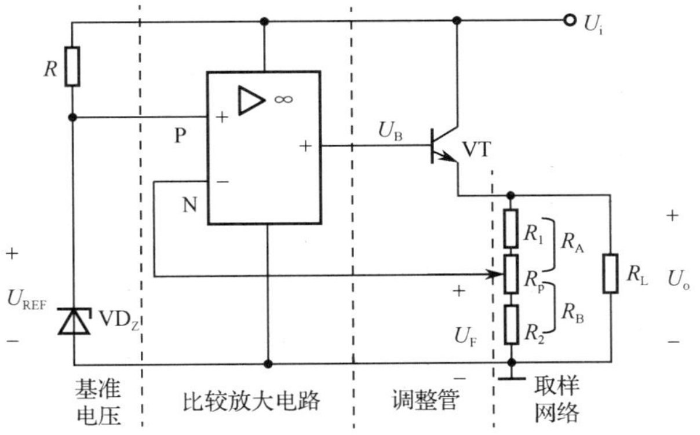

图 8.3.1　串联反馈型稳压电路

2. 稳压原理

通常，使稳压电路输出电压不稳定的因素是输入电压 U_i 的波动及负载 R_L 的变化。假设输入电压 U_i 升高（或负载 R_L 增大，即输出电流 I_o 减小），则输出电压 U_o 也升高，取样网络输出的电压 $U_F = U_N$ 随之升高，而基准电压 $U_{REF} = U_P$ 不变，故比较放大电路的输出电压 U_B（调整管基极电位）下降，由于调整管工作于线性放大区，并接成射极输出器形式，因此调整管的集射极电压 U_{CE} 升高，使输出电压 U_o 降低，从而维持输出电压基本不变。

上述自动稳压过程可表示如下：

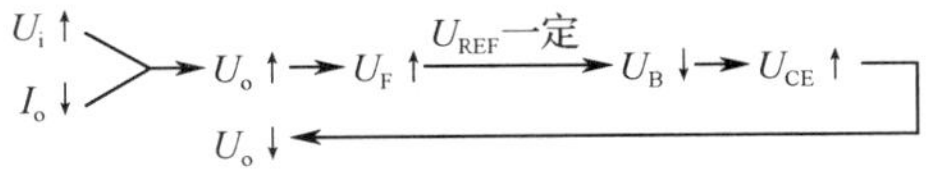

8.3.2　三端集成稳压器

所谓集成稳压器，就是指将组成稳压器的各个单元电路全部集成在一块半导体芯片上封装而成。目前应用较多的是三端集成稳压器，其内部包括串联反馈型稳压电路的各个单元及完善的保护环节，对外只引出 3 个端子：一个不稳定电压输入端、一个稳定电压输出端和一个公共端。

目前国内生产的三端集成稳压器主要有 CW78（正电压输出）系列和 CW7900（负电压输出）系列，其引脚排列如图 8.3.2 所示。对于具体器件，符号中的“00”用数字代替，表示输出电压值。两个系列都有以下几种输出电压等级：5V、6V、9V、12V、15V、18V 和 24V，其电压偏差一般在±2%以内。例如，CW7812 表示输出稳定电压为+12V，而 CW7912 表示输出稳定电压为−12V。两个系列的输出电流又有 3 种规格：100mA（78L00）、0.5A（78M00）和 1.5A（7800）。

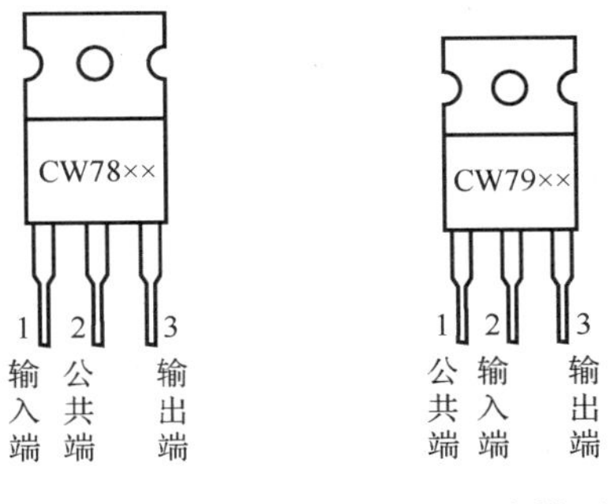

图 8.3.2　三端集成稳压器的引脚排列

三端集成稳压器的使用十分方便。使用时，只要从产品手册中查出有关参数指标和外形尺寸，配上适当的散热片，就可以接成所需的稳压电源。下面介绍一些实用电路的具体接法，以供使用时参考。

1. 固定输出正、负稳压器

图 8.3.3（a）、（b）所示分别为由 CW7800 和 CW7900 组成的正、负稳压器电路。其中，C_1 用于改善纹波并消除自激振荡；C_2 用于改善输出端负载的暂态响应。CW7900 系列的接法和 CW7800 系列的接法类似，只是它要求负电压输入，同时得到的是负电压输出。

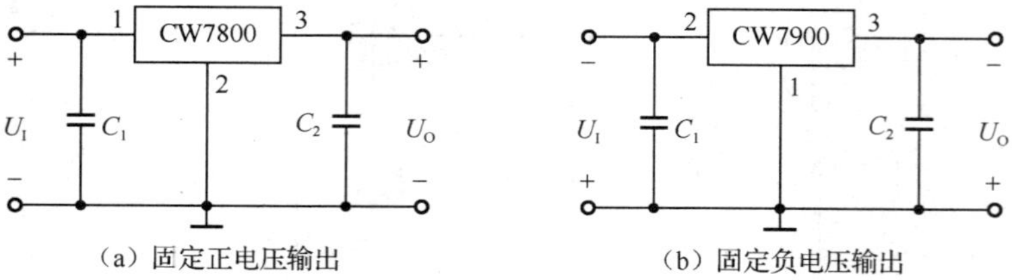

图 8.3.3　正、负稳压器电路

2. 正、负电压输出稳压电源

要同时得到两组相同的正、负输出电压，可选择电压等级相同的 CW7800 系列和 CW7900 系列三端集成稳压器各一块，组成如图 8.3.4 所示的电路。其中，U_{o1} 为正电压输出，U_{o2} 为负电压输出。

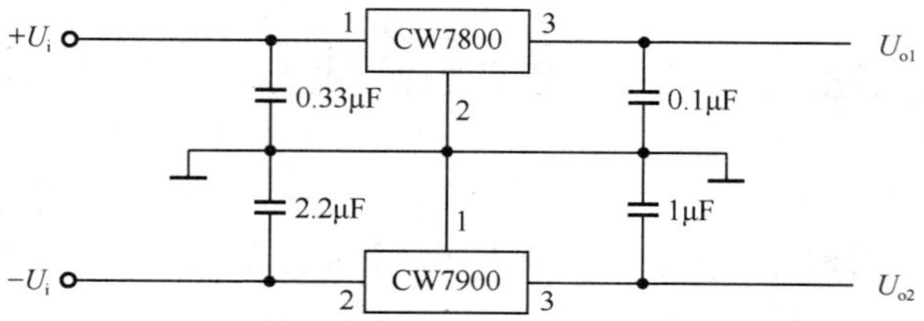

图 8.3.4　正、负电压输出稳压电源

3. 扩大输出电流

如图 8.3.5 所示，I_R 是三端集成稳压器的额定输出电流，I_C 是外接功率管 VT 的集电极电流。R_1、R_3 和锗功率二极管是用来保护外接功率管 VT 的，R_2 是外接功率管 VT 的偏置电阻。

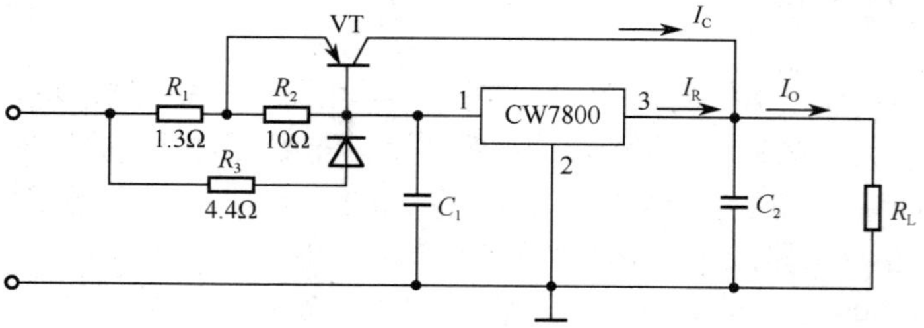

图 8.3.5　扩大输出电流的电路

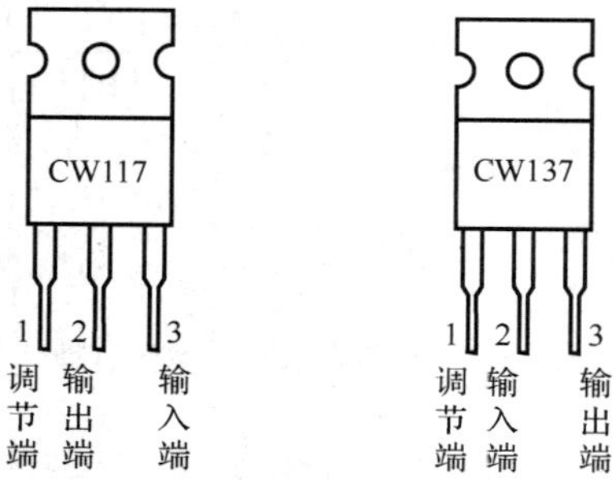

图 8.3.6　CW117、CW137 的引脚排列

除了常用的固定式三端集成稳压器，还有塑料封装的可调式三端集成稳压器 CW117 和 CW137，其引脚排列如图 8.3.6 所示。它们具有调节端而无公共端，内部所有偏置电流几乎都流到输出端；在输出端与调节端之间有 1.25V（典型值）的基准电压；既保持了三端的简单结构，又能在 1.25～37V 内连续可调，并且稳压精度高，输出纹波小。

CW117 的输入、输出为正电压，若将它的调节端接地，则它相当于一个输出电压为 1.25V 的固定式三端集成稳压器，如图 8.3.7 所示。其中，R_o 是为保证稳压器空载时也能正常工作所必需的外接电阻，取 120～240Ω；C_1 常取 0.1μF，C_o 常取 1μF。

用 CW117 接成输出电压连续可调的基本电路，如图 8.3.8 所示。其中，C（取 10μF）的作用是滤去 R_2 两端的纹波电压，接入 R_1 和 R_2 使输出电压可调。由于 $U_{R1}=U_{21}=1.25V$，且 $I_1 \gg I$（约为几十微安），因此输出电压 $U_o \approx U_{R1}+I_1R_2=1.25\left(1+\dfrac{R_2}{R_1}\right)$。

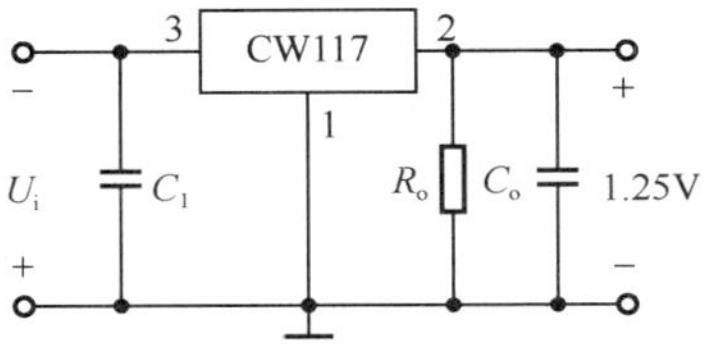

图 8.3.7　1.25V 固定输出的接法

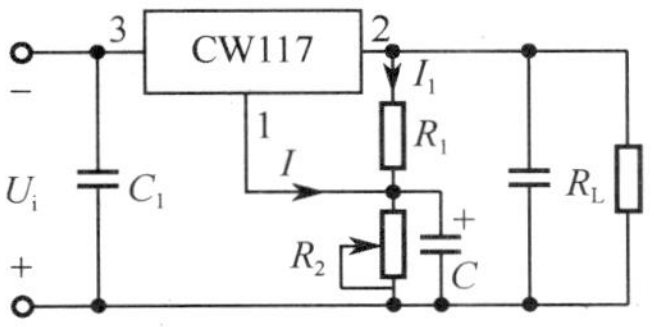

图 8.3.8　输出电压连续可调的基本电路

由此可知，改变 R_1、R_2 就可调节输出电压 U_o。若 R_1=240Ω，R_2 为 6.8kΩ的变阻器，则 U_o 的可调范围为 1.25～37V。

CW137 的输入、输出为负电压，其应用电路可参照 CW117 的应用电路。

8.4　晶闸管和可控整流电路

晶闸管是硅晶体闸流管的简称，俗称可控硅，是目前工业中实现大容量功率变换和控制的主要电力电子器件。晶闸管有不同的类型，晶闸管这一名称既代表其族系的总称，又代表目前广泛使用的普通晶闸管。

8.4.1　晶闸管

晶闸管的内部有一个由硅半导体材料做成的管芯，为 4 层结构，形成 3 个 PN 结 J_1、J_2 和 J_3，可以等效为一个 PNP 型三极管和一个 NPN 型三极管串接，其结构示意图、图形符号和等效模型如图 8.4.1 所示。晶闸管是三端器件，有 3 个引出电极，分别为阳极 A、阴极 K 和控制极（或称门极）G。

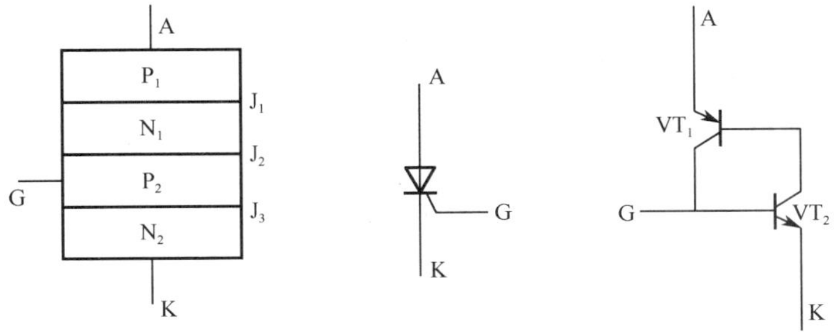

（a）结构示意图　　（b）图形符号　　（c）等效模型

图 8.4.1　晶闸管的结构示意图、图形符号和等效模型

从外形封装上来分，晶闸管有塑封式、螺栓式、平板式和模块式 4 种，如图 8.4.2 所示。塑封式仅用于 40A/800V 以下的小功率晶闸管；平板式用于 200A 以上的晶闸管；20～200A 的

晶闸管多采用螺栓式，安装和更换比较方便，但散热效果较差；模块式多用于中小功率（400A以下）的晶闸管，每个模块中都集成了若干晶闸管（构成半桥或全桥），或者加有相应的二极管，这种结构有与内部电路绝缘的金属固定底座，有利于安装散热器进行散热，使用十分方便。

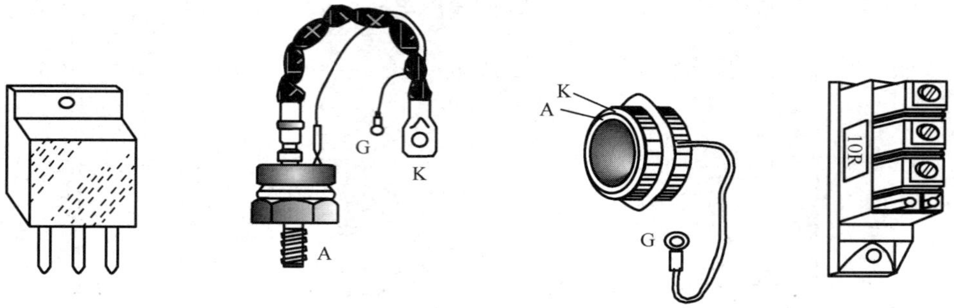

（a）塑封式　（b）螺栓式　（c）平板式　（d）模块式

图 8.4.2　晶闸管的外形封装

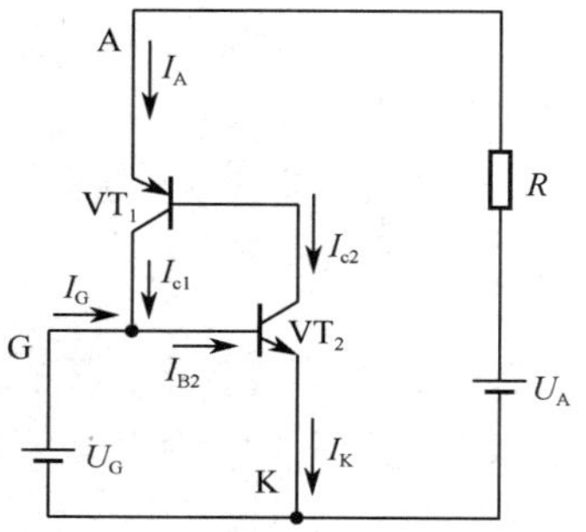

图 8.4.3　晶闸管工作的等效电路

晶闸管的工作特性可用如图 8.4.3 所示的电路加以解释，其中的 U_A、U_G 分别代表主电路电源电压和门极电源电压，从而得到晶闸管导通和阻断的基本规律如下。

（1）当晶闸管承受反向阳极电压时，无论门极电压如何，晶闸管都处于阻断状态。

（2）当晶闸管承受正向阳极电压时，仅在门极承受正向电压的情况下，晶闸管才能导通，即晶闸管导通的充要条件是晶闸管必须承受正向阳极电压和正向门极电压，两者缺一不可。晶闸管导通后的管压降在 1V 左右，电源电压几乎全加到负载上。

（3）晶闸管一旦导通，门极就失去控制作用。只要阳极电压为正，无论门极电压是正还是负，晶闸管都保持导通状态。因此，用于控制晶闸管导通的门极信号只需正向脉冲电压（称为触发脉冲）。

（4）要使导通的晶闸管阻断，可降低阳极电源电压 U_A，或者增大负载电阻，使通过晶闸管的阳极电流减小到一定数值以下或为零。

（5）晶闸管像二极管一样，具有单向导电性，电流只能从阳极流向阴极；晶闸管又不同于二极管，它还具有正向导通的可控特性，当门极未加触发电压时，晶闸管具有正向阻断能力。

综上所述，晶闸管是一种可以控制的单方向导电的开关，具有单向可控导电性。当阳极电压低于阴极电压时，晶闸管一定阻断；当阳极电压高于阴极电压时，晶闸管“可能”导通，至于是否导通，受门极电压的控制。而且晶闸管一旦导通，门极就不起控制作用了。

晶闸管的阳极和阴极之间的电压与阳极电流的关系称为晶闸管的阳极伏安特性，简称晶闸管的伏安特性，如图 8.4.4 所示。

当门极断开，即门极电流 I_G=0 时，逐渐升高阳极电压 U_A，晶闸管处于正向阻断状态，器件中只有很小的正向漏电流；但当 U_A 升高到超过某一临界值 U_{BO} 时，晶闸管突然从正向阻断状态变为导通状态，管压降下降为 1V 左右，导通后的晶闸管的特性类似于二极管的正向特性，U_{BO} 称为正向转折电压。这种不加门极触发控制信号而使晶闸管从阻断状态变为导通状态的情况是非正常工作状态，称为“硬开通”，在实际使用中是不允许的，因为多次“硬开通”会造成器件损坏，必须加以避免。

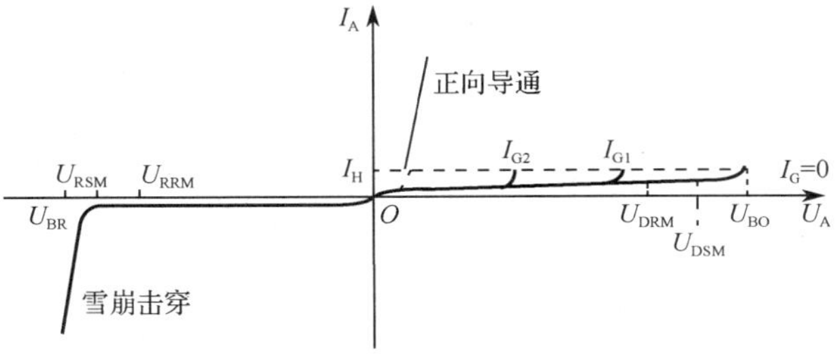

图 8.4.4　晶闸管的伏安特性

当 I_G 从零逐渐增大时，正向转折电压逐渐下降；当 I_G 足够大时，晶闸管的正向转折电压很低，此时一旦加上正向阳极电压，管子就导通了。在使用晶闸管时，通常利用这一特性，即先给它加上一定的正向阳极电压，然后在门极与阴极之间加上足够高的触发电压（I_G 足够大），使晶闸管的正向转折电压下降到很低而导通。

对于已经导通的晶闸管，当逐渐降低其正向阳极电压，使阳极电流 I_A 逐渐减小到小于维持电流 I_H 时，晶闸管就从导通状态变为阻断状态。

给晶闸管加上反向电压时，其伏安特性称为反向特性，它与二极管的反向特性相似。当反向特性不大时，管内只有很小的反向漏电流 I_R，晶闸管处于反向阻断状态；当反向电压升高至反向击穿电压 U_{BR} 时，反向电流急剧增大，导致晶闸管反向击穿，造成永久性破坏。

为了正确选择和合理使用晶闸管，必须了解和掌握晶闸管的一些主要参数及其意义，下面进行简单介绍。

（1）电压定额。

① 正向转折电压 U_{BO}：在额定结温（100A 以上为 115℃，50A 以下为 100℃）和门极断开时，在阳极与阴极之间加正弦半波正向电压，使器件由阻断状态发生正向转折变为导通状态所对应的电压峰值。

② 断态重复峰值电压 U_{DRM}：在门极开路及额定结温下，允许重复施加（每秒 50 次，每次持续时间不超过 10ms 的脉冲）于晶闸管的阳极和阴极之间的正向峰值电压。U_{DRM} 等于正向不重复峰值电压 U_{DSM} 的 90%，U_{DSM} 低于正向转折电压 U_{BO}，其差值按我国标准为 100V。

③ 反向重复峰值电压 U_{RRM}。在门极开路及额定结温下，允许重复施加于晶闸管的阳极和阴极之间的反向峰值电压。U_{RRM} 等于反向不重复峰值电压 U_{RSM} 的 90%，U_{RSM} 低于反向击穿电压 U_{BR}。

④ 额定电压：将 U_{DRM} 和 U_{RRM} 中较低的一个归一化为标准电压等级后，定义为该晶闸管的额定电压。额定电压为 100～1000V 的晶闸管，每隔 100V 为一个电压等级；额定电压为 1000～3000V 的晶闸管，每隔 200V 为一个电压等级。

晶闸管在工作时，外加电压峰值瞬时超过反向不重复峰值电压即可造成器件永久性损坏，且环境温度升高或散热不均会导致正、反向转折电压下降，特别是使用时会出现各种过电压情况，因此选用器件的额定电压应比实际工作时的最高电压高 2～3 倍。

（2）电流定额。

① 额定通态平均电流 $I_{T(AV)}$：在环境温度为 40℃和规定的冷却条件下，器件在电阻性负载的单相工频正弦半波、导通角不小于 170°的电路中，当结温稳定且不超过额定结温时允许的最大通态平均电流，也称为晶闸管的额定电流。

额定通态平均电流 $I_{T(AV)}$ 的等级：50A 以下的管子通常有 1A、5A、10A、20A、30A 和 50A 几个等级，100～1000A 的管子分为 100A、200A、300A、400A、500A、600A、800A 和 1000A 几个等级。

② 维持电流 I_H：在室温下，当门极断开时，器件从较大的通态电流减小至刚好能保持导通的最小阳极电流。维持电流与器件的容量、结温等因素有关，额定电流大的管子的维持电流也大，同一管子结温低时的维持电流增大，维持电流大的管子容易阻断。

③ 擎住电流 I_L：晶闸管门极触发，刚从阻断状态转入导通状态即移去触发信号，此时能使器件维持导通所需的最小阳极电流。对于同一晶闸管，一般 $I_L \approx (2\sim4)I_H$，这一参数通常是决定触发脉冲最小宽度的一个重要因素。

④ 浪涌电流 I_{TSM}：由电路发生异常引起的，使结温超过额定结温的不重复性正向过载峰值电流，分为 L 和 H 两个等级，L 级为额定通态平均电流的 12～13 倍，H 级为额定通态平均电流的 19～20 倍。

（3）门极定额。

① 门极触发电流 I_{GT}：在室温下，当正向阳极电压为直流 6V 时，能使晶闸管由阻断状态转入导通状态所需的最小门极电流。

② 门极触发电压 U_{GT}：在上述条件下，产生门极触发电流所必需的最低门极电压。

8.4.2 可控整流电路

可控整流电路是一种将交流电能转换为直流电能的电路，它通常将交流电能转换为大小可调的直流电能，供给直流用电设备，如用于直流电动机调速，同步电动机的励磁调节、电镀和电解等。

可控整流电路的类型很多，根据交流电源的相数不同，有单相和三相之分；根据主电路的结构不同，有半波整流、半控桥整流和全控桥整流之分；根据负载的性质不同，有带电阻性、电感性和反电势负载之分。下面以单相桥式带电阻性负载的可控整流电路为例，介绍可控整流电路的工作原理。

单相桥式可控整流电路简称单相全控桥，两对桥臂分别由晶闸管 VT_1、VT_4 和 VT_2、VT_3 组成，其电路结构如图 8.4.5（a）所示。

当变压器副边绕组电压 u_2 在正半周（a 端为正，x 端为负）时，VT_1、VT_4 承受正向电压（VT_1 和 VT_4 串联，触发前每个管子各承受 u_2 的一半），在控制角 $\alpha=\omega t_1$ 时给 VT_1、VT_4 加触发脉冲，两管立即导通，负载电流 i_D 从电源的 a 端经 VT_1、R、VT_4 回到 x 端。R 上的直流电压 u_D 的波形与处于 $\alpha\sim\pi$ 的 u_2 的波形相同。直到 u_2 降到零，i_D 小于维持电流时，VT_1、VT_4 才关断。在此期间，VT_2、VT_3 均承受反向电压而处于阻断状态。

在 u_2 过零进入负半周（a 端为负，x 端为正）时，VT_2、VT_3 承受正向电压（触发前每个管各承受 u_2 的一半），VT_1、VT_4 承受反向电压。当 $\omega t_2=\pi+\alpha$ 时，触发 VT_2、VT_3，两管导通后，负载电流 i_D 从电源的 x 端经 VT_2、R、VT_3 回到 a 端。在 R 上得到与 u_2 在正半周作用时完全相同的输出电压和电流的波形。当 u_2 由负向正过零时，VT_2、VT_3 关断，u_D、i_D 变为零。在 u_2 的第二个周期的正半周内，在同一控制角 $\alpha=\omega t_3$ 时触发 VT_1、VT_4，重复上述过程，从而得到如图 8.4.5（b）～（g）所示的波形。其中，图 8.4.5（b）所示为变压器副边绕组电压的波形，图 8.4.5（c）所示为触发脉冲的波形，图 8.4.5（d）所示为输出电压的波形，图 8.4.5（e）所示为负载电流的波形，图 8.4.5（f）所示为变压器副边绕组电流的波形，图 8.4.5（g）所示为 VT_1、VT_4 的端电压的波形。

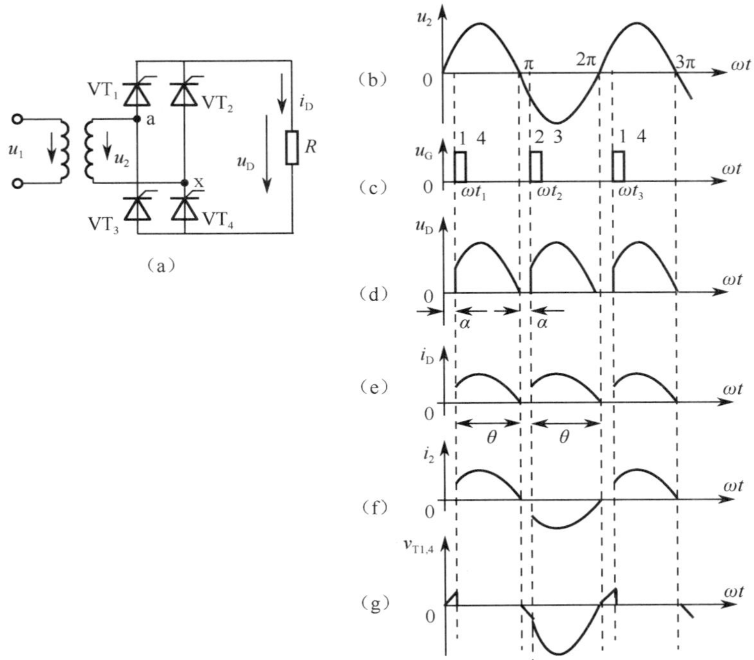

图 8.4.5　单相全控桥整流电路

8.5　开关稳压电源

三端集成稳压电源属于线性稳压电源，此类电源虽有很多优点，但由于起电压调整作用的调整管工作在线性状态，调整管的功耗比较大，尤其在输入电压与输出电压差值较大时，调整管的功耗甚至可能比真正使用时的功率损耗还大。因此线性稳压电源的效率比较低，只能达到30%～50%。近年来出现的开关稳压电源的调整管只工作在饱和、截止的开关状态，导通时管子深度饱和，管压降很小；阻断时电流趋于零，两种状态下的功率损耗都很小，克服了线性稳压电源的缺点。

开关稳压电源问世初期，由于电路复杂、成本较高而应用较少。但随着开关稳压电源电路本身的改进及集成化开关稳压电源产品的大量生产，其应用日益广泛。目前，在计算机、通信系统、医疗器械、气象及空间技术等领域都广泛采用开关稳压电源。

8.5.1　开关稳压电源的基本结构和工作原理

1. 开关稳压电源的基本结构

开关稳压电源的基本结构如图 8.5.1 所示，开关电路是工作在开关状态的调整管，储能电路起整流滤波作用。

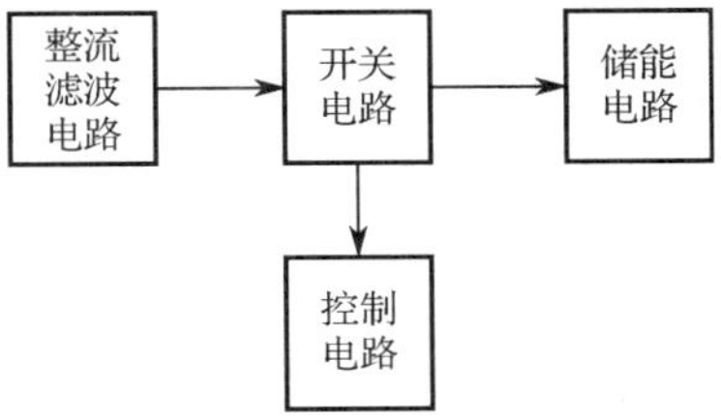

图 8.5.1　开关稳压电源的基本结构

2. 开关稳压电源的工作原理

开关稳压电源的工作原理：先将交流电压通过整流滤波电路转换为直流电压，再将此直流电压通过开关电路转换为矩形波电压，然后将矩形波电压通过储能电路转换为平滑的直流电压，最后通过控制电路来控制开关元件（开关管）的开关频率或导通（开）、阻断（关）的时间比例以实现稳压控制，如图 8.5.2 所示。

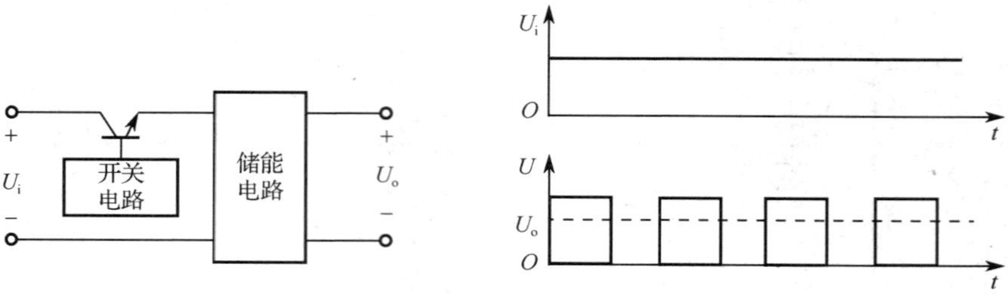

图 8.5.2　开关稳压电源的工作原理图

在图 8.5.2 中，U_i 为输入直流电压，开关管输出为矩形波电压。矩形波电压的平均值，即输出电压为

$$U_o = \frac{U_i T_{on}}{T} = \frac{U_i (T - T_{off})}{T} \tag{8.5.1}$$

式中，T_{on} 为导通时间；T_{off} 为阻断时间；T 为开关周期。T_{on}/T_{off} 称为矩形波的脉冲占空比。

当输入直流电压 U_i 变化时，只要适当改变矩形波的脉冲占空比，就可保持矩形波电压的平均值 U_o 稳定，从而实现稳压控制。矩形波的脉冲占空比的控制有以下几种方式。

（1）在开关周期 T 不变的情况下，改变导通时间 T_{on} 称为脉冲宽度调制（PWM）。

（2）在 T_{on}（或 T_{off}）不变的情况下，改变开关周期 T 称为脉冲频率调制（PFM）。

（3）既改变 T_{on}（或 T_{off}），又改变开关周期 T 称为脉冲宽度、频率混合调制。

开关稳压电路的基本工作过程：开关管的基极接一个控制电路，它控制开关管的饱和导通和阻断，当开关管饱和导通时，电流经过储能电路传输给负载，负载得到电压，同时给储能电路储能。当开关管关断时，储能电路将储备的电能供给负载，因而负载在开关管导通和阻断时都能得到电能。只要设法控制和调节开关管的导通时间，就可以调整和稳定输出电压 U_o，增大 T_{on}（或保持 T_{on} 不变、减小 T），从而可以提高 U_o；反之，可以降低 U_o。因此，只要在电路中通过某种方法用输出电压的变化量控制开关管的导通时间，就能得到稳定的输出电压。

8.5.2　开关稳压电源的特点

1. 功耗小、效率高

开关稳压电源的调整管工作在开关状态。在截止（阻断）期间，开关管电流趋于零，不消耗功率；在饱和导通期间，管压降小，功耗小，因此可大大提高效率，通常可达到 80%～90%。

2. 稳压范围宽

由于开关稳压电源的输出电压是由波形的脉冲占空比来调节的，受输入电压幅度变化的影响较小，因此其稳压范围很宽。当市电输入电压在 110～260V 内变化时，开关稳压电源的直流输出电压仍能达到满意的稳压效果，输出电压的变化在 2%以下，因此开关稳压电源适用于电网电压波动大的地区。线性稳压电源一般只允许电网电压有 10%的波动。

3. 体积小、质量轻

开关稳压电源可不输入降压变压器而直接接入交流市电。另外，调整管工作在开关状态，功耗小，不需要采用大散热器，因而开关稳压电源比同等输出功率的线性稳压电源的体积小，质量也较轻。

4. 可靠性高

由于开关稳压电源的功耗小，因此机内温升小，周围元器件不会因长期工作在高温环境下而损坏，有利于提高整机的可靠性和稳定性。

5. 输出纹波电压高

开关稳压电源的主要缺点：由于调整管工作在高频开关状态，因此其输出纹波电压较高，易造成对其他设备的高频干扰。但采取必要的屏蔽及抑制干扰措施可使这种高频干扰降到最低。此外，开关稳压电源的电路组成较复杂。

8.6 UPS 简介

8.6.1 UPS 的功能及分类

随着电子技术的飞速发展，各种各样的用电设备越来越多，而这其中的绝大部分是非线性负载，即它们从电网提取的电流波形与电压波形不一致。这无疑给电网带来了大量的谐波及其他危害，造成电网供电质量恶化。而一些重要的用电部门（如机场、医院、银行）和一些重要的用电设备（如计算机、通信设备）对供电质量的要求越来越高，不仅要求不断电，还要求电压、频率、波形准确完好，不能受到电网的任何干扰，需要“干净”的电源条件。大量的运行实践说明，电网电压和频率的急剧波动，供电的瞬时和长期中断在电网中出现的各种人们无法预料和控制的干扰及高能浪涌都有可能造成计算机硬件损坏或导致计算机计算错误与数据丢失。为解决这些问题，一种被称为 UPS（不间断电源）的新型供电系统迅速发展并普及。

1. UPS 的功能

一台设计完善的 UPS 要完成的主要任务是向用户的关键设备提供高质量的无时间中断的交流电源，其主要功能如下。

（1）电源的无间断相互切换功能。从市电电网供电正常到突然不正常，或者从市电电网供电不正常变为正常，UPS 都能在毫无时间中断的条件下向用户提供高质量的交流电源。

（2）隔离功能。UPS 将瞬间间断、谐波、电压波动、频率波动及电压噪声等电网干扰阻挡在负载之前，既可使负载对电网不产生干扰，又可使电网中的干扰不影响负载，如图 8.6.1 所示。

图 8.6.1 UPS 的隔离功能

（3）电压变换功能。UPS 不但可以向用户提供高稳压精度（±0.5%～±1%）的输出电源，而且可以将输入电压转换为需要的电压。

（4）频率变换功能。UPS 不但可以向用户提供工作频率稳定（±0.01%～±0.1%）的输出电源，而且可以将输入电压的频率转换为需要的频率。

（5）后备功能。UPS 带有蓄电池，储存了一定的能量，如图 8.6.2 所示，一方面，在电网停电或发生间断时，可继续供电一段时间以保护负载；另一方面，在 UPS 的整流器发生故障时，可使用户有时间保护负载。按照用户的要求，后备时间可以是 5min、10min、15min、30min、90min 甚至更长。

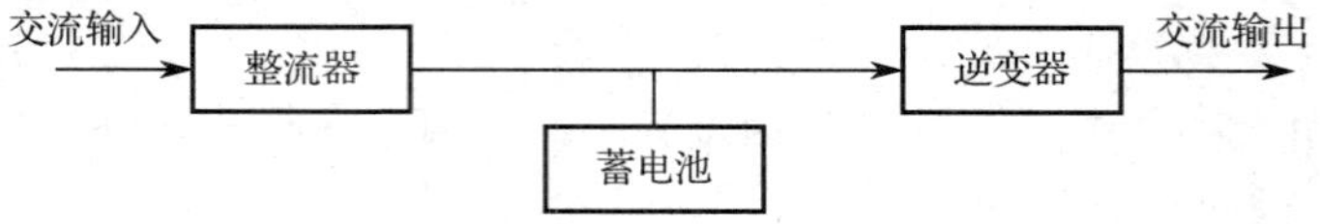

图 8.6.2　UPS 的后备功能

2. UPS 的分类

（1）按工作原理分类，有在线式、在线互动式、后备式 3 种。

（2）按输入、输出方式分类，有单相输入单相输出、三相输入单相输出、 三相输入三相输出 3 种。

（3）按输出波形分类，有梯形波、方波、正弦波 3 种。

（4）按容量分类，有小功率（5kV·A 以下）、中功率（5～30kV·A）、大功率（30kV·A 以上）3 种。

8.6.2　UPS 的工作原理

1. 在线式 UPS

在线式 UPS 在市电正常时，输入交流电先经输入滤波器将电网中的污染滤掉，再经整流滤波（AC/DC），一方面给蓄电池提供直流充电电压，另一方面给逆变器（DC/AC）提供工作电压。逆变器在调制信号的控制下输出一个稳压、稳频的交流电压以给负载供电。当市电不正常或断电时，由蓄电池给逆变器提供电压，逆变器将蓄电池提供的直流电压转换为交流电压以给负载供电，实现不间断供电。当逆变器输出过电压、过电流或 UPS 出现故障时，逆变器能够自动关闭，并通过静态开关不间断地转至市电旁路，由市电直接给负载供电。

这种 UPS 的单机输出功率为 0.7～1500kV·A。对于这样的机型，用户可采用多机冗余配置方案，将多台具有相同功率输出和相同型号的 UPS 直接并联形成大型 UPS 供电系统。在线式 UPS 向用户提供的交流电源是高质量的正弦波电源。

在线式 UPS 的组成框图如图 8.6.3 所示，其主要由充电器、逆变器、输出变压器及滤波器、静态开关、蓄电池、整流滤波电路，以及控制、监测、显示、告警及保护电路组成，在新型 UPS 中，还有功率因数校正电路。

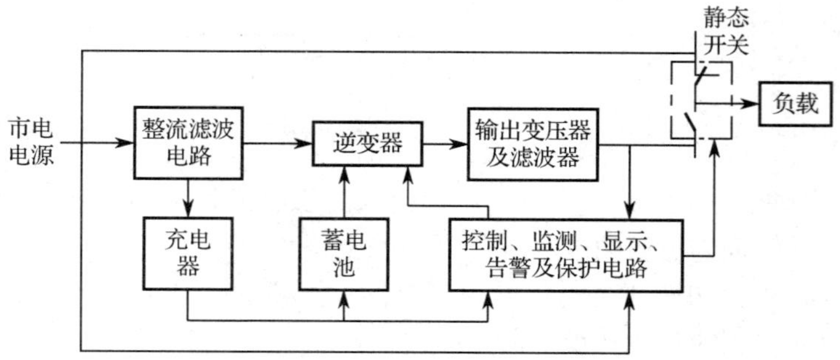

图 8.6.3　在线式 UPS 的组成框图

在线式 UPS 的工作原理如下。

（1）当市电正常时，输入电压经过整流滤波电路，一路给逆变器提供电压，逆变器的输出经过输出变压器及滤波器，将 SPWM 波形转换为隔离的纯正弦波；另一路送入充电器，给蓄电池补充能量。在这种工作状态下，静态开关切换到逆变器端，UPS 由市电经整流滤波电路、逆变器及静态开关给负载供电，并且由逆变器完成稳压和频率跟踪。

（2）当市电出现故障（无市电、市电电压过高或过低）时，UPS 工作于后备状态，静态开关仍然切换到逆变器端，此时 UPS 由逆变器将蓄电池的直流电压转换为交流电压，通过静态开关输出到负载。

（3）在市电正常、逆变器出现故障或输出过载时，UPS 工作于旁路状态，静态开关切换到市电端，由市电直接给负载供电。如果静态开关的切换是由逆变器故障引起的，则 UPS 会发出报警信号；如果是由过载引起的，则当过载消失后，静态开关重新切换到逆变器端。

控制、监测、显示、告警及保护电路提供逆变、充电、静态开关切换所需的控制信号，并显示各自的工作状态，当出现过电压、过电流、短路、过热时及时告警，同时提供相应的保护。例如，当负载短路时，保护电路会很快将逆变器关断，使其免受损害，静态开关也不会切换到市电端；短路消失后，逆变器会重新自行启动，恢复供电。

由此可见，对于在线式 UPS，无论市电是否正常，其输出总是由逆变器提供的，因此在市电发生故障的瞬间，UPS 的输出不会有任何间断。另外，由于在线式 UPS 有输入 EMI 滤波器和输出滤波器，再加上市电的交流输入经整流滤波器变为直流，并由逆变器变为交流，因此几乎所有来自电网的干扰经过 UPS 以后都能得到很大程度的衰减；同时逆变器的稳压能力很强，故在线式 UPS 能给负载提供干扰小、稳压精度高的电源。

2. 在线互动式 UPS

对于在线互动式 UPS，当市电供电正常（150～264V）时，它向用户提供经铁磁谐振稳压器或经变压器抽头调压处理的一般市电电源；双向逆变器（AC/DC）起整流器的作用，给蓄电池充电。当市电电源中断，或者电压低于 150V 或高于 264V 时，双向逆变器又起逆变器的作用，将蓄电池的直流电压变成 50Hz 的交流电压，使输出继续下去。只有此时它才有可能向用户提供真正的高质量正弦波电源电压。这种 UPS 的单机输出功率为 0.7～20kV·A，其工作原理如下。

（1）当市电供电正常（150～264V）时，市电电源经低通滤波器对从市电电网串入的射频及其他干扰进行适当衰减抑制后，市电电源将按如下调控通道控制 UPS 的正常运行。

① 50Hz 交流市电首先经整流滤波器变成直流电，该直流电被直接馈送到身兼两职的逆变器/充电器控制模块。此时，在 UPS 的逻辑控制电路的作用下，位于上述控制模块中的逆变器处于停止工作状态，充电器处于工作状态。这样，直流电便经充电器向位于 UPS 内的蓄电池充电，以便在市电供电不正常时，蓄电池有足够的能量支持逆变器运行。

② 当市电电压为 175～264V 时，在 UPS 的逻辑控制电路的作用下，把不稳压的市电电源直接送到负载上。而计算机的开关电源允许的电压范围为 150～264V，因此，用户的计算机是可以正常运行的。

③ 当市电电压为 150～175V 时，在 UPS 的逻辑控制电路的作用下，将升压绕组输入端的开关置于闭合状态。这样，输入幅值偏小的市电经过升压处理后，经转换开关送往负载。

④ 当市电电压为 264～276V 时，在 UPS 的逻辑控制电路的作用下，将降压绕组输入端的开关置于闭合状态。这样，输入幅值偏大的市电经过降压处理后，经转换开关送往负载，从而保证用户负载安全运行。

可见，当市电供电正常时，送往用户负载的实际上是一路稳压精度较低的市电电源。

（2）当市电供电不正常（无市电、市电电压低于 150V 或高于 264V）时，在 UPS 的逻辑控制电路的调控下，UPS 电源将完成如下操作。

① 逆变器/充电器控制模块将从原来的充电器工作方式转为逆变器工作方式。由蓄电池向逆变器/充电器控制模块放电。在蓄电池提供的直流能量的支持下，该控制模块经正弦波脉宽调

制向外送出电压稳定的正弦波形的逆变器电源电压。

② 转换开关在切断交流旁路供电通道的同时，把逆变器供电通道与负载连接起来，由 UPS 逆变器向负载提供高质量的正弦波电源电压。

综上所述，对于在线互动式 UPS，仅当市电供电不正常时，才由它的逆变器向外提供高质量的正弦波电源电压（按目前的常用蓄电池容量配置来看，其工作时间为 8～10min）。相反，在市电供电正常时，它向外提供的是仅对市电电网的电压稍加稳压处理的质量偏差的正弦波电源电压。

3. 后备式 UPS

对于后备式 UPS，当市电供电正常时，它向用户提供经变压器抽头调压处理的一般市电电源电压，同时充电器给蓄电池充电，这时逆变器不工作；只有在市电断电后，才启动逆变器，将蓄电池的直流电压转换为交流电压（DC/AC）并输送给负载。可见，后备式 UPS 在由市电供电向逆变器供电转换时，需要一定的转换时间，转换时间主要由负载转换开关的机械跳动时间和逆变器的启动时间决定，一般要求在 10ms 内完成。

习 题 8

8.1 填空。

（1）小功率稳压电源由__________、___________、__________和______________组成。

（2）整流的作用是________________________，整流电路的核心元件是______________。

（3）滤波的作用是__________________________，滤波电路一定包含______________元件。

（4）稳压的作用是________________________，试列举两种稳压电路：________、________。

（5）单相半波整流与单相桥式整流相比，脉动比较大的是___________，整流效果好的是__________。

（6）变压器副边绕组电压为 10V，采用桥式整流电容滤波，负载上的电压为______V，若采用电感滤波，则负载上的电压为_________V。

（7）电源滤波器一般是由________、________等元件组成的，因为_________对于直流电相当于开路，而对于交流电则相当于通路；________对于直流电的电阻很小，而对于交流电的阻抗很大。

（8）在电容滤波电路中，负载回路的时间常数 RC 越大，负载电压中的纹波成分_______，负载电压_______；电容滤波适用于负载电压要求________，负载变动________的场合。

（9）对于电容滤波和电感滤波，带负载能力强的是_________，输出电压高的是_________________。

（10）电容滤波中的电容与负载____联，电感滤波中的电感与负载_____联。

（11）集成稳压器根据其输出电压是否可调可分为__________式和_______式两大类。

（12）三端集成稳压器一般由_________电路、________电路、_______电路、________电路和____________电路等组成。

（13）三端集成稳压电源对外引出 3 个输出端，分别为_______、_________和_____。

（14）固定输出的三端集成稳压电源 CW7800 系列共有 7 挡输出电压，最低的输出电压为_______，最高的输出电压为________________。

（15）开关稳压电路中的调整管工作于_____________________状态，即调整管主要工作于________________和________________两种状态。

（16）开关稳压电源的主要优点是____________________________，缺点是输出电压中所含纹波_____________________。

8.2　有一额定电压为 110V、阻值为 55Ω的直流负载，采用单相桥式供电，试计算：

（1）变压器副边绕组的电压和电流的有效值。

（2）每个二极管中流过的电流平均值和承受的最高反向电压。

8.3　在如图 8.2.1 所示的桥式整流电容滤波电路中，R_L=40Ω，C=1000μF，U_2=20V，用直流电压表测量 R_L 两端的电压时，出现下列几种情况，试说明哪些是正常的，哪些是不正常的，并指出出现不正常情况的原因。

（1）U_o=28V　（2）U_o=18V　（3）U_o=24V　（4）U_o=9V

8.4　串联反馈型稳压电路如题图 8.1 所示，其中的运算放大器是理想的，求：

（1）流过稳压二极管的电流 I_Z。

（2）输出电压 U_o。

（3）若将 R_3 改为 0～2.5kΩ可变电阻，则最低输出电压 U_{omin} 及最高输出电压 U_{omax} 的值各为多少？

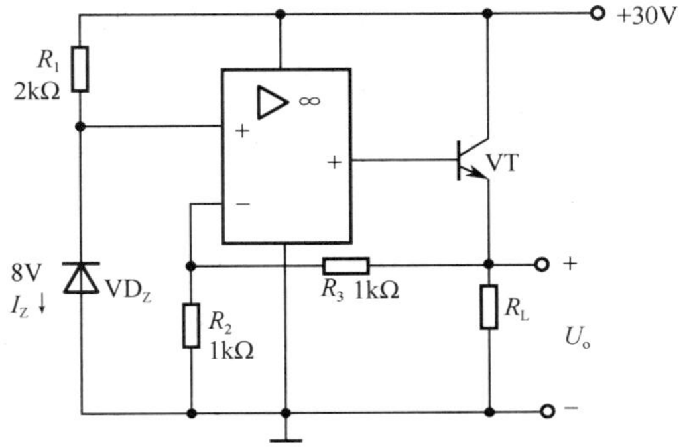

题图 8.1　习题 8.4 的电路

8.5　题图 8.2 所示为用三端集成稳压器组成的电路，已知电流 I_W=5mA。

（1）写出 I 的表达式，并算出其具体数值。

（2）写出 u_o 的表达式，并算出 R_2=5Ω时其具体数值。

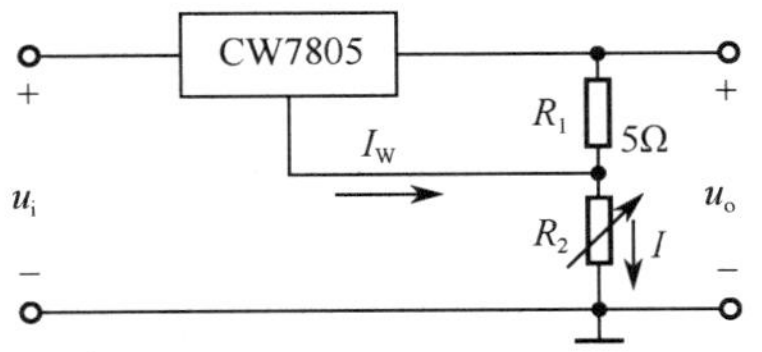

题图 8.2　习题 8.5 的电路

8.6　晶闸管的导通条件是什么？导通后流过晶闸管的电流由什么决定？负载电压等于什么？晶闸管的阻断条件是什么？如何实现？晶闸管处于阻断状态时，其两端的电压由什么决定？

第三部分　数字电路基础

第 9 章　数字电子技术基础

数字电路是在模拟电路的基础上发展起来的，它是当今高技术领域的基础性支柱技术，已应用于工业技术和日常生活的各个领域。

数字电路的主要研究对象是电路的输出与输入之间的逻辑关系，它采用的分析工具是逻辑代数，其研究方法是逻辑分析和逻辑综合，表达逻辑电路的功能主要由真值表、逻辑函数表达式、波形图、特征方程和状态转移图等实现。

9.1　数字电路基本知识

用来处理数字信号的电子线路称为数字电路。由于数字电路的各种功能是通过逻辑运算和逻辑判断实现的，因此数字电路又称为数字逻辑电路，根据一个电路是否具有记忆功能，可将数字电路分为组合逻辑电路和时序逻辑电路两种类型。

（1）组合逻辑电路。如果一个数字电路在任何时刻的稳定输出仅取决于该时刻的输入，而与过去的输入无关，则称之为组合逻辑电路。

由于这种电路的输出与过去的输入无关，因此不需要具有记忆功能。例如，一个多数表决器表决的结果仅取决于参与表决的成员当时的态度是“赞成”还是“反对”，因此它属于组合逻辑电路。

（2）时序逻辑电路。如果一个数字电路在任何时刻的稳定输出不仅取决于该时刻的输入，还与过去的输入有关，则称之为时序逻辑电路。

由于这种电路的输出与过去的输入相关，因此要用电路中记忆元件的状态来反映过去的输入。例如，一个统计串行输入脉冲信号个数的计数器，它的输出结果不仅与当时的输入脉冲有关，还与前面收到的输入脉冲有关，因此，计数器是一个时序逻辑电路。

时序逻辑电路按照是否有统一的时钟信号进行同步，又可进一步分为同步时序逻辑电路和异步时序逻辑电路。

对数字电路的研究有两个任务：一是逻辑分析，二是逻辑设计。对于一个已有的数字电路，研究它的工作性能和逻辑功能称为逻辑分析；根据提出的逻辑功能，在给定条件下构造出实现预定功能的逻辑电路称为逻辑设计，或者逻辑综合。

9.1.1　模拟信号和数字信号

当电信号随时间做连续变化时，称之为模拟信号，与之对应的电路组合称为模拟电路或模拟系统；当电信号随时间按一定规律做断续（离散）变化时，称之为数字信号，与之对应的电路组合称为数字电路或数字系统。

数字电路中的三极管在数字信号的驱动下，主要工作于饱和或截止状态，这两种状态可视为一个开关的两态：开或关。三极管饱和相当于开关接通，处于开态；三极管截止相当于开关断开，处于关态。

数字电路具有如下特点。

（1）电路的基本工作信号是二值信号。它表现为电路中电压的高或低、开关的接通或断开、三极管的导通或截止等两种稳定的物理状态。

（2）电路中的半导体器件一般工作在开、关状态。

（3）电路结构简单、功耗小、便于进行集成制造和系列化生产，产品价格低、使用方便、通用性好。

（4）由数字电路构成的数字系统的工作速度快、精度高、功能强、可靠性好。

9.1.2 数字电路中常用的数制

数制应用于计数体制、计数方法。表示数时，仅用一位数码往往不够，必须用进位计数的方法组成多位数码。多位数码每一位的构成及从低位到高位的进位规则称为进位计数制，简称进位制。数码的个数和计数规律是进位制的两个决定因素。

进位制的基数就是在该进位制中可能用到的数码的个数。

在某一进位制的数中，每一位的大小都对应着该位上的数码乘上一个固定的数，这个固定的数就是这位的权数。

按进位方法的不同，有十进制计数、二进制计数、八进制计数和十六进制计数等，运算过程中重点强调高位进位，本位归零。

1. 十进制——D

数码：0～9。同样的数码在不同的位上代表的数值不同。

位权：10 的整数幂，如 10^3、10^2、10^1、10^0 等称为十进制的权。任意一个十进制数都可以表示为各个数位上的数码与其对应的权的乘积之和，称为权展开式。

运算规律：逢十进一，借一当十。十进制数的权展开式举例：

$$(5555)_{10}=5\times10^3+5\times10^2+5\times10^1+5\times10^0$$

$$(209.04)_{10}= 2\times10^2+0\times10^1+9\times10^0+0\times10^{-1}+4\times10^{-2}$$

2. 二进制——B

二进制数只有 0 和 1 两个数码，其运算规则简单，相应的运算电路也容易实现。

数码：0、1，基数是 2。

运算规律：逢二进一。二进制数的权展开式举例：

$$(101.01)_2= 1\times2^2+0\times2^1+1\times2^0+0\times2^{-1}+1\times2^{-2}=(5.25)_{10}$$

$$(11011.01)_2=1\times2^4+1\times2^3+0\times2^2+1\times2^1+1\times2^0+0\times2^{-1}+1\times2^{-2}=(27.75)_{10}$$

加法运算规则：0+0=0，0+1=1，1+0=1，1+1=10；乘法运算规则：$0\times0=0$，$0\times1=0$，$1\times0=0$，$1\times1=1$。

3. 八进制——O

数码：0～7，基数是 8。

运算规律：逢八进一。八进制数的权展开式举例：

$$(207.04)_8= 2\times8^2+0\times8^1+7\times8^0+0\times8^{-1}+4\times8^{-2}=(135.0625)_{10}$$

4. 十六进制——H

数码：0～9、A～F，基数是16。

运算规律：逢十六进一。十六进制数的权展开式举例：

$$(\text{D8.A})_2 = 13\times16^1+8\times16^0+10\times16^{-1}=(216.625)_{10}$$

几种常用进制参照表如表9.1.1所示。

表9.1.1 几种常用进制参照表

十进制数	二进制数	八进制数	十六进制数
0	0	0	0
1	1	1	1
2	10	2	2
3	11	3	3
4	100	4	4
5	101	5	5
6	110	6	6
7	111	7	7
8	1000	10	8
9	1001	11	9
10	1010	12	A
11	1011	13	B
12	1100	14	C
13	1101	15	D
14	1110	16	E
15	1111	17	F

5. 各种进制之间的转换

将二进制数转换为八进制数：将二进制数由小数点开始，整数部分向左，小数部分向右，每3位分成一组，不够3位补零，则每组二进制数便是一位八进制数。

将八进制数转换为二进制数：将每位八进制数用3位二进制数表示。

二进制数与十六进制数：按照每4位二进制数对应1位十六进制数进行转换。

9.1.3 逻辑代数

逻辑代数是在19世纪中叶由数学家布尔创立的，因而又称为布尔代数。在逻辑代数中，逻辑变量只能取两种状态之一：真或假，用1或0来表示。逻辑代数研究的内容是逻辑函数与逻辑变量之间的关系，是分析和设计逻辑电路的理论基础。

1. 基本逻辑运算

逻辑代数与普通代数一样，也用字母表示变量，但逻辑变量的取值只有两个，即0和1，没有中间值。这里的0和1不是具体的数值，也不存在大小关系，而是表示两种对立的逻辑状态（如用1和0表示是和非、有和无、开和关等）。在研究实际问题时，0和1代表的含义由具体的研究对象而定。因此，逻辑代数表达的是函数关系而不是数值关系，这就是逻辑代数与普通代数本质上的区别。

在逻辑电路中，如果用逻辑 1 表示高电平，逻辑 0 表示低电平，则称为正逻辑体制；反之，若用逻辑 1 表示低电平，逻辑 0 表示高电平，则称为负逻辑体制。这两种体制没有优劣之分，也不涉及逻辑电路性能的好坏。但对于同一逻辑电路，根据所选逻辑体制不同，电路的逻辑功能也不同。如果没有特殊说明，本书中一律采用正逻辑体制。

逻辑代数的基本逻辑运算有 3 种：逻辑乘（与）、逻辑加（或）和逻辑非（非），逻辑变量按一定的逻辑关系（与、或、非）组合而成的表达式就是逻辑函数。

逻辑函数可以分别用真值表、逻辑表达式或逻辑符号来表示。所谓真值表，就是将各逻辑变量的所有取值组合和对应的函数值全部列出来，以描述其逻辑关系而列成的表格，它能完整地表达逻辑电路的输入、输出关系。下面以列真值表的方法研究与、或、非逻辑关系。

（1）与运算。

在如图 9.1.1（a）所示的照明电路中，电源通过开关 A 和 B 向灯 F 供电，开关 A 与 B 属于串联关系，只有 A 与 B 同时闭合时，灯 F 才亮；A 和 B 中只要有一个闭合或两者均不闭合，灯 F 就不亮。由此可知，只有当 A 闭合、B 闭合两个条件全部具备时，才能产生灯 F 亮的结果。因此，该电路具有这样的逻辑关系：当决定事件的条件（A、B 同时闭合）全部具备之后，该事件（F 亮）才会发生，这种关系称为与逻辑关系，其逻辑符号如图 9.1.1（b）所示。

如果用二元常量来表示，则开关 A、B 分别有两种状态，即闭合与断开，用 1 表示闭合，0 表示断开；灯 F 也只有两种状态，即亮与灭，用 1 表示灯亮，0 表示灯灭。将开关 A、B 的各种组合及其对应的灯 F 的状态列成表格，即可得到与逻辑的真值表，如表 9.1.2 所示。

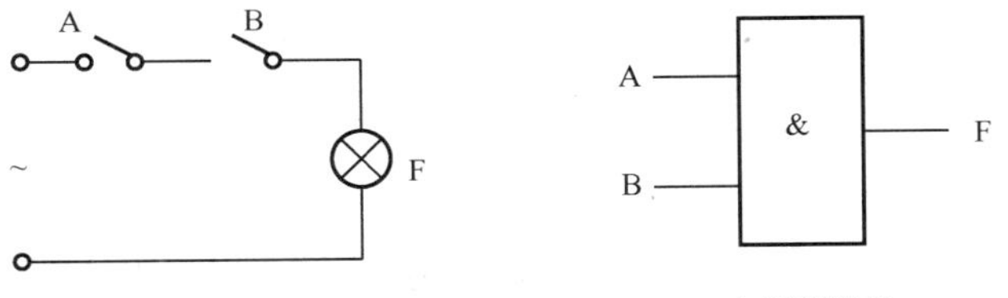

（a）原理电路　　（b）逻辑符号

图 9.1.1　与逻辑关系

表 9.1.2　与逻辑的真值表

A	B	F
0	0	0
0	1	0
1	0	0
1	1	1

若用逻辑表达式来描述与逻辑关系，则可写为

$$F = A \cdot B \tag{9.1.1}$$

通常省略符号“·”而简写为 F =AB。

对于两个以上输入变量，其与逻辑关系的逻辑表达式为

$$F = ABCD\cdots \tag{9.1.2}$$

（2）或运算。

在如图 9.1.2（a）所示的照明电路中，电源通过开关 A 和 B 向灯 F 供电。开关 A 和 B 属于并联关系，只要开关 A 或 B 有一个闭合，灯 F 就亮。而当 A 和 B 均不闭合时，灯 F 不亮。把这种决定某事件的各个条件中，只要具备某一条件，该事件就会发生的因果关系称为或逻辑关系。或逻辑的真值表如表 9.1.3 所示，其逻辑符号如图 9.1.2（b）所示。

若用逻辑表达式来描述或逻辑关系，则可写为

$$F = A + B \tag{9.1.3}$$

对于两个以上输入变量，其或逻辑关系的逻辑表达式为

$$F=A+B+C+D+\cdots \qquad (9.1.4)$$

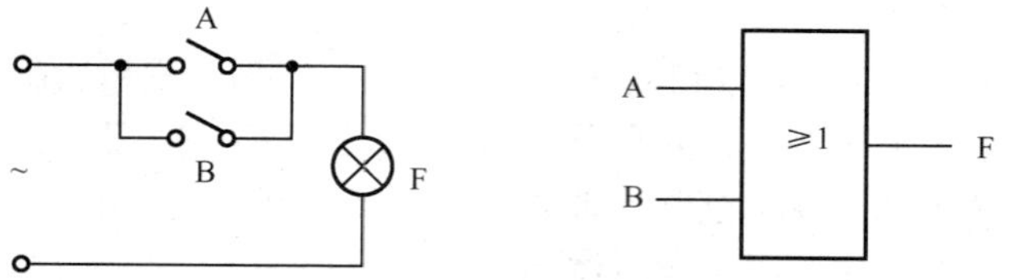

（a）原理电路　　（b）逻辑符号

图 9.1.2　或逻辑关系

表 9.1.3　或逻辑的真值表

A	B	F
0	0	0
0	1	1
1	0	1
1	1	1

（3）非运算。

结果和条件处于相反状态的因果关系称为非逻辑关系。如图 9.1.3（a）所示，开关 A 与灯 F 并联，当开关 A 断开时灯 F 亮，当开关 A 闭合时灯 F 反而熄灭。可见，灯 F 亮这一结果和开关 A 闭合这个条件构成非逻辑关系，其逻辑表达式为

$$F=\overline{A} \qquad (9.1.5)$$

式中，A 上方的短横“—”表示非运算。非逻辑的真值表如表 9.1.4 所示，其逻辑符号如图 9.1.3（b）所示。

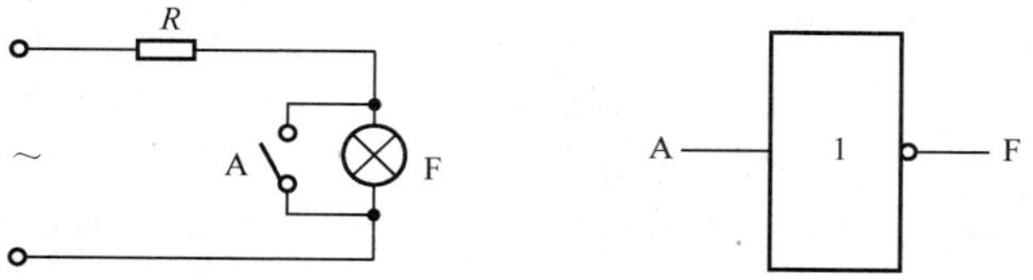

（a）原理电路　　（b）逻辑符号

图 9.1.3　非逻辑关系

表 9.1.4　非逻辑的真值表

A	F
0	1
1	0

2. 逻辑代数的基本定律

根据逻辑变量的取值特点和与、或、非逻辑关系的基本特性，可以推导出逻辑代数的一些基本定律。

（1）0-1 律。

逻辑变量 A 与常量 0、1 进行逻辑运算时遵循的规律称为 0-1 律，主要有

$$A+0=A \qquad A+1=1$$

$$A\cdot 0=0 \qquad A\cdot 1=A$$

（2）重叠律。

逻辑变量重叠使用时遵循的规律称为重叠律，有

$$A+A=A \quad \Rightarrow \quad A+A+\cdots+A=A$$

$$AA=A \quad \Rightarrow \quad AA\cdots A=A$$

（3）互补律。

逻辑原变量和它的反变量进行运算时遵循的规律称为互补律，有

$$A+\overline{A}=1 \qquad A\overline{A}=0$$

（4）双重否定（非非）律。

逻辑变量两次取反运算时遵循的规律称为双重否定律，有

$$\overline{\overline{A}}=A$$

（5）分配律。

对逻辑变量之间的运算关系进行重新分配组合时遵循的规律称为分配律，有

$$A(B+C) = AB+AC$$

$$A+BC = (A+B)(A+C)$$

试证明 $A+BC=(A+B)(A+C)$。

证明：将输入变量 A、B、C 的所有取值组合列出来，并求出各种取值条件下，函数 $A+BC$ 和 $(A+B)(A+C)$ 对应的值，即得到如表 9.1.5 所示的真值表。在输入变量的每种取值组合下，$A+BC$ 和 $(A+B)(A+C)$ 的值都相等，故等式成立。

表 9.1.5　真值表

A　B　C	A+BC	(A+B)(A+C)
0　0　0	0	0
0　0　1	0	0
0　1　0	0	0
0　1　1	1	1
1　0　0	1	1
1　0　1	1	1
1　1　0	1	1
1　1　1	1	1

（6）结合律。

在逻辑运算中，将几个逻辑变量结合进行运算时遵循的规律称为结合律，有

$$A+B+C = (A+B)+C$$

$$A(BC) = (AB)C$$

（7）交换律。

在逻辑运算中，将逻辑变量的位置交换后进行运算时遵循的规律称为交换律，有

$$A+B=B+A$$

$$AB=BA$$

（8）吸收律。

在逻辑运算中，某些逻辑变量被另一些逻辑变量吸收而使逻辑变量减少的规律称为吸收律，有

$$A+AB=A$$

$$A+\overline{A}B=A+B$$

$$A(\overline{A}+B)=AB$$

$$A(A+B)=A$$

$$AB+A\overline{B}=A$$

$$(A+B)(A+\overline{B})=A$$

试证明 $A+\overline{A}B=A+B$。

证明：$A+\overline{A}B=A(1+B)+\overline{A}B=A+AB+\overline{A}B=A+B(A+\overline{A})=A+B$。

（9）反演律（摩根定律）。

在逻辑运算中，对逻辑变量进行反演时遵循的规律称为反演律，有

$$\overline{A+B}=\overline{A}\,\overline{B}$$

$$\overline{AB}=\overline{A}+\overline{B}$$

试证明：$\overline{AB}=\overline{A}+\overline{B}$。

证明：列写各变量的真值表，如表 9.1.6 所示。可见，A、B 输入变量在任意逻辑状态下，等号两边的逻辑值 $\overline{AB}$ 与 $\overline{A}+\overline{B}$ 完全相等，故 $\overline{AB}=\overline{A}+\overline{B}$ 成立。

表 9.1.6　真值表

A	B	$\overline{AB}$	$\overline{A}+\overline{B}$
0	0	1	1
0	1	1	1
1	0	1	1
1	1	0	0

（10）冗余律：

$$AB+\overline{A}C+BC=AB+\overline{A}C$$

$$AB+\overline{A}C+BCD=AB+\overline{A}C$$

试证明 $AB+\overline{A}C+BC=AB+\overline{A}C$。

证明：

$$\begin{aligned}AB+\overline{A}C+BC&=AB+\overline{A}C+BC(A+\overline{A})\\&=AB+\overline{A}C+BCA+BC\overline{A}\\&=AB(1+C)+\overline{A}C(1+B)\\&=AB+\overline{A}C\end{aligned}$$

3. 逻辑函数的代数化简法

对于一个逻辑函数，如果逻辑表达式比较简单，那么实现这个表达式所需的元件数就比较少，因而既节约器材，又可提高电路的可靠性，因此在设计逻辑电路时，首先要考虑对逻辑表达式进行化简。

对逻辑表达式进行化简的方法一般有代数化简法和卡诺图化简法，前者利用逻辑代数的基本定律对逻辑表达式进行代数变换，把函数中的某些项不断变为吸收律的形式，以便消去多余的项或多余的变量，从而获得最简的逻辑表达式；后者是一种图形化简方法。本书仅介绍代数化简法。

同一个逻辑函数可以有多种不同的表达式，如与或表达式、或与表达式、与非与非表达式、或非或非表达式、与或非表达式等。

例如：

$F=AB+\overline{A}C$　　与或表达式

$=(A+C)(\overline{A}+B)$　　或与表达式

$=\overline{\overline{AB}\,\overline{\overline{A}C}}$　　与非与非表达式

$=\overline{\overline{A+C}+\overline{\overline{A}+B}}$　　或非或非表达式

$=\overline{A\overline{B}+\overline{AC}}$　　与或非表达式

其中，与或表达式是一种最基本的形式，运用逻辑代数的基本定律及常用公式很容易将逻辑表达式转换成其他形式。

乘积项最少，且每个乘积项的变量个数也最少的与或表达式称为最简与或表达式。用代数化简法将逻辑函数转换为最简与或表达式的方法如下。

（1）并项法。

利用公式 $A+\overline{A}=1$ 将两项合并成一项，且消去一个变量。

例如，$F=A(B+C)+A\overline{(B+C)}$，若将 B+C 看作一个整体，则可得 $F=A$。

（2）吸收法。

利用公式 A+AB=A 消去多余项 AB。

例如：

$$F=A\bar{C}+A\bar{B}\bar{C}+BC=A\bar{C}+BC$$

（3）消去法。

利用公式 $A+\bar{A}B=A+B$ 消去 $\bar{A}B$ 中的多余因子 $\bar{A}$ 。

例如：

$$\begin{aligned}F&=AB+\bar{A}C+\bar{B}C\\&=AB+(\bar{A}+\bar{B})C=AB+\overline{AB}C=AB+C\end{aligned}$$

（4）配项法。

利用公式 $A=A(B+\bar{B})$，将其作为配项使用，以便消去更多的项。这种方法需要一定的技巧，否则将越配越繁，反而容易把问题复杂化。例如：

$$\begin{aligned}F&=\bar{A}\bar{B}+\bar{B}\bar{C}+BC+AB\\&=\bar{A}\bar{B}(C+\bar{C})+\bar{B}\bar{C}+BC(A+\bar{A})+AB\\&=\bar{A}\bar{B}C+\bar{A}\bar{B}\bar{C}+\bar{B}\bar{C}+BCA+BC\bar{A}+AB\\&=\bar{A}C(B+\bar{B})+\bar{B}\bar{C}(1+\bar{A})+AB(1+C)\\&=\bar{A}C+\bar{B}\bar{C}+AB\end{aligned}$$

利用代数化简法能够将逻辑表达式转换为比较简单的形式，但是使用这种方法，要求熟练掌握逻辑代数的基本定律和一定的化简技巧。因此，只有多练习、善总结，才会熟能生巧。

例 9.1.1　化简逻辑函数 F =A(A+B)。

解

$F=A(A+B)$	
$=AA+AB$	分配律
$=A+AB$	重叠律
$=A(1+B)$	分配律
$=A\cdot 1$	0-1 律
$=A$	0-1 律

例 9.1.2　化简逻辑函数 $F=AB\bar{C}+\overline{\bar{\bar{B}}+C}+C$ 。

解

$$\begin{aligned}F&=AB\bar{C}+\overline{\bar{\bar{B}}+C}+C\\&=AB\bar{C}+B\bar{C}+C\\&=B\bar{C}(1+A)+C\\&=B\bar{C}+C\\&=B+C\end{aligned}$$

例 9.1.3　试证明 $(\bar{A}+B)(A+C)=\overline{\overline{\bar{A}C}\,\overline{AB}}$ 。

证明：左式$=\bar{A}A+AB+\bar{A}C+BC$

$=AB+\bar{A}C+BC$

$=AB+\bar{A}C$

右式$=\overline{\overline{\bar{A}C}\cdot\overline{AB}}=\overline{\overline{\bar{A}C}}+\overline{\overline{AB}}=\bar{A}C+AB=$左式

因此，$(\overline{A}+B)(A+C)=\overline{\overline{\overline{A}C}\,\overline{AB}}$。

例 9.1.4　化简逻辑函数 $F=AD+A\overline{D}+AB+\overline{A}C+BD+A\overline{B}EF+\overline{B}EF$。

解

$$F=A+AB+\overline{A}C+BD+A\overline{B}EF+\overline{B}EF \quad （利用 A+\overline{A}=1）$$
$$=A+\overline{A}C+BD+\overline{B}EF \quad （利用 A+AB=A）$$
$$=A+C+BD+\overline{B}EF \quad （利用 A+\overline{A}B=A+B）$$

9.2　基本逻辑门电路

在数字电路中，二极管和三极管大多工作在开关状态。它们在脉冲信号的作用下时而饱和，时而截止，相当于开关的接通和断开，而且变化速度很快，每秒可达百万次以上。利用二极管和三极管的这种开关特性，可组成实现各种逻辑功能的数字电路。门电路是构成数字电路的基本单元，每个门电路的输入、输出之间都有一定的逻辑关系，最基本的逻辑关系有与、或、非，对应有 3 种基本逻辑门，即与门、或门、非门。本节介绍简单的二极管门电路和三极管反相器（三极管非门电路），作为逻辑门电路的基础。

9.2.1　二极管与门电路

输入与输出之间满足与逻辑关系的电路称为与门电路。最简单的与门电路由二极管构成，如图 9.2.1 所示。其中，A、B 为输入端，F 为输出端，且设二极管均为硅管，则电路的工作过程如下。

（1）若 $U_A=U_B=0$，即输入端 A、B 都为低电平，则 VD_1、VD_2 都处于正向导通状态。输出端 F 的电位被钳制在 0.7V 上，即输出为低电平。

（2）若输入 $U_A=0$，$U_B=+3V$，则 VD_1 抢先导通，输出端 F 的电位被钳制在 0.7V 上，VD_2 因承受反向电压而截止，故 $U_F=0.7V$。同理，当 $U_B=0$，$U_A=+3V$ 时，VD_2 导通，VD_1 截止，$U_F=0.7V$。

（3）当输入端 A、B 都为高电平+3V 时，VD_1、VD_2 都导通，输出端 F 的电位被钳制在+3.7V 上。

把上述分析结果归纳起来，列成表 9.2.1。可见，该电路满足与逻辑关系，即只有输入都是高电平时，输出才是高电平；只要有一个输入为低电平，输出就是低电平。若采用正逻辑体制，则表 9.2.1 对应的真值表就是表 9.1.2，其逻辑表达式为

$$F=AB$$

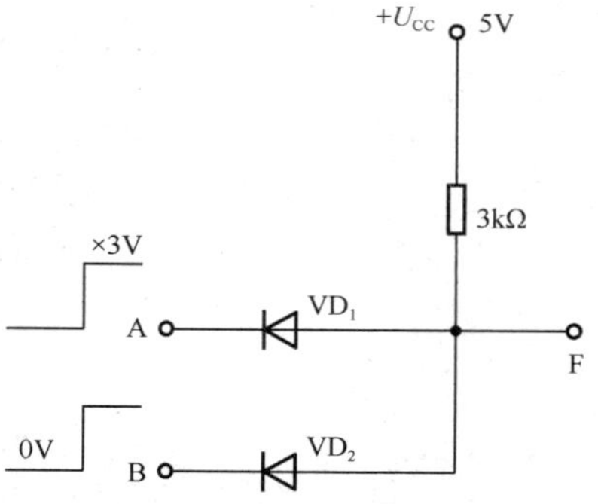

图 9.2.1　二极管与门电路

表 9.2.1　与门的输入、输出之间的关系

U_A/V	U_B/V	U_F/V
0	0	+0.7
0	+3	+0.7
+3	0	+0.7
+3	+3	+3.7

9.2.2 二极管或门电路

图 9.2.2 所示为由二极管组成的或门电路，A、B 为输入端，F 为输出端。设二极管均为硅管，则电路的工作过程如下。

（1）输入端 A、B 都为低电平 0 时，VD_1、VD_2 均处于截止状态，输出端 F 为低电平 0。

（2）若输入 U_A=0，U_B=+5V，则 VD_2 抢先导通，输出端 F 的电位被钳制在+4.3V 上，VD_1 因承受反向电压而截止，使输出端 F 为高电平，U_F=+4.3V。同理，若 U_B=0，U_A=+5V，VD_1 导通，VD_2 截止后输出端 F 也为高电平+4.3V。

（3）若输入端全为高电平，即 $U_A=U_B$=+5V，则 VD_1、VD_2 都导通，输出端 F 的电位被钳制在+4.3V 上。

将上述工作过程列成如表 9.2.2 所示的表格。可见，F 与 A、B 之间满足或逻辑关系，其对应的真值表如表 9.2.2 所示，其逻辑表达式为

$$F=A+B$$

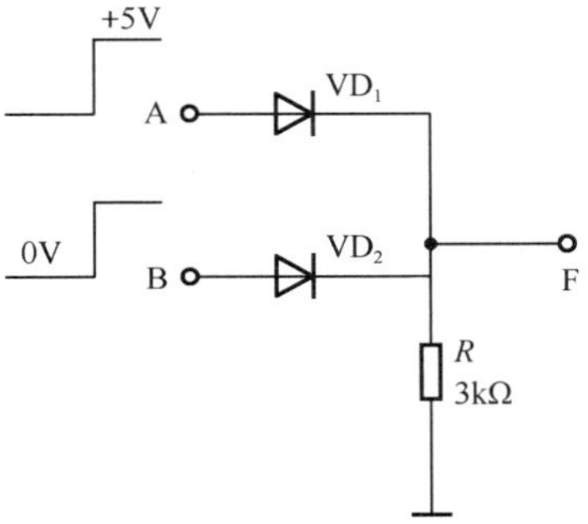

图 9.2.2 二极管或门电路

表 9.2.2 或门的输入、输出之间的关系

U_A/V	U_B/V	U_F/V
0	0	0
0	+5	+4.3
+5	0	+4.3
+5	+5	+4.3

9.2.3 三极管非门电路

数字电路中常用三极管作为非门逻辑电路，因为三极管的集电极输出电压与基极输入电压之间具有反相特性，且三极管可以工作于截止和饱和状态，其电路组成如图 9.2.3（a）所示，其逻辑符号如图 9.2.3（b）所示。

当输入 U_A=0（逻辑 0）时，R_1、R_2 对基极分压，基极电位 V_B 为负值，使 $U_{BE}<0$，三极管将承受反向电压而截止，输出电压近似为 5V，即逻辑 1；当输入 U_A=5V（逻辑 1）时，适当选择 R_1、R_2 的值，使 $U_{BE}>0$，且基极电流足够大，三极管工作于饱和状态，输出电压约为 0.3V，即逻辑 0。由此可见，该电路的输出与输入之间满足非逻辑关系，对应的逻辑表达式为

$$F=\overline{A}$$

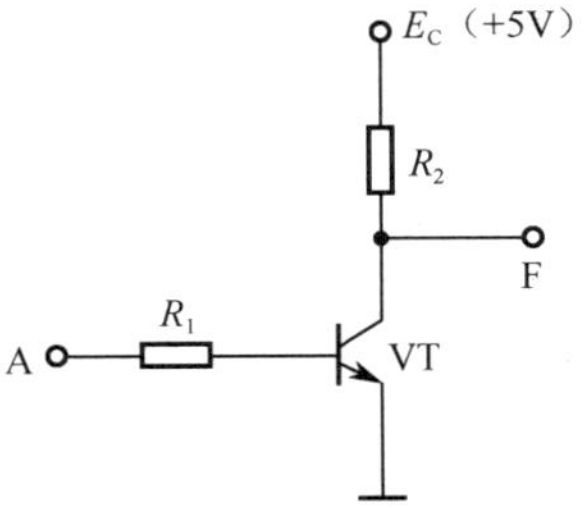

（a）电路组成

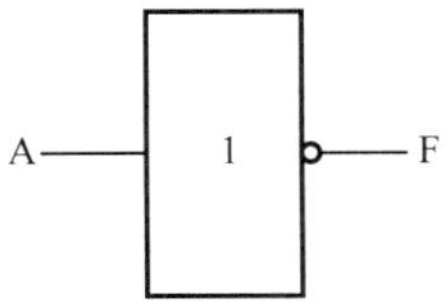

（b）逻辑符号

图 9.2.3 三极管非门电路

9.2.4 复合逻辑门电路

用二极管和三极管门电路的组合可以构成各种复合逻辑门电路，如与非门、或非门、与或非门、异或门、同或门等，这样的复合逻辑门电路在带负载能力、工作速度和可靠性方面都大为提高，而且逻辑功能得到扩展。在集成电路中，为使电路标准化，减少电路种类，基本单元电路以与非门为最多。

1. 与非门电路

与非门是由一级与门和一级非门串接而成的，如图 9.2.4（a）所示，其逻辑符号如图 9.2.4（b）所示。列出该电路的真值表，如表 9.2.3 所示。可见，该逻辑门具有“有 0 则 1，全 1 为 0”的与非逻辑关系，其逻辑表达式为

$$F=\overline{AB}$$

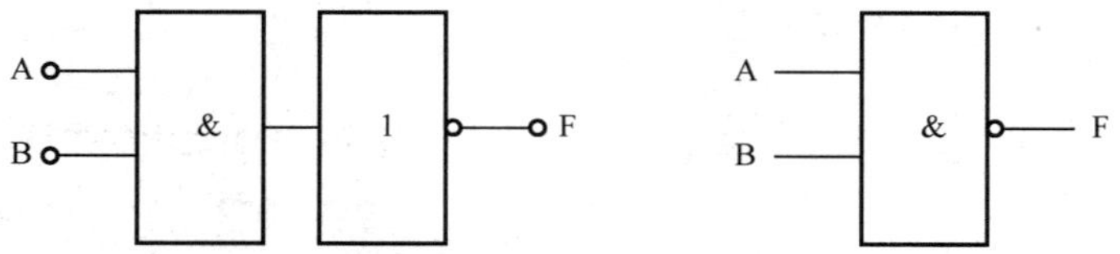

（a）复合电路　（b）逻辑符号

图 9.2.4　与非门电路

表 9.2.3　与非逻辑关系的真值表

A	B	AB	$\overline{AB}$
0	0	0	1
0	1	0	1
1	0	0	1
1	1	1	0

2. 或非门电路

或非门是由一级或门和一级非门串接而成的，如图 9.2.5（a）所示，其逻辑符号如图 9.2.5（b）所示。该电路的输入、输出之间满足“有 1 则 0，全 0 为 1”的或非逻辑关系，其真值表如表 9.2.4 所示，其逻辑表达式为

$$F=\overline{A+B}$$

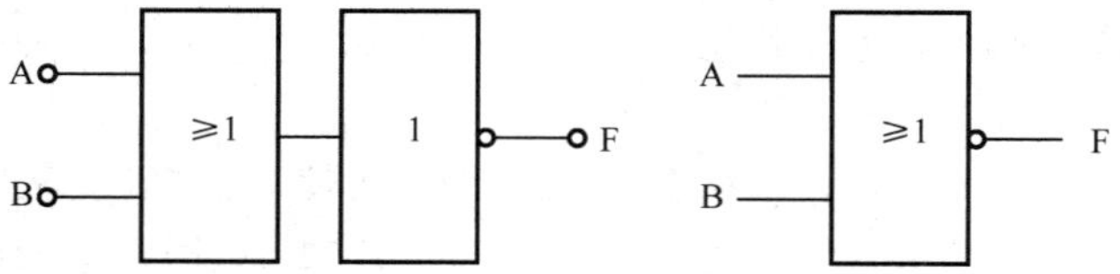

（a）复合电路　（b）逻辑符号

图 9.2.5　或非门电路

表 9.2.4　或非逻辑关系的真值表

A	B	$\overline{A+B}$
0	0	1
0	1	0
1	0	0
1	1	0

3. 与或非门电路

与或非门是由多个与门和一个或非门串接而成的，如图 9.2.6（a）所示，其逻辑符号如图 9.2.6（b）所示。该电路的输入、输出之间具有与或非逻辑关系，其真值表如表 9.2.5 所示，其逻辑表达式为

$$F=\overline{AB+CD}$$

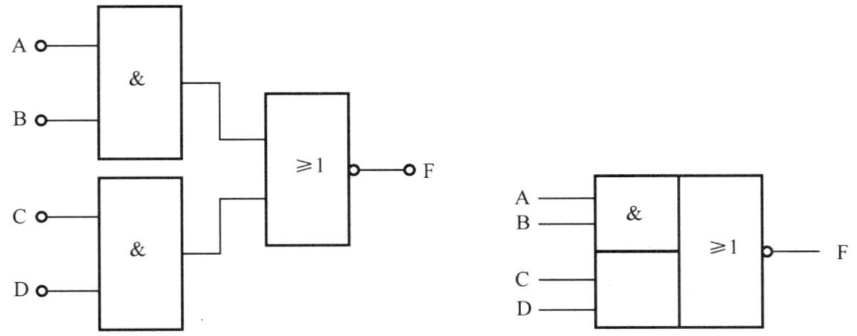

（a）复合电路　　（b）逻辑符号

图 9.2.6　与或非门电路

表 9.2.5　与或非逻辑关系的真值表

A	B	C	D	AB	CD	$F=\overline{AB+CD}$
0	0	0	0	0	0	1
0	0	0	1	0	0	1
0	0	1	0	0	0	1
0	0	1	1	0	1	0
0	1	0	0	0	0	1
0	1	0	1	0	0	1
0	1	1	0	0	0	1
0	1	1	1	0	1	0
1	0	0	0	0	0	1
1	0	0	1	0	0	1
1	0	1	0	0	0	1
1	0	1	1	0	1	0
1	1	0	0	1	0	0
1	1	0	1	1	0	0
1	1	1	0	1	0	0
1	1	1	1	1	1	0

4. 异或门、同或门电路

所谓异或关系，就是指两个输入信号同为高电平或同为低电平时，输出信号为低电平；而输入信号状态不同（一高一低）时，输出信号为高电平，对应的逻辑关系可用如表 9.2.6 所示的真值表描述，其逻辑表达式为

$$F=\overline{A}B+A\overline{B}=A\oplus B$$

异或门的逻辑符号如图 9.2.7 所示。

表 9.2.6　异或逻辑关系的真值表

A	B	$\overline{A}B$	$A\overline{B}$	$\overline{A}B+A\overline{B}$
0	0	0	0	0
0	1	1	0	1
1	0	0	1	1
1	1	0	0	0

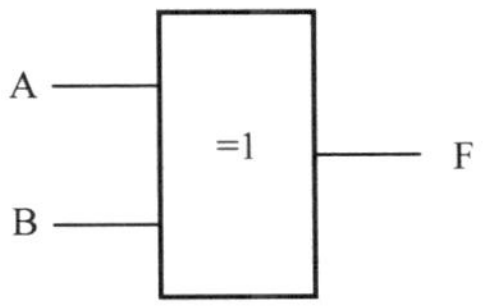

图 9.2.7　异或门的逻辑符号

同或关系就是指两个输入信号的状态相同（同为高电平或同为低电平）时，输出信号为高电平；而输入信号不同时，输出信号为低电平，对应的同或逻辑关系表示为如表 9.2.7 所示的真值表，其逻辑表达式为

$$F=AB+\overline{A}\,\overline{B}=A\odot B$$

表 9.2.7　同或逻辑关系的真值表

A	B	AB	$\overline{A}\,\overline{B}$	$AB+\overline{A}\,\overline{B}$
0	0	0	1	1
0	1	0	0	0
1	0	0	0	0
1	1	1	0	1

由以上分析可知，异或与同或之间具有如下关系：

$$\overline{A\oplus B}=A\odot B$$

9.3　集成逻辑门电路简介

随着半导体集成技术的迅速发展，前面介绍的由分立元件组成的逻辑门电路可以在一块很小的半导体芯片上制成，称为集成逻辑门电路。与分立元件逻辑门电路相比，集成逻辑门电路具有体积小、质量轻、功耗小、使用寿命长、工作可靠和价格低等优点，因而在各个领域得到了广泛应用。集成逻辑门电路按导电机理的不同可分为双极型和单极型两种，按逻辑功能的不同可分为与门、或门、非门、与非门和或非门等。

9.3.1　TTL 与非门电路

图 9.3.1 所示为一个 TTL 与非门电路，它由输入级、中间级和输出级三部分组成。

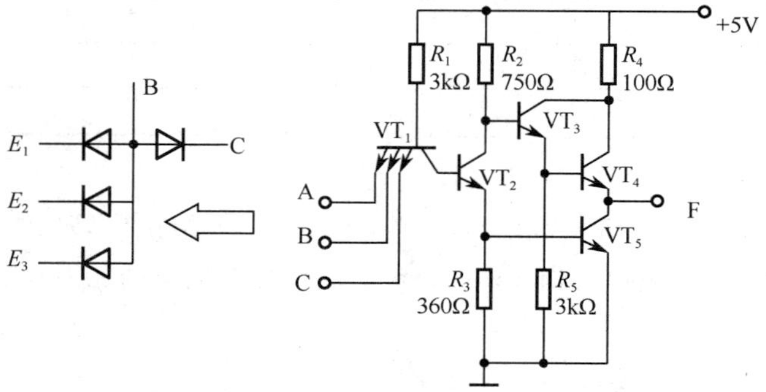

（a）电路组成

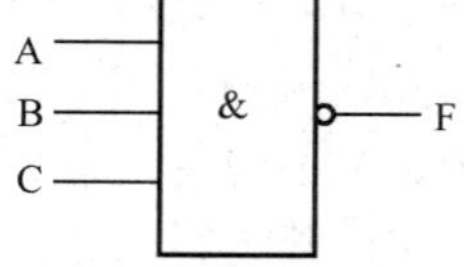

（b）逻辑符号

图 9.3.1　TTL 与非门电路

在图 9.3.1 中，VT_1、R_1 构成输入级，输入信号通过多发射极三极管 VT_1 实现与功能。多发射极三极管在功能上相当于基极和集电极分别连在一起的多个三极管，也可看作由多个并联的二极管与一个二极管“背靠背”连接而成。VT_2、R_2 和 R_3 构成中间级，由于 VT_2 的集电极和发射极的输出信号相位相反，故又称为倒相级。VT_3、VT_4、VT_5、R_4 和 R_5 组成推拉式输出级，VT_3、VT_4 构成复合管，作为 VT_5 的有源负载，用于改善输出波形。采用这种推拉式输出级可以增强门电路的带负载能力并加快开关速度。

1. 工作原理

当输入端 A、B、C 全为高电平（+3.6V）时，+5V 电源通过 R_1 使 VT_1 的发射结反偏、集电结正偏，$U_{B1}=U_{BE5}+U_{BE2}+U_{BC1}=2.1V$，$VT_1$ 处于发射结和集电结倒置使用的放大状态。电源通过 R_1 和 VT_1 的集电结给 VT_2 和 VT_5 提供足够大的基极电流，使 VT_2 和 VT_5 饱和导通，输出电压为 VT_5 的饱和压降，约为 0.3V，即输出端 F 为低电平。此时，VT_2 的集电极电位约为 1V（$U_{CES2}+U_{BE5}$），因此 VT_3 导通，VT_4 截止。

若输入端有一个或几个为低电平（+0.3V），则 VT_1 对应的发射结导通，基极电位被钳制在 1V 左右，集电结截止，电源为 VT_2 提供基极电流的通路断开，VT_2 和 VT_5 截止，VT_3 和 VT_4 导通，输出端 F 的电位 $V_F \approx U_{CC}-U_{BE3}-U_{BE4}=3.6V$，即输出端 F 为高电平。

综上所述，图 9.3.1 所示的电路具有与非逻辑功能，即输入全为高电平时，输出为低电平；至少有一个输入为低电平时，输出为高电平。简述为“全 1 为 0，有 0 则 1”，对应的逻辑表达式为

$$F=\overline{ABC}$$

2. 电压传输特性

电压传输特性描述的是电路的输出电压与输入电压之间的关系，是了解和分析电路基本特性的重要依据。对 TTL 与非门而言，若将其中一个输入端接可变的直流电源，其余输入端接固定高电平，则当输入电压 U_i 由零逐渐升高到高电平时，输出电压 U_o 也会做相应的变化，从而得到如图 9.3.2 所示的电压传输特性。

由图 9.3.2 可见，当输入电压 U_i 从零开始逐渐升高时，在一定的范围内，输出的高电平基本不变；当 U_i 升高到某一值后，输出很快下降为低电平。若 U_i 继续升高，则电路仍然保持低电平输出。

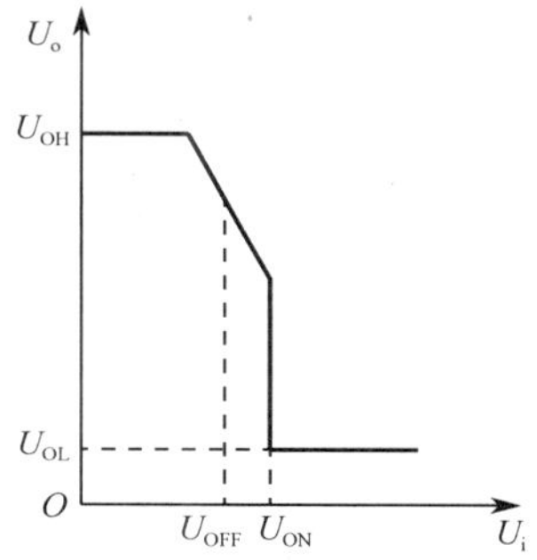

图 9.3.2 TTL 与非门的电压传输特性

3. 主要参数

（1）输出高电平 U_{OH} 和输出低电平 U_{OL}。

输出高电平 U_{OH} 是指输入端至少有一个为低电平时的输出电平，输出低电平 U_{OL} 是指输入端全为高电平且输出端接有额定负载时的输出电平。在实际应用中，如果输出的高电平过低或低电平过高，则会破坏电路的逻辑功能，因而通常规定高电平的下限值和低电平的上限值。对通用的 TTL 与非门而言，当 U_{CC} =5V 时，$U_{OH} \geq 2.4V$，$U_{OL} \leq 0.4V$；U_{OH} 的典型值为 3.5V，U_{OL} 的典型值为 0.3V。

（2）开门电平 U_{ON} 和关门电平 U_{OFF}。

开门电平 U_{ON} 是指输出电压刚刚下降到输出低电平的上限值时的输入电压，它是保证与非门的输出为低电平的输入高电平的下限值。为了使与非门的输出为低电平，输入电压必须高于 U_{ON}。

关门电平 U_{OFF} 是指输出电压刚刚上升到输出高电平的下限值时的输入电压，它是保证与非门的输出为高电平时的输入低电平的上限值。为了使与非门的输出为高电平，输入电压必须低于 U_{OFF}。

对于 TTL 与非门，一般规定 U_{ON} =1.8V，U_{OFF} =0.8V。

（3）扇出系数 N_O。

扇出系数 N_O 是一个与非门能带同类门的最大数目，它反映了与非门的带负载能力。对于 TTL 与非门，一般规定 $N_O \geq 8$。

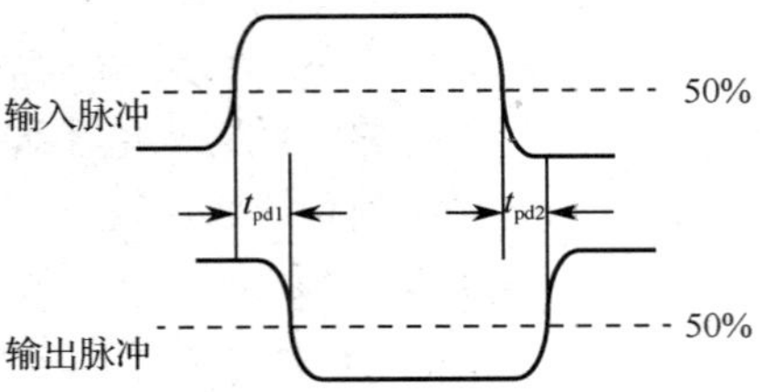

图 9.3.3　TTL 与非门的传输延迟

（4）平均传输延迟时间 t_{pd}。

TTL 与非门工作时，由于三极管从导通到截止或从截止到导通都要经历一定的时间，因此输出脉冲相对于输入脉冲总存在一定时间的延迟，称为传输延迟，如图 9.3.3 所示。

从输入脉冲上升沿的 50%到输出脉冲下降沿的 50%的时间称为导通延迟时间 t_{pd1}，从输入脉冲下降沿的 50%到输出脉冲上升沿的 50%的时间称为截止延迟时间 t_{pd2}。而 t_{pd1} 和 t_{pd2} 的平均值定义为平均传输延迟时间 t_{pd}，即

$$t_{pd}=(t_{pd1}+t_{pd2})/2$$

它表示与 TTL 非门电路的开关速度，t_{pd} 越小，开关速度越快。

4. TTL 三态与非门电路

TTL 三态与非门电路在普通 TTL 与非门电路的基础上增加了一个控制端，使得电路输出除有高电平、低电平外，还有第三种高阻状态，其逻辑功能如表 9.3.1 所示，逻辑符号如图 9.3.4 所示，其中 EN 为控制端或使能端。

表 9.3.1　TTL 三态与非门的逻辑功能

控制端	输入端		输出端
EN	A	B	F
1	0	0	1
	0	1	1
	1	0	1
	1	1	0
0	×	×	高阻

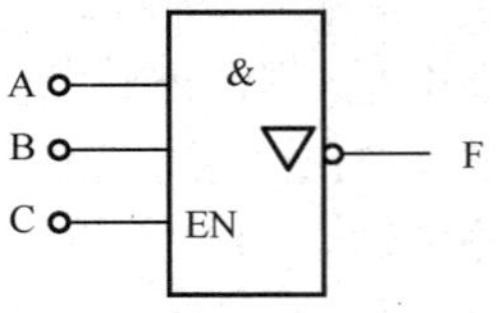

图 9.3.4　TTL 三态与非门的逻辑符号

当控制端 EN 为高电平时，电路的输出端 F 的状态完全取决于输入端 A、B 的状态组合，电路实现的是和 TTL 与非门一样的逻辑功能，即 $F=\overline{AB}$；当控制端 EN 为低电平时，不管输入端 A、B 的状态如何，输出端 F 既不为高电平又不为低电平，而是处于一种与周围电路隔离的高阻状态。

TTL 三态与非门的应用十分广泛，在一些复杂的数字系统中，为了减少连线的数目，希望能在同一根导线上分时传递若干门电路的输出信号，这时可用 TTL 三态与非门来实现。图 9.3.5 所示的电路就是一个通过 TTL 三态与非门的控制端，利用一根总线传输多组数据的实例。当 C_1=1、C_2=C_3=0 时，总线上的数据为 $\overline{A_1B_1}$；当 C_2=1、C_1=C_3=0 时，总线上的数据为 $\overline{A_2B_2}$；当 C_3=1、C_1=C_2=0 时，总线上的数据为 $\overline{A_3B_3}$。在同一时刻只能有一个门导通，其他门应处于高阻状态，即在同一时刻只能有一个门的控制端为高电平。

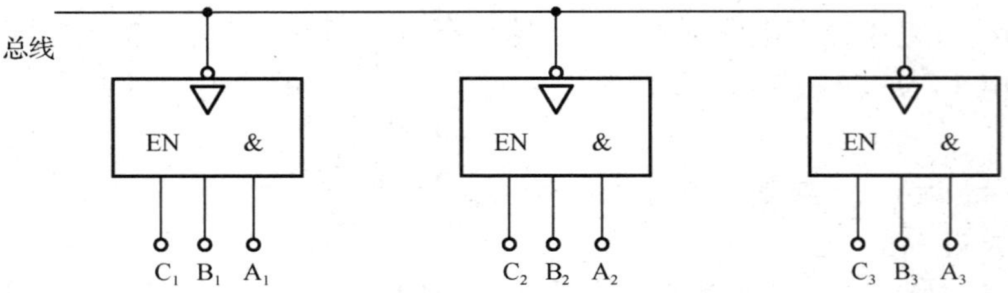

图 9.3.5　TTL 三态与非门的应用实例

9.3.2　CMOS 非门电路

CMOS 电路是互补 MOS 电路的简称，互补是从电路结构方面而言的，它是由两种不同类型的 MOS 管组合而成的门电路，由 P 沟道增强型 MOS 管作为负载管，N 沟道增强型 MOS 管作为驱动管。它由于具有电路简单、输入电阻大、功耗小、带负载能力强和工作速度快等优点而得到广泛应用。

图 9.3.6 所示为一个两输入的 CMOS 与非门电路，其中，VT_1、VT_2 为 P 沟道增强型 MOS 管，两管并联作为负载管；VT_3、VT_4 为 N 沟道增强型 MOS 管，两管串联作为驱动管，负载管整体与驱动管整体串联。

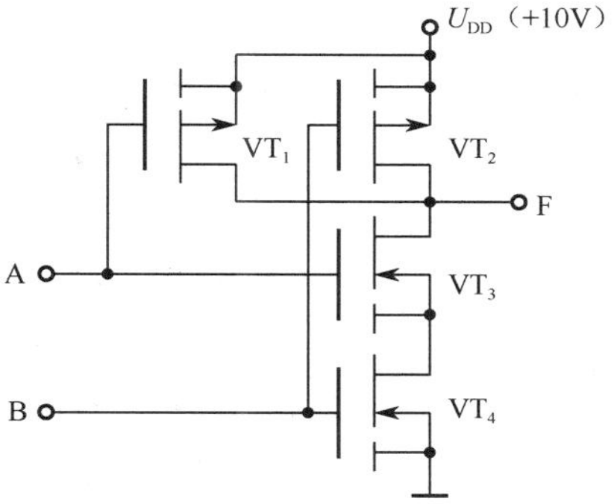

图 9.3.6　两输入的 CMOS 与非门电路

当两个输入端 A、B 全为高电平时，驱动管 VT_3 和 VT_4 都充分导通，电阻很小，而负载管 VT_1 和 VT_2 都处于截止状态，电阻很大（两管并联后的电阻仍很大）。这时，电源电压主要落在负载管上，输出端 F 为低电平。

当至少有一个输入端为低电平时，对应的驱动管截止而负载管导通。因此，负载管总的并联电阻变小，驱动管总的串联电阻变大。这时，电源电压主要落在驱动管上，故输出端 F 为高电平。

由以上分析可知，该电路只要有一个输入为低电平，输出就为高电平，满足与非逻辑关系。

9.3.3　TTL 集成逻辑门电路

1. TTL 与非门举例——7400

7400 是一种典型的 TTL 与非门器件，内部含有四个两输入的与非门，共有 14 个引脚，引脚排列图如图 9.3.7 所示。

2. TTL 或非门举例——7402

7402 的引脚排列图如图 9.3.8 所示。

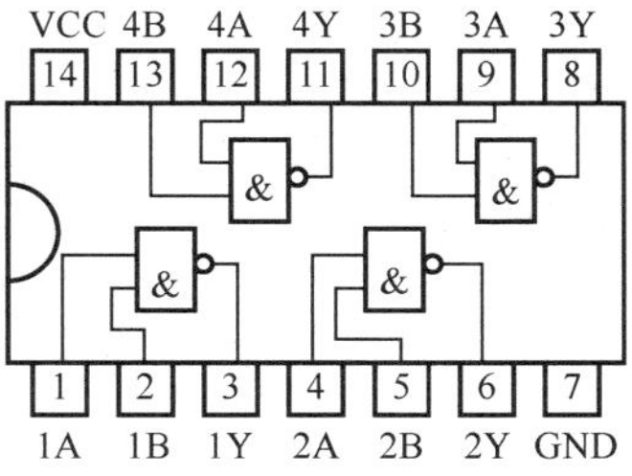

图 9.3.7　7400 的引脚排列图

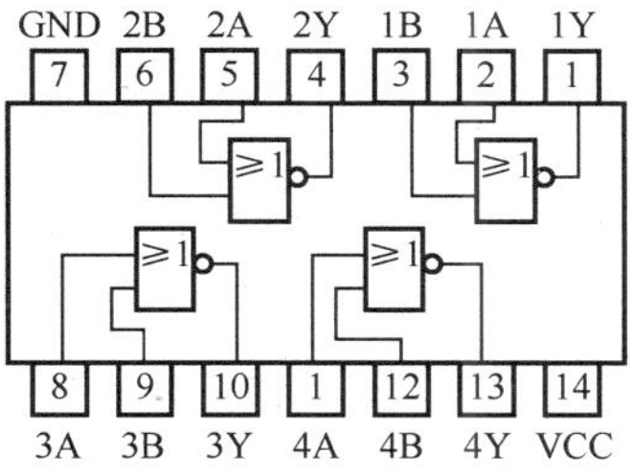

图 9.3.8　7402 的引脚排列图

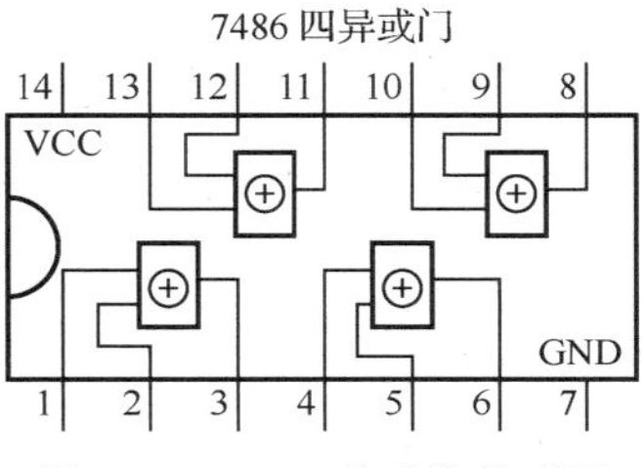

图 9.3.9　7486 的引脚排列图

3. 异或门——7486

7486 的引脚排列图如图 9.3.9 所示。

4. 集电极开路门

在工程实践中，有时需要将几个门的输出端并联使用，以实现与逻辑，称为线与。TTL 门电路的输出结构决定了它不能进行线与。

为满足实际应用中实现线与的要求，专门生产了一种可以进

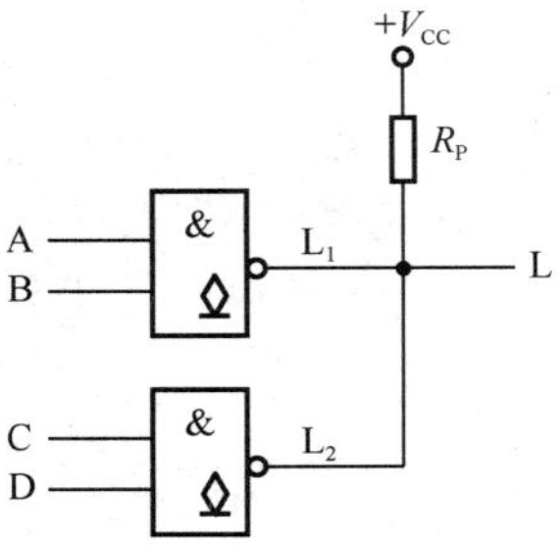

图 9.3.10 两个 OC 门实现线与的电路

行线与的门电路——集电极开路门，简称 OC 门。

OC 门主要有以下几方面的应用。

（1）实现线与。

两个 OC 门实现线与的电路如图 9.3.10 所示，此时的逻辑关系为

$$L = L_1L_2 = \overline{AB}\,\overline{CD} = \overline{AB+CD}$$

即在输出线上实现了与运算，通过逻辑变换可转换为与或非运算。

在使用 OC 门进行线与时，外接上拉电阻 R_P 的选择非常重要，只有 R_P 选择得当，才能保证 OC 门输出满足要求的高电平和低电平。

假定有 n 个 OC 门的输出端并联，后面接 m 个普通的 TTL 与非门作为负载，如图 9.3.11 所示，则 R_P 的选择按以下两种最坏情况考虑。

第一种：当所有的 OC 门都截止时，输出应为高电平，如图 9.3.11（a）所示。这时 R_P 不能太大，如果 R_P 太大，则其上的压降太大，输出高电平就会太低。因此当 R_P 为最大值时，要保证输出电压为 $V_{OH(min)}$，由

$$V_{CC}-V_{OH(min)}=m\,I_{IH}R_{P(max)}$$

得

$$R_{P(max)}=\frac{V_{CC}-V_{OH(min)}}{mI_{IH}}$$

式中，$V_{OH(min)}$是 OC 门输出高电平的下限值；I_{IH}是负载门的输入高电平电流；m 是负载门输入端的个数（不是负载门的个数），因为 OC 门中的 VT_3 截止，所以可以认为没有电流流入 OC 门。

第二种：当 OC 门中至少有一个导通时，输出应为低电平，考虑最坏情况，即只有一个 OC 门导通，如图 9.3.11（b）所示。这时 R_P 不能太小，如果 R_P 太小，则灌入导通的那个 OC 门的负载电流将超过 $I_{OL(max)}$，就会使 OC 门的 VT_3 脱离饱和，导致输出低电平上升。因此当 R_P 为最小值时，要保证输出电压为 $V_{OL(max)}$，由

$$I_{OL(max)}=\frac{V_{CC}-V_{OL(max)}}{R_{P(min)}}+mI_{IL}$$

得

$$R_{P(min)}=\frac{V_{CC}-V_{OL(max)}}{I_{OL(max)}-mI_{IL}}$$

式中，$V_{OL(max)}$是 OC 门输出低电平的上限值；$I_{OL(max)}$是 OC 门输出低电平的灌电流能力；I_{IL}是负载门的输入低电平电流；m 是负载门输入端的个数。

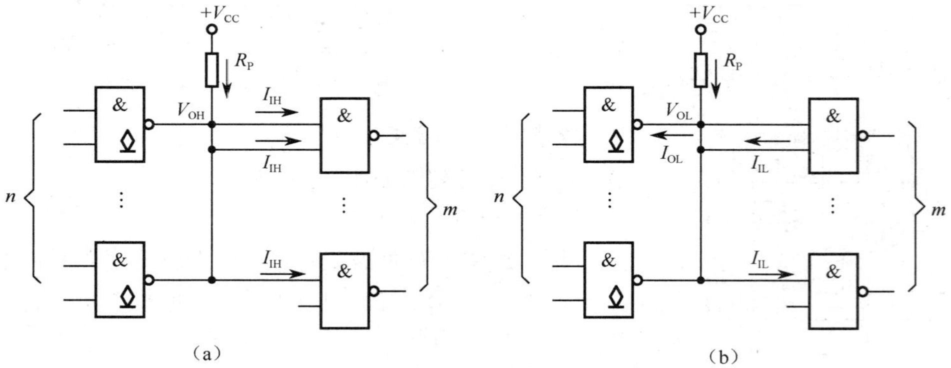

图 9.3.11 R_P 的选择

综合以上两种情况，R_P 可由下式确定（一般，R_P 应选 1kΩ 左右）：

$$R_{P(min)}<R_P<R_{P(max)}$$

（2）实现电平转换。

在数字系统的接口部分（与外部设备相连的地方）需要进行电平转换时，常用 OC 门来完成。如图 9.3.12 所示，把外接上拉电阻接到 10V 电源上，这样，给 OC 门输入普通的 TTL 电平，输出高电平就可以变为 10V。

（3）用作驱动器。

可用它来驱动发光二极管、指示灯、继电器和脉冲变压器等，图 9.3.13 所示为驱动发光二极管的电路。

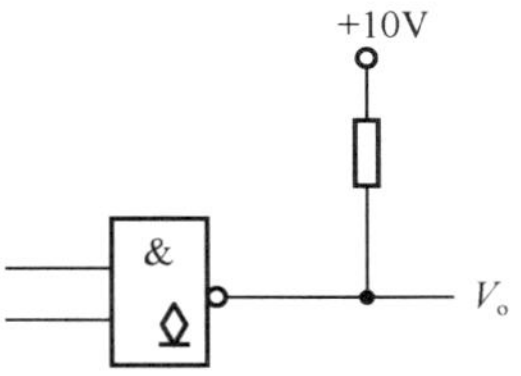

图 9.3.12　实现电平转换的电路

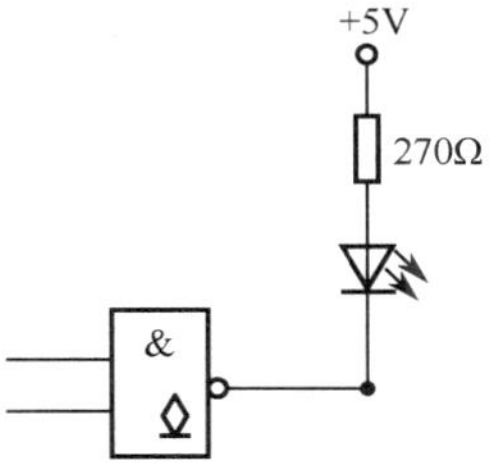

图 9.3.13　驱动发光二极管的电路

9.4　组合逻辑电路

把逻辑门电路按一定的规律加以组合，可以构成具有各种逻辑功能的组合逻辑电路。如果在任意时刻，电路的输出状态仅取决于同一时刻的输入状态的组合，而与原来的状态无关，或者说，当输入状态确定后，输出状态也就唯一确定，则这样的电路称为组合逻辑电路。

9.4.1　组合逻辑电路分析

组合逻辑电路分析是指在给定逻辑电路结构的情况下，通过分析确定电路的逻辑功能，一般步骤如下。

（1）根据给定的逻辑电路写出输出端的逻辑表达式。

（2）化简和变换逻辑表达式。

（3）根据简化的逻辑表达式列真值表。

（4）根据真值表或逻辑表达式确定电路的逻辑功能。

下面通过具体的例子来说明组合逻辑电路的分析方法。

例 9.4.1　试分析如图 9.4.1 所示的逻辑电路的逻辑功能。

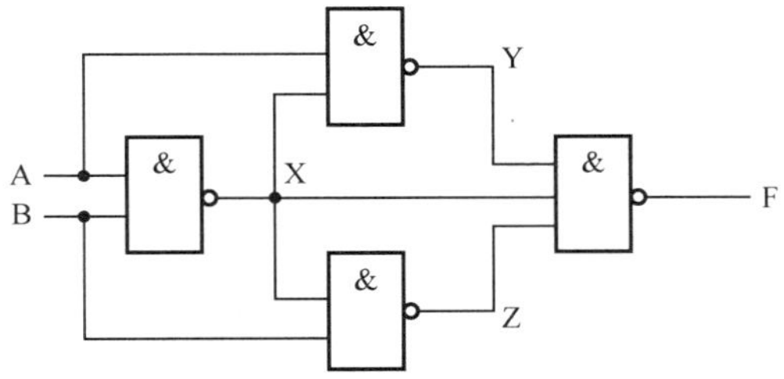

图 9.4.1　例 9.4.1 的逻辑电路

解 （1）根据逻辑电路写出输出端的逻辑表达式：

$$X=\overline{AB}$$
$$Y=\overline{AX}=\overline{A\overline{AB}}$$
$$Z=\overline{BX}=\overline{B\overline{AB}}$$
$$F=\overline{XYZ}=\overline{\overline{AB}\,\overline{A\overline{AB}}\,\overline{B\overline{AB}}}$$

（2）化简和变换逻辑表达式：

$$F=\overline{XYZ}=\overline{\overline{AB}\,\overline{A\overline{AB}}\,\overline{B\overline{AB}}}$$
$$=\overline{\overline{AB}}+\overline{\overline{A\overline{AB}}}+\overline{\overline{B\overline{AB}}}$$
$$=AB+A\overline{AB}+B\overline{AB}$$
$$=AB+A(\overline{A}+\overline{B})+B(\overline{A}+\overline{B})$$
$$=AB+A\overline{B}+\overline{A}B=A+\overline{A}B$$
$$=A+B$$

简化的逻辑表达式具有或逻辑关系，即该电路相当于一个或门。

例 9.4.2 试分析如图 9.4.2 所示的逻辑电路的逻辑功能。

解 （1）根据逻辑电路写出输出端的逻辑表达式：

$$X=\overline{AB}$$
$$Y=\overline{BC}$$
$$Z=\overline{CA}$$
$$F=\overline{XYZ}=\overline{\overline{AB}\,\overline{BC}\,\overline{CA}}$$

（2）化简和变换逻辑表达式：

$$F=\overline{XYZ}=\overline{\overline{AB}\,\overline{BC}\,\overline{CA}}$$
$$=\overline{\overline{AB}}+\overline{\overline{BC}}+\overline{\overline{CA}}$$
$$=AB+BC+AC$$

（3）列出简化的逻辑表达式的真值表，如表 9.4.1 所示。

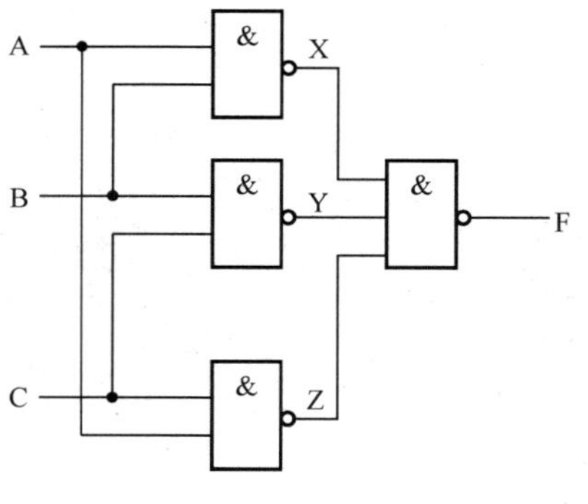

图 9.4.2　例 9.4.2 的逻辑电路

表 9.4.1　真值表

输　入			输　出
A	B	C	F
0	0	0	0
0	0	1	0
0	1	0	0
0	1	1	1
1	0	0	0
1	0	1	1
1	1	0	1
1	1	1	1

（4）确定逻辑功能。

由真值表可知，该电路的逻辑功能是，当 3 个输入变量中有 2 个或 2 个以上为 1 时，输出为 1；否则，输出为 0。此电路可作为 3 人多数表决电路。

9.4.2　组合逻辑电路设计

所谓组合逻辑电路设计，就是指根据实际需要的逻辑功能，设计出最简单的逻辑电路，设计步骤通常如下。

（1）由给定的逻辑要求列真值表。

（2）由真值表写出逻辑表达式。

（3）化简及变换逻辑表达式。

（4）根据逻辑表达式画逻辑电路。

下面通过具体的例子来说明组合逻辑电路的设计方法。

例 9.4.3　用最少的与非门设计出一个 4 人（A、B、C、D）表决电路，多数同意时议案通过，但在这 4 人中，A 和 B 都有一票否决权。

解　（1）由给定的逻辑要求可知，当 A 和 B 中有一人投否决票时，不管其余 3 人是否同意，议案都不通过；而当 A 和 B 都同意时，C 和 D 中至少有一人同意，议案才通过，由此列出真值表，如表 9.4.2 所示。

（2）由真值表写出逻辑表达式：

$$F=AB\overline{C}D+ABC\overline{D}+ABCD$$

（3）化简和变换逻辑表达式：

$$\begin{aligned}F&=AB\overline{C}D+ABC\overline{D}+ABCD\\&=ABD(C+\overline{C})+ABC\overline{D}\\&=ABD+ABC\overline{D}\\&=AB(D+C\overline{D})\\&=AB(C+D)\\&=ABC+ABD\\&=\overline{\overline{ABC}\,\overline{ABD}}\end{aligned}$$

（4）根据逻辑表达式画逻辑电路，如图 9.4.3 所示。

表 9.4.2　真值表

输　入				输出 F
A	B	C	D	
0	×	×	×	0
×	0	×	×	0
1	1	0	1	1
1	1	1	0	1
1	1	1	1	1

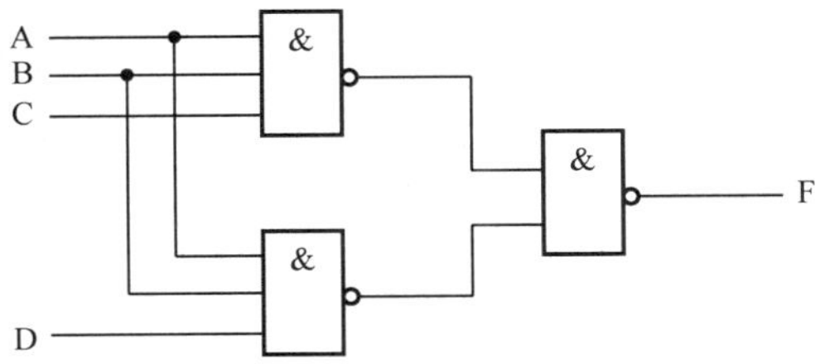

图 9.4.3　4 人表决电路

9.4.3　常用的组合逻辑电路

9.4.3.1　加法器

加法器是算术运算电路中的基本运算单元，用于进行二进制数的加法运算。两个二进制数相加时，不考虑低位进位的加法器称为半加器，考虑低位进位的加法器称为全加器。半加器和全加器都属于组合逻辑电路，下面根据加法条件分别加以分析。

1. 半加器

所谓“半加”，就是指只考虑两个加数的和，而不考虑低位来的进位。半加器的输出有两个：求和输出 S 和进位输出 C。输入 A、B 为两个待加数，它们与输出 S、C 之间的逻辑关系如表 9.4.3 所示。

由真值表写出半加器的 S 和 C 的逻辑表达式为

$$S = A\overline{B} + \overline{A}B = A \oplus B$$

$$C = AB$$

因此，半加器可以用一个异或门和一个与门来构成，如图 9.4.4（a）所示，图 9.4.4（b）所示为半加器的逻辑符号。

表 9.4.3 半加器的真值表

A	B	S	C
0	0	0	0
0	1	1	0
1	0	1	0
1	1	0	1

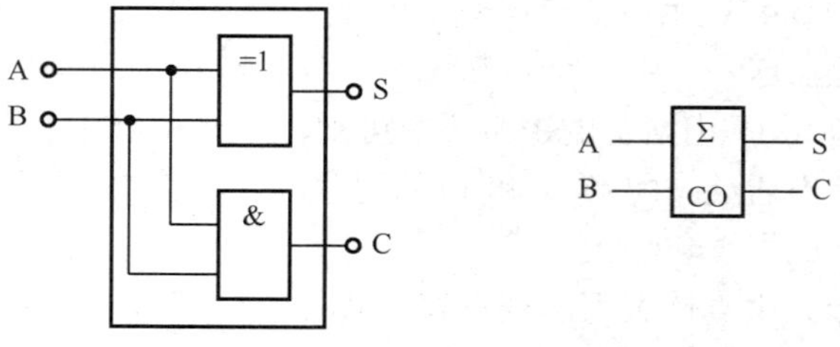

（a）逻辑电路　　（b）逻辑符号

图 9.4.4　半加器的逻辑电路及逻辑符号

2. 全加器

全加器能进行加数、被加数和低位来的进位相加，求出本位和，并给出该位的进位信号。因此，它有 3 个输入端 A_i、B_i、C_{i-1} 和两个输出端 S_i、C_i，它们之间的逻辑关系如表 9.4.4 所示。用 A_i 和 B_i 表示两个待加数，来自低位的进位数为 C_{i-1}，这 3 个数相加，得出本位和（全加数）S_i 和向高位的进位数 C_i。

表 9.4.4 全加器的真值表

A_i	B_i	C_{i-1}	S_i	C_i
0	0	0	0	0
0	0	1	1	0
0	1	0	1	0
0	1	1	0	1
1	0	0	1	0
1	0	1	0	1
1	1	0	0	1
1	1	1	1	1

由真值表可以写出全加器的逻辑表达式：

$$S = (A_i \oplus B_i) \oplus C_{i-1}$$

$$C_i = A_iB_i + (A_i \oplus B_i)C_{i-1}$$

由此可知，全加器可用两个半加器和一个或门组成，其逻辑电路如图 9.4.5（a）所示。A_i 和 B_i 在第一个半加器中相加，得出结果后和 C_{i-1} 在第二个半加器中相加，即得出本位和 S_i；两个半加器的进位数通过或门输出，作为本位的进位数 C_i，其逻辑符号如图 9.4.5（b）所示。

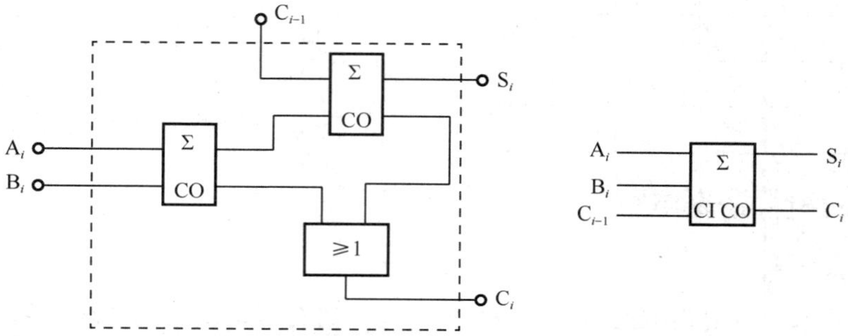

（a）逻辑电路　　（b）逻辑符号

图 9.4.5　全加器的逻辑电路及图形符号

9.4.3.2 编码器、译码器和数字显示

在数字系统中，常常需要将某些特定的数字、字符等信号转换为一组数字信号；而在某些场合，又需要将数字信号中包含的内容还原出来，以便显示，这就需要利用编码器和译码器。

1. 编码器

所谓编码，就是指用二进制代码表示某个十进制数或字符的过程。能够实现编码功能的逻辑电路称为编码器。

用二进制代码表示十进制数的方法称为二-十进制编码（BCD 码），而最常用的是用一个 4 位二进制数表示一个十进制数，称为 8421BCD 码，简称 8421 码，其编码表如表 9.4.5 所示，其中的 8、4、2、1 分别代表 4 位二进制数从高位到低位的权。例如，8421 码 1001 对应的十进制数为 1×8+0×4+0×2+1×1=9。

图 9.4.6 所示为 8421 码的一种逻辑电路。

表 9.4.5 8421 码的编码表

十进制数	8421 码			
	D	C	B	A
0	0	0	0	0
1	0	0	0	1
2	0	0	1	0
3	0	0	1	1
4	0	1	0	0
5	0	1	0	1
6	0	1	1	0
7	0	1	1	1
8	1	0	0	0
9	1	0	0	1

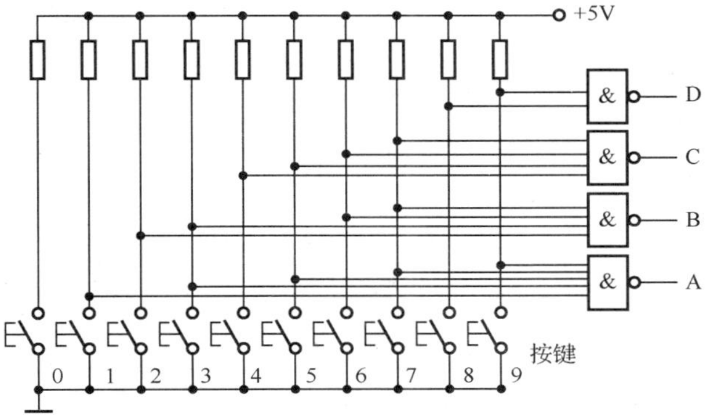

图 9.4.6 8421 码的一种逻辑电路

由图 9.4.6 可知，按下按键时相应输入为 0，如果按下 0 号按键，则 D = C = B = A = 0，输出代码为 0000；当按下 1 号按键时，A=1，而 D = C = B = 0，此时输出代码为 0001；同理可以分析其他按键被按下时对应的输出代码，同表 9.4.5 完全相同。

计算机的键盘输入其实就是一个编码过程，各个按键分别对应一组二进制代码，按下键盘上的某个按键，就相当于向计算机输入了一组二进制代码。

2. 译码器

译码是编码的逆过程，即将二进制代码表示的信息还原为对应的数字或字符等信号的过程。能够实现译码功能的逻辑电路称为译码器。

二进制译码器的输入是 N 位二进制代码（N 个输入端），对应 2^N 组输入状态，而每组输入状态的组合对应一个输出，即译码器应有 2^N 个输出端，这样的译码器通常称为 N-2^N 线译码器，如 2-4 线译码器、3-8 线译码器等。

随着数字集成技术的不断发展，目前已生产出许多译码器组件，如 74LS139 2-4 线译码器，74LS138 3-8 线译码器、74LS154 4-16 线译码器等。下面以 74LS139 2-4 线译码器为例来说明其功能及应用。图 9.4.7（a）所示为 74LS139 2-4 线译码器的引脚排列图，它采用双列直插式的 16 引脚结构，内部包含两个独立的 2-4 线译码器；而图 9.4.7（b）所示为其中一个译码器的逻辑电路，其对应的状态表如表 9.4.6 所示。

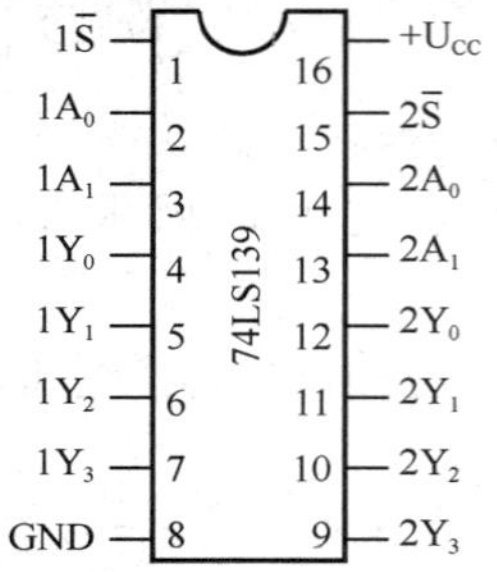

（a）引脚排列图

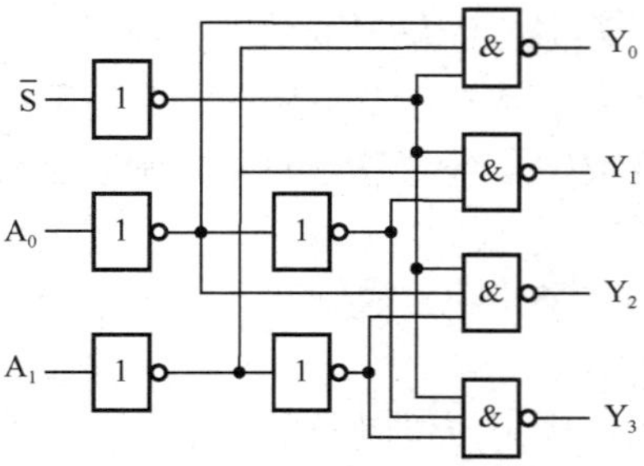

（b）逻辑电路

图 9.4.7　74LS139 2-4 线译码器

表 9.4.6　74LS139 2-4 线译码器的状态表

输入			输出				功能
使能 $\overline{S}$	选择输入 A_1	A_0	Y_0	Y_1	Y_2	Y_3	
1	×	×	1	1	1	1	禁止译码
0	0	0	0	1	1	1	进行译码
	0	1	1	0	1	1	
	1	0	1	1	0	1	
	1	1	1	1	1	0	

由逻辑电路结合状态表可知，控制端（或使能端）$\overline{S}$ 的状态决定着该电路是进行译码还是禁止译码，当 $\overline{S}$ 为高电平 1 时，4 个与非门均被封锁，无论输入端 A_0、A_1 的状态如何，译码器的输出端 Y_0、Y_1、Y_2 和 Y_3 全为高电平 1，处于禁止译码状态；当 $\overline{S}$ 为低电平 0 时，4 个与非门都处于开放状态，译码器可按输入端的状态组合进行译码，使相应的输出端产生有效的低电平 0 输出。例如，当输入代码为 00 时，Y_0 为 0，其余输出端均为高电平 1；当输入代码为 11 时，Y_3 为 0，其余输出端均为高电平 1，从而起到了把输入代码转换为特定信号的作用。

依次类推，3-8 线译码器可产生 8 种不同的电路输出状态，4-16 线译码器可产生 16 种不同的电路输出状态。

3. 数字显示

在数字仪表、计算机和其他数字系统中，常常需要把测量数据和运算结果用十进制数显示出来。此时，首先要对二进制数进行译码，然后由译码器驱动相应的数码显示器件将十进制数显示出来。

数码显示器件的种类很多，目前广泛使用的是 7 段显示式半导体数码管，图 9.4.8 给出了其引脚排列和每段的命名及字形。选择不同字段发光，可显示出不同的字形。例如，当 7 段全亮时，显示 8；当 b、c 段亮时，显示 1。

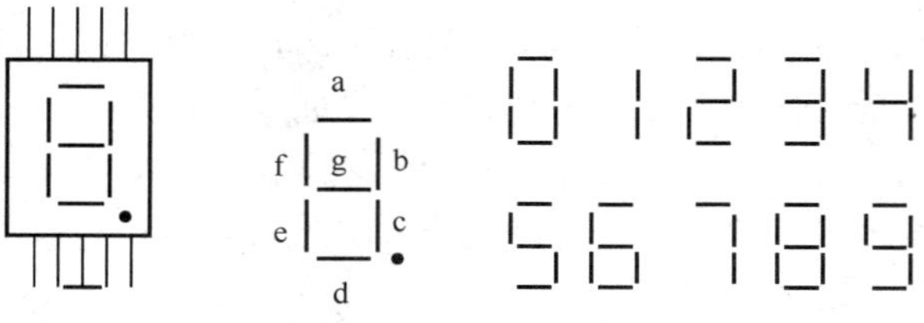

图 9.4.8　7 段显示式半导体数码管

7 段显示式半导体数码管内部的 7 个发光二极管有共阴极和共阳极两种接法，如图 9.4.9 所示。

图 9.4.9（a）所示为共阴极接法，即将各个发光二极管的阴极接在一起，因此各段输入高电平有效；图 9.4.9（b）所示为共阳极接法，即将各个发光二极管的阳极接在一起，各段输入低电平有效。

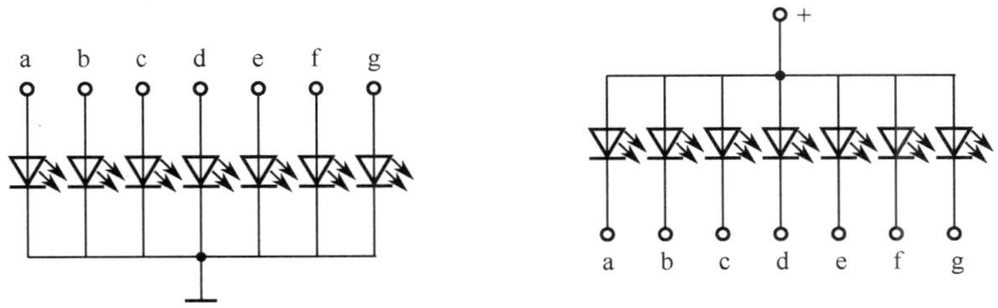

（a）共阴极接法　　（b）共阳极接法

图 9.4.9　7 段显示式半导体数码管的内部接法

用 7 段发光显示器件显示数字时，必须配合使用 7 段显示译码器，其功能是把 8421 码译成对应数码管的 7 段信号，驱动数码管显示出相应的十进制数。如果采用共阴极数码管，则 7 段显示译码器的状态表如表 9.4.7 所示。

表 9.4.7　7 段显示译码器的状态表

输入				输出							显示数字
D	C	B	A	a	b	c	d	e	f	g	
0	0	0	0	1	1	1	1	1	1	0	0
0	0	0	1	0	1	1	0	0	0	0	1
0	0	1	0	1	1	0	1	1	0	1	2
0	0	1	1	1	1	1	1	0	0	1	3
0	1	0	0	0	1	1	0	0	1	1	4
0	1	0	1	1	0	1	1	0	1	1	5
0	1	1	0	1	0	1	1	1	1	1	6
0	1	1	1	1	1	1	0	0	0	0	7
1	0	0	0	1	1	1	1	1	1	1	8
1	0	0	1	1	1	1	1	0	1	1	9

习　题　9

9.1　列出逻辑函数 $F=AB+\overline{B}C+AC$ 的真值表。

9.2　证明下列等式。

（1）$A+\overline{A}B=A+B$。

（2）$ABC+A\overline{B}C+AB\overline{C}=AB+AC$。

（3）$(\overline{A}+\overline{B})(A+B)=A\overline{B}+\overline{A}B$。

9.3　用真值表证明下列恒等式：

$$F=(A\oplus B)\oplus C=A\oplus(B\oplus C)$$

9.4　化简下列逻辑表达式。

（1）$F=(A+B)A\overline{B}$。

（2） $F=A+ABC+A\bar{B}C+BC+\bar{B}C$ 。

（3） $F=A\bar{B}+AC+BC$ 。

（4） $F=(A+B+\bar{C})(A+B+C)$ 。

（5） $F=\overline{\overline{A\bar{B}+ABC}+A(B+\bar{A}B)}$ 。

9.5 根据下列逻辑表达式，用与非门画出逻辑电路。

（1） $F=A(B+C)$ 。

（2） $F=AC+B$ 。

（3） $F=(A+B)(B+C)$ 。

（4） $F=A\bar{B}+A\bar{C}+\overline{AB}C$ 。

9.6 某电路有 3 个输入端 A、B、C，当其中两个输入端有 1 信号时，输出端 F 有 1 信号，试列出真值表，并写出输出端 F 的逻辑表达式。

9.7 已知四变量逻辑函数为 $f(A,B,C,D)=(\bar{A}+BC)(B+CD)$，求它的与或表达式，并用两输入的与非门实现。

9.8 输入变量 A、B、C、D、E、G 与输出变量 F 之间具有下列逻辑关系：

$$F=\bar{A}+\bar{B}+\bar{C}+\bar{D}+\bar{E}+\bar{G}$$

试用最少的三输入与非门实现上述逻辑功能，并画出逻辑电路。

9.9 试说明能否将与非门、异或门当作非门使用。如果可以，则各输入端应如何连接？

9.10 题图 9.1 所示为各逻辑门的输入端 A、B、C 的波形，试画出对应输出端 F_1、F_2、F_3 的波形。

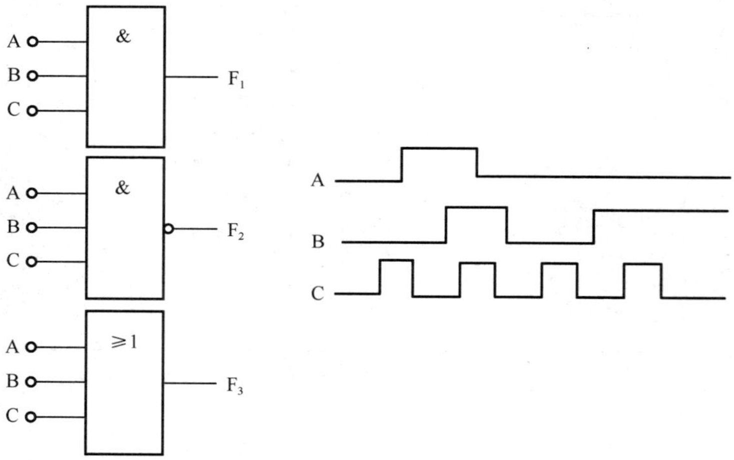

题图 9.1 习题 9.10 的图

9.11 分析题图 9.2 所示逻辑电路的逻辑功能。

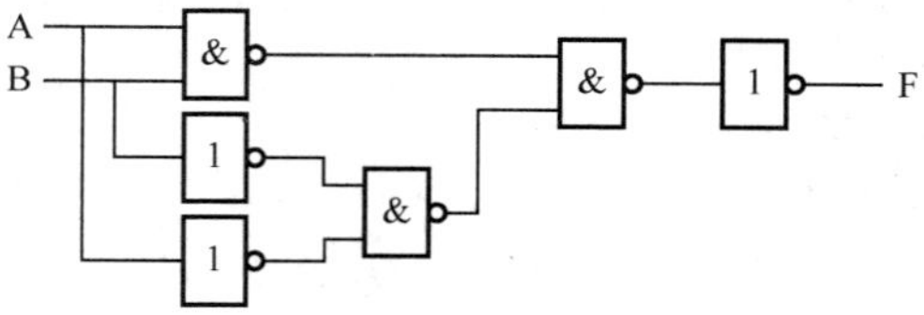

题图 9.2 习题 9.11 的图

9.12　题图 9.3 所示为两处控制照明灯的电路，单刀双掷开关 A 装在一处，B 装在另一处，两处都可以开关照明灯。设 F 为 1 表示灯亮，F 为 0 表示灯灭；A 为 1 表示开关向上，A 为 0 表示开关向下，B 也如此。试写出灯亮的逻辑表达式并化简。

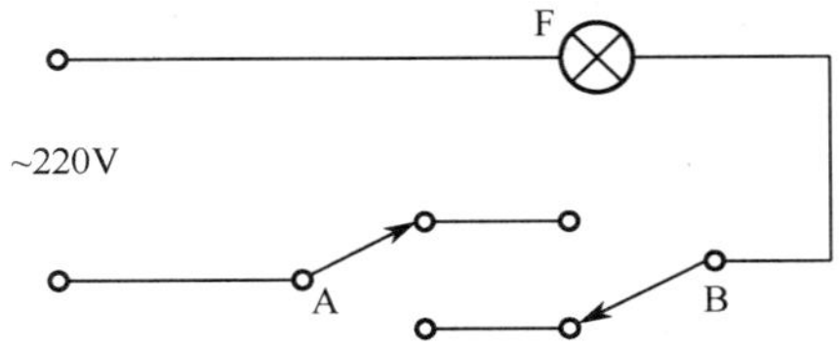

题图 9.3　习题 9.12 的图

9.13　某车间有 A、B、C、D 四台电动机，要求如下。

（1）A 机必须开机。

（2）其他三台电动机中至少有两台开机。

如果满足上述要求，则指示灯亮；否则指示灯灭。试设计出用与非门实现的逻辑电路。

9.14　什么是编码？什么是译码？

9.15　试用 74LS 系列芯片构建九进制及七十一进制的计数器。

第 10 章　集成触发器与时序逻辑电路

前面研究的组合逻辑电路的输出状态完全取决于当前的输入状态组合，而与电路原来的状态无关，即组合逻辑电路不具有记忆功能。但在数字系统中，为了实现数据的运算或存储，需要具有记忆功能的逻辑电路，即时序逻辑电路，其输出状态不仅取决于当前的输入状态组合，还与电路原来的状态有关。

本章讨论的触发器是时序逻辑电路的基本单元，其具有如下特点。

第一，触发器具有两种稳定工作状态（且两个输出端 Q 和 $\overline{Q}$ 的状态互补），一种是 Q=0，$\overline{Q}$=1，称触发器处于 0 状态或复位状态；另一种是 Q=1，$\overline{Q}$=0，称触发器处于 1 状态或置位状态。

第二，在外加触发信号的作用下，可将触发器置成 1 状态或 0 状态。

第三，外加触发信号消失后，触发器的状态保持不变。

本章主要介绍基本 RS 触发器、同步 RS 触发器、JK 触发器和 D 触发器及由触发器组成的时序逻辑电路。

10.1　双稳态触发器

10.1.1　基本 RS 触发器

把两个与非门 G_A 和 G_B 的输入端、输出端交叉连接，就构成基本 RS 触发器，其电路结构与逻辑符号如图 10.1.1 所示。它有两个输入端 R_D 和 S_D，两个输出端 Q 和 $\overline{Q}$。为了分析问题方便，一般选用 Q 的状态来代表触发器的状态。

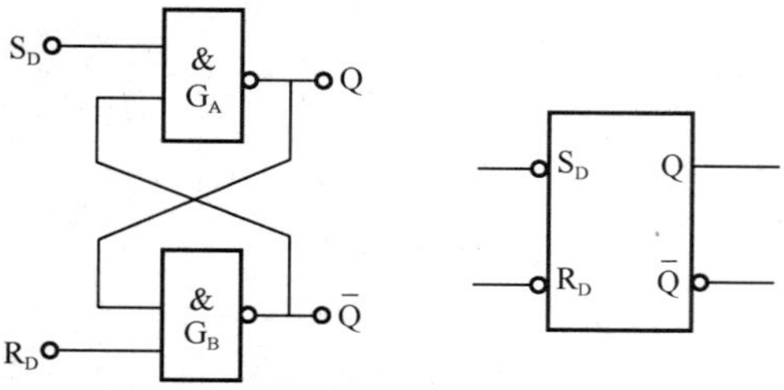

（a）电路结构　　（b）逻辑符号

图 10.1.1　基本 RS 触发器

下面分 4 种不同的输入条件来分析基本 RS 触发器的逻辑功能。

1. R_D=1，S_D=0

（1）假设触发器原来的状态是 Q=1，$\overline{Q}$=0，给与非门 G_A 的输入端 S_D 加一负脉冲（S_D = 0），则 G_A 的输出端 Q 为 1，此时 G_B 的输入端 R_D=1，与 Q 相连的输入端也为 1，因此 G_B 的输出端 $\overline{Q}$ 必为 0。当输入端 S_D 的负脉冲消失（S_D=1）后，因为 G_A 的两个输入端中有一个为 0，所以即使 S_D 为 1，触发器仍然保持 Q=1，$\overline{Q}$=0 的状态。

（2）假设触发器原来的状态为 Q=0，$\overline{Q}$=1，在 G_A 的输入端加一负脉冲，则 G_A 的输出端 Q 必将由 0 翻转为 1，而此时 G_B 的输入端 R_D=1，与 Q 相连的输入端也为 1，因此 G_B 的输出端 $\overline{Q}$ 由 1 翻转为 0。此时，即使输入端 S_D 的负脉冲消失，从输出端 $\overline{Q}$ 反馈到 G_A 的输入端的状态仍然为 0，故触发器将保持 1 状态不变。

由上可知，不管触发器原来处于什么状态，当输入端 $S_D=0$，$R_D=1$ 时，触发器被置成 1 状态（$Q=1$，$\overline{Q}=0$），且输入端 S_D 的负脉冲消失后，触发器仍然维持 1 状态，故称输入端 S_D 为直接置位端。

2. $R_D=0$，$S_D=1$

在触发器已被置成 1 状态的情况下，由于 G_B 的输入端 R_D 为低电平，因此 G_B 的输出端为高电平（$\overline{Q}=1$）；而 G_A 的两个输入端均为高电平，输出端为低电平（$Q=0$）。这样，触发器就会由原来的 1 状态翻转成 0 状态。即使输入端 R_D 由低电平转换成高电平，由于 G_B 的两个输入端中已有一个输入端（与 Q 端相连）为低电平，触发器仍将保持 0 状态不变。

若触发器原来已处于 0 状态（$Q=0$，$\overline{Q}=1$），则当 $R_D=0$，$S_D=1$ 时，触发器将保持 0 状态不变。相应地，称输入端 R_D 为直接复位端。

3. $R_D=S_D=1$

由与非门的逻辑功能可知，当 $R_D=S_D=1$ 时，触发器保持原来的状态不变。

4. $R_D=S_D=0$

当 $R_D=S_D=0$ 时，由于两个与非门的输入端中均有一个为低电平，因此触发器的输出端 Q 和 $\overline{Q}$ 都为 1。这样就破坏了触发器输出的互补逻辑关系。当两个门的输入端的低电平同时被撤除后，由于两个与非门的导通情况不可能完全相同，将不能确定触发器是处于 1 状态还是 0 状态，因此应避免这种状态出现。

上述逻辑关系可列成如表 10.1.1 所示的真值表（也称特征表）。

表 10.1.1　基本 RS 触发器的真值表

R_D	S_D	Q
1	0	1
0	1	0
1	1	不变
0	0	不定

10.1.2　同步 RS 触发器

上面介绍的基本 RS 触发器用 R_D、S_D 的输入状态直接控制触发器的翻转。而在实际使用中，往往要求触发器的动作时刻和其他部件一致，即存在一个同步问题，同步控制通常用时钟脉冲来实现。

用时钟脉冲控制的触发器的电路结构及逻辑符号如图 10.1.2 所示，该触发器称为同步 RS 触发器或钟控触发器。它由 4 个与非门组成，其中，G_A、G_B 组成基本 RS 触发器，Gc 和 G_D 为引导电路，其输出端分别加到 G_A 和 G_B 的输入端，S_D 和 R_D 分别是直接置 1（置位）端、置 0（复位）端，用于预置触发器的状态，不用时可悬空或接高电平；C 是时钟脉冲输入端，用于控制触发器的翻转时刻，R、S 是输入端。

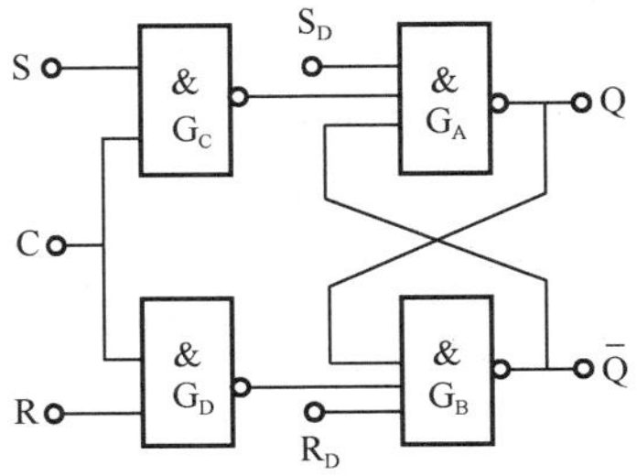

（a）电路结构

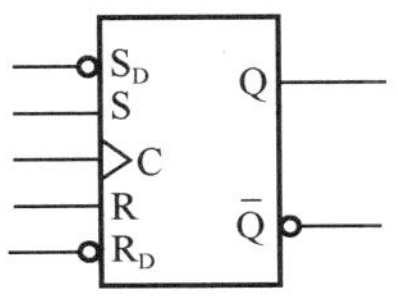

（b）逻辑符号

图 10.1.2　同步 RS 触发器

由图 10.1.2 可以看出：

当 C=0 时，无论 R、S 为何种电平，两个与非门输出均为高电平，相当于基本 RS 触发器的两个输入端全为 1 的情况，触发器将保持原来的状态不变。

当 C=1 时，触发器的输出状态将由输入端 R 和 S 的状态决定。下面分 4 种情况加以分析。

（1）R=1，S=0。因为 S 为低电平，所以 G_C 的输出端为高电平；而 G_D 由于两个输入端均为高电平，因此对应的输出端为低电平，使 G_B 的输出端 $\overline{Q}$ 为高电平。此时，G_A 的 3 个输入端全为高电平，输出端 Q 为低电平，将触发器置成 0 状态。因此，不管触发器原来的状态如何，当 R=1，S=0 时，触发器均被置成 0 状态。

（2）R=0，S=1。因为 R 为低电平，所以 G_D 的输出端为高电平，而 G_C 的两个输入端均为高电平，对应的输出端为低电平，使 G_A 的输出端 Q 为高电平。此时，G_B 的 3 个输入端全为高电平，输出端 $\overline{Q}$ 为低电平，将触发器置成 1 状态。因此，当 R=0，S=1 时，无论触发器原来的状态如何，触发器都将被置成 1 状态。

（3）R=S=1。这时 G_C 和 G_D 两个门的输入端均为高电平，输出端均为低电平，相当于基本 RS 触发器的 $R_D=S_D=0$ 的情况，Q 和 $\overline{Q}$ 均为 1，破坏了触发器输出状态的互补关系，因此应禁止这种状态出现。

（4）R=S=0。与 C = 0 的情况相同，触发器将保持原来的状态不变。

将上述的输入、输出状态组合列写出来，如表 10.1.2 所示，称为同步 RS 触发器的真值表。

通过上面的分析可以看出，同步 RS 触发器翻转发生在时钟脉冲的高电平期间，而触发器翻转成何种状态则由 R、S 的电平来确定，其工作波形如图 10.1.3 所示。

表 10.1.2　同步 RS 触发器的真值表

输　入		输　出	说　明
R	S	Q_{n+1}	
0	0	Q_n	输出状态不变
1	0	0	输出状态同 S 的状态
0	1	1	输出状态同 S 的状态
1	1	$Q_n=\overline{Q}_n=1$	输出状态不互补

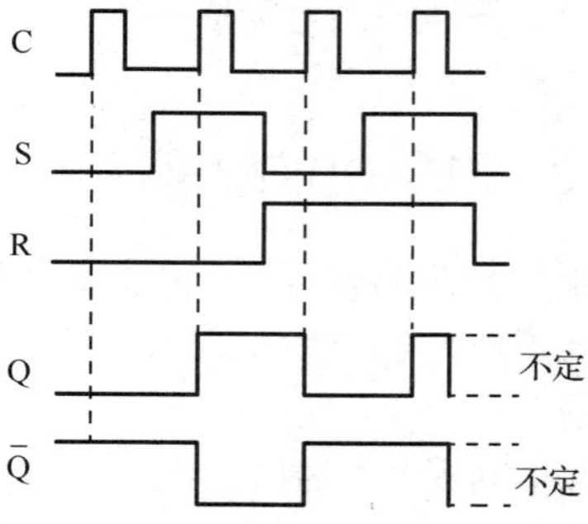

图 10.1.3　同步 RS 触发器的工作波形

10.1.3　JK 触发器

在很多情况（如计数）下，要求对应于一个时钟脉冲，触发器只能翻转一次。同时，为了提高触发器工作的可靠性，增强其抗干扰能力，可采用边沿触发的触发器。采用边沿触发的触发器，其次态仅由时钟脉冲的上升沿或下降沿到达时输入端的信号决定，而在此之前或之后输入信号的变化不会影响触发器的状态。边沿触发器分为正边沿（上升沿）触发器和负边沿（下降沿）触发器两类，如 CT74LS76 属于负边沿触发的 JK 触发器。JK 触发器是由同步 RS 触发器经过改进得到的（其内部结构原理图略），目前得到了广泛应用，其逻辑符号如图 10.1.4 所示。

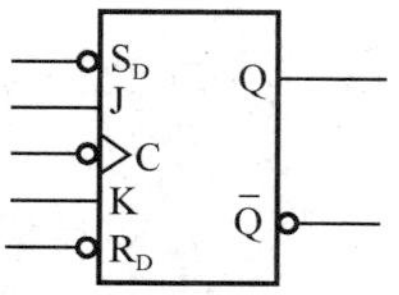

图 10.1.4　JK 触发器的逻辑符号

在图 10.1.4 中，在 C 处靠近方框处有一个圆圈，方框内有一个“＞”符号，表示时钟脉冲信号输入由高电平到低电平时有效，即负边沿触发（若在 C 处靠近方框处没有圆圈，方框内只有一个“＞”符号，则为正边沿触发）。

JK 触发器的特征方程为

$$Q_{n+1}=J\overline{Q}_n+\overline{K}Q_n$$

JK 触发器的逻辑功能和特点可概括如下。

（1）当 J=K=0 时，时钟脉冲作用后，触发器的输出状态保持原来的状态 Q_n 不变。

（2）当 J=K=1 时，时钟脉冲作用后，触发器的输出状态和原来的状态 Q_n 相反。

（3）当 J≠K 时，时钟脉冲作用后，触发器的输出状态和 J 的状态相同。

（4）输出状态的变化发生在时钟脉冲负边沿到来的时刻，即 JK 触发器具有负边沿触发的特点。

JK 触发器的真值表如表 10.1.3 所示。

表 10.1.3　JK 触发器的真值表

输　入		输　出	
J	K	Q_{n+1}	说　明
0	0	Q_n	输出状态不变
1	0	1	输出状态与 J 的状态相同
0	1	0	输出状态与 J 的状态相同
1	1	$\overline{Q}_n$	每输入一个脉冲，输出状态改变一次

JK 触发器的输入、输出和时钟脉冲的关系可用如图 10.1.5 所示的工作波形来表示。

图 10.1.6 所示为 T138 JK 集成触发器的引脚排列图，其中 J、K 的输入端各有 3 个。它们之间的逻辑关系是 $J=J_1J_2J_3$，$K=K_1K_2K_3$。若 J、K 有多个输入端，则它们之间的逻辑关系为 $J=J_1J_2\cdots$，$K=K_1K_2\cdots$。使用时，若输入端有多余的，则多余的输入端应悬空或接高电平。

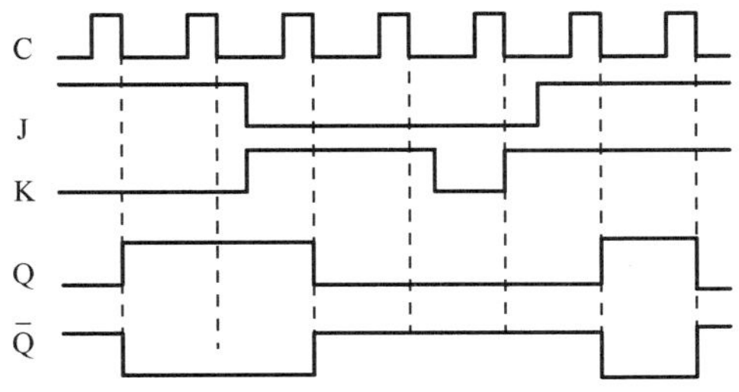

图 10.1.5　JK 触发器的工作波形

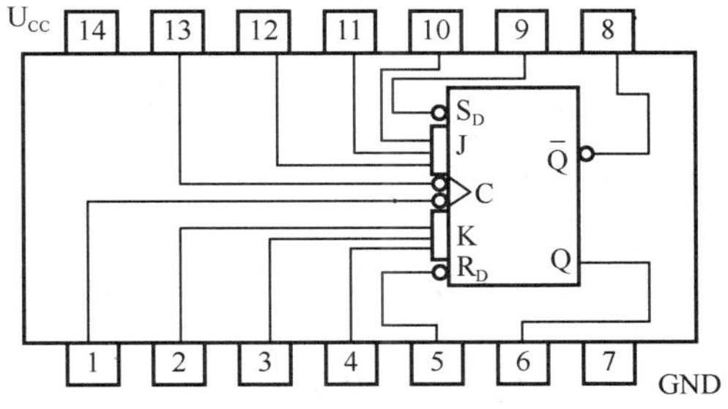

图 10.1.6　T138 JK 集成触发器的引脚排列图

由于 JK 触发器的功能较全，因此常用它来构成寄存器、计数器等逻辑部件。

10.1.4　D 触发器

如果将 JK 触发器的 J 通过一个非门与 K 相连，外加脉冲控制信号通过非门和时钟输入端相连，就构成了正边沿触发的 D 触发器，如图 10.1.7 所示。

下面分析 D 触发器的逻辑功能。

1. D=1（J=1，K=0）

在这种情况下，由 JK 触发器的逻辑功能可知，不管触发器原来的状态如何，有时钟脉冲作用后，触发器都被置成 1 状态。

2. D=0（J=0，K=1）

在这种情况下，不管触发器原来的状态如何，有时钟脉冲作用后，触发器都被置成 0 状态。

通过上面的分析可得出 D 触发器的逻辑功能：时钟脉冲正边沿作用后，D 触发器的输出状态 Q_{n+1} 和时钟脉冲作用前 D 触发器的状态相同。表 10.1.4 列出了 D 触发器的真值表。

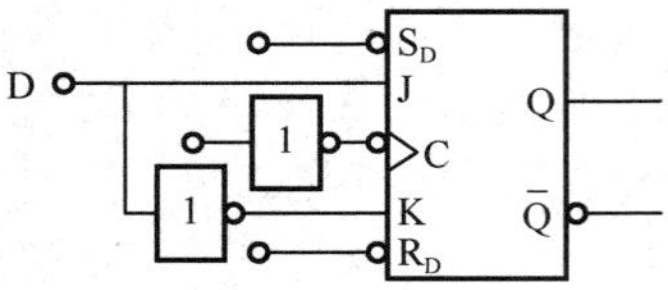

图 10.1.7　D 触发器

表 10.1.4　D 触发器的真值表

输　入	输　出
D	Q_{n+1}
0	0
1	1

由 D 触发器的真值表可得其特征方程为

$$Q_{n+1} = D$$

在 TTL 集成电路中，CT74LS74、CT74LS273 属于正边沿触发的 D 触发器。图 10.1.8 所示为双向 74LS74 双 D 触发器的引脚排列图。

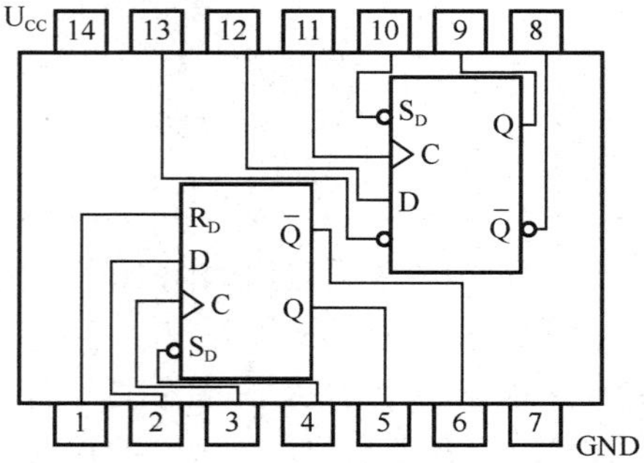

图 10.1.8　双向 74LS74 双 D 触发器的引脚排列图

在图 10.1.8 中，C 引线靠近方框处没有小圆圈，表示触发器是在时钟脉冲的正边沿翻转的。若输入端 D 有多个，则它们的关系为

$$D=D_1D_2\cdots$$

D 触发器和 JK 触发器一样，在数字电路中广泛用于构成寄存器和计数器等逻辑部件。

10.2　寄存器与计数器

前面提到，时序逻辑电路的基本单元是触发器，常用的基本电路有寄存器、计数器等。

10.2.1　寄存器

在数字电路中，用来暂时存放参与运算的数据和运算结果的时序逻辑电路称为寄存器。寄存器通常分为数码寄存器和移位寄存器两种。

寄存器存放或取出数码的方式有并行和串行两种。并行方式就是指数码各位从各对应位输入端同时输入寄存器，或者被取出的数码同时出现在对应的输出端；串行方式就是指数码从一个输入端逐位输入寄存器，或者被取出的数码仅在一个输出端逐位出现。

1. 数码寄存器

具有记忆功能的触发器都能寄存数码，一个触发器只能存放一位二进制数码，要存放 N 位二进制数码，就必须用 N 个触发器。

图 10.2.1 所示为由 D 触发器组成的 4 位数码寄存器。

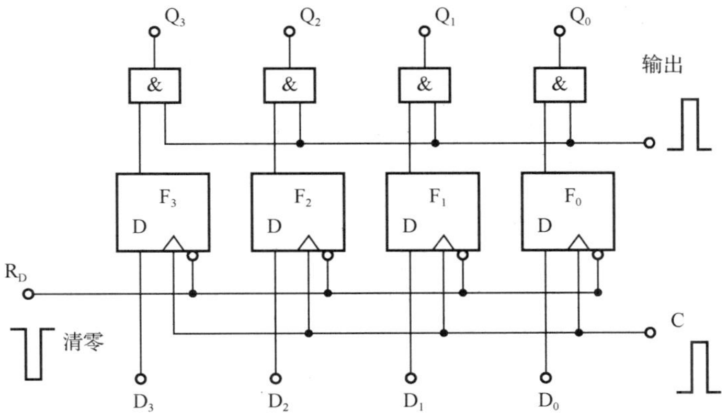

图 10.2.1　由 D 触发器组成的 4 位数码寄存器

当 D=1 时，寄存脉冲作用后，触发器的输出端 Q=1；当 D=0 时，寄存脉冲作用后，触发器的输出端 Q=0。在存放数码前，先清零，使各触发器均处于 0 状态。设 $D_3D_2D_1D_0$ 为待存数码，同时输入各触发器的 D。当寄存脉冲正边沿到来时，待存数码存入寄存器，使 $Q_3Q_2Q_1Q_0=D_3D_2D_1D_0$。

该寄存器的各位数码是同时输入的，各位数码的输出也是同时出现的，因此这种输入、输出方式称为并行输入并行输出方式。

2. 移位寄存器

移位寄存器除了具有储存数码的功能，还具有移位功能。所谓移位，就是指寄存器中储存的数码能够在移位脉冲的作用下依次左移或右移。

图 10.2.2 所示为由 D 触发器构成的 4 位左移位寄存器，前一级触发器的输出端 Q 依次接到下一级触发器的输入端 D，仅从第一个触发器 F_0 的输入端输入数码。F_0 为最低位触发器，F_3 为最高位触发器。根据 D 触发器的逻辑功能，在移位脉冲的作用下，可将数码从低位到高位向左逐步移入寄存器。

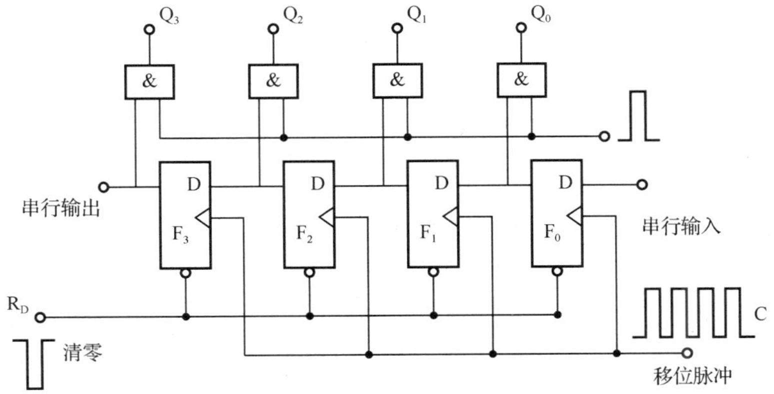

图 10.2.2　由 D 触发器组成的 4 位左移位寄存器

数码 1011 向左移位的工作过程如下：在输入数码前，先清零，使各触发器均为 0 状态。开始时，数码的最高位为 1，最低位触发器 F_0 的输入端 $D_0=1$，当第一个移位脉冲正边沿到来时，F_0 的输出端 $Q_0=1$，移位寄存器呈 0001 状态；数码的次高位为 0，故 $D_0=0$，而 $D_1=Q_0=1$；因此当第二个移位脉冲正边沿到来时，F_1 的输出端 $Q_1=1$，而 $Q_0=0$，移位寄存器变为 0010 状态。这时 $D_2=Q_1=1$，$D_1=Q_0=0$。依次类推，可得 4 位左移位寄存器的状态表，如表 10.2.1 所示。

表 10.2.1　4 位左移位寄存器的状态表

移位脉冲数	输 入 脉 冲	寄存器中的数码				移 位 过 程
		Q_3	Q_2	Q_1	Q_0	
0	×	0	0	0	0	清零
1	1	0	0	0	1	左移 1 位
2	0	0	0	1	0	左移 2 位
3	1	0	1	0	1	左移 3 位
4	0	1	0	1	1	左移 4 位

该数码寄存器依次串行输入数码 1011，并在 4 个触发器的输出端得到并行输出的数码，因此该寄存器是一个串行输入并行输出的移位寄存器。

3. 集成寄存器电路介绍

目前各种功能的寄存器大都集成化了，如常用的 4 位双向移位寄存器 74LS194。它的引脚排列图和逻辑功能表分别如图 10.2.3 与表 10.2.2 所示。这是一种功能较强的寄存器，它除具有清零及保持功能外，还有左移、右移和并行输入数码的功能。这些功能均在移位脉冲正边沿作用下工作。

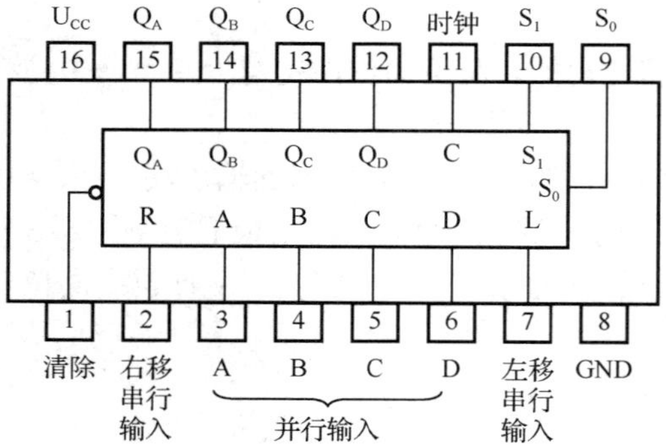

图 10.2.3　74LS194 的引脚排列图

表 10.2.2　74LS194 的逻辑功能表

CLR	输入脉冲	S_1	S_0	功　能
0	×	×	×	直接清零
1	↑	0	0	保持
1	↑	0	1	串行右移（Q_A 向 Q_D 依次移位）
1	↑	1	0	串行左移（Q_D 向 Q_A 依次移位）
1	↑	1	1	并行输入

其中，CLR 为寄存器的清零端，CLR=0 时寄存器清零。S_1 和 S_0 是寄存器的工作状态控制端，其状态的不同组合决定了寄存器的工作方式。例如，当 $S_1=0$，$S_0=1$ 时，该寄存器能实现串行右移，根据从右移串行输入端 R 输入的数码，自动由 Q_A 向 Q_D 依次移位，最终由 Q_D 输出。同理，当 $S_1=1$，$S_0=0$ 时，该寄存器能实现串行左移；当 $S_1=S_0=0$ 时，时钟输入门被封锁，时钟脉冲不能进入触发器，寄存器状态不变，即所谓的保持状态；当 $S_1=S_0=1$ 时，寄存器处于并行输入工作状态，并行输入的数码从 A、B、C、D 同时输入，在移位脉冲的作用下，将数码存于各对应触发器的 Q 中。

10.2.2 计数器

计数器是一种能够累计脉冲数的时序逻辑电路。计数器按其进位制的不同，分为二进制计数器和十进制计数器等；按其运算功能的不同，分为加法计数器、减法计数器和可逆计数器（又称双向计数器，既可进行加法计数，又可进行减法计数）。

1. 二进制计数器

二进制只有 0 和 1 两个数码，而触发器具有 0 和 1 两种状态，如果使触发器的两种状态和二进制的两个数码相对应，则可方便地构成计数电路。

由于触发器具有 0 和 1 两种状态，因此一个触发器可以表示一位二进制数。如果要表示 N 位二进制数，就必须用 N 个触发器。表 10.2.3 列出了 4 位二进制加法计数器的真值表。

表 10.2.3 4 位二进制加法计数器的真值表

计数脉冲数	二 进 制 数				十 进 制 数
	Q_3	Q_2	Q_1	Q_0	
0	0	0	0	0	0
1	0	0	0	1	1
2	0	0	1	0	2
3	0	0	1	1	3
4	0	1	0	0	4
5	0	1	0	1	5
6	0	1	1	0	6
7	0	1	1	1	7
8	1	0	0	0	8
9	1	0	0	1	9
10	1	0	1	0	10
11	1	0	1	1	11
12	1	1	0	0	12
13	1	1	0	1	13
14	1	1	1	0	14
15	1	1	1	1	15
16	0	0	0	0	0

（1）二进制异步加法计数器。

由 4 个 JK 触发器组成的 4 位二进制异步加法计数器如图 10.2.4 所示。其中 4 个触发器的 J、K 两端悬空，相当于接高电平 1，处于计数工作状态。计数脉冲从最低位触发器 F_0 的 C 输入，每输入一个脉冲，F_0 的状态改变一次。低位触发器的 Q 与相邻高位触发器的 C 相连，每当低位触发器的状态由 1 变为 0 时，即向高位触发器的 C 输入负边沿脉冲，使高位触发器翻转一次。

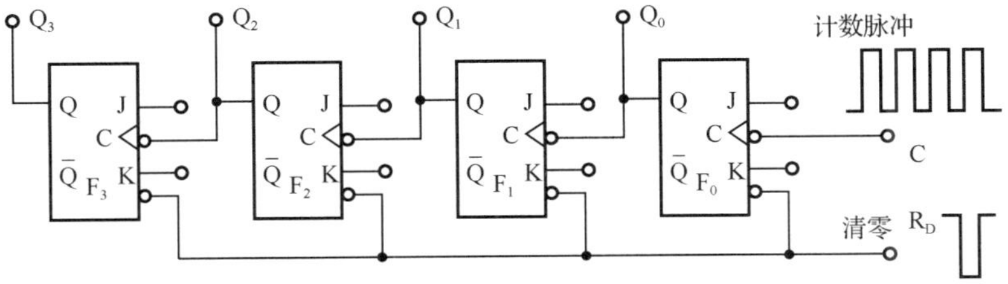

图 10.2.4 由 4 个 JK 触发器组成的 4 位二进制异步加法计数器

在开始计数前，先给 R_D 加一个负脉冲进行清零操作，将 4 个触发器都置成 0 状态。当第 1 个计数脉冲输入后，由 JK 触发器的逻辑功能可知，脉冲的负边沿使 F_0 翻转，Q_0 由 0 变为 1，此时 Q_0 的正边沿不能使 F_1 翻转，计数器的输出状态 $Q_3Q_2Q_1Q_0$=0001。当第 2 个计数脉冲输入后，其负边沿又使 F_0 翻转，Q_0 由 1 变为 0，此时 Q_0 的负边沿使 F_1 翻转，Q_1 由 0 变为 1，计数器的输出状态 $Q_3Q_2Q_1Q_0$=0010，后面的计数脉冲输入后，可依次类推。在第 15 个计数脉冲输入后，4 个触发器的状态全部变为 1 状态，即 $Q_3Q_2Q_1Q_0$=1111。第 16 个计数脉冲输入后，4 个触发器的状态全部恢复为 0 状态，并从 Q_3 输出一个负边沿信号。

从如图 10.2.5 所示的工作波形中可以看到，Q_0 波形的周期比计数脉冲的周期大一倍，即频率降低了一半，Q_1 的频率比 Q_0 的频率降低了一半，Q_2、Q_3 也如此，即每个触发器输出脉冲的频率是它的低一位触发器输出频率的二分之一（称为二分频）。因此，触发器由 F_0、F_1、F_2、F_3 输出脉冲时，Q_0、Q_1、Q_2、Q_3 的频率分别是计数脉冲的二分频、四分频、八分频和十六分频。对于 N 位二进制计数器，第 N 个触发器输出脉冲的频率为计数器输入脉冲频率的 $1/2^N$。

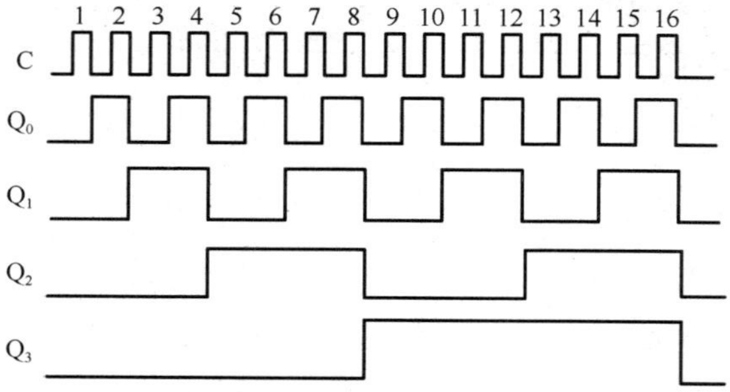

图 10.2.5　4 位二进制异步加法计数器的工作波形

图 10.2.4 所示的计数电路之所以被称为异步加法计数器，是因为计数脉冲不是同时加到各触发器的 C 上的，而是加到最低位触发器的 C 上，其他各触发器由相邻低位触发器输出的进位脉冲来触发，使触发器从低位到高位依次翻转，即异步进行。

图 10.2.6（a）所示为 4 位二进制异步加法计数器 74LS197 的引脚排列图，图 10.2.6（b）所示为其逻辑功能示意图。

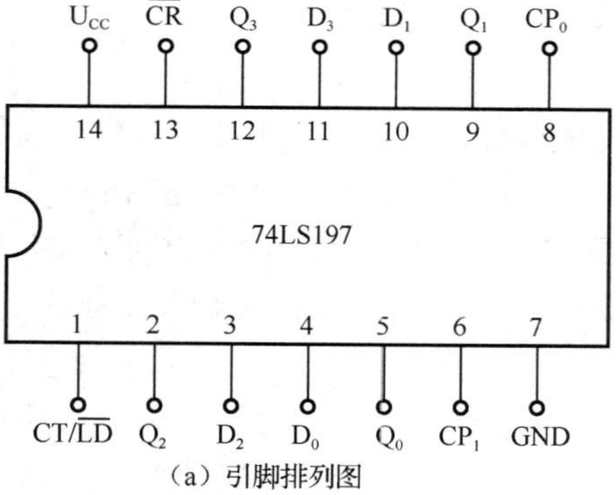

（a）引脚排列图

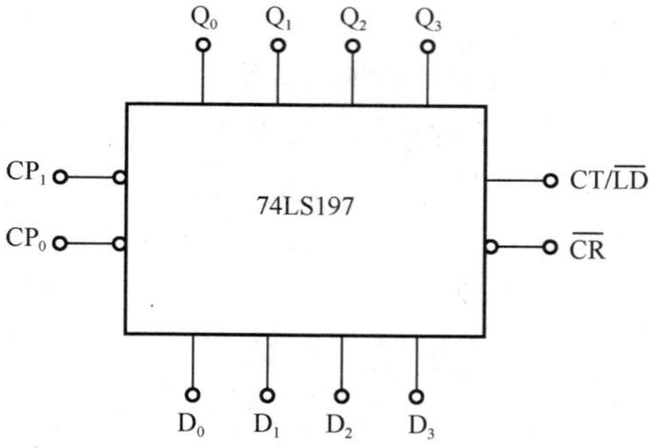

（b）逻辑功能示意图

图 10.2.6　74LS197 的引脚排列图和逻辑功能示意图

74LS197 的特点如下。

① $\overline{CR}=0$ 时异步清零。

② $\overline{CR}=1$、$CT/\overline{LD}=0$ 时异步置数。

③ $\overline{CR}=CT/\overline{LD}=1$时异步加法计数。若将输入时钟脉冲 CP 加在 CP_0 上，把 Q_0 与 CP_1 连接起来，即构成 4 位二进制即十六进制异步加法计数器；若将 CP 加在 CP_1 上，即构成 3 位二进制计数器。

（2）二进制同步加法计数器。

所谓同步计数，就是指将计数脉冲同时作用在每个触发器的时钟脉冲端，而触发器的状态是否翻转则由输入端的逻辑状态或触发器的逻辑关系加以控制。图 10.2.7 所示为由 JK 触发器组成的 4 位二进制同步加法计数器。

由图 10.2.7 可得各触发器的 J、K 两端的逻辑关系如下。

① 对于 F_0，每输入一个计数脉冲，其输出端 Q_0 就变化一次，故 F_0 的翻转条件是 $J_0=K_0=1$。

② F_1 在 $Q_0=1$，且下一个计数脉冲的负边沿到来时翻转，故 F_1 的翻转条件为 $J_1=K_1=Q_0$。

③ F_2 在 $Q_1=Q_0=1$，且下一个计数脉冲的负边沿到来时翻转，故 F_2 的翻转条件为 $J_2=K_2=Q_1Q_0$。

④ 同理，F_3 的翻转条件为 $J_3=K_3=Q_2Q_1Q_0$。

在如图 10.2.7 所示的二进制同步加法计数器中，使 J_0、K_0 悬空，相当于 $J_0=K_0=1$；J_1、K_1 与 Q_0 相连；J_2、K_2 各有 2 个输入端，并分别与 Q_0、Q_1 相连；J_3、K_3 各有 3 个输入端。并分别与 Q_0、Q_1、Q_2 相连，这就实现了上述逻辑关系。

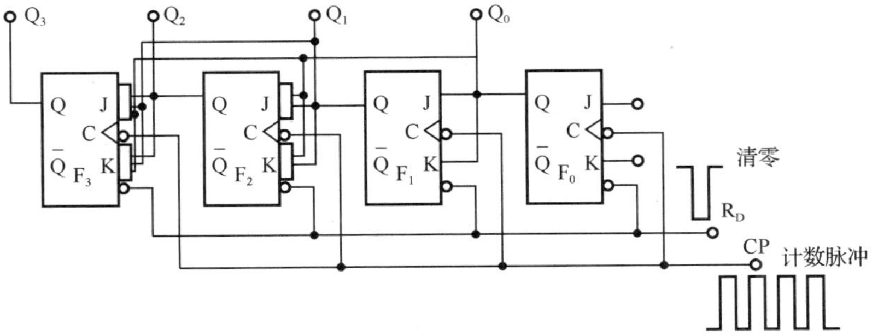

图 10.2.7　由 JK 触发器组成的 4 位二进制同步加法计数器

常用的二进制同步加法计数器有 4 位集成二进制同步加法计数器 74LS161/163、双 4 位集成二进制同步加法计数器 CC4520 等。图 10.2.8（a）所示为 74LS161 的引脚排列图，图 10.2.8（b）所示为其逻辑功能示意图。

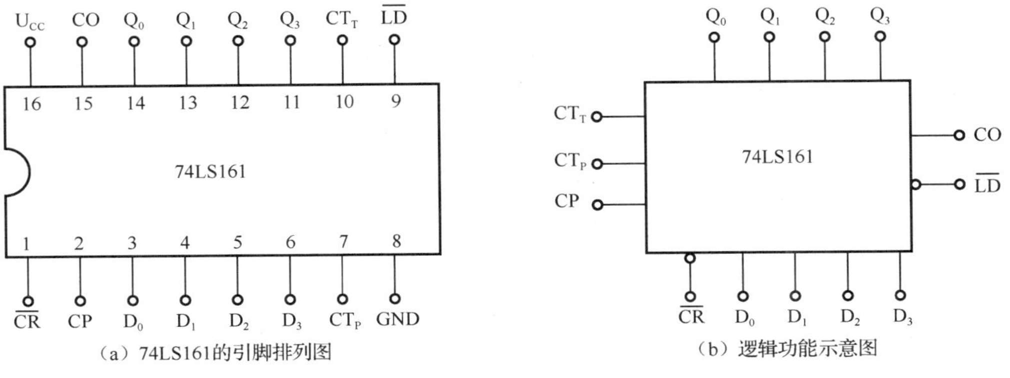

图 10.2.8　74LS161 的引脚排列图和逻辑功能示意图

74LS161 的主要特点如下。

$\overline{CR}=0$ 时异步清零。

$\overline{CR}=1$、$\overline{LD}=0$ 时同步置数。

$\overline{CR}=\overline{LD}=0$ 且 $CP_T=CP_P=1$ 时，按照 4 位自然二进制码进行二进制同步加法计数。

$\overline{CR}=\overline{LD}=1$ 且 $CP_T \cdot CP_P=0$ 时，计数器的状态保持不变。

2. 十进制计数器

二进制加法计数器虽然具有电路简单、运算方便等优点，但人们习惯的是十进制计数，因此下面讨论十进制计数器。

在十进制数中，每位数都可能是 0～9 这 10 个数码中的任意一个。从 0 开始计数，遇到 9+1 时，这一位就要回到 0，并向高位进一，即逢十进一。十进制计数器是在二进制计数器的基础上得出的，用 4 位二进制数构成十进制数的每位数，因此十进制计数器也称二–十进制计数器。

3 位二进制数只有 8 种状态，不足以表示 10 个数。4 位二进制数共有 16 种状态，而表示 10 个数码，有 10 种状态就够了，多出的 6 种状态可以舍去。

8421 编码方式是在 4 位二进制数的 16 种状态中取出前 10 种状态（0000～1001），用来表示 10 个数码（0～9）。将二进制数码为 1 的各位权相加，就得到该二进制数代表的十进制数，如 0101 代表的十进制数为 0+4+0+1=5。如果采用 8421 码，则十进制数 24 可表示为 0010 0100。表 10.2.4 列出了 8421 码十进制加法计数器的状态表。十进制加法计数器也有同步和异步两种，下面介绍 8421 码十进制同步加法计数器。

表 10.2.4　8421 码十进制加法计数器的状态表

计数脉冲数	二进制数				10 个数码
	Q_3	Q_2	Q_1	Q_0	
0	0	0	0	0	0
1	0	0	0	1	1
2	0	0	1	0	2
3	0	0	1	1	3
4	0	1	0	0	4
5	0	1	0	1	5
6	0	1	1	0	6
7	0	1	1	1	7
8	1	0	0	0	8
9	1	0	0	1	9
10	0	0	0	0	10

图 10.2.9（a）所示为由 JK 触发器组成的十进制同步加法计数器的逻辑电路，各 JK 触发器的逻辑表达式分别为

$$J_0=K_0=1$$

$$J_1=Q_0\,\overline{Q_3} \qquad K_1=Q_0$$

$$J_2=K_2=Q_0Q_1$$

$$J_3=Q_0Q_1Q_2 \qquad K_3=Q_0$$

当加入清零脉冲后，各触发器的状态 $Q_3Q_2Q_1Q_0$=0000，这时各触发器的输入端所处的状态分别为

$$J_0=K_0=1$$

$$J_1=K_1=0$$

$J_2=K_2=0$

$J_3=K_3=0$

由 JK 触发器的逻辑功能可知第 1 个计数脉冲作用后，只有触发器 F_0 由 0 翻转为 1，此时计数器的状态为 0001，各触发器输入端的状态分别为

$J_0=K_0=1$

$J_1=Q_0\,Q_3=1$　　　　$K_1=Q_0=1$

$J_2=K_2=0$

$J_3=0$　　　　$K_3=Q_0=0$

第 2 个计数脉冲作用后，F_0 由 1 翻转为 0，F_1 由 0 翻转为 1，而 F_2、F_3 保持不变。此时计数器的状态为 0010，各触发器输入端的状态分别为

$J_0=K_0=1$

$J_1=K_1=0$

$J_2=K_2=0$

$J_3=K_3=0$

后续计数脉冲作用后，依次类推。当第 9 个计数脉冲作用后，计数器的状态为 1001，这时各触发器输入端的状态分别为

$J_0=K_0=1$

$J_1=0$　　$K_1=1$

$J_2=K_2=0$

$J_3=0$　　$K_3=1$

第 10 个脉冲作用后，由于触发器 F_3 的 $\overline{Q}_3$ 接 F_1 的 J_1，此时 $J_1=0$，因此 F_0 和 F_3 由 1 翻转为 0，而 F_1 和 F_2 保持不变，计数器恢复至 0000 状态，同时由 Q_3 向高位端送出进位信号。该计数器的波形图如图 10.2.9（b）所示。可见，它是一个具有十分频功能的计数器。

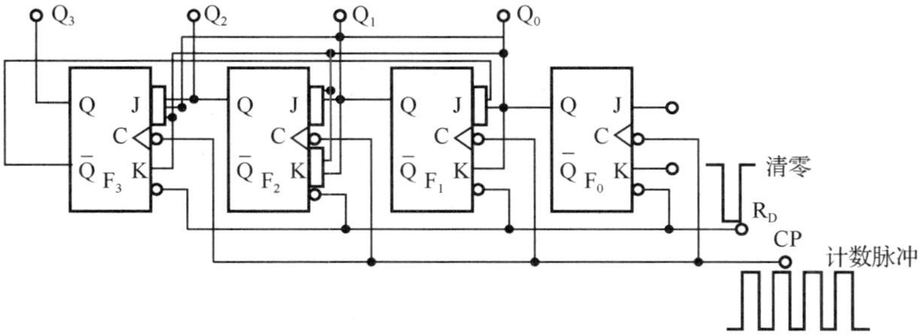

（a）逻辑电路

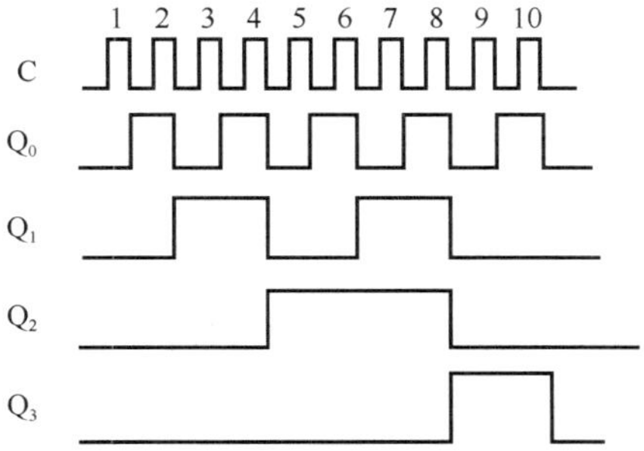

（b）波形图

图 10.2.9　由 JK 触发器组成的十进制同步加法计数器

除十进制同步加法计数器外，还有十进制同步减法计数器等，此处不做介绍。读者可参阅有关资料。

10.3 半导体存储器

存储器是某些数字系统和电子计算机中不可缺少的组成部分，用来存放数据、资料及运算程序等二进制信息。一个存储器能够存储数以千计的字，每个字又含有若干位。在实际应用中，常以字数和位数的乘积表示存储器的容量。

存储器的容量和存取时间是反映系统性能的两个重要指标。显然，存储容量越大，意味着记忆的信息越多，系统的功能也越强；而存取时间的长短则直接反映系统的工作速度。

适合永久存储信息的存储器有穿孔卡片、纸带等，而供计算机暂时存储信息的随机存储器以前多采用磁芯存储器。近年来，随着集成电路技术的发展，半导体在信息存储方面的作用与日俱增，尤其在微型计算机系统中，半导体存储器已经完全取代了磁芯存储器。

按照存储器的功能，半导体存储器可分为随机存储器和只读存储器两种，每种又分为双极型和 MOS 型两类。

10.3.1 随机存储器

随机存储器（RAM）通常指能够在其中任意指定的地方随时写入（存入）或读出（取出）信息的存储器，也叫读/写存储器。根据存储单元的工作原理，RAM 又分为静态 RAM 和动态 RAM 两种。此处以静态 RAM 为例来介绍其基本工作原理。

RAM 的结构如图 10.3.1 所示，它由存储矩阵、地址译码器和片选与读/写控制电路组成。

（1）存储矩阵。一个 RAM 由若干存储单元组成，每个存储单元存放一位二进制信息。为了存取方便，存储单元通常设计成矩阵形式。

例如，一个容量为 256×4（256 个字，每字 4 位）的存储器，有 1024 个存储单元，这些存储单元可排成 32×32 的矩阵形式，如图 10.3.2 所示。其中，每行有 32 个存储单元（圆圈表示存储单元），存储 8 个字；每 4 列为一个字列，可存储 32 个字。每根行选择线选中一行，每根列选择线选中一个字列。

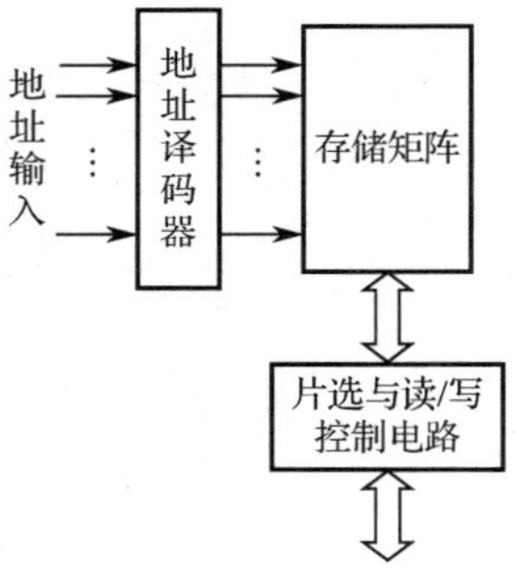

图 10.3.1 RAM 的结构

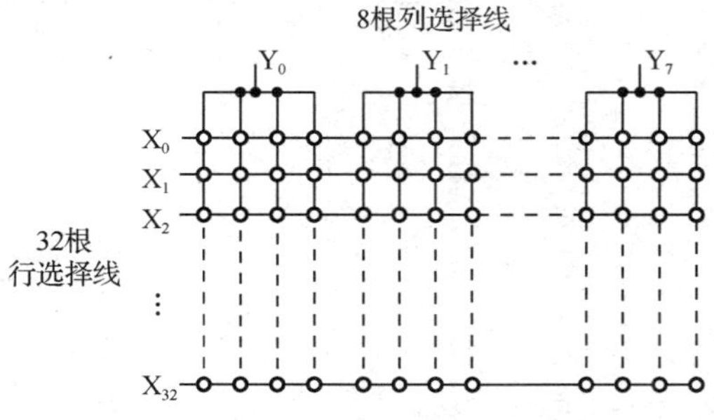

图 10.3.2 256×4 RAM 的存储矩阵

存储单元是存储器最基本的存储细胞，静态 RAM 的存储单元电路由 6 个 MOS 管组成，如图 10.3.3 所示。

其中，VT_1～VT_4 构成一个基本 RS 触发器，用来存储一位二进制信息；VT_5、VT_6 为基本单元控制门，由行选择线 X_i 来控制，X_i=1，VT_5、VT_6 导通，触发器与位线接通；X_i=0，VT_5、

VT_6截止，触发器与位线隔离；VT_7、VT_8为一列存储单元公用的控制门。显然，当行选择线和列选择线均为高电平时，VT_5～VT_8都导通，触发器的输出与数据线接通，该存储单元通过数据线传送信息。因此，存储单元能够进行读/写操作的条件是与它相连的行、列选择线均为高电平。

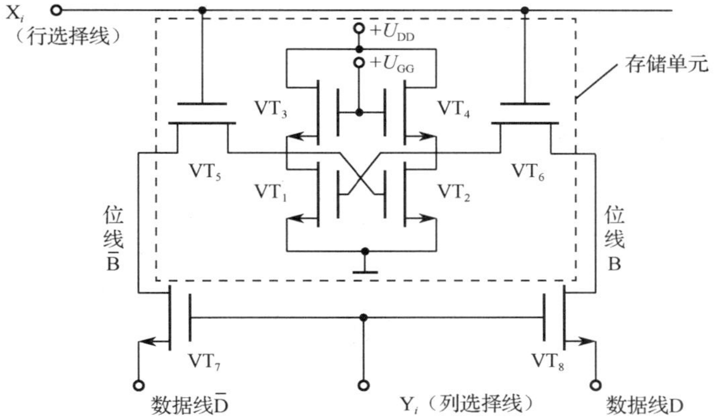

图 10.3.3 静态 RAM 的存储单元

由静态 RAM 的存储单元构成的静态 RAM 的特点是数据由触发器记忆，只要不断电，信息就被永久保存。

（2）地址译码器。如前所述，一个 RAM 由若干字和位组成。通常信息的读出与写入是以字为单位进行的（每次写入或读出一个字），为了区别各个不同的字，将存放同一个字的存储单元编为一组，并赋予一个号码，称为地址。不同的存储单元具有不同的地址，从而在进行读/写操作时，可以按照地址选择要访问（读/写操作）的存储单元。

地址的选择是借助地址译码器来实现的。在大容量的存储器中，通常采用双译码结构，即将输入地址分为两部分，分别由行、列译码器译码。行、列译码器的输出即存储矩阵的行、列选择线，由它们共同决定要选择的地址单元。

对于如图 10.3.2 所示的存储矩阵，256 个字需要 8 位二进制地址（A_7～A_0）来区分（2^8=256）。其中，地址码的低 5 位 A_0～A_4作为行译码输入，产生 32 根行选择线；地址码的高 3 位 A_5～A_7用于列译码输入，产生 8 根列选择线，只有被行、列选择线都选中的存储单元才能被访问。例如，当输入地址 A_7～A_0为 00011111 时，X_{31}和 Y_0输出高电平，可以对 X_{31}、Y_0交叉处的存储单元进行读出或写入操作，而其余任何存储单元都不会被选中。

译码电路由 NMOS 或非门构成。图 10.3.4 所示为 X_{31}译码电路，当 A_0～A_4全为 1 时，X_{31}为 1，该电路被选中，此时，其余行均未被选中。

（3）片选与读/写控制电路。由于集成度的限制，目前 RAM 的容量是有限的，对于一个大容量的存储系统，往往需要由若干 RAM 组成。而在进行读/写操作时，通常仅与其中的一片（或几片）RAM 传递信息，这就存在一个片选问题，RAM 的片选信号线就是为此而设置的。在片选信号线上加入有效电平，芯片即被选中，可以进行读/写操作，否则芯片不工作。

片选信号仅解决芯片是否工作的问题，而芯片执行读操作还是写操作则由读/写信号控制。图 10.3.5 给出了一个简单的片选与读/写控制电路。

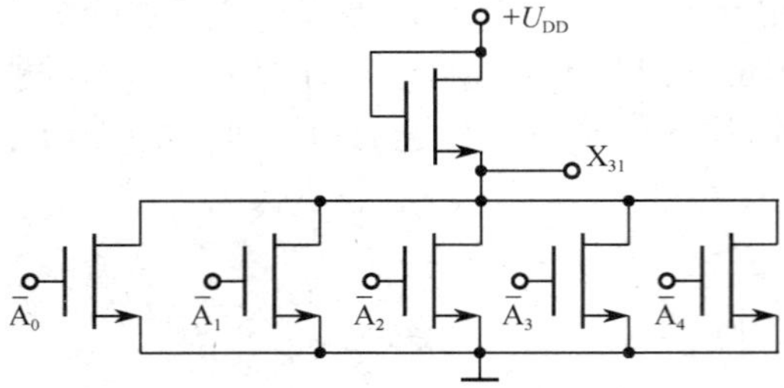

图 10.3.4　X_{31} 译码电路

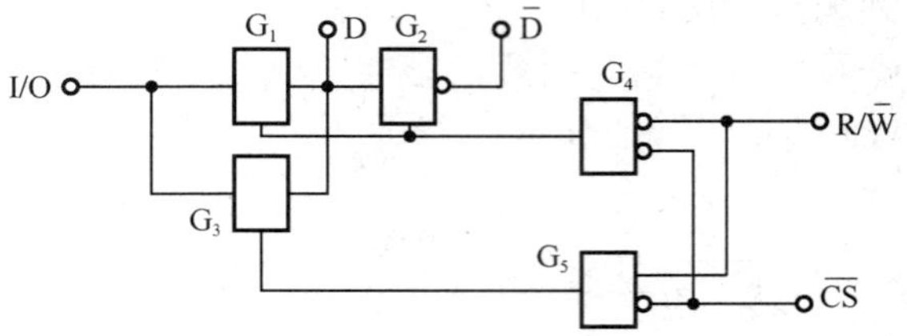

图 10.3.5　简单的片选与读/写控制电路

当片选信号 $\overline{CS}$=1 时，G_4、G_5 的输出为 0，三态门（G_1、G_2、G_3）均处于高阻状态，I/O 端与存储器内部隔离，存储器禁止读/写操作，即不工作；而当 $\overline{CS}$=0 时，芯片被选通，根据读/写信号（R/$\overline{W}$）的高低，执行读或写操作。当 R/$\overline{W}$=1 时，G_5 输出高电平，G_3 打开，于是被访问的存储单元存储的信息出现在 I/O 端，存储器执行读操作；反之，当 R/$\overline{W}$=0 时，G_4 输出高电平，G_1、G_2 打开，此时加到 I/O 端的数据以互补的形式出现在内部数据线上，并被存入选中的存储单元，完成写操作。

10.3.2　只读存储器

对于前面讨论的读/写存储器，电源断电后，其中存储的信息便随之消失。然而，在数字系统及计算机中，常常需要存储一些固定不变的信息，如常数表、数据转换表及固定的程序等。采用只读存储器（ROM）即可满足上述要求。在 ROM 中，数据存入后只能读出，不能随意更改，即使在切断电源后，信息也不会消失。

根据逻辑电路的特点，ROM 属于组合逻辑电路，即给定一组输入（地址），存储器相应地给出一种输出（存储的字）。因此，要实现这种功能，可以采用一些简单的逻辑门。

图 10.3.6 所示为一个简单的 ROM 电路。它有 4 个地址单元，每字 4 位。它的地址译码器接有 4 个或门，每个或门构成存储字的一位。对于给定的地址，相应一根字线输出高电平，与该字线相连的或门输出 1，未连接的或门输出 0。显然，图 10.3.6 所示的 ROM 的 4 个地址单元中存储的内容如表 10.3.1 所示。

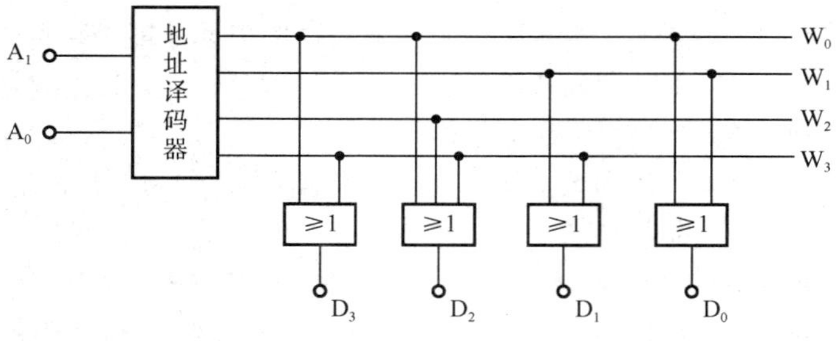

图 10.3.6　简单的 ROM 电路

表 10.3.1　图 10.3.6 所示的 ROM 的 4 个地址单元中存储的内容

地	址	内　容
0	0	1101
0	1	0011
1	0	0100
1	1	1110

根据存储内容的写入方式，ROM 又分为掩模 ROM、可编程序 ROM 和可改写 ROM 3 种。

1. 掩模 ROM

掩模 ROM 又叫固定 ROM。这种 ROM 在制造时，生产厂家利用掩模技术把信息写入存储器。图 10.3.7 所示为用二极管构成的掩模 ROM。这里的位线（垂直线）与字线（水平线）之间的或关系是由二极管提供的。很明显，该电路存储的内容与图 10.3.6 所示 ROM 存储的内容一致。用于存储数据的或门阵列也可由双极型三极管或 NMOS 管构成，分别如图 10.3.8 和图 10.3.9 所示。

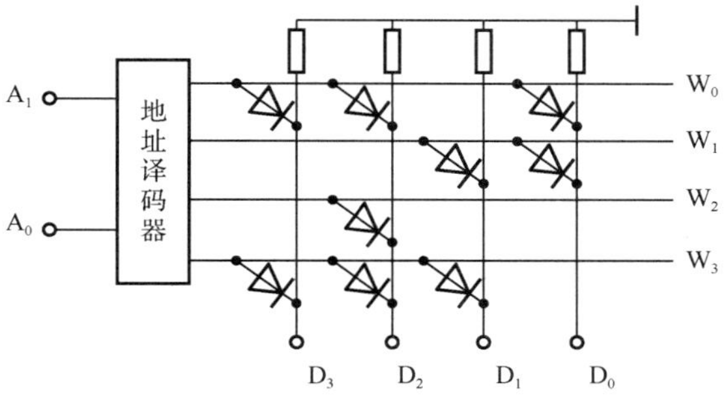

图 10.3.7　用二极管构成的掩模 ROM

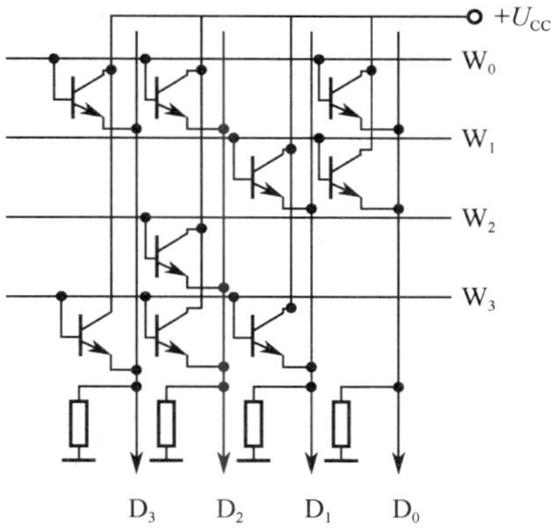

图 10.3.8　双极型 ROM

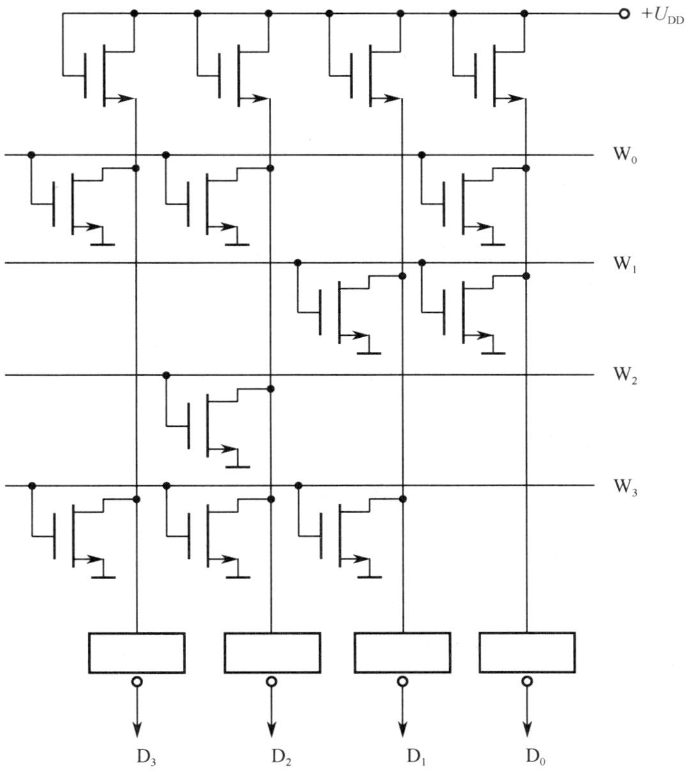

图 10.3.9　NMOS ROM

不难看出，ROM 中的每个地址单元存储的数据是以该地址单元有无管子来表示的。而该地址单元有无管子取决于制造过程中的掩模工艺。因此，一旦 ROM 被制成，其存储的信息也就固定了。

2. 可编程序 ROM

可编程序 ROM（PROM）在出厂时，其存储的内容全为 0（或全为 1），用户根据需要，可将某些地址单元中的内容改写为 1（或 0）。

图 10.3.10 所示为一种双极型熔丝结构 PROM 的电路示意图。出厂时，产品的熔丝是连通的，即全部地址单元都存 0。如果要将某些地址单元中的内容改写为 1，则只要给这些地址单元通以足够大的电流，将熔丝烧断即可。熔丝烧断后便不能恢复，因此 PROM 只能改写一次。

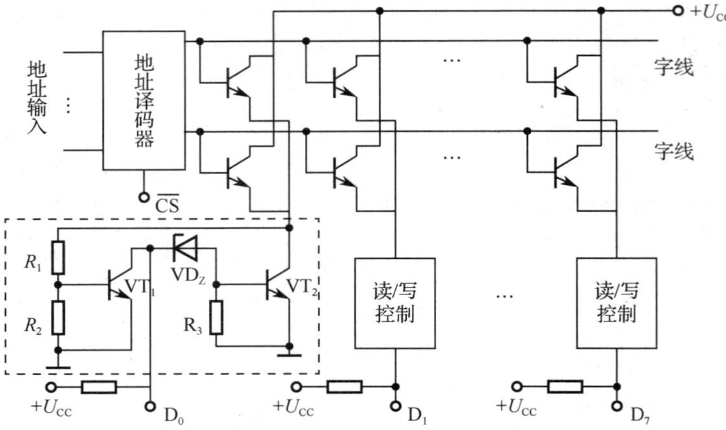

图 10.3.10　双极型熔丝结构 PROM 的电路示意图

在进行写入操作时，U_{CC}=+12V，要写入的位 D 端断开，不要写入的位 D 端接地，则写入位读/写控制电路中的稳压二极管被击穿，VT_2 导通。此后，片选信号 $\overline{CS}$ 控制写入地址有效，使写入地址单元的熔丝通过足够大的电流而熔断。而对于不需要写入的位，由于相应读/写控制电路中的 VT_2 截止，因此通过熔丝的电流受控制电路中电阻的限制而不足以烧断熔丝。读出时，U_{CC}=+5V，低于稳压二极管的击穿电压，VT_2 截止，如果被选中的地址单元的熔丝是连通的，则读出管 VT_1 导通，输出为 0；若被选中的地址单元的熔丝是断开的，则输出为 1。

3. 可改写 ROM

可改写 ROM（EPROM）具有和录音磁带相似的特点：一方面，在停电以后，信息可以长期保存；另一方面，当不需要这些信息时，又可擦去和重写。EPROM 是目前使用最为广泛的存储器，其典型芯片为 2716，采用 24 脚双列直插式封装；芯片的上方开有一个透明的石英玻璃口，以便用紫外线擦除不用的信息，经过擦除后又可以重写。由于它写的过程很慢，因此，在使用中作为 ROM 使用。

10.4　脉冲波形的产生和整形

在实际应用中，常常需要得到各种不同频率的时钟脉冲信号，或者需要得到具有一定宽度、一定幅度的矩形脉冲信号。产生矩形脉冲的振荡电路很多。振荡电路是一种不需要输入信号就能产生具有一定频率和幅度的交流信号的电路，从能量的观点来看，它也是一种能将直流电转换为交流振荡能量的电路。

矩形脉冲通常有两种产生方法：一种是由多谐振荡器产生；另一种是利用单稳态触发器、施密特触发器，将已有的脉冲波形转换为矩形脉冲。

10.4.1　脉冲振荡器

在同步时序电路中，矩形脉冲（时钟信号）控制和协调整个系统的工作。矩形脉冲的特性直接影响系统能否正常工作。矩形脉冲的特性常用如图 10.4.1 所示的几个指标来描述。

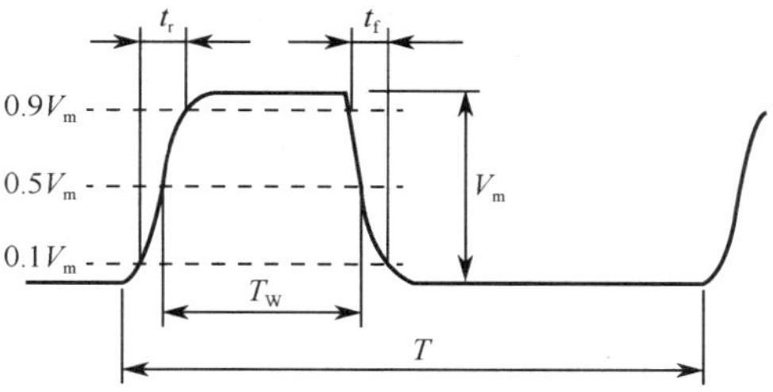

图 10.4.1　描述矩形脉冲特性的几个指标

（1）脉冲周期 T：两个相邻脉冲间的时间间隔。

（2）脉冲幅度 V_m：脉冲电压的最大变化幅度。

（3）脉冲宽度 T_W：从脉冲前沿上升到 $0.5V_m$，到脉冲后沿下降到 $0.5V_m$ 所需的时间。

（4）上升时间 t_r：脉冲前沿从 $0.1V_m$ 上升到 $0.9V_m$ 所需的时间。

（5）下降时间 t_f：脉冲后沿从 $0.9V_m$ 下降到 $0.1V_m$ 所需的时间。

利用这些指标，就可以把一个矩形脉冲的基本特性大体上描述清楚。

1. TTL 与非门多谐振荡器

（1）电路组成。

当 TTL 与非门工作在转折区时，对输入信号有很强的放大作用，因此只要把静态时工作在转折区的两个 TTL 与非门用电容耦合起来，就可以组成多谐振荡器，如图 10.4.2 所示。其中，V_K 是控制端，当 V_K 为高电平时，振荡器振荡；当 V_K 为低电平时，振荡器停止振荡。

如何才能使 TTL 与非门静态时工作在转折区呢？在如图 10.4.3 所示的电路中，每个 TTL 与非门的静态输入电压都是由输出电压 V_o 经电阻 R_{F1}（或 R_{F2}）给出的，只要 R_{F1}（或 R_{F2}）的值选在关门电阻 R_{off} 和开门电阻 R_{on} 之间即可。

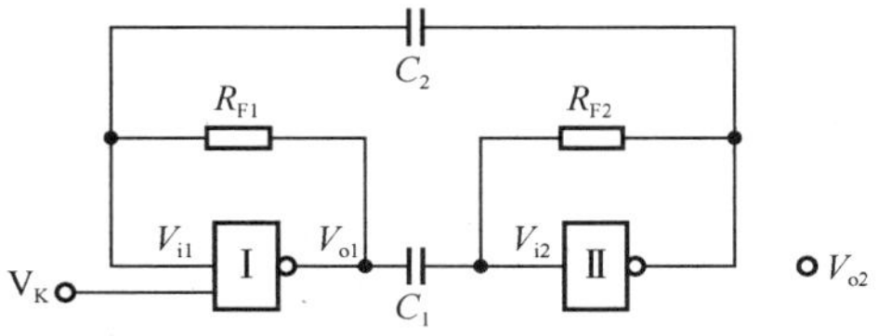

图 10.4.2　用 TTL 与非门组成的多谐振荡器

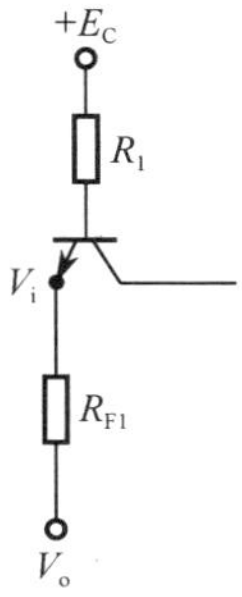

图 10.4.3　TTL 与非门输入端的电路

（2）工作原理。

假定当接通电源后，门Ⅰ、门Ⅱ都已工作在转折区，则只要有一点儿干扰，电路就会振荡。例如，因某种原因使 V_{i1} 升高一点点，就会产生下列正反馈过程：

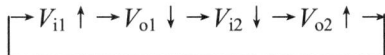

$$\rightarrow V_{i1}\uparrow \rightarrow V_{o1}\downarrow \rightarrow V_{i2}\downarrow \rightarrow V_{o2}\uparrow \rightarrow$$

这样就使门Ⅰ迅速饱和导通，门Ⅱ迅速截止，电路进入一个暂稳态。同时 C_1 开始充电，C_2 开始放电。简化的充、放电回路如图 10.4.4 所示。

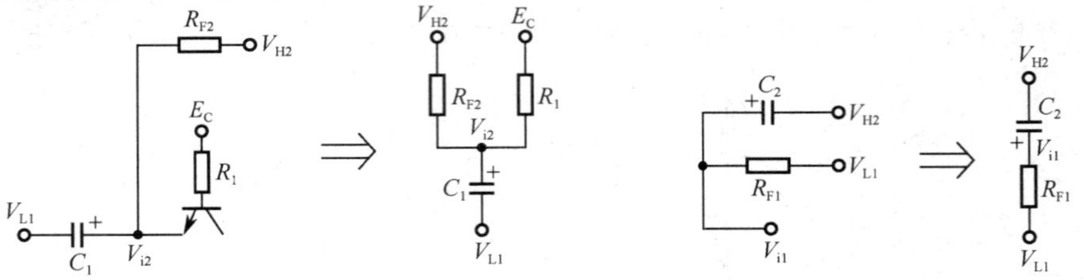

（a）C_1的充电回路　（b）C_2的放电回路

图 10.4.4　简化的充、放电回路

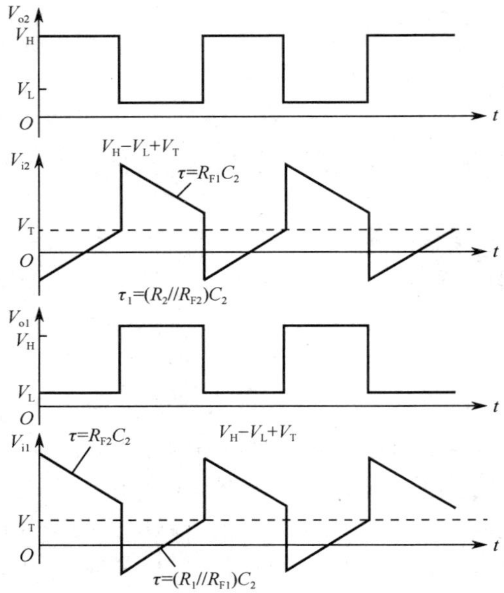

图 10.4.5　TTL 与非门基本多谐振荡器各点电压波形

由于 C_1 通过 R_1 和 R_{F2} 两个支路同时充电，充电速度快，因此 V_{i2} 首先升高到阈值电压 V_T，从而引起下列正反馈过程：

$$\rightarrow V_{i2}\uparrow \rightarrow V_{o2}\downarrow \rightarrow V_{i1}\downarrow \rightarrow V_{o1}\uparrow \rightarrow$$

此时，门 I 迅速截止，门 II 迅速导通，电路进入另一个暂稳态。这时 C_2 充电、C_1 放电，其充、放电回路与 C_1 充电、C_2 放电时的充、放电回路相同。

同理，因为 C_2 充电较快，所以 V_{i1} 会比较快地升高到阈值电压 V_T，并引起下一次正反馈过程，使电路重新回到门 I 导通、门 II 截止的暂稳态，因此电路将不停地振荡。TTL 与非门基本多谐振荡器各点电压波形如图 10.4.5 所示。

输出脉冲振荡周期 T 的估算式如下。

$$T=2(R_F//R_1)C$$

2. 利用 TTL 与非门组成的环形振荡器

利用门电路的传输时间，可把奇数个 TTL 与非门首尾相接，组成多谐振荡器，如图 10.4.6（a）所示，又把这种电路叫作环形振荡器。

这种电路的工作原理比较简单，无稳态。例如，当 V_{i1} 跳到高电平（V_{i1}=1）时，若 3 个门的平均传输时间都是 t_{pd}，那么经过门 1 延迟 t_{pd} 以后，使 V_{i2}=0；接着经门 2 延迟 t_{pd}，使 V_{i3}=1；再经门 3 延迟 t_{pd}，使 V_o=0=V_{i1}。因此 V_{i1} 经过 $3t_{pd}$ 后，又变成了低电平。可以想象，再经过 $3t_{pd}$，V_{i1}=V_o 又会变成高电平，如此周而复始，形成振荡。环形振荡器中各点电压波形如图 10.4.6（b）所示。可见，振荡周期 $T=6t_{pd}$。

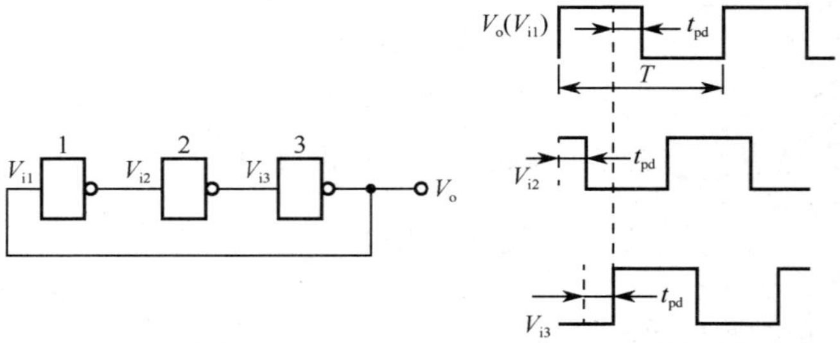

（a）电路　（b）各点电压波形

图 10.4.6　环形振荡器电路及各点电压波形

3. 带有 RC 电路的环形振荡器

上述用 TTL 与非门组成的环形振荡器的电路虽然简单，但由于 TTL 与非门的平均传输时间 t_{pd} 很短，因此振荡频率很高，且不可调。为了克服这一缺点，可增加 RC（延时）电路。引进 RC 电路后，既可增加延迟时间，又可很容易地通过改变 R 或 C 来改变振荡频率。

带有 RC 电路的环形振荡器电路如图 10.4.7 所示。

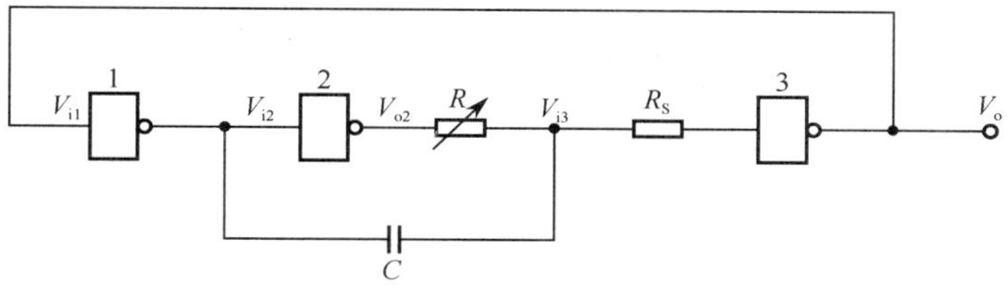

图 10.4.7　带有 RC 电路的环形振荡器电路

对于带有 RC 电路的环形振荡器，其振荡频率的调节范围很宽，但 R 不能太大，对于 TTL 与非门，R 一般应小于关门电阻 R_{off}，否则电路不能正常工作。

4. 石英晶体多谐振荡器

在电子测量、无线电通信、自动控制和热加工等技术领域经常用到正弦波振荡器。正弦波振荡器是一种不需要输入信号就能产生具有一定频率和幅度的正弦交流信号的电路。正弦波振荡器的种类很多，根据输出频率的不同，可以分为高频振荡器和低频振荡器等；根据选频网络的不同，可以分为 RC 振荡器、LC 振荡器和石英晶体振荡器。

在工程应用中，要求正弦振荡频率准确、稳定，而振荡频率是否准确、稳定主要取决于谐振回路的元件参数，特别是 LC 回路的 Q 值对振荡频率的稳定性有很大的影响。由电路理论可知，$Q=\dfrac{\omega_o L}{R}=\dfrac{1}{R}\sqrt{\dfrac{L}{C}}$，因此，$L/C$ 越大，回路的损耗电阻 R 越小，Q 值就越大，其选频特性就越好，振荡器的振荡频率的稳定性也越高。一般 LC 回路的 Q 值最高达数百，而石英晶体多谐振荡器的 Q 值则可达 10^5 以上。故在要求高准确性和稳定性的场合，往往采用石英晶体多谐振荡器。

（1）石英晶体的基本特性与等效电路。

石英晶体是一种具有特殊结构的结晶体。电路中使用的石英晶体是从一块晶体上按一定的方位角切下的薄片，称为晶片。在晶片的两个对应表面上涂敷银层，并引出一对金属电极，用金属外壳将其密封。石英晶体的电路符号、等效电路和电抗特性曲线如图 10.4.8 所示。

石英晶体具有明显的压电效应，若在晶片的两极板间施加机械力，则会在晶片相应的方向上产生电场；若在两极板间加一交变电场，则会使晶片产生机械变形或振动。因此，在晶片的两个极板上外加交变电压时，晶片就会产生机械振动，同时机械振动又会产生交变电场，这样往复循环，晶片就处于振荡状态。当外加交变电压的频率与晶片的固有频率相等时，晶片的振幅最大，其表面产生的电荷也最多。

由图 10.4.8（c）所示的电抗特性曲线可知，石英晶体有两个谐振频率，即串联谐振频率和并联谐振频率。

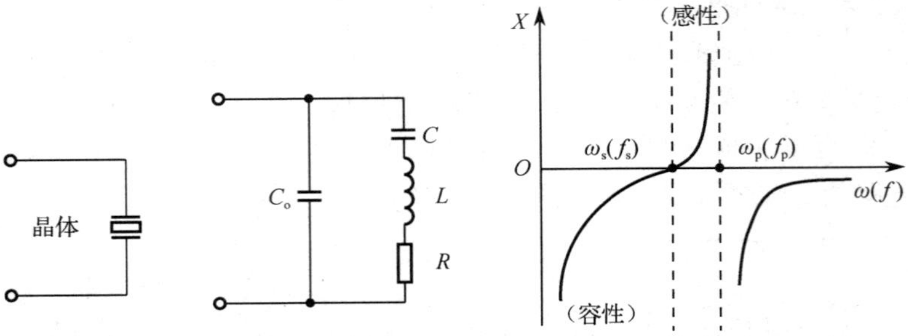

（a）电路符号　（b）等效电路　（c）电抗特性曲线

图 10.4.8　石英晶体的电路符号、等效电路和电抗特性曲线

串联谐振频率：

$$f_s = \frac{1}{2\pi\sqrt{LC}}$$

并联谐振频率：

$$f_p = \frac{1}{2\pi\sqrt{LC}}\sqrt{1+\frac{C}{C_o}} = f_s\sqrt{1+\frac{C}{C_o}}$$

因为 $C_o \gg C$，所以 f_s 与 f_p 非常接近，几乎为同一个频率点。

（2）石英晶体振荡器。

根据石英晶体在振荡电路中的作用不同，石英晶体振荡器可分为并联型和串联型两类。

并联型石英晶体振荡器的工作频率为 $f_s \sim f_p$，石英晶体呈感性，通常作为电容三点式振荡电路的回路电感。图 10.4.9 所示为并联型石英晶体正弦波振荡器，该电路的振荡频率接近且高于串联谐振频率 f_s，但低于并联谐振频率 f_p。

串联型石英晶体振荡器的工作频率等于串联谐振频率 f_s，晶体阻抗最小，且为纯电阻性，石英晶体相当于短路器或移相器。若将石英晶体接在反馈支路上，则当频率为 f_s 时，正反馈最强，容易满足振荡条件。而对于其他频率，晶体的阻抗增大，反馈电压幅值减小，相位移增大，电路有可能不满足振荡条件而不能振荡。图 10.4.10 所示为串联型石英晶体正弦波振荡器，其振荡频率取决于石英晶体。

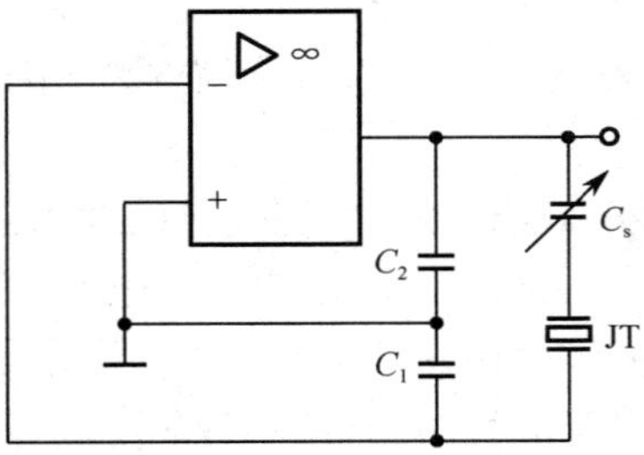

图 10.4.9　并联型石英晶体正弦波振荡器

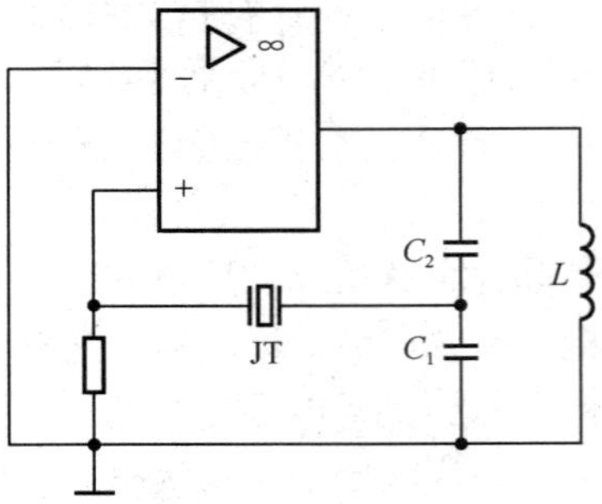

图 10.4.10　串联型石英晶体正弦波振荡器

石英晶体振荡器最大的优点是频率稳定性很高，适于制作标准频率信号源，多用在对频率稳定性要求高的场合。

10.4.2　单稳态触发器

单稳态触发器具有以下几个特点。

（1）具有一个稳态和一个暂稳态。

（2）在外来触发脉冲的作用下，能够由稳态翻转到暂稳态。

（3）暂稳态维持一段时间后，将自动返回稳态，而暂稳态时间的长短与触发脉冲无关，仅取决于电路本身的参数。

单稳态触发器在数字系统和装置中一般用于定时（产生一定宽度的方波）、整形（把不规则的波形转换为宽度、幅度都相等的脉冲）及延时（将输入信号延迟一定时间输出）等。

1. 微分型单稳态触发器

（1）电路组成。

图 10.4.11 所示为微分型单稳态触发器，其中，门 1 和门 2 是 CMOS 或非门，*R*、*C* 组成微分延时环节。

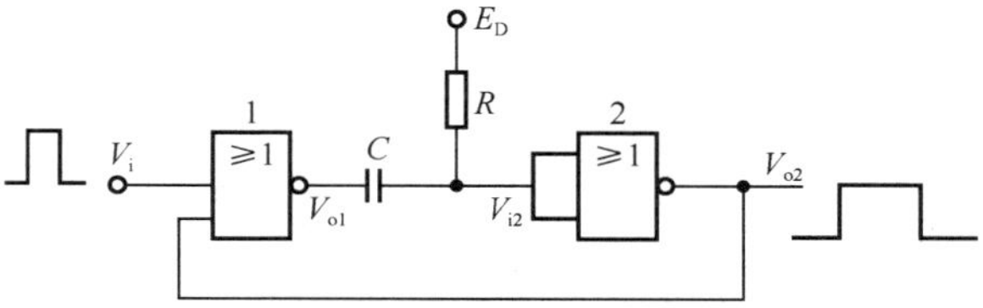

图 10.4.11　微分型单稳态触发器

（2）工作原理。

稳态时，门 1 截止（输出高电平）、门 2 导通（输出低电平），$V_i=0$、$V_{o1}=E_D$、$V_{i2}=E_D$、$V_{o2}=0$。当 V_i 由 0 上升到 V_T（CMOS 或非门的开启电压）时，将引起下列正反馈过程：

$$V_i\uparrow \rightarrow V_{o1}\downarrow \rightarrow V_{i2}\downarrow \rightarrow V_{o2}\uparrow \rightarrow$$

从而使电路快速翻转到门 1 导通（输出低电平）、门 2 截止（输出高电平）的暂稳态。同时，E_D 经 *R* 及门 1 的输出电阻（驱动管导通电阻）对 *C* 充电，当 V_{i2} 上升到 V_T（假设此时 V_i 已回到低电平）时，又会产生下列正反馈过程：

$$V_{i2}\uparrow \rightarrow V_{o2}\downarrow \rightarrow V_{o1}\uparrow \rightarrow$$

从而使电路快速返回到门 1 截止、门 2 导通的稳态，*C* 经门 2 输入端保护电路的二极管及门 1 的输出电阻（负载管导通电阻）放电，V_{i2} 基本保持为 E_D、V_{o2} 逐渐上升到 E_D，各处的简化波形如图 10.4.12 所示。

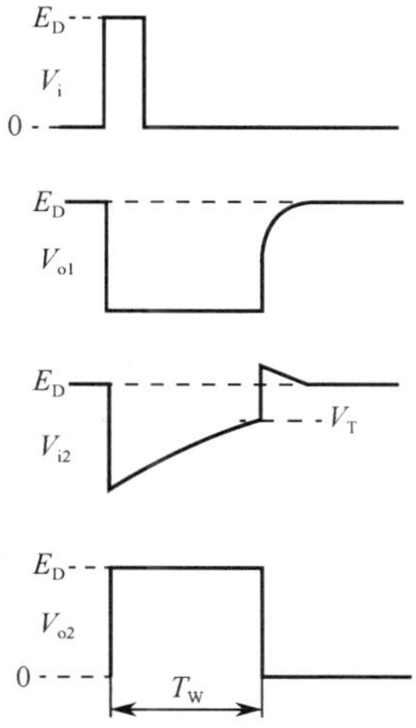

图 10.4.12　微分型单稳态触发器的波形

2. 积分型单稳态触发器

（1）电路组成。

图 10.4.13 所示为积分型单稳态触发器，其中，门 1 和门 2 都是 CMOS 或非门，*R*、*C* 组成积分延时环节。

（2）工作原理。

稳态时，门 1、门 2 均导通（输出低电平），$V_i=1$、$V_{o1}=0$、$V_{i2}=0$、$V_o=0$。

当 V_i 负跳变到 0 时，门 1 截止，V_{o1} 随之跳变到高电平，但因电容上的电压不能突变，V_{i2} 仍为 0，所以门 2 截止，V_o 正跳变到高电平 E_D。在门 1、门 2 均截止时，电容经 R_0（门 1 的输出电阻）和 R 放电，V_{i2} 逐渐上升，当其上升到 V_T（假设 V_i 仍为低电平）时，门 2 导通，V_o 变成低电平。V_i 回到高电平后，门 1 导通，电容又充电，电路恢复稳态，各处的简化波形如图 10.4.14 所示。

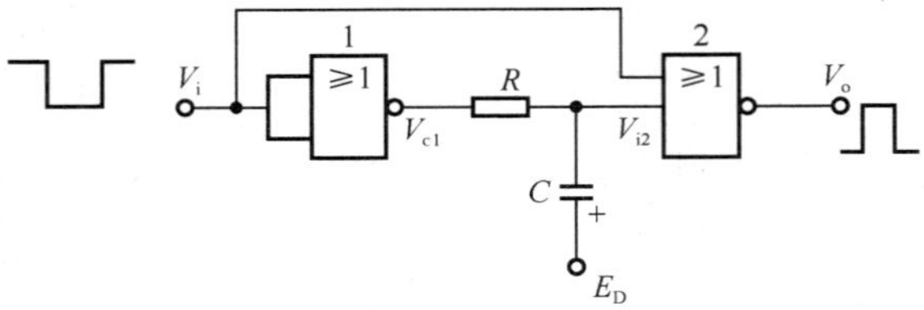

图 10.4.13　积分型单稳态触发器

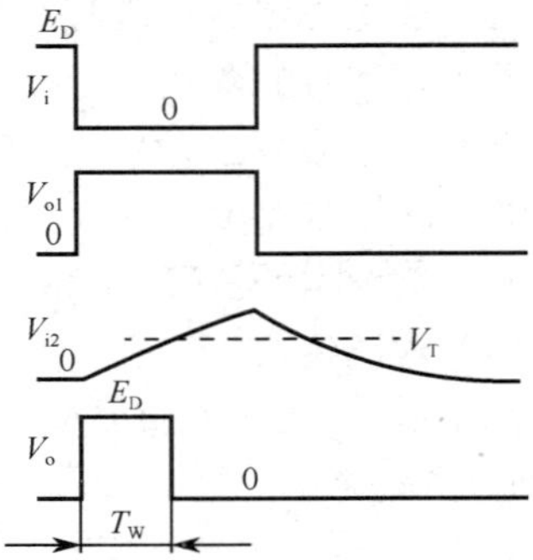

图 10.4.14　积分型单稳态触发器的波形

除了上述单稳态触发器，还有 TTL 集成单稳态触发器和用 555 集成定时器构成的单稳态触发器等。

10.4.3　555 集成定时器

555 集成定时器是一种将模拟电路和数字电路巧妙结合的中规模集成电路，电路功能灵活，适用范围广，只要外部配上两三个阻容元件就可以构成单稳、多谐或施密特电路，因而在定时、检测、控制、报警等方面都有广泛的应用。

1. 555 集成定时器的电路组成

图 10.4.15 所示为 555 集成定时器内部结构的简化原理图。其中包括两个电压比较器 C_1 和 C_2、一个 RS 触发器、一个放电三极管 VT_1、一个复位三极管 VT_2 及三个阻值为 5kΩ的电阻组成的分压器。

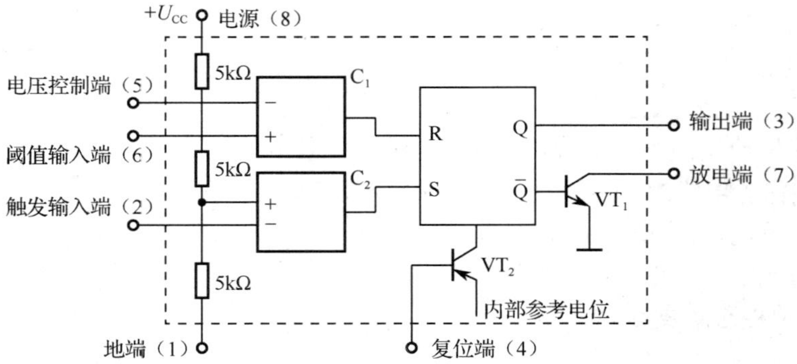

图 10.4.15　555 集成定时器内部结构的简化原理图

555 集成定时器的主要功能取决于电压比较器，电压比较器的输出控制 RS 触发器和放电三极管 VT_1 的状态。当电压比较器 C_2 的触发输入电压 $U_2 < \frac{1}{3}U_{CC}$（电压比较器 C_2 的参考电压）

时，电压比较器 C_2 的输出为 1，RS 触发器置位，放电三极管 VT_1 截止。而当电压比较器 C_1 的阈值输入端的电位高于 $\frac{2}{3}U_{CC}$（电压比较器 C_1 的参考电压）时，电压比较器 C_1 的输出为 1，RS 触发器复位，且放电三极管 VT_1 导通。此外，若复位端为低电平，则复位三极管 VT_2 导通，内部参考电位强制 RS 触发器复位而不管电压比较器的输出信号如何。因此，当复位端不用时，应将其接高电平。

上述讨论没有涉及电压控制端（5 脚，悬空），因而电压比较器 C_1、C_2 的参考电压分别为 $\frac{2}{3}U_{CC}$ 和 $\frac{1}{3}U_{CC}$。如果在电压控制端施加一个外加电压（其值在 0～U_{CC}），则电压比较器的参考电压将发生变化，电路的阈值、触发电平也将随之改变，进而影响电路的定时参数。

综合上述分析，不难看出 555 集成定时器的基本功能，如表 10.4.1 所示。

表 10.4.1　555 集成定时器的基本功能

输入			输出	
阈值输入	触发输入	复位	输出	放电三极管 VT_1
×	×	0	0	导通
$<\frac{2}{3}U_{CC}$	$<\frac{1}{3}U_{CC}$	1	1	截止
$>\frac{2}{3}U_{CC}$	$>\frac{1}{3}U_{CC}$	1	0	导通
$<\frac{2}{3}U_{CC}$	$<\frac{1}{3}U_{CC}$	1	不变	不变

2. 555 集成定时器的应用

（1）用 555 集成定时器构成的单稳态触发器。

单稳态触发器与前面介绍的双稳态触发器不同，它具有下列特点。

① 电路有一个稳态，一个暂稳态。

② 在外来信号的作用下，电路由稳态翻转为暂稳态。

③ 暂稳态是一个不长久保持的状态，经过一段时间后，电路会自动返回稳态。暂稳态持续的时间取决于电路本身的参数。

由 555 集成定时器构成的单稳态触发器如图 10.4.16 所示。电源接通瞬间，电路有一个稳定的过程，即电源通过 R 向 C 充电，当 C 两端的电压 u_C 上升到 $\frac{2}{3}U_{CC}$ 时，RS 触发器复位，u_o 为低电平，放电三极管 VT_1 导通，C 放电，电路进入稳态。

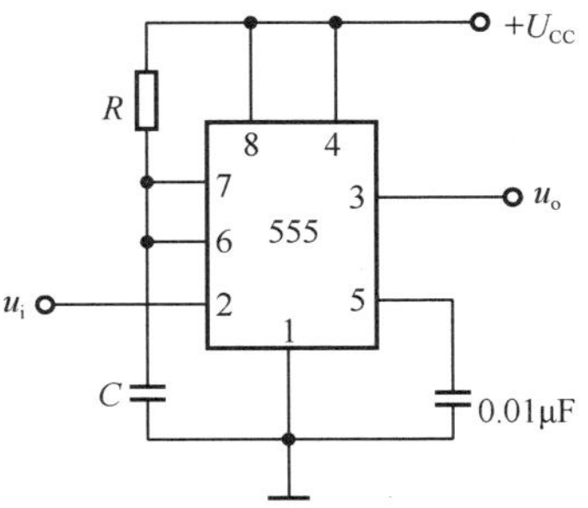

（a）电路图

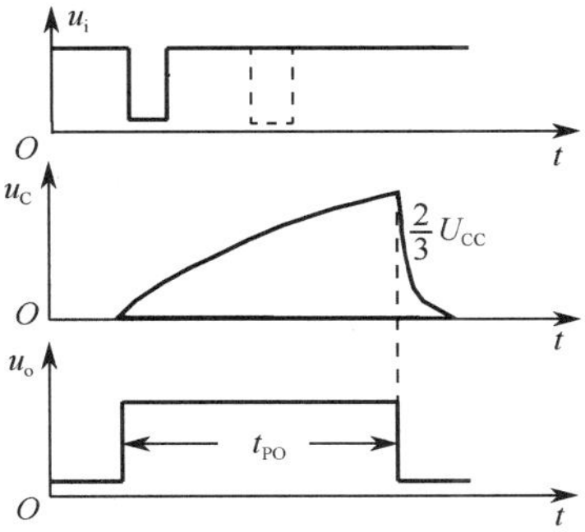

（b）工作波形

图 10.4.16　由 555 集成定时器构成的单稳态触发器

若在触发输入端施加触发信号，则 RS 触发器发生翻转，电路进入暂稳态，u_o 输出为 1 且放电三极管 VT_1 截止。此后 C 充电，当 $u_C=\frac{2}{3}U_{CC}$ 时，电路又发生翻转，u_o 输出为 0，放电三极管 VT_1 导通，C 放电，电路恢复至稳态。

如果忽略放电三极管 VT_1 的饱和压降，则 C 两端的电压从零上升到 $\frac{2}{3}U_{CC}$ 的时间即 u_o 的输出脉冲宽度 t_{PO}。

$$t_{PO}=RC\ln 3\approx 1.1RC$$

这种电路产生的脉冲宽度可从几微秒到数分，精度可达 0.1%。

（2）用 555 集成定时器构成的多谐振荡器。

多谐振荡器又称无稳电路，主要用于产生方波或时钟信号。由 555 集成定时器构成的多谐振荡器如图 10.4.17 所示。

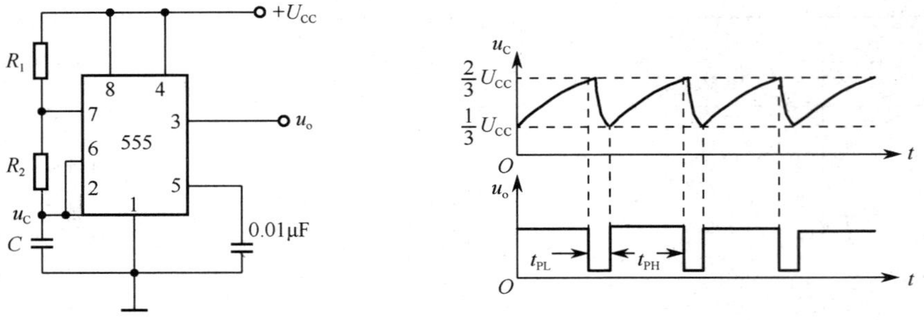

图 10.4.17　由 555 集成定时器构成的多谐振荡器

接通电源后，C 充电，C 两端的电压 u_C 上升。当 u_C 上升到 $\frac{2}{3}U_{CC}$ 时，RS 触发器复位，同时放电三极管 VT_1 导通。此时 u_o 为低电平，C 通过 R_2 和放电三极管 VT_1 放电，使 u_C 下降。当 u_C 下降到 $\frac{1}{3}U_{CC}$ 时，RS 触发器置位，u_o 翻转为高电平。C 放电所需的时间为

$$t_{PL}=R_2C\ln 2\approx 0.7R_2C$$

放电结束时，放电三极管 VT_1 截止，U_{CC} 将通过 R_1、R_2 对 C 充电，u_C 由 $\frac{1}{3}U_{CC}$ 上升到 $\frac{2}{3}U_{CC}$ 所需的时间为

$$t_{PH}=(R_1+R_2)C\ln 2\approx 0.7(R_1+R_2)C$$

当 u_C 上升到 $\frac{2}{3}U_{CC}$ 时，RS 触发器又发生翻转，如此周而复始，在输出端就得到一个周期性的方波，其频率为

$$f=\frac{1}{t_{PL}+t_{PH}}=\frac{1.43}{(R_1+2R_2)C}$$

由于 555 集成定时器内部电压比较器的灵敏度较高，而且采用差分电路形式，因此它的振荡频率受电源电压和温度变化的影响很小。

（3）用 555 集成定时器构成的施密特触发器。

施密特触发器不同于前述的各类触发器，它具有下述特点。

① 施密特触发器属于电平触发，对于缓慢变化的信号仍然适用，当输入信号达到某一特定值时，输出电平会发生变化。

② 对于正向和负向增长的输入信号，电路有不同的阈值电平，即具有如图 10.4.18（a）所示的滞后电压传输特性。施密特触发器的逻辑符号如图 10.4.18（b）所示。

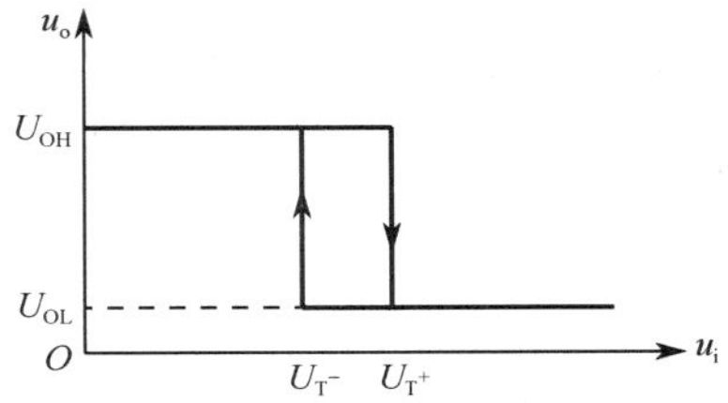

（a）滞后电压传输特性

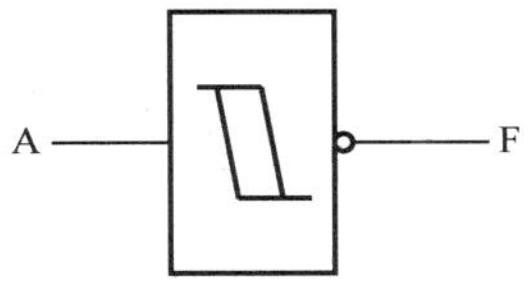

（b）逻辑符号

图 10.4.18 施密特触发器的滞后电压传输特性和逻辑符号

将 555 集成定时器的阈值输入端和触发输入端连在一起便构成施密特触发器，如图 10.4.19（a）所示。当输入如图 10.4.19（b）所示的三角波信号时，施密特触发器的输出 u_{o1} 为方波。

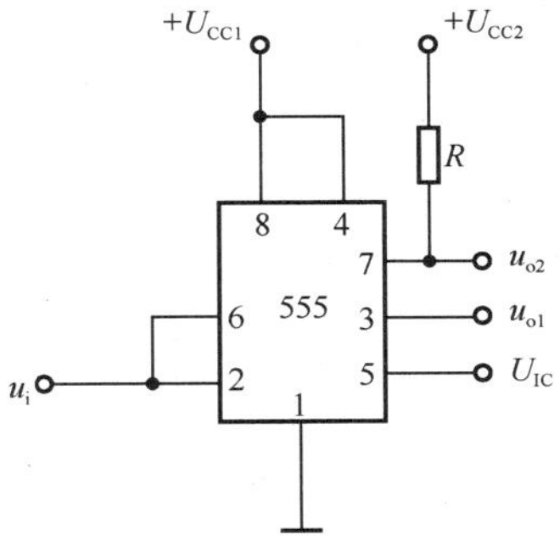

（a）电路图

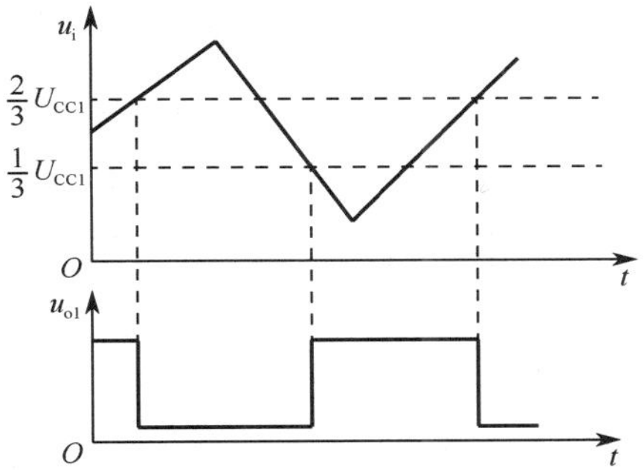

（b）工作波形

图 10.4.19 施密特触发器

在图 10.4.19（a）中，5 脚外接控制电压 U_{IC}，改变 U_{IC}，可以调节滞后电压的范围。如果在 555 集成定时器的放电端（7 脚）外接一电阻，并与 $+U_{CC2}$ 相连，则 u_{o2} 可实现电平转换。

上面仅讨论了由 555 集成定时器组成的单稳态触发器、多谐振荡器和施密特触发器，实际上，555 集成定时器的电压比较器的灵敏度高、输出驱动电流大（100～200mA）、功能灵活，在电子电路中得到了广泛应用。

习 题 10

10.1 当基本 RS 触发器输入端 S_D、R_D 的波形如题图 10.1 所示时，试画出输出端 Q 和 $\overline{Q}$ 的波形。

10.2 题图 10.2 所示为同步 RS 触发器的时钟脉冲和输入端 S、R 的波形，试画出输出端 Q 和 $\overline{Q}$ 的波形（设 Q 的初始状态为 0）。

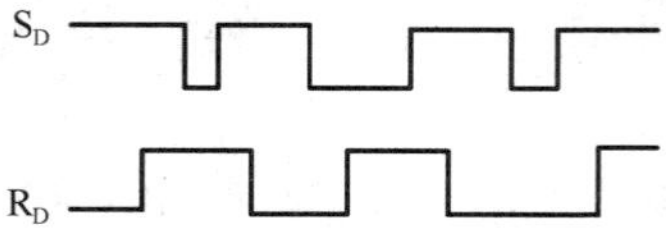

题图 10.1　习题 10.1 的波形

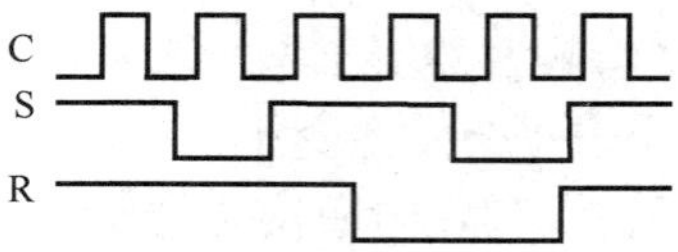

题图 10.2　习题 10.2 的波形

10.3　已知题图 10.3 中的 JK 触发器的时钟脉冲和输入端 J、K 的波形，试画出输出端 Q 和 $\overline{Q}$ 的波形（设 Q 的初始状态为 0）。

10.4　已知 D 触发器的时钟脉冲、输入端 D 的波形如题图 10.4 所示，试画出输出端 Q 和 $\overline{Q}$ 的波形（设 Q 的初始状态为 0）。

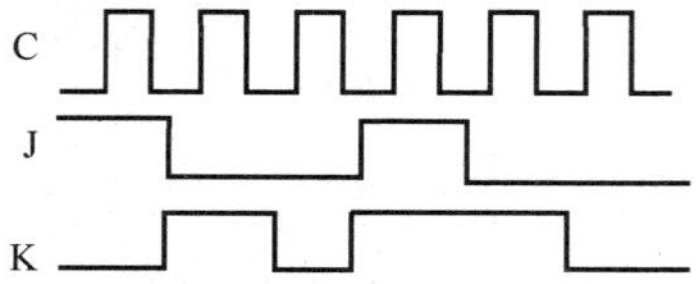

题图 10.3　习题 10.3 的波形

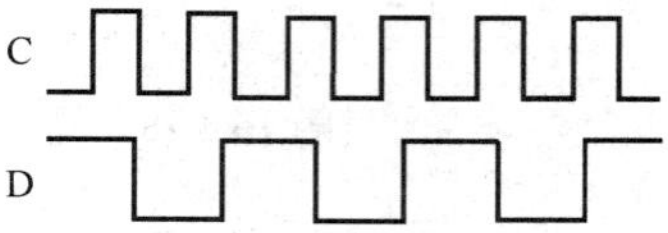

题图 10.4　习题 10.4 的波形

10.5　已知时钟脉冲的波形如题图 10.5（a）所示，试分别画出题图 10.5（b）～（g）所示各电路中触发器的输出端 Q 的波形（设 Q 的初始状态均为 0）。

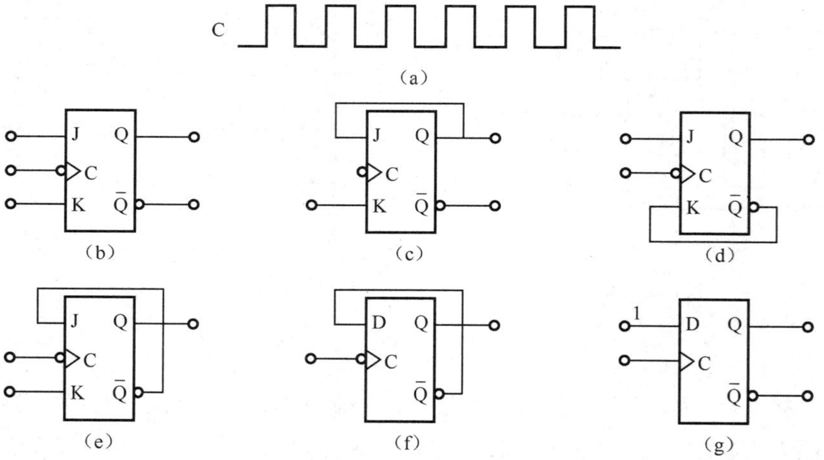

题图 10.5　习题 10.5 的波形

10.6　什么是串行输入、并行输入、串行输出、并行输出？

10.7　什么是异步加法计数器？什么是同步加法计数器？

10.8　写出题图 10.6 所示电路的状态表，并指出它是几进制计数器。

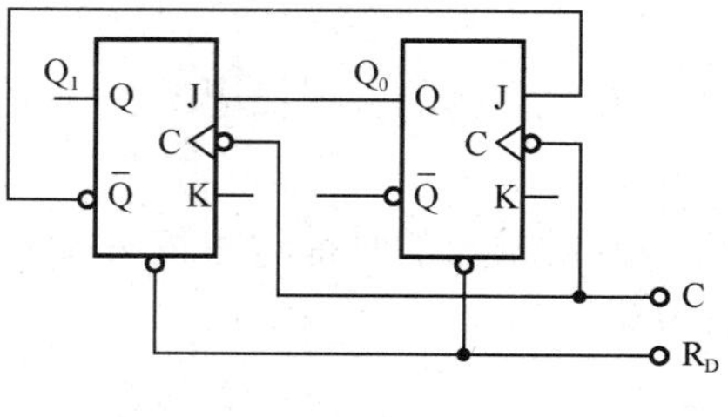

题图 10.6　习题 10.8 的波形

10.9 描述矩形脉冲特性的指标有哪些？

10.10 TTL 与非门多谐振荡器的基本原理是什么？

10.11 石英晶体振荡器的基本原理是什么？它有何特点？根据石英晶体在振荡电路中的作用，有哪两类晶体振荡器？

10.12 555 集成定时器由几部分组成？它有何功能？

10.13 单稳态触发器有何特点？

10.14 多谐振荡器有何功能？

10.15 施密特触发器有何特点？

第 11 章　数据采集系统

11.1　数据采集系统的组成

图 11.1.1 所示为一般数据采集系统的组成示意图。这是一个多输入多参量测量系统。对于多路信号，尤其在各路信号为不同的物理量时，每路传感器输出的信号电平都会有较大的差异，一般先经过单独的滤波放大，再通过模数（A/D）转换送给微机处理系统。

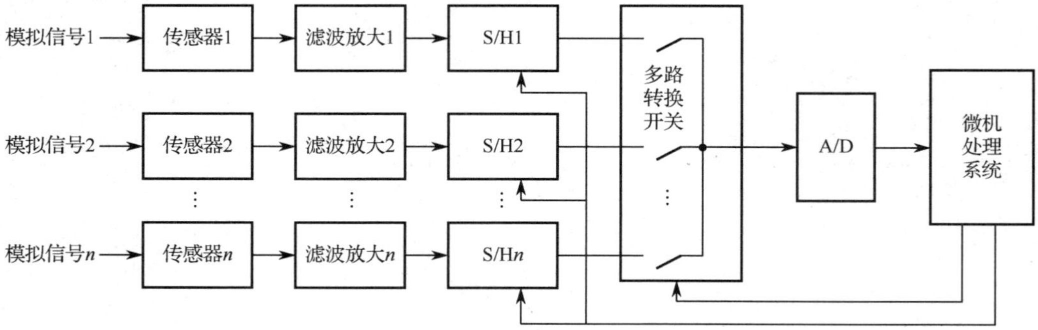

图 11.1.1　一般数据采集系统的组成示意图

如果被测物理量是快速变化的，那么尽管所用 A/D 转换器的转换速度较快，但 A/D 转换总需要一定的时间，计算机也不可能同时读入多个信号，因此有必要在某一时刻同时采集各个被测信号，并在一段时间内保持不变，给予充分的时间让 A/D 转换器进行转换，计算机进行处理。因此，在测量快速变化的信号时，在滤波放大电路之后应接入采样-保持（S/H）电路。若被测物理量是慢速变化的，则可不必设置 S/H 电路。

为了满足多路分时传送的要求，系统中采用多路转换开关（多路模拟开关）。多路模拟开关的工作状态（选通哪一路信号）由微机处理系统来控制。多路模拟开关在数据采集系统中所处的位置由传感器输出的电压信号的状况而定。当传感器输出的电压信号较弱时，应先进行放大，以防止多路模拟开关引入较大的误差。如果传感器输出的电压信号较强，则多路模拟开关可移至滤波放大电路前而直接与传感器的输出相连，这时各路输入信号都通过一个公共放大电路，以节省硬件。

11.2　测量放大电路

传感器输出的电压信号一般需要经过滤波和放大后送给 A/D 转换器进行转换。本节介绍一些在测量和数据采集系统中常见的滤波电路和放大电路（滤波放大电路）。

11.2.1　有源滤波电路

滤波电路是一种允许某一指定频率范围内的信号顺利通过，而抑制此频率范围以外的其他信号的电路。按通频带的类型划分，有低通、高通、带通和带阻 4 种滤波电路；按组成元件的性质划分，有无源滤波电路（仅含有无源元件 R、L、C）和有源滤波电路（含有三极管或集成运算放大器等有源器件）。与无源滤波电路相比，含有集成运算放大器的有源滤波电路具有放大作用，通过集成运算放大器，可以使输入与负载隔离，具有带负载能力强等特点。

11.2.2　测量放大电路的原理

1. 用集成运算放大器构成的测量放大电路

测量放大电路的作用是将测量电路或传感器送来的微弱信号放大后送给后面的电路进行处理。一般对测量放大电路的要求是输入电阻大、噪声低、稳定性好、精度及可靠性高、共模抑制比大、线性度好、失调小，并有一定的抗干扰能力。

最简单的测量放大电路是反相输入、同相输入和差分输入比例放大电路。

同相输入放大电路的输入电阻大，但在两个输入端有共模信号加入，对环境的共模信号干扰很敏感。采用这种方式的电路，要选用共模输入电压范围大，共模抑制比大的集成运算放大器，并在电路上采取必要的措施以滤除外部的共模干扰。

反相输入放大电路由于集成运算放大器的输入端“虚地”，在进行短距离测量时，其抗环境干扰性能较好；但在进行远距离测量时，由于接地电阻会引入干扰，或者由于传感器的工作环境恶劣，在传感器输出端会产生干扰，这些干扰信号被放大后输出，将严重影响电路的性能。反相输入放大电路的输入电阻过小，不易与传感器相连也是要解决的问题。

典型的测量放大电路是用 3 个集成运算放大器构成的，如图 11.2.1 所示。

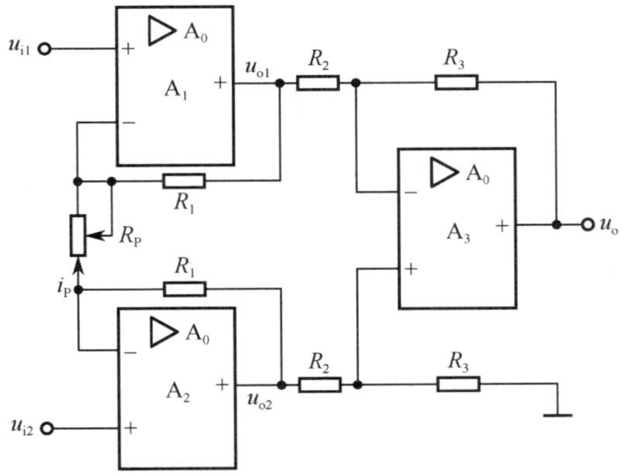

图 11.2.1　3 个集成运算放大器构成的测量放大电路

该电路的两个输入端分别是两个集成集成运算放大器 A_1、A_2 的同相输入端，因此输入电阻很大。A_3 构成差分放大电路，两边电阻对称，可以消除共模干扰。在集成运算放大器为理想集成运算放大器的条件下，可得

$$A_d = \frac{u_o}{u_{i2} - u_{i1}} = \frac{R_3}{R_2}\left(1 + \frac{2R_1}{R_P}\right) \tag{11.2.1}$$

调节 R_P 就可以改变电压放大倍数，满足不同的需要。

2. 测量放大电路的集成芯片

目前已有多种型号的测量放大电路的集成芯片，这些芯片与用集成运算放大器构成的测量放大电路相比，具有性能优、体积小、结构简单、价格低、抗干扰能力强、使用方便等特点。下面简单介绍 AD521。AD521 采用标准 14 脚双列直插式封装，它的电压放大倍数由外加精密

电阻调节，其引脚排列与基本接法如图 11.2.2 所示。

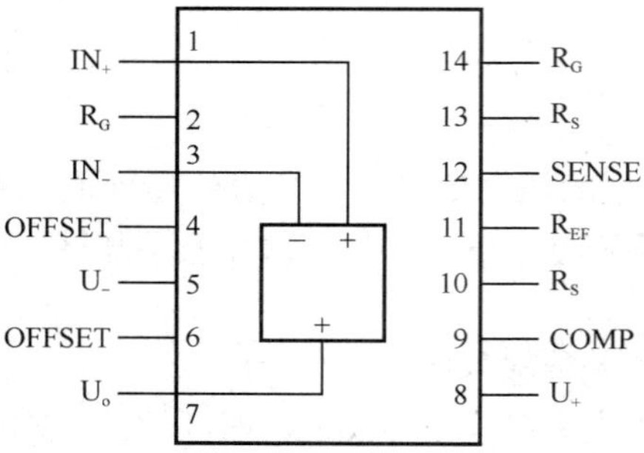

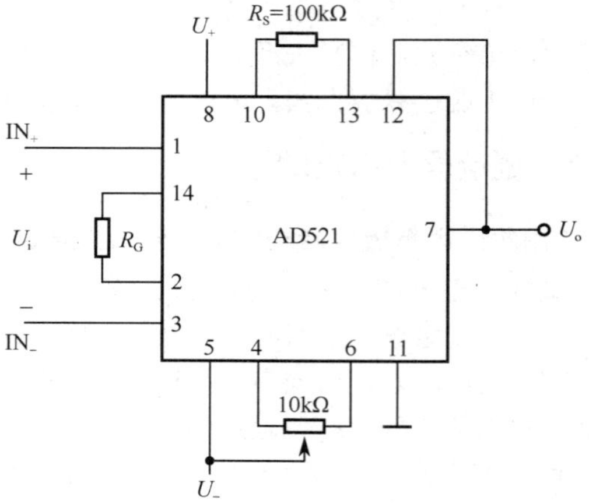

图 11.2.2　AD521 的引脚排列与基本接法

测量放大电路的电压放大倍数的计算公式为

$$A_d=\frac{U_o}{U_i}=\frac{R_S}{R_G} \tag{11.2.2}$$

电压放大倍数在 0.1～1000 内调整，通常取 R_S=100(1+5%)kΩ，R_G 可调节，这时的电压放大倍数较稳定。

3. 隔离放大器

随着测量系统的应用环境日益复杂，实际的测量系统往往由多个功能模块组成。这些模块有时采用不同的电源单独供电，但由于各电源特性不一和地线分布参数的影响，会产生很强的共模干扰。采用一般的测量放大电路往往会造成工作不正常或一定程度的损坏，这时必须考虑采用隔离放大器。

目前隔离放大器的种类很多，有变压器耦合的隔离放大器，也有光电耦合的隔离放大器；有专用的隔离放大器，也有根据不同电路要求设计的由分立元件组成的隔离放大器。这里以常用的由光电耦合器组成的实用线性隔离放大器为例来说明其工作原理。

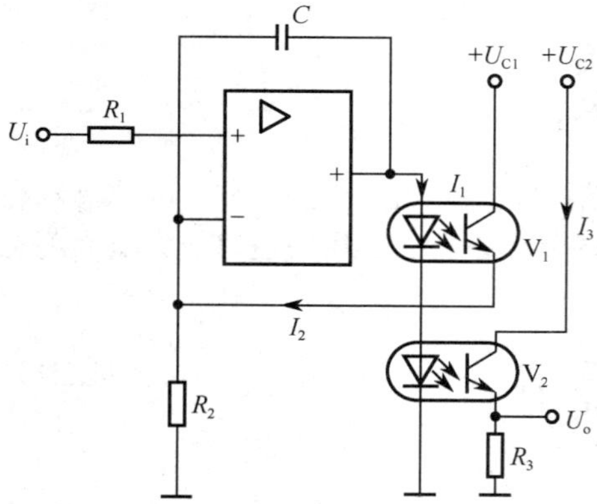

图 11.2.3　隔离放大器的电路图

图 11.2.3 所示为隔离放大器的电路图。电路的核心是两个光电耦合器 V_1 和 V_2，V_2 和 R_3 组成输出级，V_1 和 V_2 的初级串联，两者流过同一电流 I_1。V_1 和 R_2 组成负反馈电路，C 用来消除电路中可能产生的自激振荡。此时，电压放大倍数为

$$A=\frac{U_o}{U_i}=\frac{R_3I_3}{R_2I_2} \tag{11.2.3}$$

如果 V_1 和 V_2 选用同型号光电耦合器，则可以认为它们的传输函数的温度特性和电流非线性是基本一致的，故可保证

$$A=\frac{R_3}{R_2} \tag{11.2.4}$$

即该电路具有线性放大作用。该电路的输入和输出仅有光的耦合，没有电的联系，能很好地隔断共模干扰，解决模块之间模拟信号的不共地传输问题。

11.3　模拟开关和 S/H 电路

在数据采集系统中，被测模拟量经 A/D 转换器转换成数字量后由计算机处理。将模拟量转换为数字量通常分 4 步完成，即采样、保持、量化和编码。前两步在 S/H 电路内完成，后两步由 A/D 转换器完成。

11.3.1　模拟开关

模拟开关用于传输模拟信号，它主要由控制电路和开关电路两部分组成。它的构成方式有很多种，可以是双极型三极管电路，也可以是 MOS 管电路。

数据采集系统中的多路模拟开关常采用集成多路模拟开关，有四选一、八选一、十六选一等类型。

作为示例，下面介绍八选一多路模拟开关 CC4051，其引脚排列和结构如图 11.3.1 所示。CC4051 主要由逻辑电平转换电路、地址译码电路、开关通道三部分组成。地址控制信号由计算机或其他数字电路提供，一般设计成 TTL 电平。CC4051 的 INH 为禁止端，当 INH 为高电平时，8 个通道全部不通。表 11.3.1 所示为 CC4051 的功能表。

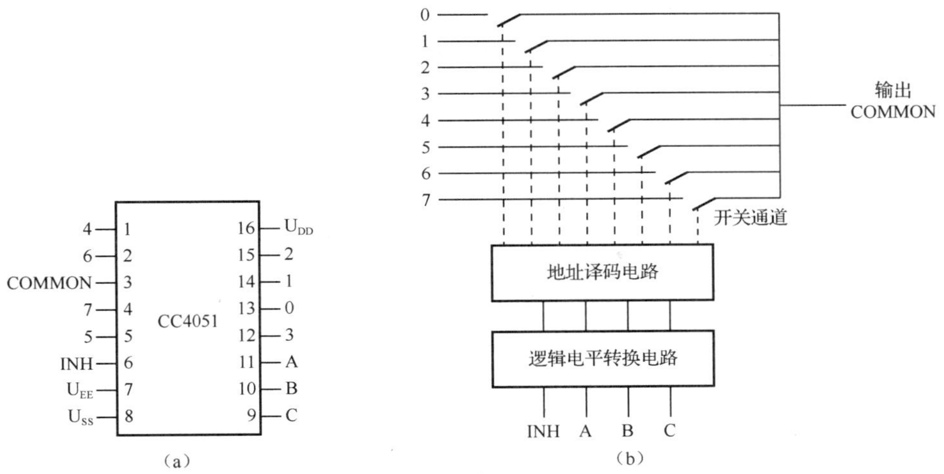

图 11.3.1　CC4051 八选一多路模拟开关

表 11.3.1　CC4051 的功能表

地　址				输出通道
INH	A	B	C	COMMON
1	×	×	×	×
0	0	0	0	0
0	0	0	1	1
0	0	1	0	2
0	0	1	1	3
0	1	0	0	4
0	1	0	1	5
0	1	1	0	6
0	1	1	1	7

11.3.2 S/H 电路

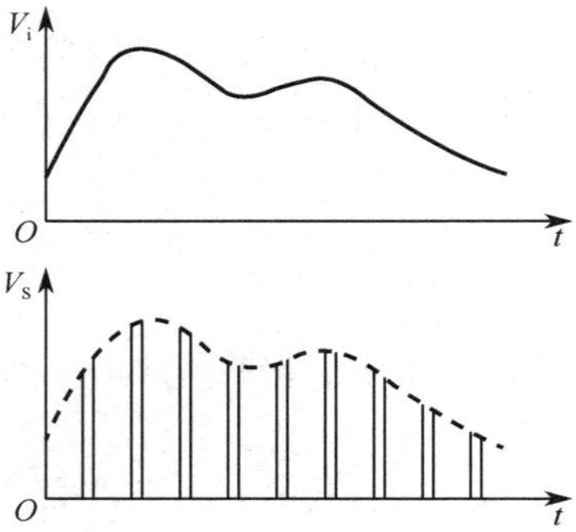

图 11.3.2 对输入信号进行采样

在 A/D 转换器中，因为输入的模拟信号在时间上是连续量，而输出的数字信号是离散量，所以转换时必须先在一系列选定的瞬间对输入的模拟信号进行采样（见图 11.3.2），再把这些采样值转换为输出的数字量。因此，一般的 A/D 转换过程是通过采样、保持、量化、编码这 4 步完成的。这些步骤往往是合并进行的。例如，采样和保持就是利用同一个电路连续进行的；量化和编码也是在转换过程中同时实现的，而且其占用的时间又是保持时间的一部分。

S/H 电路是在采样脉冲的控制下，处于采样或保持两种状态的电路。在采样状态下，电路的输出跟随输入模拟电压；转为保持状态时，电路的输出保持前一次采样结束瞬时的模拟信号电压，直至进入下一次采样。在一个系统中，是否使用 S/H 电路完全取决于输入信号的频率。若被测信号是快速变化的，则应在 A/D 转换器之前加 S/H 电路。为了使 S/H 电路输出的信号能不失真地复现为原始输入信号，必须满足

$$f_s \geqslant 2f_{imax} \tag{11.3.1}$$

式中，f_s 为采样脉冲的频率；f_{imax} 为信号 u_i 的最高频率分量的频率。式（11.3.1）称为采样定理。

对于变化缓慢的信号，可以不加 S/H 电路，而直接进行 A/D 转换。

S/H 电路的基本结构如图 11.3.3 所示。

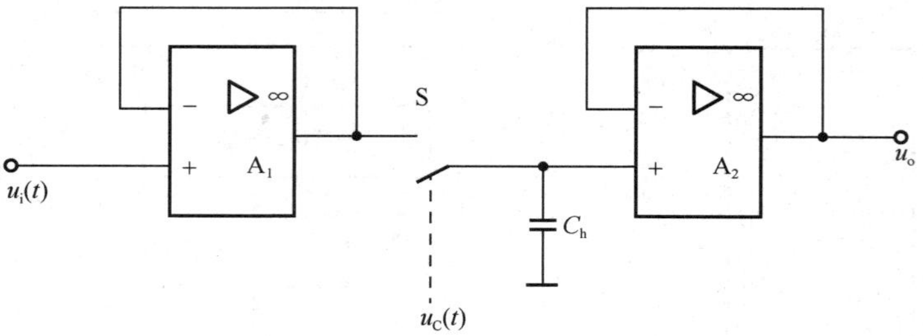

图 11.3.3 S/H 电路的基本结构

S/H 电路由输入、输出缓冲放大器 A_1、A_2，保持电容 C_H 和模拟开关 S 组成。$u_i(t)$为输入信号，$u_C(t)$为控制模拟开关 S 通断的采样脉冲（控制信号）。在采样期间，控制信号 $u_C(t)$为高电平，模拟开关 S 闭合，输入信号 $u_i(t)$通过集成运算放大器 A_1 对保持电容 C_H 快速充电；当控制信号 $u_C(t)$为低电平时，模拟开关 S 断开，进入保持状态，电容上保持着开关断开瞬间的输入电压值，此值一直保持到下一次采样。

保持电容上的充电电压直接关系到测量精度，因此要求该电容必须选用介质损耗小、漏电流小的，一般选取聚苯乙烯、聚丙乙烯或聚四氟乙烯电容。电容的容量选取范围为几百皮法到 0.01μF。S/H 电路的保持时间短至几微秒，长达几分钟。

目前 S/H 电路大都做成集成电路芯片，下面简单介绍 LF198。

LF198 的电路结构及引脚排列如图 11.3.4 所示。它是一个经过改进的 S/H 电路。其中，A_1、A_2 是两个集成运算放大器，均工作在电压跟随器状态；S 是电子开关；LC 是开关逻辑控制电路。模拟信号从 3 脚输入，5 脚为电压输出端。当 7 脚直接接地，8 脚输入的 S/H 控制信号 U_{SH}

为高电平时，S 闭合，电路进入采样阶段；当 U_{SH} 为低电平时，S 断开，电路处于保持阶段。U_{SH} 可直接由微机处理系统来控制。

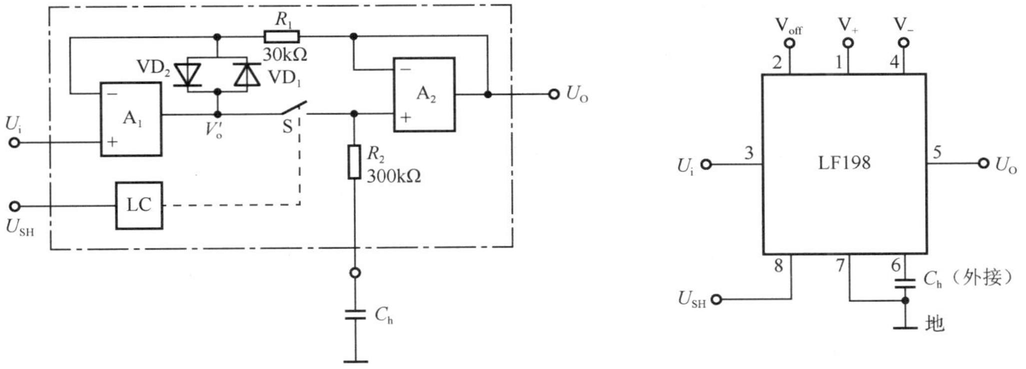

图 11.3.4 LF198 的电路结构及引脚排列

11.4 模拟量与数字量的转换

随着数字电子技术的迅猛发展，特别是计算机的普遍使用，用数字系统处理模拟信号的情况越来越多。例如，在用计算机及其接口电路对某生产过程进行实时控制时，首先要将被控制的模拟量转换为数字量，才能送到计算机中进行运算和处理；而计算机运算和处理的结果（数字量）也要转换为模拟量以驱动执行机构，实现对被控量的实时控制。

能将数字量转换为模拟量的装置称为 D/A 转换器或 DAC，能将模拟量转换为数字量的装置称为 A/D 转换器或 ADC。

D/A 和 A/D 转换器是联系数字系统与模拟系统的桥梁，或者说是两者之间的接口。本章在介绍 D/A 和 A/D 转换的基本概念及工作原理的同时，简单介绍常用的集成转换器。

11.4.1 D/A 转换器

1. T 型电阻 D/A 转换器

D/A 转换器的种类很多，下面只介绍目前应用较广的 T 型电阻 D/A 转换器，其电路结构如图 11.4.1 所示。其中，由 R 和 $2R$ 两种阻值的电阻组成 T 型电阻网络，输出接到运算放大器的反相输入端；运算放大器构成反相比例运算电路，输出是模拟电压；$+U_R$ 是参考电压或称基准电压；S_3、S_2、S_1、S_0 是各位对应的电子模拟开关；$d_3d_2d_1d_0$ 是输入数字量，是数码寄存器中存放的 4 位二进制数码，各位的数码分别控制相应位的模拟开关，当二进制数码为 1 时，开关与 $+U_R$ 相接；当二进制数码为 0 时，开关接地。

T 型电阻网络开路（未接集成运算放大器）时的输出电压 U_A 可用戴维南定理和叠加原理来计算，即先分别计算出 $d_0=1$、$d_1=1$、$d_2=1$、$d_3=1$（另外 3 个数码均为 0）时的电压分量，而后叠加即可得到输出电压 U_A。例如，当 $d_0=1$，即 $d_3d_2d_1d_0=0001$ 时，T 型电阻网络等效为如图 11.4.2 所示的电路。

应用戴维南定理可首先将 0-0′左边部分等效为电压为 $\frac{U_R}{2}$ 的电源与 R 串联的电路；然后分别在 1-1′、2-2′、3-3′处计算它们左边部分的等效电路，可知其等效电源的电压为依次除以 2，即分别为$\frac{U_R}{4}$、$\frac{U_R}{8}$和$\frac{U_R}{16}$，而等效电源的内阻都为$2R//2R=R$。由此，可得到$d_0=1$时的网络开路电压，即等效电源电压$\frac{U_R}{2^4}d_0$。

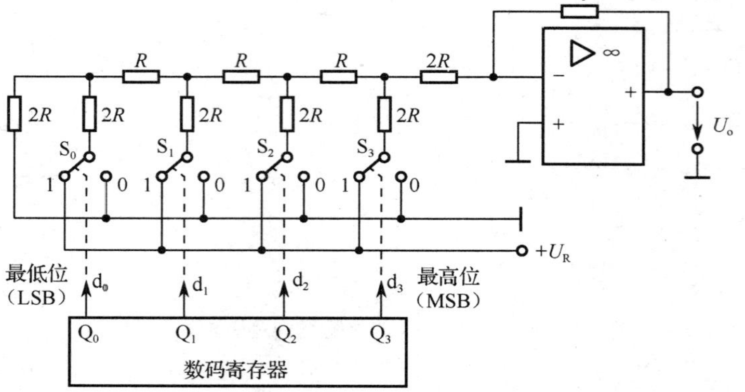

图 11.4.1　T 型电阻 D/A 换器的电路结构

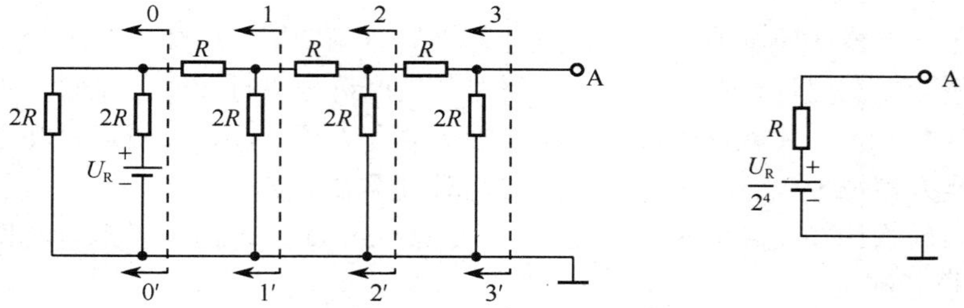

图 11.4.2　计算 T 型电阻网络的输出电压（$d_3d_2d_1d_0$=0001）的等效电路

同理，当$d_3d_2d_1d_0$=0010、$d_3d_2d_1d_0$=0100 或$d_3d_2d_1d_0$=1000 时，按上述分析思路，运用戴维南定理进行分析，即可得到网络的开路电压分别为$\frac{U_R}{2^3}d_1$、$\frac{U_R}{2^2}d_2$、$\frac{U_R}{2^1}d_3$。

这样，不管$d_3d_2d_1d_0$是如何组合的，应用叠加原理将以上 4 个电压分量叠加，即可求得 T 型电阻网络开路时的输出电压U_A，为

$$U_A=\frac{U_R}{2^1}d_3+\frac{U_R}{2^2}d_2+\frac{U_R}{2^3}d_1+\frac{U_R}{2^4}d_0$$
$$=\frac{U_R}{2^4}(d_3\cdot 2^3+d_2\cdot 2^2+d_1\cdot 2^1+d_0\cdot 2^0)$$

在图 11.4.1 中，T 型电阻网络的输出端经 $2R$ 接到运算放大器的反相输入端，由此可计算出该电路输出的模拟电压为

$$U_o=-\frac{R_F U_R}{3R\cdot 2^4}(d_3\cdot 2^3+d_2\cdot 2^2+d_1\cdot 2^1+d_0\cdot 2^0)$$

当取$R_F=3R$时，上式变为

$$U_o=-\frac{U_R}{2^4}(d_3\cdot 2^3+d_2\cdot 2^2+d_1\cdot 2^1+d_0\cdot 2^0)$$

表明输出的模拟电压与输入的数字量成正比，从而实现了数字量到模拟量的转换。对于 4 位 D/A

转换器，当 $d_3d_2d_1d_0$=1111（称为全码）时，$U_o=-\frac{15}{16}U_R$；当 $d_3d_2d_1d_0$=0111 时，$U_o=-\frac{7}{16}U_R$；当 $d_3d_2d_1d_0$= 0001（称为单位数字量）时，$U_o=-\frac{1}{16}U_R$。

T 型电阻网络 D/A 转换器只需 R 和 $2R$ 两种阻值的电阻，有利于提高 D/A 转换器的转换精度。描述 D/A 转换器的性能指标很多，常用的主要有以下几个。

（1）分辨率。D/A 转换器的分辨率是指最低输出电压（对应的输入数字量只有最低有效位为 1）与最高输出电压（对应的输入数字量所有有效位全为 1）之比，或者说二进制单位数字量与二进制全码之比。例如，8 位二进制 D/A 转换器的分辨率为 $\frac{1}{2^8-1}=\frac{1}{255}\approx 0.004$。在实际使用中，也常用输入数字量的位数来表示分辨率。

（2）线性度。通常用非线性误差的大小表示 D/A 转换器的线性度。把偏离理想状态的输入、输出特性的偏差与满刻度输出之比的百分数定义为非线性误差。

（3）转换精度。转换精度是指在全码（$d_3d_2d_1d_0$=1111）输入时，输出模拟电压的实际值与理论值之差，即最大静态转换误差。最大静态转换误差越小，转换精度越高。

此外，还有温度系数、电源抑制比、功率损耗、输出电压（电流）的建立时间，以及输入高、低逻辑电平等技术指标，使用时可查阅有关资料。

2. 集成 D/A 转换器举例

随着集成技术的发展，出现了多种 D/A 转换器集成电路芯片。作为应用技术人员，主要要求掌握典型的 D/A 转换器集成电路性能及其与计算机之间接口的基本知识，学会根据系统要求合理选择现有的 D/A 转换器集成电路芯片，配置适当的接口电路。下面以美国数据分析公司生产的 8 位双缓冲 D/A 转换器 DAC0832 为例，介绍有关集成 D/A 转换器的使用常识。

DAC0832 片内带有数据锁存器，可与微处理器直接连接；使用 CMOS 电流开关和控制逻辑来保证低功耗与小输出泄漏电流误差，其主要技术指标有以下几个。

（1）电流建立时间：1μs。

（2）单电源电压：+5～+15V。

（3）U_R 输入电压：±25V。

（4）分辨率：8 位。

（5）功率耗能：200mW。

（6）最高电源电压：17V。

DAC0832 为 20 脚双列直插式封装，其引脚图如图 11.4.3 所示，各引脚的功能如下。

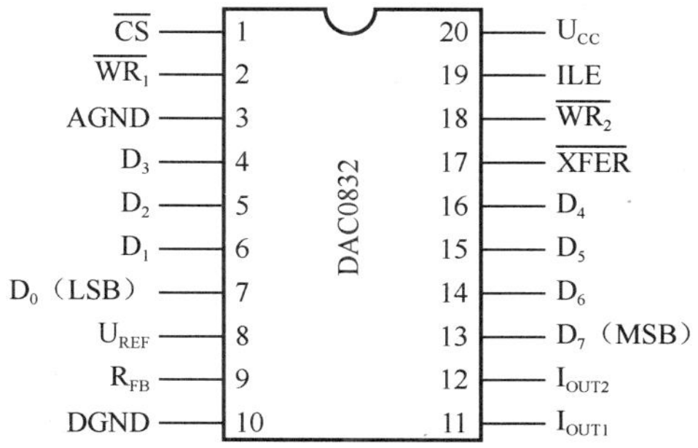

图 11.4.3　DAC0832 的引脚图

（1）D_0～D_7：8 位数字量数据输入端。

（2）ILE：数据锁存允许信号端，高电平有效。

（3）$\overline{CS}$：输入寄存器选择信号端，低电平有效。

（4）$\overline{WR_1}$：输入寄存器写选通信号端，低电平有效。

（5）$\overline{WR_2}$：D/A 转换器寄存器写选通信号端，低电平有效。

（6）$\overline{XFER}$：数据传送信号端，低电平有效。

（7）U_{CC}：电源输入端。

（8）I_{OUT1}、I_{OUT2}：电流输出端。I_{OUT1} 与 I_{OUT2} 的和为常数，I_{OUT1} 随 D/A 转换器寄存器的内

容线性变化。

（9）R_{FB}：反馈信号输入端。芯片内已有反馈电阻。

（10）AGND、DGND：模拟地、数字地。模拟地是指模拟信号及基准电源的参考地，其余信号的参考地（工作电源地，时钟、数据、地址等数字逻辑地）都是数字地。

（11）U_{REF}：基准电源输入端。

DAC0832 由 8 位输入寄存器、8 位 D/A 转换器寄存器和 8 位 D/A 转换电路组成，其逻辑结构图如图 11.4.4 所示。

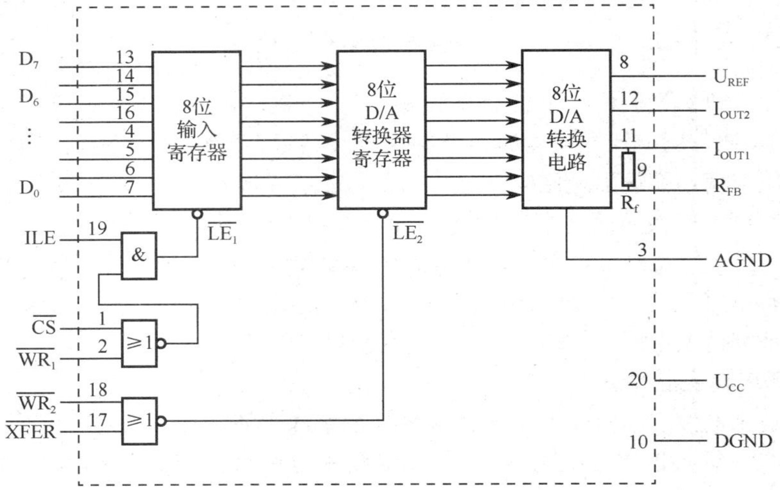

图 11.4.4　DAC0832 的逻辑结构图

由图 11.4.4 可知，当 ILE 为高电平、$\overline{CS}$ 为低电平、$\overline{WR}_1$ 为负脉冲时，在 $\overline{LE}_1$ 上会产生正脉冲；当 $\overline{LE}_1$ 为高电平时，8 位输入寄存器的状态随数据输入线的状态而变化，$\overline{LE}_1$ 的负跳变将数据输入线上的信息存入 8 位输入寄存器。

当 $\overline{XFER}$ 为低电平、$\overline{WR}_2$ 为负脉冲时，在 $\overline{LE}_2$ 上产生正脉冲；当 $\overline{LE}_2$ 为高电平时，D/A 转换器寄存器的输入与 8 位输入寄存器的状态一致，$\overline{LE}_2$ 产生负跳变，8 位输入寄存器的内容存入 D/A 转换器寄存器。

DAC0832 为电流输出型，即它本身输出的模拟量是电流，应用时需要外接运算放大器，使之转换为电压输出。

根据对 DAC0832 的 8 位输入寄存器和 D/A 转换器寄存器的不同控制方法，DAC0832 有单缓冲式、双缓冲式和直通式 3 种工作方式，下面简单介绍 DAC0832 与单片机连接的两种方式。

（1）与单片机连接的单缓冲方式。

DAC0832 主要用作计算机接口，在 CPU 的控制下完成 D/A 转换。它与单片机连接的单缓冲方式适用于只有一路模拟量输出或几路模拟量非同步输出的场合。具体方法是，控制 8 位输入寄存器和 D/A 转换器寄存器同时接收数据，或者只用 8 位输入寄存器而把 D/A 转换器寄存器接成直通式，其应用电路如图 11.4.5 所示。

在图 11.4.5 中，ILE 接+5V；$\overline{CS}$ 和 $\overline{XFER}$ 都连在 8051 单片机的地址线 P2.7 上，P2.6、P2.4 接地，使得分配给 DAC0832 的 8 位输入寄存器和 D/A 转换器寄存器的地址是 0000H～2FFFH；$\overline{WR}_1$ 和 $\overline{WR}_2$ 都与 8051 单片机的写控制线 $\overline{WR}$ 连接。CPU 对 DAC0832 执行一次写操作，必须先输出地址信号，选中 DAC0832；再把数据直接写入 D/A 转换器寄存器；最后在 DAC0832 的

输出端 I_{OUT1}、I_{OUT2} 得到所需的模拟量。

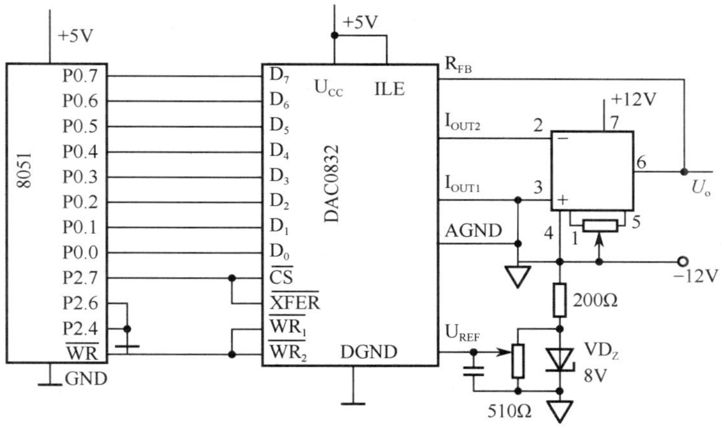

图 11.4.5　DAC0832 与单片机连接的单缓冲方式的应用电路

（2）与单片机连接的双缓冲方式。

所谓双缓冲，就是指在进行 D/A 转换时，数据传递必须经过 DAC0832 的 8 位输入寄存器和 D/A 转换器寄存器的两次锁存。DAC0832 与单片机连接的双缓冲方式适用于多个 DAC0832 同时输出的场合。具体方法是，先分别使这些 DAC0832 的 8 位输入寄存器接收数据，再控制这些 DAC0832 同时传送数据到 D/A 转换器寄存器，以实现多个 D/A 转换同步输出。

11.4.2　A/D 转换器

A/D 转换器是把模拟量（常为模拟电压信号）转换为 n 位二进制数字量的电路，其转换通常分采样、保持、量化和编码 4 步进行。所谓采样，就是指将时间上连续变化的模拟量转换为时间上断续变化的（离散的）模拟量。或者说，采样把一个时间上连续变化的模拟量转换为一个脉冲串，脉冲的幅度取决于输入模拟量，通常采用等时间间隔采样。所谓保持，就是指将采样得到的模拟量保持下来，即在采样脉冲结束以后，保持电路的输出端仍能得到等于采样脉冲结束前瞬间的采样值。所谓量化，就是指用基本的量化电平的个数表示 S/H 电路得到的模拟电压值，即把时间上离散、数字上连续的模拟量以一定的准确度转换为时间上和数字上都离散的、量化的等效数字值。而编码就是指用二进制数码、BCD 码或其他数码表示已经量化的模拟数值（一定是量化电平的整数倍）。

A/D 转换器的种类也很多，本节在分别介绍逐次逼近型和双积分型 A/D 转换器的工作原理之后，介绍一种常用的集成 A/D 转换器的应用常识。

1. 逐次逼近型 A/D 转换器

图 11.4.6 所示为 4 位逐次逼近型 A/D 转换器的原理电路，它一般由顺序脉冲发生器、逐次逼近寄存器、D/A 转换器（T 型电阻网络）和电压比较器等几部分组成。

顺序脉冲发生器的输入是时钟脉冲，输出是 5 个在时间上有先后顺序的脉冲信号，其波形如图 11.4.7 所示；逐次逼近寄存器是由 4 个 JK 触发器 F_0～F_3 组成的，其输出是 4 位二进制数 $d_3d_2d_1d_0$；D/A 转换器的输入来自逐次逼近寄存器，输出电压送到电压比较器的反相输入端；电压比较器的作用是对模拟输入信号与 D/A 转换器的输出电压进行比较，其结果作用于 JK 触发器 F_0～F_3 的 J，以及经反相器后接到 JK 触发器 F_0～F_3 的 K；数码寄存器由 4 个 D 触发器组成，信号输入端 D 分别与 JK 触发器 F_0～F_3 的输出端 Q 相接，4 个触发脉冲输入端 C 连在一起与顺

序脉冲发生器的 C_3 相接，而 4 个 D 触发器的输出 $d_3d_2d_1d_0$ 就是 A/D 转换后的二进制数。

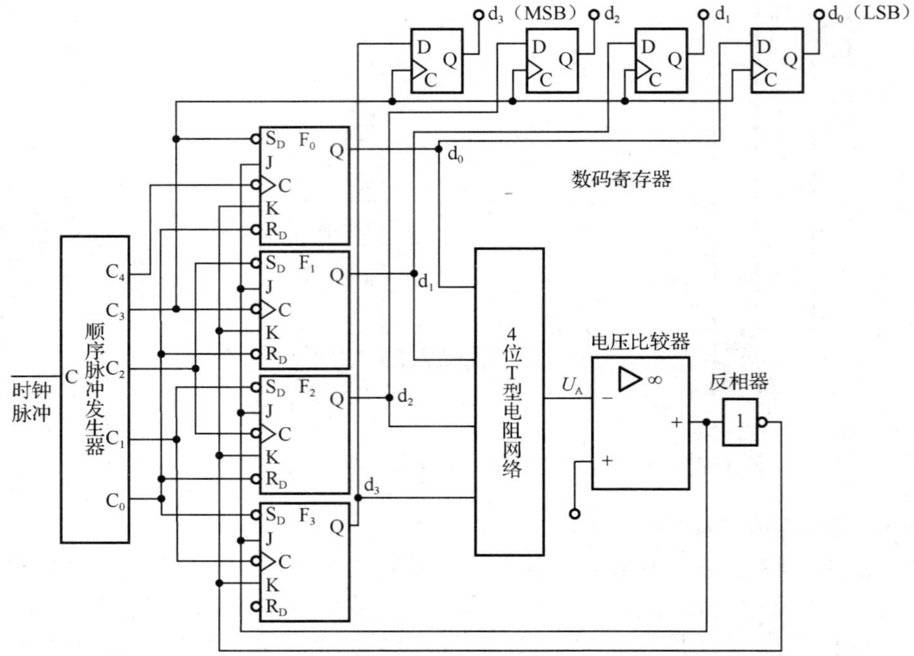

图 11.4.6　4 位逐次逼近型 A/D 转换器的原理电路

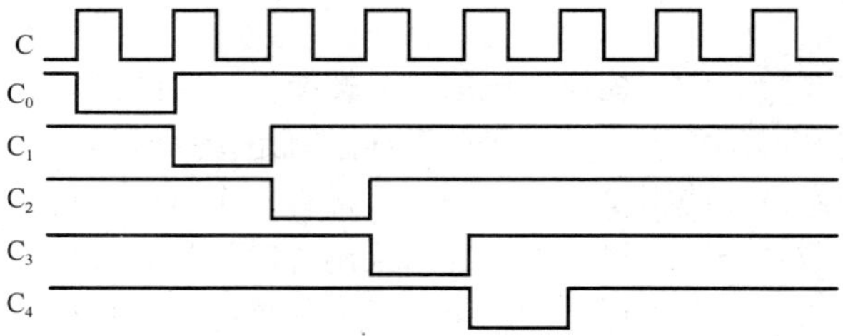

图 11.4.7　顺序脉冲发生器的输出波形

为进一步分析电路的 A/D 转换过程，假设 D/A 转换器的参考电压为 U_R=+8V，输入电压 U_i=+5.51V，且 U_i 加在电压比较器的同相输入端。

当第一个时钟脉冲的正边沿到来时，顺序脉冲发生器的 C_0 输出一个负脉冲，使逐次逼近寄存器的状态为 $d_3d_2d_1d_0$=1000。此时，T 型电阻网络的输出电压为

$$U_A = \frac{U_R}{2^4}(d_3 \cdot 2^3 + d_2 \cdot 2^2 + d_1 \cdot 2^1 + d_0 \cdot 2^0) = \frac{8}{16} \times 8 = 4\text{（V）}$$

因为 $U_A<U_i$，所以电压比较器的输出为高电平，反相器的输出为低电平，使 JK 触发器 F_0～F_3 的 J=1、K=0。

当第二个时钟脉冲的正边沿到来时，顺序脉冲发生器的 C_1 输出一个负脉冲，使逐次逼近寄存器的状态为 $d_3d_2d_1d_0$=1100。此时，$U_A = \frac{8}{16} \times 12 = 6$（V），$U_A>U_i$，因此电压比较器的输出为低电平，反相器的输出为高电平，使 JK 触发器 F_0～F_3 的 J=0，K=1。

当第三个时钟脉冲的正边沿到来时，C_2 输出的负脉冲使 $d_3d_2d_1d_0$=1010。此时，$U_A=\frac{8}{16}\times 10=5$（V），$U_A<U_i$，因此电压比较器的输出为高电平，反相器的输出为低电平，使 JK 触发器 F_0～F_3 的 J=1，K=0。

当第四个时钟脉冲的正边沿到来时，C_3 输出的负脉冲使 $d_3d_2d_1d_0$=1011。此时，$U_A=\frac{8}{16}\times 11=5.5$（V），$U_A<U_i$。接着，$C_4$ 输出的负脉冲的负边沿到来时，$d_3d_2d_1d_0$ 仍为 1011，当其正边沿到来时，触发数码寄存器的 4 个 D 触发器，将二进制数 1011 存入。这样就完成了一次转换，其过程如表 11.4.1 所示。

表 11.4.1　4 位逐次逼近型 A/D 转换器的转换过程

顺序	d_3 d_2 d_1 d_0	U_A/V	比较判别	该位数码 1 是保留还是除去
1	1 0 0 0	4	$U_A<U_i$	保留
2	1 1 0 0	6	$U_A>U_i$	除去
3	1 0 1 0	5	$U_A<U_i$	保留
4	1 0 1 1	5.5	$U_A<U_i$	保留

在本例中，转换误差为 0.01V。A/D 转换器误差的大小取决于其位数，位数越多，误差越小，精度越高。

2. 双积分型 A/D 转换器

双积分型 A/D 转换器通常由电子开关、积分器、过零比较器和控制逻辑等部件组成，如图 11.4.8（a）所示。它是通过将被测电压值 U_x 转换成时间间隔来间接测量的。

在进行 A/D 转换时，电子开关先把 U_x 采样输入积分器，积分器从零开始进行固定时间为 T 的正向积分，时间 T 到达后，电子开关将与 U_x 极性相反的基准电压 U_{REF} 输入积分器进行反向积分，直到输出为零。

由图 11.4.8（b）所示的积分器的输出波形可以看出，反向积分时，积分器的斜率是固定的，U_x 越高，积分器的输出电压越高，反向积分时间越长。计数器在反向积分时间内所计的数就是与输入电压 U_x 在固定时间 T 内的平均值对应的数字量。

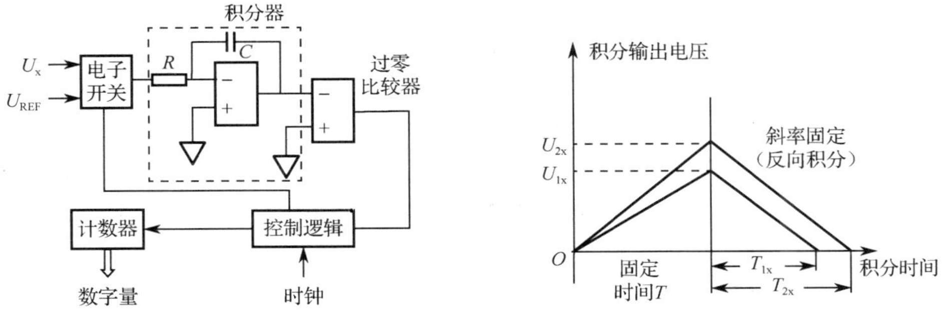

（a）原理电路图　　（b）积分器的输出波形

图 11.4.8　双积分型 A/D 转换器

双积分型 A/D 转换器的转换精度高、抗干扰能力强、线路简单、成本低，但转换速度较慢，适合用作低速 A/D 转换器。

3. 集成 A/D 转换器举例

集成电路芯片 ADC0809 是采用 CMOS 工艺的逐次逼近型 A/D 转换器。它具有 8 路模拟量输入端，可在程序控制下对任意通道进行 A/D 转换，得到二进制数字量。ADC0809 为 28 脚双列直插式封装，其引脚图如图 11.4.9 所示，其主要技术指标如下。

（1）电源电压：6.5V。

（2）分辨率：8 位。

（3）时钟频率：640kHz。

（4）转换时间：100μs。

（5）输入模拟电压范围：0～5V。

（6）功率损耗：15mW。

ADC0809 的引脚功能说明如下。

（1）IN_0～IN_7：8 路模拟信号输入端。

（2）D_0～D_7：转换后的 8 位数字量输出端。

（3）ALE：地址锁存信号输入端，高电平（正边沿）时把 ADDA、ADDB 和 ADDC（3 个通道地址端）的状态存入多路模拟开关地址寄存器，并经译码得到地址输出，以选择相应的模拟输入通道。地址译码与选通通道的关系如表 11.4.2 所示。

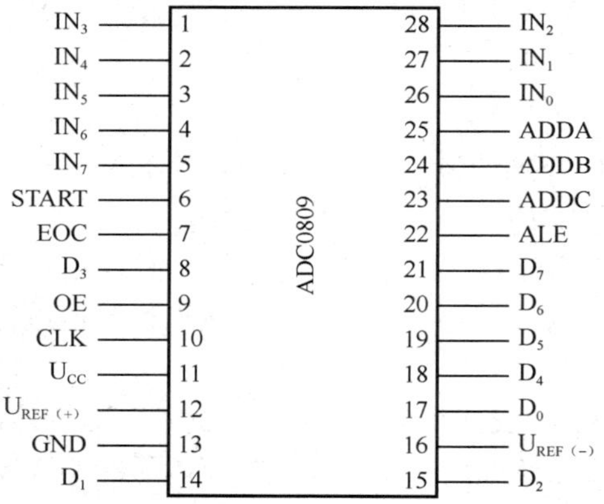

图 11.4.9 ADC0809 的引脚图

表 11.4.2 地址译码与选通通道的关系

ADDA	ADDB	ADDC	选通通道
0	0	0	IN_0
0	0	1	IN_1
0	1	0	IN_2
0	1	1	IN_3
1	0	0	IN_4
1	0	1	IN_5
1	1	0	IN_6
1	1	1	IN_7

（4）START：启动转换输入端。该端信号正边沿清除 A/D 转换器的内部寄存器而在负边沿启动内部控制逻辑，开始进行 A/D 转换。

（5）EOC：转换结束信号端。转换开始后，EOC 为低电平；转换结束时，EOC 返回高电平。该端信号可作为计算机的查询信号或中断请求信号。

（6）CLOCK（CLK）：转换定时时钟输入端，其信号频率不能高于 640 kHz，当频率为 640 kHz 时，转换时间约为 100μs。

（7）OE：允许输出端。在 OE 为 1 时，三态输出锁存器脱离三态，把数据送往总线。

（8）$U_{REF(+)}$ 和 $U_{REF(-)}$：A/D 转换器的参考电压输入端。

（9）U_{CC}：工作电源输入端，通常接+5V 电压。

（10）GND：接地端。

ADC0809 的逻辑结构如图 11.4.10 所示，片内有 8 路模拟开关、地址锁存与译码电路、A/D 转换器（内含电压比较器、逐次逼近寄存器 SAR、256R T 型电阻网络、树状电子开关、控制与时序电路等）和三态输出锁存器等。

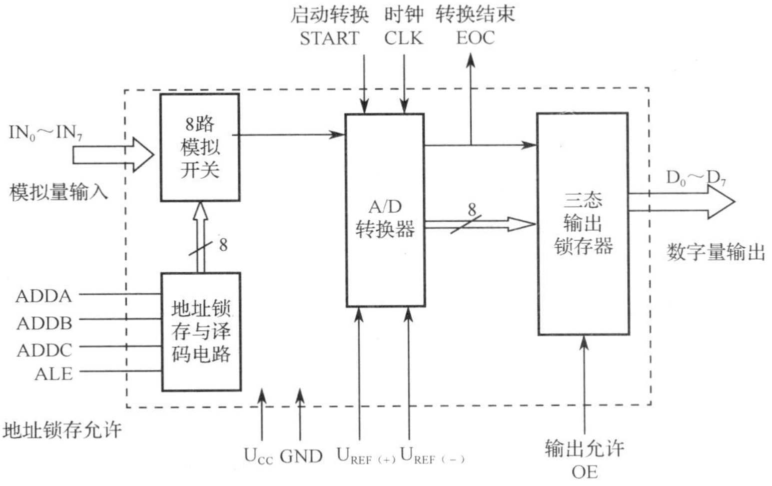

图 11.4.10　ADC0809 的逻辑结构图

由于 ADC0809 的输出端具有可控的三态门，因此其与系统总线连接非常简单，即直接和系统总线相连，由读信号控制三态门，转换结束后，CPU 通过执行一条输入指令产生读信号，将数据从 A/D 转换器中取出。尤其在工业控制方面，ADC0809 与单片机连接可组成多种实用电路，实现多种功能。图 11.4.11 所示为 ADC0809 与单片机的接口电路。

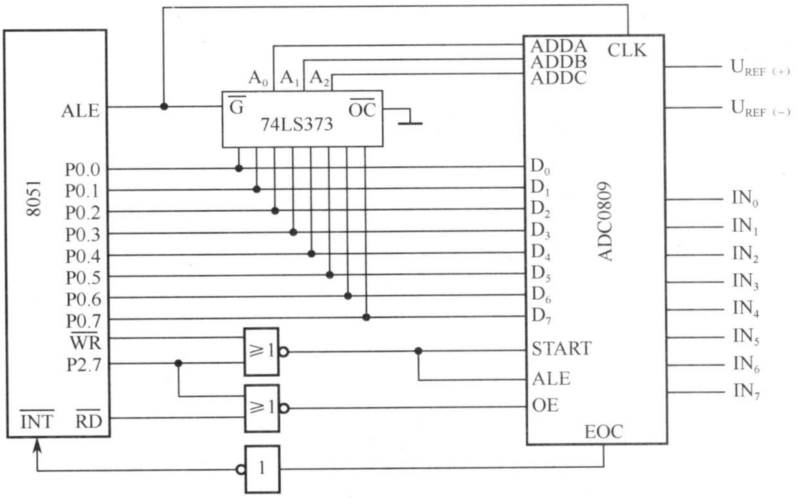

图 11.4.11　ADC0809 与单片机的接口电路

在图 11.4.11 中，ADC0809 作为 8051 单片机的一个外部接口，由 P2.7 和 $\overline{WR}$ 的组合信号控制启动信号 START 和地址锁存信号 ALE，当 P2.7 和 $\overline{WR}$ 同时为 0 时，启动 ADC0809 进行 A/D 转换；以 $\overline{RD}$ 和 P2.7 的组合信号作为允许输出信号 OE；通道地址端 ADDA、ADDB、ADDC 分别接到数据总线的低三位上，用于选通对应的模拟信号输入端，由此确定 IN_0～IN_7 的入口地址分别为 7FF8H～7FFFH。

当 8051 单片机向 ADC0809 执行一条输出指令时，$\overline{WR}$ 和 P2.7 同时有效，地址锁存信号 ALE 将出现在数据总线上的模拟通道地址存入 ADC0809 的地址锁存器，启动信号 START 启动芯片开始进行 A/D 转换。当 8051 单片机向 ADC0809 执行一条输入指令时，$\overline{RD}$ 和 P2.7 同时有效，允许输出信号 OE 为有效电平 1，ADC0809 的三态门打开，已转换的数据就出现在数据总线上。

11.5 数据采集系统应用举例

数据采集系统是现代数字检测、显示、记录和处理等设备中极为重要的组成部分。各种现场的物理量经过传感器转换为电信号之后，总是由数据采集系统实时地采集，送入设备进行存储、显示，或者送入微型计算机进行处理。因此，在现代工业控制、测量仪表、医学临床监护等设备中，都离不开数据采集系统。A/D、D/A 转换器正是这种数据采集系统的核心。作为 A/D、D/A 转换器应用的一个实例，本节简要介绍医用心电监护仪中数据采集系统的组成及基本工作原理。

11.5.1 数据采集系统的主要技术性能

心电监护仪是一种医学临床监护设备，可以实时地对患者的心电等情况进行监测，其数据采集系统的主要技术性能举例如下。

输入级：差动输入，隔离直流电压+25000V。

转换级：A/D 输入的动态范围为 0～5V。

转换精度：8 位。

采集时间：单路约 100μs。

采样频率：250Hz。

通道数：1～4。

数据存储容量：单路心电数据 2KB。

数据记忆时间：约 8s。

输出级：D/A 输出模拟电压为±5V。

11.5.2 数据采集系统的电路结构

图 11.5.1 所示为心电监护仪式数据采集系统的电路结构框图，它由 5 部分组成。

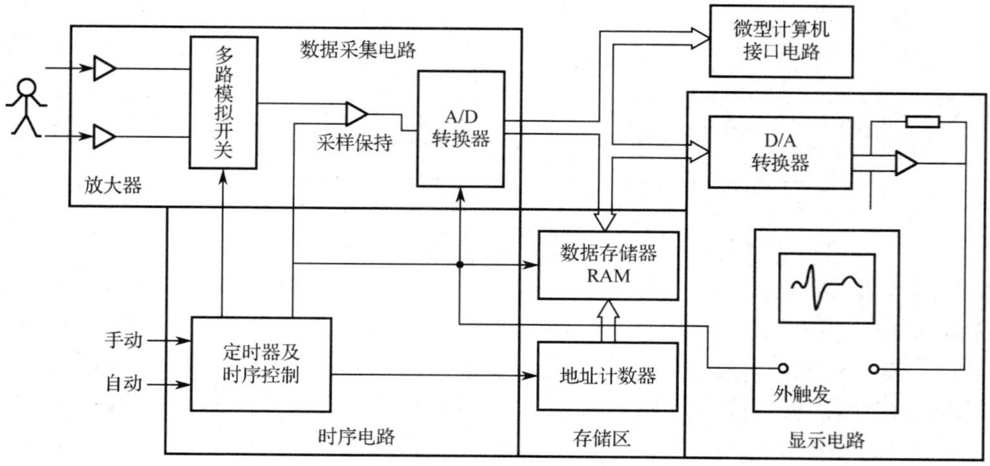

图 11.5.1 心电监护仪数据采集系统的电路结构框图

（1）数据采集电路实时地采集患者的心电信号，包括血压信号 BP、呼吸信号 RP、体温信号 TP 等，并转换为数字量。

（2）存储区存储反映患者心电等情况的数字信息。

（3）显示电路以波形图的形式将患者心电等情况显示在荧光屏上。

（4）时序电路产生定时信号，控制系统协调一致地工作。

（5）微型计算机接口电路在需要时可将反映患者心电等情况的数字信号送入微型计算机进行处理，从而使系统智能化。

习 题 11

11.1 有一个 8 位 T 型电阻网络，设 U_R=+5V，R_F=3R，试求 d_7～d_0 分别为 11010011、00001001、00010110 时的输出电压。

11.2 某 D/A 转换器要求 10 位二进制数能代表 0～50V，试问该二进制数的最低位代表多少伏？

11.3 某 D/A 转换器的输出电压为 0～10V，当有 8 位数字量 10111010 输入时，其输出电压为多少伏？

11.4 在如图 11.4.6 所示的 4 位逐次逼近型 A/D 转换器的原理电路中，设 U_R=10V，U_i=8.2V，试说明逐次比较的过程和转换结果。

11.5 10 位 A/D 转换器的输入模拟电压为-5～+8V。

（1）该 A/D 转换器可分成多少个单位量化电平？

（2）该 A/D 转换器的分辨率为多少？

（3）当输入电压为零时，输出数字量是什么？

附录 A　常见电子元器件

A.1　电阻、电容的标称值及色码元件识别法

1. 电阻、电容的标称值

（1）电阻的标称阻值。

电阻的标称阻值如表 A.1（或表中数值再乘以 10^n，其中 n 为整数）所示。

表 A.1　电阻的标称阻值

允许偏差	标称阻值系列/Ω											
±5%	1.0	1.1	1.2	1.3	1.5	1.6	1.8	2.0	2.2	2.4	2.7	3.0
	3.3	3.6	3.9	4.3	4.7	5.1	5.6	6.2	6.8	7.5	8.2	9.1
±10%	1.0	1.2	1.5	1.8	2.2	2.7	3.3	3.9	4.7	5.6	6.8	8.2
±20%	1.0	1.5	2.2	3.3	4.7	6.8						

（2）固定式电容的标称容量。

固定式电容的标称容量如表 A.2 所示。

表 A.2　固定式电容的标称容量

类　型	容 量 范 围	标称容量系列
纸介电容	100～6800pF	100、150、220、330、470、680、1000、1500、2200、3300、4700、6800
	0.01～0.1μF	0.01、0.015、0.022、0.033、0.039、0.047、0.056、0.068、0.082
	0.1～10μF	0.1、0.15、0.22、0.33、0.47、1、2、4、6、8、10
电解电容	1～5000μF	1、2、5、10、20、50、100、200、500、1000、2000、5000

无极性有机薄膜介质、瓷介质、云母介质等电容的标称容量系列与电阻的标称阻值系列（见表 A.1）相同。

2. 电阻、电容的色码元件识别法

电阻、电容的色码元件识别法通常有直标法和色标法等。

直标法：在电阻、电容表面直接标出主要参数和性能的一种标志方法。

色标法：用颜色表示元件的各种参数值，直接标示在产品上，如图 A.1 所示。

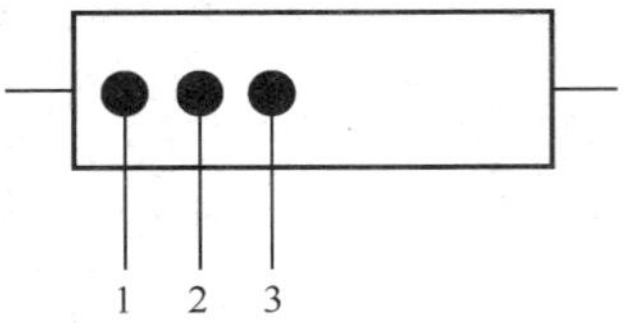

（a）三点色标法

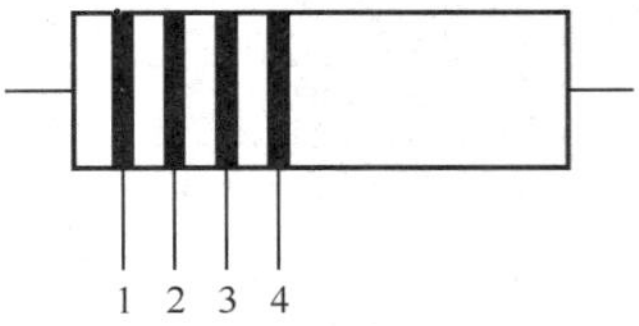

（b）环带色标法

1—有效数字高位；2—有效数字低位；3—乘数；4—允许偏差。

图 A.1　电阻的色标法

色标法中的颜色代表的数值如表 A.3 所示。

表 A.3　色标法中的颜色代表的数值

颜　色	位　置												
	银	金	黑	棕	红	橙	黄	绿	蓝	紫	灰	白	无
有效数字	—	—	0	1	2	3	4	5	6	7	8	9	—
乘数	10^{-2}	10^{-1}	10^{0}	10^{1}	10^{2}	10^{3}	10^{4}	10^{5}	10^{6}	10^{7}	10^{8}	10^{9}	—
允许偏差/%	±10	±5	—	±1	±2	—	—	±0.5	±0.2	±0.1	—	−20～+50	±20

A.2　半导体器件型号命名方法

1. 半导体器件的型号

半导体器件的型号代表的意义如下：

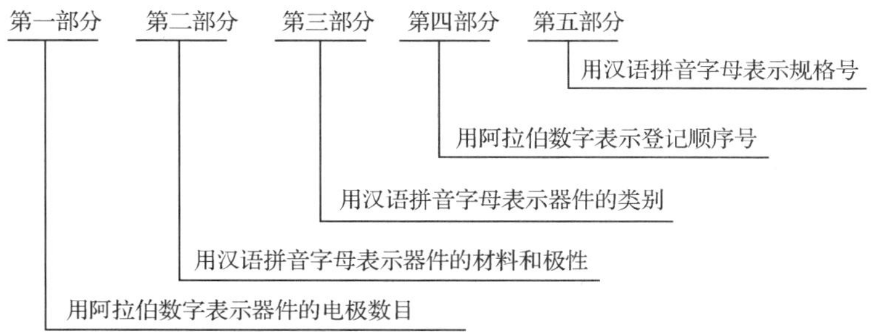

例如，锗 PNP 型高频小功率晶体管的型号如下：

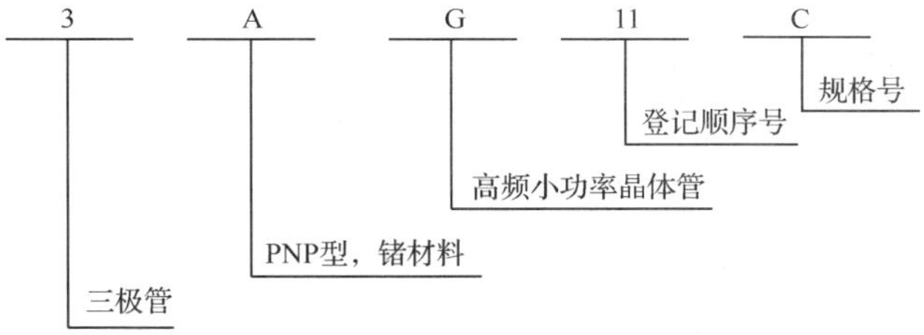

注：场效应管、半导体特殊器件、复合管、PIN 型管、激光器件的型号命名只有第三、四、五部分。

2. 型号组成部分的符号及其意义

型号组成部分的符号及其意义如表 A.4 所示。

表 A.4　型号组成部分的符号及其意义

第一部分		第二部分		第三部分		第四部分	第五部分
用阿拉伯数字表示器件的电极数目		用汉语拼音字母表示器件的材料和极性		用汉语拼音字母表示器件的类别		用阿拉伯数字表示登记顺序号	用汉语拼音字母表示规格号
符号	意义	符号	意义	符号	意义		
2	二极管	A	N 型，锗材料	P	小信号管		
		B	P 型，锗材料	V	检波管		
		C	N 型，硅材料	W	电压调整管和电压基准管		
		D	P 型，硅材料	C	变容管		

续表

第一部分		第二部分		第三部分		第四部分	第五部分
用阿拉伯数字表示器件的电极数目		用汉语拼音字母表示器件的材料和极性		用汉语拼音字母表示器件的类别		用阿拉伯数字表示登记顺序号	用汉语拼音字母表示规格号
符号	意义	符号	意义	符号	意义		
3	三极管	A	PNP 型，锗材料	Z	整流管		
		B	NPN 型，锗材料	L	整流堆		
		C	PNP 型，硅材料	S	隧道管		
		D	NPN 型，硅材料	K	开关管		
		E	化合物或合金材料	X	低频小功率晶体管：截止频率<3MHz，耗散功率<1W		
				G	高频小功率晶体管：截止频率≥3MHz，耗散功率<1W		
				D	低频大功率晶体管：截止频率<3MHz，耗散功率≥1W		
				A	高频大功率晶体管：截止频率≥3MHz，耗散功率≥1W		
				T	闸流管		
				CS	场效应晶体管		
				BT	特殊晶体管		
				FH	复合管		
				PIN	PIN 二极管		
				GJ	激光二极管		

A.3 集成电路型号命名

集成电路的型号由四部分组成，其符号及意义如表 A.5 所示。

表 A.5 集成电路的型号组成部分的符号及意义

第一部分		第二部分		第三部分		第四部分	
电路的类型，用汉语拼音字母表示		电路的系列及品种代号，用三位阿拉伯数字表示		电路的规格号，用汉语拼音字母表示		电路的封装，用汉语拼音字母表示	
符号	意义	符号	意义	符号	意义	符号	意义
T	TTL 电路	001～009	由有关工业部门制定的“电路系列和品种”中规定的电路品种	A	每个电路品种的主要电参数分挡	B	塑料扁平
H	HTL 电路			B		C	陶瓷片状载体
E	ECL 电路			C		D	多层陶瓷双列直插
F	线性放大器					T	金属圆形
W	稳压器					F	多层陶瓷扁平
J	接口电路						

例如：

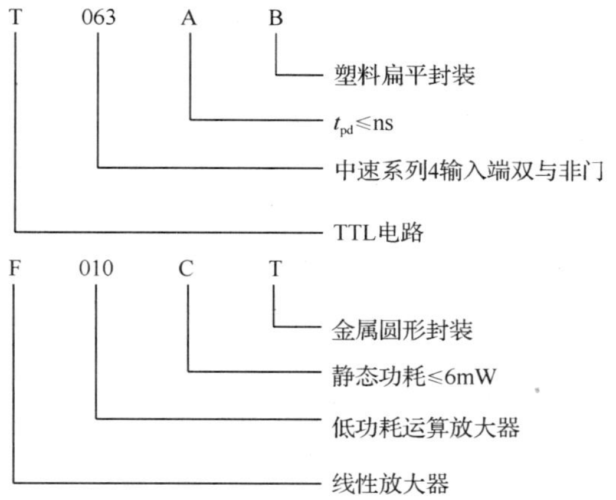

A.4 数字集成电路的使用常识

（1）数字集成电路必须在规定的电源电压范围内工作。

TTL 类：+5[1+(5%～10%)]V。

CMOS 类：3～18V。

（2）必须注意数字集成电路的工作温度。

数字集成电路的瞬时耐高温范围一般为+100～+260℃，因此在数字集成电路的焊接过程中，焊接时间应尽量短。

（3）工作频率应选择适当。

实际工作时，信号频率的最大值应选为数字集成电路最高工作频率的二分之一，这样可保证数字集成电路可靠工作。

（4）输入信号的电压幅度不可超过数字集成电路的工作电压范围。

（5）输入信号的正边沿或负边沿的延迟时间不可太长。

（6）使用高速数字集成电路时，极易产生干扰而破坏电路正常的逻辑功能。因此，电路间连线不宜太长，元器件排列要合理，不允许有交叉的长引线和并行引线。

（7）数字集成电路驱动负载的能力应大于总负载。另外，在高频运用及其他高要求的场合，还必须考虑数字集成电路的抗干扰能力，即噪声容限。

（8）同序号的 TTL 电路虽品种不同，即速度和功耗有差别，但其逻辑功能相同。

（9）一个 TTL 系统完全可以用相应的 HCMOS 电路来代替，但若其中部分电路用 HCMOS 电路来代替，则必须考虑电平配合问题。

（10）CMOS 电路的输入端就是 MOS 管的栅极，具有很大的输入阻抗（10^7～10^8Ω）和极小的输入电容（约 5pF），易因静电感应造成栅极击穿，因此使用时必须做到以下几点。

① 设法减小其输入阻抗，屏蔽输入端，远距离信号线不宜直接连接到 CMOS 集成电路的输入端。

② 不要带电焊接、插入或取出集成电路，焊接工具的外壳应接地或断电操作。

③ 空闲的输入端切不可悬空，应接相应的逻辑电平，以不改变电路的逻辑功能和稳定可靠性为原则。

参 考 文 献

[1] 叶挺秀，张伯尧. 电工电子学[M]. 4 版. 北京：高等教育出版社，2014.

[2] 李维东. 计算机应用电子技术[M]. 北京：机械工业出版社，2003.

[3] 魏虹，金宜南，张莉莉，等. 汽车电工电子技术基础[M]. 北京：电子工业出版社，2015.

[4] 宁海春. 汽车电脑原理与维修精华[M]. 北京：机械工业出版社，2007.

反侵权盗版声明

举报电话：（010）88254396；（010）88258888

传　　真：（010）88254397

E-mail：　dbqq@phei.com.cn

通信地址：北京市海淀区万寿路 173 信箱

　　　　　电子工业出版社总编办公室

邮　　编：100036